食品微生物学及检验技术

主　编　刘文玉　魏长庆
副主编　刘巧芝　李晓华　余永婷
参　编　林祥群　郑晓吉　胡　爽

东南大学出版社
SOUTHEAST UNIVERSITY PRESS
·南京·

图书在版编目(CIP)数据

食品微生物学及检验技术 / 刘文玉,魏长庆主编. ——
南京：东南大学出版社，2015.12
ISBN 978-7-5641-6246-7

Ⅰ.①食… Ⅱ.①刘… ②魏… Ⅲ.①食品微生物-
食品检验-高等职业教育-教材 Ⅳ.①TS207.4

中国版本图书馆 CIP 数据核字(2015)第 316797 号

食品微生物学及检验技术

出版发行	东南大学出版社
出 版 人	江建中
社　　址	南京市四牌楼2号
邮　　编	210096
经　　销	新华书店
印　　刷	南京工大印务有限公司
开　　本	787 mm×1092 mm　1/16
印　　张	18.25
字　　数	480 千字
书　　号	ISBN 978-7-5641-6246-7
版　　次	2015 年 12 月第 1 版
印　　次	2015 年 12 月第 1 次印刷
定　　价	48.00 元

(本社图书若有印装质量问题,请直接与营销部联系,电话:025-83791830)

前　言

本教材以高职高专食品类和农林牧渔类专业学生的培养目标与定位进行编写,教材的编写以"为职业教育服务"为宗旨,依据企业对食品类专业人才的知识、技能要求,突出职业能力培养,突出"必需""实用"原则,实现行业需要、学科特点和学生发展三者的统一。

本书共分为五章,第一章至第四章是食品微生物学部分,第五章是食品微生物检验技术部分,每章都有与教学内容相应的复习题和技能训练以及知识拓展。具体完成编写工作为:第一章,第二章的第一节、第四节和技能训练一、技能训练二、技能训练三、技能训练七和附录由新疆石河子职业技术学院刘文玉编写;第二章的第三节、技能训练五、技能训练六由石河子大学郑晓吉编写,第二章的第五节、第六节、技能训练八、技能训练九由新疆石河子职业技术学院刘巧芝编写,第三章的第一节、第二节、第三节、技能训练十、技能训练十一、技能训练十二、技能训练十五、技能训练十六、拓展知识由石河子大学魏长庆编写;第三章第四节、第五节、技能训练十二、技能训练十三由新疆轻工职业技术学院胡爽编写;第四章的第一节、第二节由新疆石河子职业技术学院李晓华编写;第五章的第一节、第二节、技能训练十六、技能训练十七由新疆石河子职业技术学院林祥群编写。第二章的第二节、复习题由新疆轻工职业技术学院余永婷编写。全书由刘文玉统稿。

本书适用于高职高专食品生物技术、食品营养与检测、农产品质量检测、食品加工技术、食品贮运与营销等专业,也可作为从事食品企业的技术人员、管理人员的参考书。

本书中的不妥之处,恳请同行专家和广大读者批评指正。

编者
2015 年 8 月

目 录

| 第一章 | 绪论 | 1 |

技能训练一　普通光学显微镜的使用　12
本章复习题　13
【拓展知识】现代微生物学的发展　14

第二章　微生物的形态结构　16

第一节　细菌　16
第二节　放线菌　32
第三节　酵母菌　36
第四节　霉菌　54
第五节　病毒　62
第六节　食用菌　70
技能训练二　细菌的简单染色和革兰染色技术　82
技能训练三　细菌的芽孢、荚膜和鞭毛染色技术　83
技能训练四　酸奶的制作　85
技能训练五　酵母菌的形态观察与大小测定技术　86
技能训练六　葡萄酒的酿造　88
技能训练七　霉菌计数法　90
技能训练八　食用菌形态结构观察　91
技能训练九　食用菌母种培养基的配制　92
本章复习题　93
【拓展知识】微生物的分类与命名　99

第三章　微生物的营养和培养基　103

第一节　微生物的营养素　103
第二节　微生物的生长　115
第三节　微生物生长的控制　127
第四节　微生物的代谢　131

第五节 微生物菌种的选育及保藏 ……………………………… 137
技能训练十 干热灭菌及高压蒸汽灭菌 …………………………… 147
技能训练十一 培养基的配制与灭菌 ……………………………… 148
技能训练十二 微生物菌种分离纯化及培养技术 ………………… 150
技能训练十三 微生物的平板菌落计数法 ………………………… 152
技能训练十四 常用菌种的保藏方法 ……………………………… 153
本章复习题 ………………………………………………………… 155
【拓展知识】菌种保藏机构简介 …………………………………… 158

第四章 微生物与食物中毒 …………………………………… 161

第一节 食品的微生物污染 ………………………………………… 161
第二节 微生物与食物中毒 ………………………………………… 167
技能训练十五 食品中菌落总数的测定技术 ……………………… 194
技能训练十六 食品中大肠菌群的测定技术 ……………………… 196
本章复习题 ………………………………………………………… 198
【拓展知识】食品保藏的栅栏技术 ………………………………… 199

第五章 食品卫生微生物学检验技术 ………………………… 201

第一节 食品卫生微生物学检验室 ………………………………… 201
第二节 食品微生物检验技术 ……………………………………… 214
技能训练十七 罐头食品中平酸菌的检测 ………………………… 235
技能训练十八 番茄酱中霉菌检测 ………………………………… 236
本章复习题 ………………………………………………………… 237
【拓展知识】食品微生物快速检测技术 …………………………… 238

附录 ……………………………………………………………… 243

附录Ⅰ 《食品安全国家标准食品微生物学检验总则》(GB 4789.1—2010) …… 243
附录Ⅱ 食品微生物检验的常用试剂及培养基配制 ……………… 248
附录Ⅲ 水质大肠菌群(MPN)检索表 …………………………… 279
附录Ⅳ 实验报告单模板 …………………………………………… 283

参考文献 ………………………………………………………… 284

第一章 绪 论

一、微生物与人类

清晨,当我们享受美味的面包或者馒头;喝一杯美味的酸奶,从中吸收营养;呼吸新鲜的空气,开始一天或顺利或不顺的工作和学习生活;晚上,享受一杯红酒,我们就已经享受到了微生物带来的恩惠了。当我们得了某些疾病而身体不适,受到病痛的折磨时,那也是微生物的作用。但当我们接受医生的治疗,服用抗生素类药物而恢复了健康,我们也得感谢微生物。所以说,微生物是一把双刃剑,它们给人们带来利的同时也带来弊。

在我们的生活中,很多产品是和微生物有关系的,例如酸奶、面包、馒头、酒类、抗生素、调味品、酶制剂、维生素、疫苗等等。还有,现代生物技术的发展也是微生物对人类的贡献。

然而,微生物这把双刃剑给人们也带来了巨大的危害和灾难。例如:1347 年由鼠疫杆菌引起的瘟疫几乎摧毁了整个欧洲,大约 2 500 万欧洲人死于这场灾难。我国在 1949 年前也曾流行过鼠疫,死亡率高。现在,人们仍然遭受着由微生物病原菌引起的疾病带来的威胁。如艾滋病、肺结核、霍乱仍然存在并有传播趋势,新的致病微生物也在不断出现,如疯牛病、军团病病毒、埃博拉病毒,大肠杆菌 O157,霍乱 O139 新致病菌株,2003 年的 SARS 病毒,2005 年的禽流感病毒,2007 年的 H1N1 病毒给人类又带来新的威胁。这些都需要人们去面对和解决,因此,如何正确利用微生物这把双刃剑造福人类,是我们学习微生物的目的。

二、微生物的发展史

微生物学的发展史可分为以下五个时期,现简述如下:

(一) 史前期

也称盲目期,人们在盲目地应用微生物的时候,并不知道是微生物在起作用,大约在距今 8000 年前一直至公元 1676 年间,当时的人类虽未见到微生物的个体,却常常与微生物打交道,并凭经验在实践中利用有益微生物和防治有害微生物。我国在七八千年前的石器时代早期,谷物酒已成为当时普遍的饮料。在医学方面,我国劳动人民对防治疾病有着丰富的经验。公元 4 世纪,葛洪在《肘后方》中详细记载了天花的症状,并采用种痘方法来预防天花,此后,该方法传至欧美。公元前 6 世纪,我国的名医扁鹊就主张防重于治。但由于在思想方法上长期停留在实践的基础上,没有系统深入的理论研究,因此只能长期处于低水平的应用阶段,并未能正式发现微生物的存在。在史前期,微生物利用最早、最多的领域是食品酿造行业(啤酒、奶酪、酱、酱油、醋等)。

(二) 初创期

1676 年,荷兰商人列文·虎克(图 1-1)用自制的显微镜观察牙垢、雨水、井水、体液以及各种有机质的浸出液,发现了许多可以活动的"活的小动物",并发表了这一"自然界的秘密"。这是首次对微生物形态和个体的观察和记载。他发现了球菌、杆菌和原生动物,列文虎克显微镜的应用,解决了认识微生物世界的第一障碍,同时,因为这个伟大的发现,他当上了英国皇家学会的会员。今天,我们把列文虎克看成是微生物学的开山祖。

图1-1 列文·虎克和他的显微镜

从1676年至1861年的近200年间,各国科学家纷纷寻找各种微生物,进行观察,描述它们的形态,有的也作了简单的分类,但人们对微生物的研究仅仅停留在形态描述和分门别类阶段,而对它们的生命活动规律以及其与人类实践活动的密切关系却未加研究,仍然了解不多,因此,微生物学作为一门学科在当时还未形成。直到19世纪50年代,由于生产发展的需要,才进一步推动了微生物学研究的发展,由形态学时期进入生理学时期。

(三)奠基期

从19世纪60年代开始,以法国的巴斯德(L. Pasteur,1822—1895)和德国的科赫(R. Koch,1843—1910)为代表的科学家将微生物学的研究推进到生理学阶段,并为微生物学的发展奠定了坚实的基础。他们可分别称为微生物学的奠基人和细菌学的奠基人。巴斯德又被尊称为"微生物学之父"。

1857年巴斯德从"酒病"的实际出发,研究了一系列的实际问题,即"腐败病"(指曲颈瓶实验中的肉汤变质),1861年巴斯德通过著名的曲颈瓶实验(图1-2)彻底否定了生命的自然发生说。在此期间,巴斯德的三个女儿相继染病死去,不幸的遭遇促使他转而研究疾病的起源。巴斯德学派的主要贡献是提出了生命只能来自生命的胚种学说,并认为只有活的微生物才是传染病、发酵和腐败的真正原因,在这种理论指导下,他提出了一系列行之有效的解决问题的方法。例如,发明了巴斯德消毒法来防治"酒病",著名的巴氏消毒法在现代企业应用广泛,用消毒灭菌法来防止"腐败病",成功解决了当时困扰人们的牛奶、酒类变质的问题。巴斯德还研究了酒精发酵、乳酸发酵、醋酸发酵等,并发现这些发酵过程都是由不同的微生物引起的,从而奠定了初步的发酵理论。在其研究工作中,发现各种传染病都有其共同原因——活的小生物,例如蚕病(蚕微粒子病,1865)、禽病(鸡霍乱,1879)、兽病(牛、羊的炭疽病,1881)和人病(狂犬病,1885),从而使人类对传染病本质的认识提高到一个崭新的水平上。用检出并淘汰病蛾的方法来防治蚕病,发明用接种减毒菌苗的办法来预防鸡霍乱和牛、羊的炭疽病,以及用狂犬兔化疫苗来防治人类的狂犬病等等。

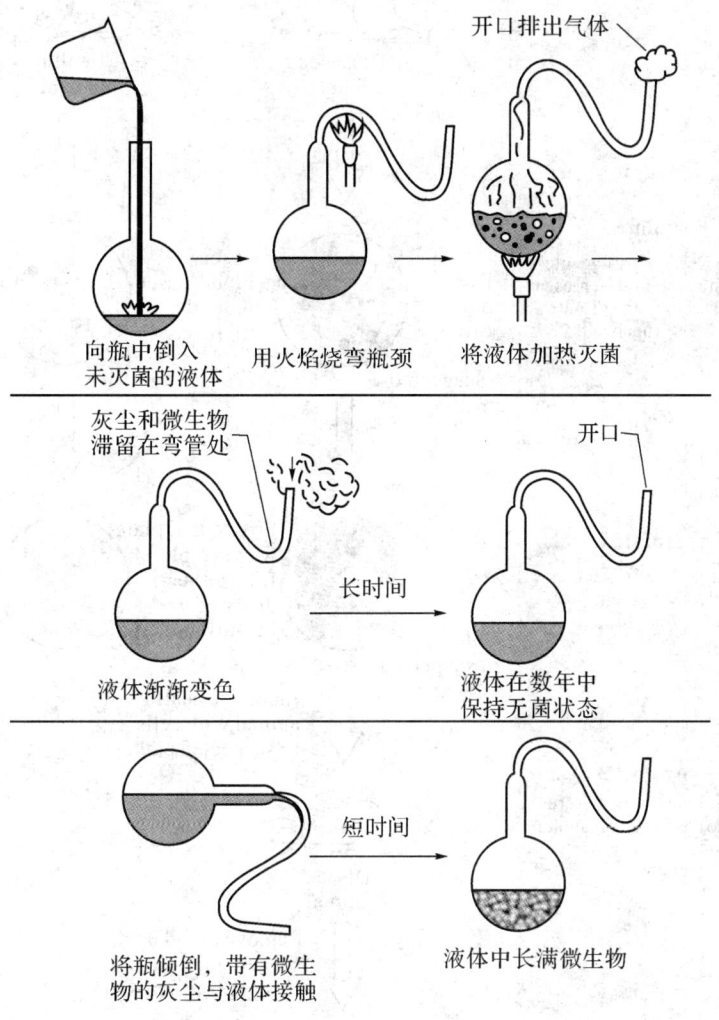

图 1-2 曲颈瓶实验

与巴斯德同时期的德国科学家科赫的重要业绩主要有三个方面:①建立了研究微生物的一系列重要方法,尤其在分离微生物纯种方面。他们把早年在马铃薯块上的固体培养技术改进为明胶平板培养技术(1881),并进而提高到琼脂平板培养技术(1882)。这项技术一直沿用至今。在1881年前后,科赫及其助手们还创立了许多显微镜技术,包括细菌鞭毛染色在内的许多染色方法、悬滴培养法以及显微摄影技术,这些技术也是当今微生物学研究的重要技术。②利用平板分离方法寻找并分离到多种传染病的病原菌,例如炭疽病菌(1877)、结核杆菌(1882)、链球菌(1882)和霍乱弧菌(1883)等。③在理论上,科赫于1884年提出了科赫法则(图 1-3)。其主要内容为:病原微生物总是在患传染病的动物中发现而不存在于健康个体中;这一微生物可以离开动物体,并被培养为纯种培养物;这种纯培养物接种到敏感动物体后,应当出现特有的病症;该微生物可以从患病的实验动物中重新分离出来,并可在实验室中再次培养,此后它仍然应该与原始病原微生物相同。科赫法则至今指导着动植物病原体的确定。

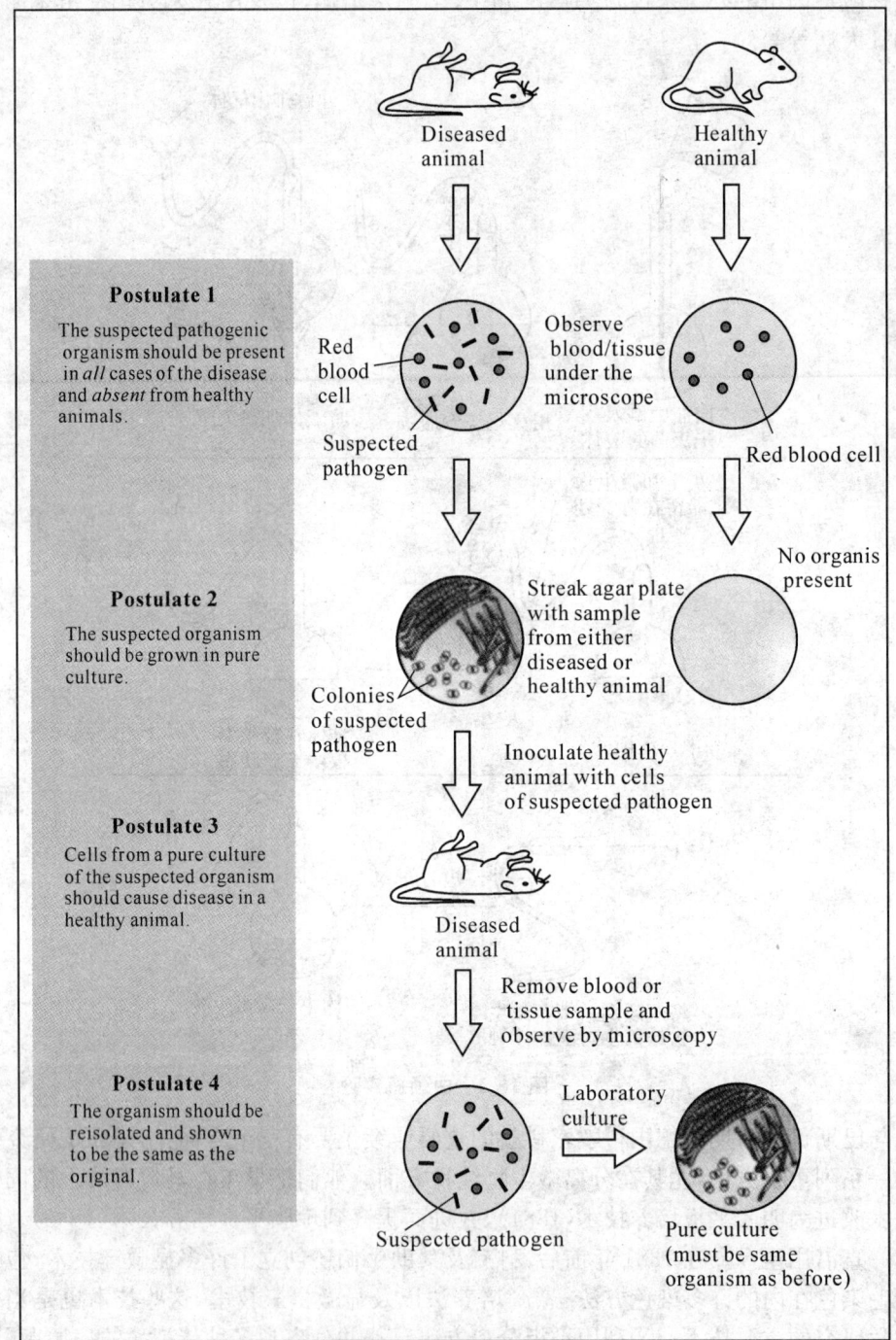

图 1-3 科赫法则

（四）发展期

20 世纪以来，科学不断发展和进步，电子显微镜的发明和同位素示踪原子的应用，推动了微生物的更进一步发展。1897 年德国科学家毕希纳 E. Buchner 用无细胞酵母菌压榨汁中的"酒化酶"(zymase)对葡萄糖进行酒精发酵成功,从而确认了酒精发酵的酶促反应,开创了微生物生化研究的新时代。

在发展期中,微生物学研究有以下几个特点:

(1) 进入了微生物生化水平的研究,将微生物的生命活动与酶化学结合起来。

(2) 应用微生物的分支学科更为扩大,出现了抗生素等新学科。1929年,弗莱明发现青霉能够抑制葡萄球菌的生长,从而揭示出微生物之间的拮抗关系,并发现了青霉素。

(3) 开始出现微生物学史上的第二个"淘金热"——寻找各种有益微生物代谢产物的热潮。

(4) 在各微生物应用学科较深入发展的基础上,一门以研究微生物基本生物学规律的综合学科——普通微生物学开始形成,代表人物是美国加利福尼亚大学伯克利分校的M. Doudoroff。

(5) 各相关学科和技术方法相互渗透、相互促进,加速了微生物学的发展。

(五) 成熟期

1953年,从沃森J. D. Watson和克里克H. F. C. Crick在研究微生物DNA时提出了DNA分子的双螺旋结构模型,并于1953年4月25日在英国的《自然》杂志上发表关于DNA结构的双螺旋模型起,整个生命科学就进入了分子生物学研究的新阶段,这同样也是微生物学发展史上成熟期到来的标志。

本时期的特点为:①微生物学从一门在生命科学中较为孤立的、以应用为主的学科,迅速成长为一门十分热门的前沿基础学科;②在基础理论的研究方面,逐步进入到分子水平的研究,微生物迅速成为分子生物学研究中最主要的对象;③在应用研究方面,向着更自觉、更有效和可人为控制的方向发展。至20世纪70年代初,有关发酵工程的研究已与遗传工程、细胞工程和酶工程等紧密结合,微生物已成为新兴的生物工程中的主角。尤其是近年来,应用现代分子生物技术手段,将具有某种特殊功能的基因作出了组成序列图谱,以大肠杆菌等细菌细胞为工具和对象,进行了各种各样的基因转移、克隆等等开拓性研究。在应用方面,开发菌种资源、发酵原料和代谢产物,利用代谢调控机制和固定化细胞、固定化酶,发展发酵生产和提高发酵经济的效益,应用遗传工程组建具有特殊功能的"基因工程菌",把研究微生物的各种方法和手段应用于动、植物和人类研究的某些领域。这些研究使微生物学研究进入到一个崭新的时期。

三、微生物及其在生物分类中的地位

(一) 微生物的概念

微生物(microorganism,microbe),是对细小的、人们肉眼看不见或看不清,只有借助显微镜才能看见的生物的总称。但近几年发现,有的微生物也是肉眼可见的,比如许多真菌子实体、蘑菇等肉眼可见,有些细菌也是肉眼可见的,比如1993年报道的Epulopiscium fishelsoni以及1998年报道的Thiomargarita namibiensis。最近德国科学家在纳米比海的海底沉积物中发现了一种硫细菌,均为肉眼可见的细菌。上述对微生物的定义是指一般概念,是历史的沿革,但仍为今天所适用。

(二) 微生物在生物界中的地位

在生物发展的历史上,人们曾把所有的生物分为动物界和植物界两大类。而微生

物,不仅形体微小、结构简单,而且它们中间有些类型像动物,有些类型像植物,还有些类型既有动物的某些特征,又具有植物的某些特征,因而归于动物界或植物界都不合适。于是,1866年海克尔(Haeckel)提出区别于动物界与植物界的第三界——原生生物界。它包括藻类、原生动物、真菌和细菌。

随着科学的发展,新技术和研究方法的应用,尤其是电子显微镜和超显微结构研究技术的应用,发现了生物的细胞核有两种类型:一种是没有真正的核结构,称为原核或拟核,其细胞不具核膜,只有一团裸露的核物质;另一种是有核膜、核仁及染色体组成的真正的核结构,称为真核。动物界、植物界及原生生物界中的大部分藻类、原生动物和真菌是真核生物,而细菌、蓝细菌则是原核生物。

根据核结构的不同,1969年魏塔科(Whittaker)提出五界系统,即动物界、植物界、原生生物界、真菌界和原核生物界。五界系统的生物都有细胞结构。病毒作为单独的一界被提出得较晚,主要原因在于:病毒和类病毒是生物还是非生物、是原始类型、还是次生类型,是长期争论未决的问题;病毒不是用双命法,分类不用阶元系统。但经过长期研究发现,病毒和细胞型生物有共同特性:遗传物质是DNA(部分病毒是RNA);使用共同的遗传密码。在此基础上,我国学者于1979年提出将无细胞结构病毒立为病毒界,从而建立了六界系统。

20世纪70年代末,美国伊利诺斯大学的C. R. Woese等人对大量微生物和其他生物进行了16S rRNA和18S rRNA的寡核苷酸测序,并比较其同源性后,提出了一个与以往各种界级系统不同的新系统,称为三域学说,分别是细菌域、古生菌域和真核生物域。

四、微生物的特性

微生物和其他的生物一样都是有生命的,和动植物一样具有生物最基本的特征——新陈代谢,尽管微生物极其微小,但也有自己的生命周期。微生物的初级代谢途径如核酸、蛋白质、脂肪酸、多糖等大分子物质的合成途径基本相同;微生物的能量代谢也都以ATP作为能量载体。微生物除了具有与其他生物共有的特点外,还有其本身的特点:种类多、分布广、繁殖速度快、代谢能力强、适应性强、容易变异、体积小、比表面积大,这些特点是自然界其他生物没有的,这些特征归根结底都是由微生物的体积小、比表面积大引起的,现分别加以讨论。

(一) 体积小、比表面积大

体积小、比表面积大是微生物五大特性的基础。微生物个体极其微小,测量微生物大小的单位是微米(μm)或者纳米(nm)。现以微生物的典型代表细菌为例,来说明微生物个体的大小。自然界中分布最广的细菌是杆菌,平均长度为$2\ \mu m$,1 500个杆菌首尾相连后的长度和一粒芝麻的长度一样。杆菌的平均宽度大约为$0.5\ \mu m$,60~80个杆菌肩并肩排列起来,也只有一根头发的直径那么细。细菌的体重极小,10亿~100亿个细菌的质量约为1 mg。任何定体积的物体,如对其进行三维切割,则切割的次数越多,所产生的颗粒数目也越多,颗粒的体积就越小。这时,如把所有颗粒的总面积相加,则其数目将极其可观。若称单位体积所占有的面积(即"面积/体积")为比表面积,则随着物体的体积缩小,其比表面积就随之增大。例如,一个典型的球菌,其体积仅$1\ \mu m^3$左右,可是,其比表面值却极大。如将人体的"面积/体积"比值定位为1的话,大肠杆菌的比值则高达

30万,由于微生物是一个如此突出的小体积大面积系统,必然有一个巨大的营养物质吸收面、代谢废物排泄面和环境信息交换面,由此产生了以下4个特点。

(二) 代谢活力强、胃口大

微生物虽然很小,但"胃口"却很大,代谢作用十分旺盛。经实验表明,发酵乳糖的大肠杆菌在1 h内可分解其自重1 000~10 000倍的乳糖;Candidautilis(产朊假丝酵母)合成蛋白质的能力比大豆强100倍,比食用公牛强10万倍;一个细菌在1 h内所消耗的糖即可相当于一个人在500年时间内所食用的粮食。微生物的这个特性为它们的高速生长繁殖和产生大量代谢产物提供了充分的物质基础,从而使微生物有可能更好地发挥"活的化工厂"的作用。人类对微生物的利用,也主要体现在它们极强的生物化学转化能力。

(三) 繁殖速度快

微生物具有极高的生长和繁殖速度。一种至今被人们研究得最透彻的生物——Escherichia coli (大肠杆菌),其细胞在合适的生长条件下,每分裂1次需要的时间是12.5~20.0 min。如按20 min分裂1次计,则1 h可分裂3次,每昼夜可分裂72次,后代数为4 722 366 500万亿个(2^{27},重约4 722吨),48 h为2.2×10^{43}个(约等于4 000个地球之重)。当然,这些只是理论数字,实际上,由于诸如营养、代谢产物、环境等客观因素的影响,细菌只有在对数期(见第三章)才有如此高的增殖速度,而细菌的对数期最多只能维持数小时,因而在液体培养基中,细菌的细胞浓度一般仅达10^8~10^9个/ml。

微生物的这一特性在现代发酵工业中具有非常重要的意义。例如,生产上用作发面的鲜酵母 Saccharomy cescerevisiae(酿酒酵母),其繁殖速度不算太高(2 h分裂1次),但在单罐发酵时,几乎每12 h即可"收获"1次,每年可"收获"数百次,这是其他任何农作物所不可能达到的"复种指数"。这对缓和人类面临的人口增长与食物供应矛盾有着重大的意义。例如,500 kg的食用公牛,每昼夜只能从食物中"浓缩"0.5 kg重的蛋白质,而同样重的酵母,只要以质量较次的糖液(如糖蜜)和氨水为主要养料,在24 h内即可真正合成50 000 kg的蛋白质。另外,生长旺、繁殖快的特性对生物学基本理论的研究也带来极大的优越性——它使科研周期大大缩短、经费减少、效率提高。另一方面,由于微生物的繁殖速度快,在食品加工和贮藏运输过程中,食品中的有害微生物也会加速食品的腐败变质,导致食品品质降低甚至丧失食用价值,甚至使得人们食物中毒,因此,掌握预防微生物加速食品变质的方法很重要。

(四) 适应性强,容易变异

微生物有极强的环境适应性,这是高等动、植物所无法比拟的。其原因主要也是由于其体积小和比表面积大的特性。据估计,一个微球菌(Micrococcus sp.)的细胞仅能容纳10万个蛋白质分子,而一个体积比球菌稍大一些的 E. coli 细胞却含有2 000~3 000种不同蛋白质。因此,细胞内那些暂时用不着的蛋白质不能总是贮存着。为适应多变的环境条件,微生物在其长期的进化过程中就产生了许多灵活的代谢调控机制,因而具有极其灵活的适应性。

微生物对极端恶劣的环境具有惊人的适应力,例如:在海洋深处的某些硫细菌可在250 ℃甚至在300 ℃的高温条件下正常生长;大多数细菌能耐0~−196 ℃(液氮)的任何低温,甚至在−253 ℃(液态氢)下仍能保持生命;一些嗜盐菌甚至能在浓度高达32%的饱和盐水中正常生活；许多微生物尤其是产芽孢的细菌,可在干燥条件下保藏几十年、几百年甚至上千年；*Thiobacillu sthiooxidans*（氧化硫硫杆菌）是耐酸菌的典型,它的一些菌株能在 5‰～10‰(0.5～1.0 mol/L,pH 0.5)的 H_2SO_4 中生长；有些耐碱的微生物如脱氮硫杆菌的生长最高 pH 值为 10.7,有些青霉和曲霉也能在 pH 9～11 的碱性条件下生长；在抗辐射能力方面,人和哺乳动物的辐射半致死剂量低于 1 000 R,*E. coli* 为 10 000 R,酵母菌为 30 000 R,原生动物为 100 000 R,而抗辐射力最强的生物——耐辐射微球菌则达到 750 000 R;在抗静水压方面,酵母菌可抗 500 个大气压,某些细菌、霉菌可抗 3 000 个大气压,植物病毒可抗 5 000 个大气压。地球上大洋最深处为关岛附近的马里亚纳海沟,那里的水深达 11 034 m,压力约为 1 103.4 个大气压,可是仍有细菌生存着；此外,耐缺氧、耐毒物等特性在微生物中也是极为常见的。

微生物的个体一般都是单细胞、简单多细胞或非细胞的,它们通常都是单倍体,加之它们具有繁殖快、数量多和与外界环境直接接触等原因,即使其变异的频率十分低（一般为 10^{-5}～10^{-10}）,也可在短时间内产生大量变异的后代。最常见的变异形式是基因突变,它可以涉及任何性状,诸如形态构造、代谢途径、生理类型、各种抗性、抗原性以及代谢产物的质或量的变异等。

有益的变异可以为人类创造巨大的经济效益,例如:柠檬酸的生产,在最初的发酵液中,必须添加黄血盐以除掉铁离子或添加甲醇作抑制剂,才能大量积累柠檬酸。后经过诱变处理,使菌种变异,改变了菌种对铁离子的敏感性,直接利用废糖蜜就可以进行发酵生产柠檬酸。青霉素生产菌 *Penicillium chrysogenum*（产黄青霉）的产量变异,据记载,1943 年时,每毫升青霉素发酵液中该菌只分泌约 20 单位的青霉素,而病人每天却要注射几十万单位,因此诺贝尔奖获得者之一 H. W. Florey 在回忆当时这种菌种以原始的表面培养法进行生产时说:"那时一茶匙黄色粉末,其提炼价值除研究工作精力与时间不计外,约需数千英镑。"40 余年来,通过世界各国微生物遗传育种工作者的不懈努力,使该菌产量变异逐渐累积,加上其他条件的改进,目前国际上先进的国家,其发酵水平每毫升已超过 5 万单位,甚至接近 10 万单位。利用变异和育种使产量获得如此大幅度的提高,这在动植物育种工作中简直是不可思议的。这也就是为什么几乎所有微生物发酵工厂都特别重视菌种选育工作的一个主要原因。

微生物的适应性强、容易变异的这个特点对发酵工业有利,而对大多数的食品行业则不利。例如:罐头食品的灭菌,微生物的芽孢不易杀死而残留下来,当条件适宜时,会复苏繁殖,造成罐头食品的腐败变质。

（五）分布广、种类多、食谱广

微生物因其体积小、重量轻,因此可以到处传播,以致达到"无孔不入"的地步。微生物只怕明火,地球上除了火山的中心区域外,从土壤圈、水圈、大气圈直至岩石圈,到处都有微生物的踪迹。在动物体内外也存在微生物,例如在人体肠道中,经常聚居着 100～400 种不同种类的微生物,估计它们的个体总数大于 100 万亿,重量约等于粪便干重的 1/3。植物体表面、土壤、河流、空气、平原、高山、深海、冰川、海底淤泥、盐湖、沙漠、油井、地层下以及酸性矿水中,都有大量与其相适应的微生物在活动着。

迄今为止,我们所知道的动物约有 150 万种,植物约有 50 万种,而据估计,微生物的总数在 50 万～600 万种之间。由于微生物的发现和研究比动植物都晚,目前记载的微生物种类约有 20 万种。

微生物的食谱杂，凡是能被动植物利用的物质，例如蛋白质、糖类、脂肪及无机盐等，微生物都能利用。有些不能被动植物利用的物质，也能找到利用它们的微生物，例如纤维素、石油、塑料等，不少微生物能将它们分解。另外还有一些对动植物有毒的物质，例如氰、酚、聚氯联苯等，也有一些微生物都能对付它们。美国康奈尔大学早在上世纪 70 年代初期就分离到能分解 DDT（二氯二苯三氯乙烷）的微生物，日本也发现了分解聚氯联苯的红酵母。

微生物的种类多主要表现在以下三个方面：

1. 微生物的生理代谢类型多　也就是微生物的食谱广。微生物可分解地球上贮量最丰富的初级有机物——天然气、石油、纤维素、木质素，这种能力属微生物专有。微生物有着多种产能方式，如细菌光合作用，嗜盐菌紫膜的光合作用，自养细菌的化能合成作用，各种厌氧产能途径；生物固氮作用；合成各种复杂有机物一次生代谢产物的能力；对复杂有机物分子的生物转化能力；分解氰、酚、多氯联苯等有毒物质的能力；抵抗热、冷、酸、碱、高渗、高压、高辐射剂量等极端环境的能力；以及独特的繁殖方式——病毒、类病毒、朊病毒的复制增殖，等等。

2. 代谢产物种类多　微生物究竟能产生多少种类的代谢产物，至今很难全面统计。现在已知仅 E. coli 一种细菌即产生 2 000～3 000 种不同的蛋白质。由于抗生素与人类健康等的关系极其密切，因此人们对其研究很多，获得的资料亦详细。据报道，至 1978 年止已找到 5 128 种抗生素，其中来自微生物的有 4 973 种，占 97%；据 1984 年的报道，人类找过的抗生素已多达 9 000 种。微生物所产酶的种类也是极其丰富的，仅"工具酶"中的 II 型限制性内切酶，在各种微生物中就已发现了 1 443 种（1990 年初）。由此可推测微生物代谢产物种类之多。

3. 微生物的种数多　目前比较肯定的微生物种数大约为 10 万种，随着分离、培养方法的改进和研究工作的深入，微生物的新种、新属、新科甚至新目、新纲屡见不鲜。正如前苏联微生物学家伊姆舍涅茨基所说："目前我们所了解的微生物种类，至多也不超过生活在自然界中的微生物总数的 10%。"可以相信，随着人类的认识和研究工作的深入，总有一天微生物的总数会超过动、植物总数的总和。

从微生物的分布广、种类多这一特点可以看出，微生物的资源是极其丰富的。微生物这一特点有利于我们开展综合利用，化废为宝，为社会创造财富。农副产品可以进一步加工，如秸秆发酵，作为动物饲料；纤维分解成单糖，进行酒精发酵等可以提高农副产品的利用率；污水处理、制造堆肥能将有害物质化为无害，把不能利用的物质变成植物能吸收的肥料，减少了环境污染。这些都是有利的一面。然而，对我们人类有益的食品、原料，由于保管不当，微生物们也会占为己有、加以利用而造成浪费。这一方面也应引起我们的注意。

以上就是微生物所共有的五大特性。五大特性的基础是其体积小、比表面积大，由这一个特性就可衍生出其他四个特性。五个特性对人类来说是既有利又有弊的，我们学习微生物学的目的在于能进一步开发、利用或改善有益微生物，控制、消灭或改造有害微生物，兴利除弊、趋利避害，为人类造福。

五、微生物学及其分支学科

微生物学(microbiology)是研究微生物及其活动规律的学科,研究的内容主要涉及微生物的形态结构、营养特点、生长繁殖、生理生化特点、遗传变异、分类鉴定、生态分布以及微生物在工、农、医药、卫生、环境等各方面的应用。随着微生物研究与应用领域不断拓宽,微生物学已经不是一个单一的学科,而是包括很多分支学科领域。无论基础研究领域还是应用角度,都包括了许多学科内容。

1. 根据基础理论研究内容不同,形成的分支学科有:微生物生理学(microbiol physiology)、微生物遗传学(microbiol genetics)、微生物生物化学(microbiol biochemistry)、微生物分类学(microbiol taxonomy)、微生物生态学等(microbiol ecology)。

2. 根据微生物类群不同,形成的分支学科有:细菌学(bacteriology)、病毒学(virology)、真菌学(fungi)、放线菌学(actinomycetes)等。

3. 根据微生物的应用领域不同,形成的分支学科有:工业微生物学(industrial microbiology)、农业微生物学(agricultural microbiology)、医学微生物学(medical microbiology)、病理微生物学(pathological microbiology)、食品微生物学(food microbiology)、兽医微生物学(veterinary microbiology)等。

4. 根据微生物的生态环境不同,形成的分支学科海洋微生物学(marine microbiology)、土壤微生物学(soil microbiology)等。

六、食品微生物学的研究内容和任务

(一)食品微生物学的研究内容

食品微生物学是微生物学的分支学科,是主要研究微生物与食品制造、保藏等方面内容的一门科学。该学科涉及病毒、细菌、真菌等多种微生物,除研究这些微生物的一般生物学特性外,还探讨它们与食品有关的特性。食品微生物是食品专业的专业基础课,学习这门课程的目的是为食品专业的学生打下牢固的微生物学基础和掌握熟练的微生物学技能。食品微生物学研究的主要内容有:与食品相关的微生物的基础知识;微生物引起的食品腐败变质现象、机理及其防止方法;与微生物相关的食品安全问题;微生物在食品工业中的应用;食品微生物的检验和监测技术;与食品有关的微生物的生命活动规律;如何控制有害微生物,防止食品腐败变质和由微生物引起的食物中毒。随着微生物学及生命科学的迅速发展,食品微生物学也从中获得了许多新知识和新技术,并应用这些新知识和新技术来生产更多富有营养和安全的食品。

(二)食品微生物学的任务

根据食品微生物学的研究内容可知,食品微生物学的任务是:研究有益微生物及其在食品加工制造中的应用,为人类提供营养丰富、有益健康的食品;同时,避免在食品生产、保藏、流通中受有害微生物的污染,防止食品的腐败变质和食物中毒,保证食品的安全性。

1. 有害微生物对食品的危害及防止　微生物引起的食品危害主要是食品的腐败变质,从而导致食品的营养价值降低或丧失。有的微生物产生毒素,有些微生物是病原菌,如果人们食用含有大量病原菌或含有毒素的食物,则可引起食物中毒,影响人体健康,甚

至危及生命。所以食品微生物学工作者应该设法控制或消除微生物对人类的这些有害作用,采用现代的检测手段,对食品中的微生物进行检测,以保证食品安全性。这也是食品微生物学的任务之一。

2. 有益微生物在食品中的应用　早在古代,人们就采食野生菌类,利用微生物酿酒、制酱,但当时并不知道微生物的作用。随着人们对微生物与食品关系的认识日益深刻,逐步阐明微生物的种类及其机理,也逐步扩大了微生物在食品制造中的应用范围。概括起来,微生物在食品中的应有以下三种方式：

(1) 微生物菌体的应用：食品中应用微生物菌体最广泛和直接的是食用菌。食用菌是可以食用的一类大型真菌(主要是担子菌),一般直接作为人类食品,现也有通过各种精细加工,制成更精美的饮料、滋补保健品和医疗药品。乳酸菌可用于蔬菜和乳类及其他多种食品的发酵,所以人们在食用酸奶和泡菜时也食用了大量的乳酸菌；单细胞蛋白(SCP)是从微生物体中所获得的蛋白质,也是人们对微生物菌体的利用。

(2) 微生物代谢产物的应用：人们食用的食品是经过微生物发酵作用的代谢产物,如酒类、食醋、氨基酸、有机酸、维生素、多糖等。

(3) 微生物酶制剂的应用：如酱类是利用微生物产生的酶将原料中的成分分解而制成的食品。微生物酶制剂在食品及其他工业中的应用日益广泛。

开发微生物资源并利用生物工程手段改造微生物菌种,使其更好地发挥有益作用,为人类提供更多更好的食品,是食品微生物学的重要任务之一。

技能训练一　普通光学显微镜的使用

一、实验目的与要求

1. 学习普通光学显微镜的结构、各部分功能及使用方法。
2. 学习并掌握油镜的原理和使用方法。

二、实验原理

普通光学显微镜由机械装置和光学系统两大部分构成。在光学系统中，物镜的性能最为关键，它直接影响着显微镜的分辨率。而在普通光学显微镜中配置的几种物镜，以油镜的放大倍数最大，与其他物镜相比，使用较特殊，需在载玻片与镜头之间加滴镜油，以增加照明亮度和提高分辨率。

三、材料与仪器

1. 菌种　大肠杆菌玻片、酵母菌玻片等。
2. 其他　香柏油、二甲苯、光学显微镜、擦镜纸。

四、操作步骤

1. 显微镜的安置　置显微镜于平整的实验台上，镜座距实验台边缘 3～5 cm，镜检时姿势要端正。
2. 调节光源　安装在镜座内的光源灯可通过调节电压以获得适当的照明亮度，而使用反光镜采集自然光或灯光作为照明光源时，应根据光源的强度及所用物镜的放大倍数选用凹面或平面反光镜度调节其角度，使视野内的光线均匀，亮度适宜。
3. 低倍镜观察　将标本玻片置于载物台上，用标本夹住，移动推进器，使观察对象处在物镜的正下方，下降 10× 物镜，使其接过标本，用粗调节器（粗调螺旋）慢慢升起镜筒，出现图像后再用细调节器（细调螺旋）调节图像至清晰。通过标本夹推进器慢慢移动玻片，认真观察标本各部位，找到合适目的物，仔细观察。
4. 高倍镜观察　在低倍镜下找到合适的观察目标并将其移至视野中心后转动物镜转换器，将高倍镜移至工作位置，以聚光镜器光圈及视野进行适当调节后微调细调节器使物象清晰，利用推进器移动标本仔细观察并记录。
5. 油镜观察　在低倍镜或高倍镜下找到要观察的样品区域后，用粗调节器将镜筒升高约 2 cm，然后在待观察区域滴加 1～2 滴香柏油，将油镜转到工作位置，从侧面注视，用粗调节器将镜筒小心地降下，使油镜浸在镜油中并几乎与标本相接，将聚光器升至最高位置并开足光圈，用粗调节器将镜筒徐徐上升，直至视野中出现物象并用细调节器使其清晰为止。
6. 显微镜用后处理

(1) 上升镜筒，取下载片。

(2) 用擦镜纸擦去镜头上的香柏油,然后用擦镜纸蘸少许二甲苯擦去镜头上残留的油迹,然后再用干净的擦镜纸擦去残留的二甲苯。

(3) 用擦镜纸清洁其他物镜和目镜,用绸布清洁显微镜的金属部件。

(4) 将各部分还原,反光镜垂直于镜座,将物镜转成"八字形"再向下旋,同时把聚光镜降下,以免物镜与聚光镜发生碰撞危险。

五、实验报告

要求绘出在不同物镜下观察到的不同的菌种的形态,并注明放大倍数。

实验思考题:油镜与普通物镜在使用方法上有何不同?应特别注意些什么?

六、注意事项

1. 调焦时,应先用粗调节器使镜台下降,等看到物像后再用细调节器,使物象更清晰。

2. 保持镜头干净,不要用手和其他纸擦拭镜头,以免镜头沾上污渍或产生划痕。

本章复习题

一、填空题

1. 世界上第一个看见并描述微生物的人是荷兰人_____,他的最大贡献不在商界,而是利用自制的_____发现了微生物世界。

2. 微生物学发展的奠基者是法国的巴斯德,他对微生物学的建立和发展作出了卓越的贡献,主要集中体现用_____实验彻底否定了"_____"学说。而被称为细菌学奠基者的是德国的_____,他也对微生物学建立和发展作出了卓越贡献,主要集中体现建立了细菌纯培养技术,细菌染色技术和提出了_____法则。

3. 微生物学发展史可分为五期,其分别为史前期、初创期、_____、_____和成熟期;我国人民在史前期曾有过重大贡献,其为制曲酿酒技术。

4. 微生物的五大共性是指_____、_____、_____、_____、_____。

5. 生物分类中的两界指_____和_____,三界指_____、_____和_____,五界指_____、_____、_____、_____、_____,六界指_____、_____、_____、_____、_____、_____。

6. 微生物是一把双刃剑,它们给人类带来_____的同时也带来_____。

7. 19世纪中期,法国的_____和德国的_____,是微生物学的奠基人。

8. 1978年,Woese等提出新的生物分类概念,根据16S rRNA的碱基序列将生物清晰地划分为三原界,即_____,_____和_____。

9. _____被称为微生物学之父。

二、选择题

1. 法国的巴斯德用什么实验推翻了自然发生说　　　　　　　　　　(　　)

A. 烟草花叶病毒重建实验　　　　　　B. 噬菌体的感染实验

C. 曲颈瓶实验　　　　　　　　　　　D. 肺炎双球菌的感染实验

2. 巴斯德采用曲颈瓶试验来 （　　）
A. 驳斥自然发生说　　　　　　　B. 证明微生物致病
C. 认识到微生物的化学结构　　　D. 提出细菌和原生动物分类系统
3. 第一位观察到微生物的科学家是 （　　）
A. 列文·虎克　　　　　　　　　B. 巴斯德
C. 李斯特　　　　　　　　　　　D. 科赫
4. 下列描述的微生物特征中,不是所有微生物共同特征的是 （　　）
A. 个体微小　　　　　　　　　　B. 种类繁多
C. 分布广泛　　　　　　　　　　D. 只能在活细胞内生长繁殖

三、简答题

1. 微生物有哪五大特性,其中最基本的是哪一个,为什么?
2. 试分析微生物五大特性对人类的利弊。
3. 举例说明微生物容易变异的特性。
4. 试述微生物学的发展史及其各个阶段的特点。
5. 试述食品微生物学的研究内容及研究任务。

四、名词解释

1. 微生物
2. 微生物学
3. 食品微生物学

 拓展知识 现代微生物学的发展

　　20世纪微生物学事业欣欣向荣。微生物学沿着两个方向发展,即应用微生物学和基础微生物学。在应用方面,对人类疾病和躯体防御机能的研究,促进了医学微生物学和免疫学的发展。青霉素的发现(Fleming,1929)和瓦克斯曼(Waksman)对土壤中放线菌的研究成果导致了抗生素科学的出现,这是工业微生物学的一个重要领域。环境微生物学是在土壤微生物学研究的基础上发展起来。微生物在农业中的应用使农业微生物学和兽医微生物学等也成为重要的应用学科。应用成果不断涌现,促进了基础研究的深入,于是细菌和其他微生物的分类系统在20世纪中叶出现了。对细胞化学结构和酶及其功能的研究发展了微生物生理学和生物化学,微生物遗传和变异的研究导致了微生物遗传学的诞生。微生物生态学在20世纪60年代也形成了一个独立学科。

　　20世纪80年代以来,在分子水平上对微生物的研究迅速发展,分子微生物学应运而生。在短短的时间内取得了一系列进展,并出现了一些新的概念,较突出的有:生物多样性、进化、三原界学说,细菌染色体结构和全基因组测序,细菌基因表达的整体调控和对环境变化的适应机制,细菌的发育及其分子机理,细菌细胞之间和细菌与动植物之间的信号传递,分子技术在微生物原位研究中的应用。经历约150年成长起来的微生物学,在21世纪将为统一生物学的重要内容而继续向前发展,其中两个活跃的前沿领域将是分子微生物遗传学和分子微生物生态学。

　　微生物产业在21世纪将呈现全新的局面。微生物从发现到现在短短的300年间,特别是20世纪中叶,已在人类的生活和生产实践中得到广泛的应用,并形成了继动、植物两大生物产业后的第三大产业。这是以微生物的代谢产物和菌体本身为生产对象的生物产业,所用的微生物主要是从自然界筛选或选育的自然菌种。21世纪,微生物产业除了更广泛地利用和挖掘不同生境(包括极端环境)的自然资源微生物外,基因工程菌将形成一批强大的工业生产菌,生产外源基因表达的产物,特别是药物的生产将出现前所未有的新局面,结合基因组学在药物设计上的新策略将出现以核酸(DNA或RNA)为靶标的新药物(如反义寡核苷酸、肽核酸、DNA疫苗等)的大量生产,人类将完全征服癌症、艾滋病以及其他疾病。此外,微生物工业将生产各种各样的新产品,例如降解性塑料、DNA芯片、生物能源等。21世纪将出现一批崭新的微生物工业,为全世界的经济和社会发展做出更大贡献。

第二章 微生物的形态结构

微生物往往以群体的形式出现,因此它们的形态结构通常包括个体形态和群体形态,微生物根据其不同的进化水平和性状上的明显差别,可分为原核微生物、真核微生物和非细胞微生物三大类群。有些生物的细胞结构比较原始,没有核膜和核仁,称为原核细胞。具有原核细胞的生物称为原核微生物。原核微生物主要有六类,即细菌、放线菌、蓝细菌、支原体、立克次氏体和衣原体。有些微生物的细胞结构比较完善,具有核膜和核仁,称为真核细胞,具有真核细胞的微生物称为真核微生物。真核微生物包括各种霉菌、酵母和食用菌等。非细胞微生物是指无细胞结构的生物,包括病毒和亚病毒。本章主要介绍与食品有关的细菌、放线菌、酵母、霉菌、病毒和食用菌。

第一节 细菌

细菌是一类细胞细而短(细胞直径约 $0.5\ \mu m$,长度约 $0.5\sim 5\ \mu m$)、结构简单、细胞壁坚韧、以二分裂方式繁殖和水生性较强的原核微生物。当人们还未认识细菌时,细菌中的少数病原菌曾猖獗一时,给人类带来危害;不少腐败菌也常常引起食物腐烂变质。因此,细菌给人的最初印象是恐怖的,人们常常"谈细菌而色变"。随着微生物学的发展,当人们对细菌的生命活动规律认识清楚后,情况就有了改变。人们采取一些措施,控制有害细菌对人类的危害,利用有益的细菌为人类造福。例如各种氨基酸、核苷酸、酶制剂、有机酸、抗生素等重要产品的发酵生产,在石油开采中钻井液添加剂黄原胶的生产。此外,在许多重大基础研究领域中,细菌还是重要的研究对象,其中,被誉为"生物界超级明星"的大肠杆菌所作出的特殊贡献,更是生命科学研究中的突出例证。

细菌在自然界中适应性极强,凡温暖、潮湿和富含有机物质的地方均有细菌的活动,常常会散发出不好闻的气味。

一、细菌的形态

细菌是单细胞原核微生物,每一个细胞就是一个个体,许多细菌往往聚集成群体。细菌的形态结构包括个体形态、群体形态和细胞结构。

(一)细菌的个体形态

细菌的个体形态是指细菌菌体的形状和大小。

1. 细菌的个体形状　细菌基本上有球状、杆状和螺旋状三大类,按照形状分别称为球菌、杆菌和螺旋菌(图 2-1)。

(1) 球菌(coccus):菌体成圆球形或椭圆形的细菌称为球菌,根据其分裂的形式和分裂后相互连结的形式又可分单球菌、双球菌、四联球菌、八叠球菌、链球菌和葡萄球菌等。

①单球菌:菌体分裂后散开,互不相连,单独分布,如尿素微球菌。
②双球菌:菌体分裂后成双排列,如肺炎双球菌。
③链球菌:菌体分裂面方向一致,分裂后许多菌体连接成链状,如乳酸链球菌、嗜热链球菌。
④四联球菌:菌体分裂面互相垂直,分裂后四个菌体排列在一起,如四联球菌。
⑤八叠球菌:菌体三次分裂面互相垂直,分裂后八个菌体叠在一起呈立方体,如藤黄八叠球菌、乳酪八叠球菌。
⑥葡萄球菌:菌体分裂面不规则,分裂后几个或几十个菌体连在一起,没有一定的形状和次序,像一串葡萄,如金黄色葡萄球菌。

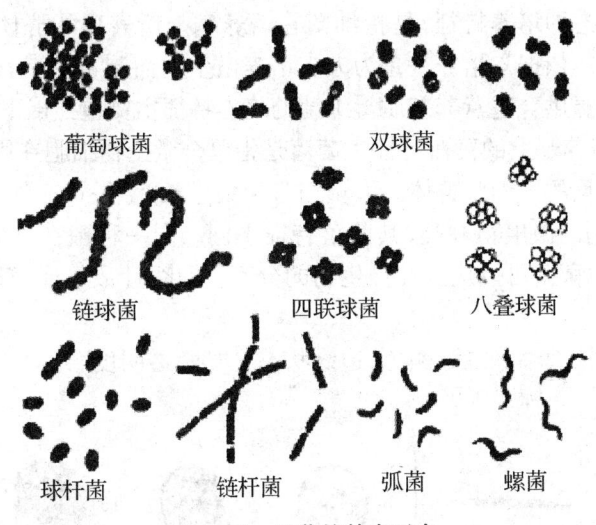

图 2-1 细菌的基本形态

(2) 杆菌(bacillus):杆状的细菌称为杆菌,其细胞形态较球菌复杂。在自然界中,杆菌是细菌中种类最多的。杆菌细胞呈杆状或圆柱形,菌体多数平直,也有稍弯曲。各种杆菌的长宽和菌体两端不尽相同,据此分为如下几种:

①长杆菌:有的杆菌菌体很长,约 4~8 μm,称为长杆菌,如乳酪杆菌。
②短杆菌:有的杆菌菌体较短,约 2~8 μm,呈椭圆状,称为短杆菌,如醋酸杆菌。
③球杆菌:有的杆菌菌体短小,两端钝圆,约 1~2 μm,称为球杆菌。
④棒状杆菌:有的杆菌菌体一端膨大,称为棒状杆菌,如北京棒状杆菌。
⑤梭状杆菌:杆菌菌体如梭状,如肉毒梭状芽孢杆菌。
⑥分枝杆菌:有的杆菌具有分枝或侧枝的杆菌,称为分枝杆菌。

杆菌细胞常沿菌体长轴方向分裂,大多数分裂后菌体分散单独存在,称为单杆菌;分裂后两菌端相连成对排列在一起,称为双杆菌;但有的杆菌分裂后相连呈长短不同的链状,称为链杆菌,有的分裂后则呈栅状或"八"字形排列。

杆菌形成芽孢的能力不同,能产生芽孢的为芽孢杆菌,如枯草芽孢杆菌;不能产生芽孢的为无芽孢杆菌,如大肠杆菌。

(3) 螺旋菌(spirilla):螺旋状的细菌称为螺旋菌,据弯曲程度不同可分为螺菌、弧菌和螺旋体。若螺旋不满一环则称为弧菌(vibrio);满 2~6 环的小型、坚硬的螺旋状细菌可称为螺菌(spirillum);而旋转周数在 6 环以上、体大而柔软的螺旋状细菌则称螺旋体(spirochaeta)。

在自然界所存在的细菌中,杆菌最为常见,球菌次之,而螺旋状的最少。此外,近年来还陆续发现少数其他形态如三角形、方形和圆盘形、肾形、柄形等的细菌,但都较少见。

2. 细菌的大小　细菌个体非常小,必须借助光学显微镜才能观察到,通常用显微测微尺测量细菌菌体的大小,量度细菌大小的单位是 μm(微米,即 10^{-6} m)。量度更小的微生物时要用电子显微镜,单位则要用 nm(纳米,即 10^{-9} m)作单位。球菌的大小以其直径表示,如金黄色葡萄球菌为 $0.8\sim1.0\ \mu m$,杆菌的大小以长度×宽度表示,如大肠杆菌的大小为 $(1.0\sim2.0)\mu m\times0.5\ \mu m$。螺旋菌的大小以长度×宽度表示,但长度以自然弯曲的长度来计算,而不以真正的长度计算。

（二）细菌的群体形态

细菌的群体形态即培养特征,是指细菌在培养基上所表现的群体形态和生长情况,它是细菌分类鉴定的依据。培养基是为人工培养微生物而制备的,为微生物的生长繁殖以及积累代谢产物提供合适营养基质。细菌的培养特征主要包括以下三个方面:

1. 固体平板培养基上的菌落特征　菌落是指单个微生物细胞在固体培养基上,生长繁殖形成的肉眼可见的子细胞群体。大量细胞密集生长,结果长成的各"菌落"连接成一片,称作菌苔。不同的微生物种类,其菌落特征不同。同一种菌在不同培养条件下菌落特征也不尽相同,故菌落可以应用在微生物的分离、纯化、计数等研究以及菌种选育等实际工作中。

菌落的特征包括大小、形状、颜色、边缘状态、质地、透明度、光泽、表面、隆起程度、湿润度等(图2-2)。

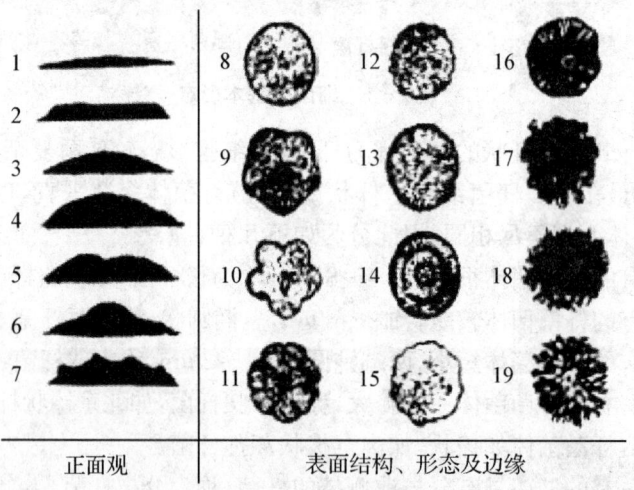

1. 扁平　2. 隆起　3. 低凸起　4. 高凸起　5. 脐状　6. 草帽状　7. 乳头状表面结构　8. 圆形,边缘整齐　9. 不规则,边缘波浪　10. 不规则,颗粒状,边缘叶状　11. 规则,放射状　12. 规则,边缘整齐,表面光滑　13. 规则,边缘齿状　14. 规则,有同心环,边缘完整　15. 不规则,似毛毯状　16. 规则似菌丝状　17. 不规则,卷发状,边缘波浪　18. 不规则,丝状　19. 不规则,根状

图2-2　细菌的菌落特征

2. 斜面培养特征　采用划线接种的方法把菌种接种到试管中的固体斜面培养基上,在适宜的条件下培养后对其培养特征进行观察。细菌的斜面培养特征包括菌苔的形状、颜色、隆起和表面状态等。

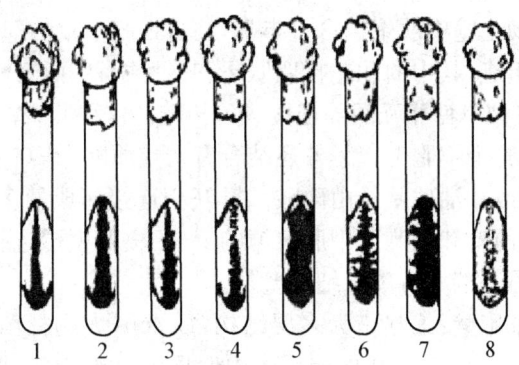

1. 丝状 2. 有小突起 3. 有小刺 4. 念珠状 5. 扩展状 6. 假胞状 7. 树状 8. 数点状

图 2-3　细菌斜面培养特征

3. 液体培养特征　将细菌接种到适宜的液体培养基中,在合适的条件下,经过 1～3 天培养,可对其进行观察。细菌的液体培养特征包括表面状况、混浊程度、沉淀状况、有无气泡和颜色变化等。

二、细菌的细胞结构

细菌的细胞结构可分为基本结构和特殊结构,其中把一般细菌都有的构造称为一般构造,例如细胞壁、细胞膜、细胞质、核质体等,而把并非一般细菌共有的构造称为特殊构造,主要是鞭毛、荚膜、菌毛、性菌毛和芽孢等。

（一）细菌细胞的基本结构

1. 细胞壁　细胞壁是位于细胞最外的一层坚韧且略有弹性的无色透明薄膜,约占菌体干重的 10%～15%。通过染色、质壁分离或制成原生质体后再在光学显微镜下观察,可证实细胞壁的存在;用电子显微镜观察细菌超薄切片等方法,更可确证细胞壁的存在。

（1）细胞壁的功能主要有:①固定细胞外形,维持细胞形状;②协助鞭毛运动、为鞭毛运动提供支点;③保护细胞免受机械性破坏或者其他损伤;④为正常细胞分裂所必需;⑤阻挡有害物质进入细胞,保护细胞免受溶菌酶、消化酶等的损伤;⑥与细菌的抗原性、致病性(如内毒素)和对噬菌体的敏感性密切相关。⑦与细菌的革兰染色有关。

（2）革兰染色:细胞壁的构造和成分较复杂。原核微生物细胞壁的主要成分有肽聚糖和磷壁质。不同细菌的细胞壁化学组成和结构不同。通过革兰染色可将大多数细菌分为革兰阳性菌(G^+)和革兰阴性菌(G^-)两大类。

1884 年丹麦医生革兰(Christian Gram)发明了一种染色法,这种染色方法的基本步骤为:在一个已固定的细菌涂片上用结晶紫染色,再加媒染剂——碘液染色,然后用 95% 浓度的乙醇脱色,最后用复染液(沙黄或番红)复染。光学显微镜下菌体呈红色者为革兰染色反应阴性细菌(常以 G^- 表示),呈深紫色者为革兰染色反应阳性细菌(常以 G^+ 表示)。这一染色程序被称为革兰染色法(Gram staining)。通过这一染色方法的结果可将所有细菌分为革兰阳性菌和革兰阴性菌两大类。这两大类细菌在细胞结构、成分、形态、生理、生化、遗传、免疫、生态和药物敏感性等方面都呈现出明显差异,因此革兰氏染色有着十分重要的理论与实践意义。下面分别介绍两种细菌的细胞壁结构差异:

①革兰阳性细菌细胞壁:革兰阳性细菌细胞壁为单层,较厚,约 20～80 nm,最典型的

为金黄色葡萄球菌。细胞壁中肽聚糖含量丰富,约占细胞干重的50%～80%。肽聚糖分子由肽和聚糖两部分组成,其中的肽包括四肽尾和肽桥两种,而聚糖则是由N-乙酰葡糖胺和N-乙酰胞壁酸两种单糖相互间隔连接成的长链。这种肽聚糖网格状分子交织成一个致密的网套,覆盖在整个细胞上。另外还结合有磷壁质酸,是G^+细菌细胞壁特有的成分,磷壁酸是由核糖醇或甘油残基经由磷酸二键互相连接而成的多聚物。磷壁酸分壁磷壁酸和膜磷壁酸两种,前者和细胞壁中肽聚糖的n-乙酰胞壁酸连接;膜磷壁酸又称脂磷壁酸,和细胞膜连接,另一端均游离于细胞壁外。

②革兰阴性细菌细胞壁:细胞壁为多层结构,E. coli(大肠杆菌)为代表。G^-菌的细胞壁比G^+菌的薄,可分为内壁层和外壁层。内壁层紧贴细胞膜,厚约2～3 nm,由肽聚糖组成,占细胞壁干重的5%～10%。外壁层又称外膜约8～10 nm,主要由脂多糖和外膜蛋白组成,表面不规则,呈波浪状。网格状结构疏松。

表2-1 革兰氏阳性细菌与革兰氏阴性细菌细胞壁的主要区别

细菌类群	壁厚度	肽聚糖			磷壁酸	蛋白质	脂多糖	脂肪
		含量	层次	网格结构				
G^+	20～80 nm	40%～90%	单层	紧密	+	约20%	-	1～4
G^-	10 nm	5%～10%	多层	疏松	-	约60%	+	11～22

③革兰染色机理:革兰染色的性质同细胞壁的结构与组分有关。现在大多认为,在染色过程中,细胞内形成了一种不溶性的结晶紫-碘的复合物,这种复合物可被乙醇(或丙酮)从G^-细菌细胞内抽提出来,但不能从G^+菌中抽提出来。这是由于G^+菌细胞壁较厚,肽聚糖含量高,脂质含量低、甚或没有,经乙醇处理后引起脱水,结果肽聚糖孔径变小,渗透性降低,结晶紫-碘复合物不能外流,于是保留初染的紫色。而革兰阴性细菌细胞壁肽聚糖层较薄,含量较少,而且脂质含量高,经乙醇处理后,脂质被溶解,通透性增高,结果结晶紫-碘复合物被洗脱,细胞被番红复染成红色。

2. 细胞膜 细胞膜又称细胞质膜或原生质膜,是紧贴在细胞壁内侧的一层由磷脂和蛋白质组成的柔软、富有弹性的半透性薄膜。细菌细胞膜占细胞干重的10%左右,其化学成分主要为脂类(20%～30%)与蛋白质(60%～70%)。原核生物中除支原体外,细胞膜上一般不含胆固醇,这与真核生物不同。

通过质壁分离、选择性染色、原生质体破裂或电子显微镜观察等方法,可以证明细胞膜的存在。在电子显微镜下观察时,细胞膜呈明显的双层结构——在上下两暗色层间夹着一浅色的中间层,这是因为细胞膜的基本成分是由两层磷脂分子整齐地排列而成的。

细胞膜中的脂类主要是甘油磷脂,由磷酸、甘油和脂肪酸组成,两个脂肪酸分子通过酯桥分别连接在甘油的两个羟基上,甘油的第三个羟基被磷酸酯化,从而形成磷脂。两个非极性的脂肪酸链形成磷脂分子的疏水端,称疏水尾;带正电荷基团的磷酸残基形成磷脂分子的亲水端,称亲水头。

根据蛋白质在细胞膜上存在的部位不同,可将其分为两类:一类以不同深度嵌插在膜内,称整合蛋白(内嵌蛋白)。整合蛋白均为双性分子,非极性区插入膜内,极性区朝向膜的表面,它们通过很强的疏水或亲水作用与膜牢固结合,不容易被分离。另一类蛋白质黏附在膜内、外侧的表面,称外周蛋白或膜外蛋白。外周蛋白与细胞膜结合较为松弛,容易被分开。从生理作用看,膜蛋白皆属酶类,主要包括呼吸酶、合成酶和渗透酶。

(1) 细胞膜的结构:关于细胞膜的结构,曾提出过各种假说和模型,其中 Singer 和 Nicolson 于 1972 年提出的液态镶嵌模型受到许多实验结果的支持,真实地说明了细胞膜的结构和属性。该模型的中心思想是:细胞膜具有流动性和镶嵌性,主要内容包括:

① 膜的基本结构是磷脂双分子层,两层脂分子的亲水头朝外,疏水尾向内(酶以磷脂分子由一个带正电荷且能溶于水的极性头——磷酸端和一个不带电荷、不溶于水的非极性尾——烃端所构成。极性头朝向膜的内外两个表面,呈亲水性;而非极性的疏水尾——长链脂肪酸则埋藏在膜的内层,从而形成一个磷脂双分子层)。

② 蛋白质以不同程度镶嵌在磷脂双分子层中(磷脂双分子层通常呈液态,不同的内嵌蛋白和外周蛋白可在磷脂双分子层液体中作侧向运动,犹如漂浮在海洋中的冰山)。

③ 膜具有流动性,磷脂分子和蛋白质在膜中的位置不断发生变化。

④ 膜两侧分子性质和结构不同,因此,具有不对称性。

(2) 细胞膜的功能:① 控制细胞内、外的物质(营养物质和代谢废物)的运送、交换;② 维持细胞内正常渗透压的屏障作用;③ 合成细胞壁各种组分(LPS、肽聚糖、磷壁酸)和荚膜等大分子的场所;④ 进行氧化磷酸化或光合磷酸化的产能基地;⑤ 许多酶(β-半乳糖苷酶、有关细胞壁和荚膜的合成酶、ATP 酶)和电子传递链组分的所在部位;⑥ 鞭毛的着生点和提供其运动所需的能量等。

3. 细胞质及内含物 被细胞膜包围着的、除核质体外的一切透明、胶状、颗粒状物质,可总称为细胞质。其主要成分为核糖体、贮藏物、各种酶类、中间代谢物、无机盐、水分和等,细胞质中含有多种酶,是新陈代谢的场所,少数细菌还存在羧化体、伴孢晶体或气泡等构造。细胞质中无真核细胞所具有的细胞器,但含有许多内含物,主要有核糖体、液泡和贮藏性颗粒。由于含有较多的核糖核酸,所以呈现较强的嗜碱性,易被碱性和中性染料染色。

4. 原核(拟核) 核质体是原核生物所特有的无核膜结构的原始细胞核,又称核区、拟核或核基因组等。细菌的核质体是一个大型环状的双链 DNA 分子,长度为 0.25～3 mm(例如 E. coli 的 DNA 长约 1 mm)。每个细胞所含的核质体数与其生长速度有关,一般为 1～4 个。细菌除在染色体复制的短时间内呈双倍体外,一般均为单倍体。核质体是负载细菌遗传信息的物质基础。在细菌中,除染色体 DNA 外,还存在一种能自我复制的小环状 DNA 分子,称质粒(plasmid)。质粒分子量较细菌染色体小,约 $(2\sim100)\times10^6$ Da。每个菌体内可有一至数个质粒。不同质粒的基因之间可发生重组,质粒基因与染色体基因也可重组。质粒对细菌的生存并不是必需的,它可在菌体内自行消失,也可经一定处理后从细菌中除去,但不影响细菌的生存。不同的质粒分别含有使细菌具有某些特殊性状的基因,如致育性、抗药性、产生抗生素、降解某些化学物质等。

(二) 细菌细胞的特殊结构

1. 鞭毛 某些细菌的细胞表面伸出细长、波曲、毛发状的附属物称为鞭毛。鞭毛细而长,其长度常为细胞的若干倍,最长可达 70 μm,但直径只有 10～20 nm,因此用光学显微镜看不见。如果采用特殊的鞭毛染色法,使染料沉积在鞭毛上,加粗其直径,就可在光学显微镜下观察到细菌鞭毛,但真实形态只在电镜下可见。另外,采用悬滴法及暗视野映光法观察细菌运动状态及用半固体琼脂穿刺培养,从细菌生长的扩散情况可初步判断细菌是否有鞭毛。

(1) 鞭毛的化学组分:鞭毛的主要成分是蛋白质,只含有少量的多糖或脂类。鞭毛蛋白占细胞蛋白质的2%。

(2) 鞭毛的结构:细菌的鞭毛由基体、鞭毛钩和鞭毛丝三部分组成。基体嵌埋在细胞壁和细胞膜中,且革兰阳性和阴性细胞的基体组成有所不同(图2-4)。革兰阴性细菌的鞭毛如大肠杆菌的基体由四个环构成,分别为处于细胞壁外膜层中 L 环、肽聚糖中 P 环及在膜中的 S 环和 M 环。革兰阴性细菌的鞭毛如枯草芽孢杆菌的基体则没有 L 环和 P 环。功能:鞭毛钩和鞭毛丝均由特殊的蛋白质亚基组成,细菌的运动就是通过鞭毛丝的高速旋转而实现的。

(3) 鞭毛的着生方式:细菌鞭毛的数目和着生位置是细菌总的特征之一,也常作为分类鉴定的重要依据,在各类细菌中,弧菌、螺菌类普遍着生鞭毛;在杆菌中,假单胞菌都着生端生鞭毛,其余的有周生鞭毛和不长鞭毛的;球菌一般无鞭毛,仅个别属如动球菌属才长鞭毛。鞭毛在细胞表面的着生方式多样,主要有以下类型:

① 一端单生:在菌体的一端只生一根鞭毛,如霍乱弧菌。
② 两端单生:菌体两端各具一根鞭毛,如鼠咬热螺旋体。
③ 一端丛生:菌体一端生一束鞭毛,如铜绿假单胞菌。
④ 两端丛生:菌体两端各具一束鞭毛,如红色螺菌。
⑤ 周生:周身都有鞭毛,如大肠杆菌、枯草杆菌等。

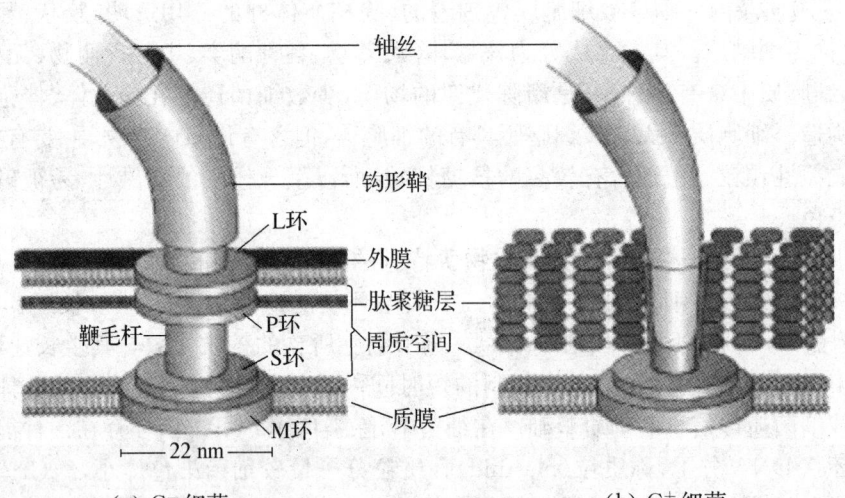

(a) G^- 细菌　　　　　　(b) G^+ 细菌

图 2-4 细菌鞭毛的超微结构示意图

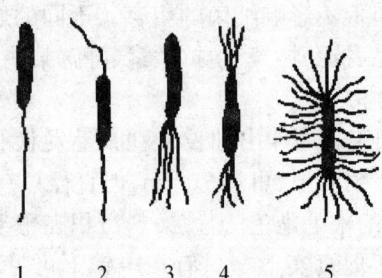

1. 一端单生　2. 两端单生　3. 一端丛生　4. 两端丛生　5. 周生

图 2-5 细菌鞭毛的着生位置和方式

细菌可借助鞭毛在液体中运动,运动方式和速度与鞭毛着生的位置和数目有关,运动速度一般每秒达 20～80 μm,最高时达到 100 μm。一端生和两端生鞭毛菌做直线运动,速度快,有时可摆动;周生鞭毛菌做翻转运动,速度慢。在不良环境中或生长后期,菌体常常因失去鞭毛而停止运动,故观察细菌鞭毛时,要选用幼龄菌体。

2. 菌毛　很多革兰阴性菌及少数阳性菌的细胞表面有一些比鞭毛更细、较短而且硬的丝状体结构,称为菌毛,亦称伞毛、绒毛、须毛或纤毛。菌毛不是运动器官,它可以增加细菌附着在其他细胞和物体上的能力。菌毛直径约 3～7 nm,长度约 0.5～6 μm,有些菌毛可长达 20 μm。菌毛由菌毛蛋白组成,与鞭毛相似,也起源于细胞质膜内侧基粒上。菌毛不具运动功能,常见于非运动的细菌中。因机械因素而失去菌毛的细菌很快又能形成新的菌毛,因此认为菌毛可能经常脱落并不断更新。

菌毛类型很多,根据菌毛功能可将其分成两大类:普通菌毛和性菌毛。普通菌毛可增加细菌吸附于其他细胞或物体的能力。例如肠道菌的 I 型菌毛,它能牢固地吸附在动植物、真菌以及多种其他细胞上,包括人的呼吸道、消化道和泌尿道的上皮细胞上;有的能吸附于红细胞上,引起红细胞凝集;有的是噬菌体的吸附位点。菌毛的这种吸附性可能对细菌在自然环境中的生活有某种意义。性菌毛是在性质粒(F 因子)控制下形成的,故又称 F-菌毛(F-pili)。它比普通菌毛粗而长,数量少,一个细胞仅具 1～4 根。性菌毛是细菌传递游离基因的器官,作为细菌接合时遗传物质的通道。现在很多学者趋向于用纤毛表示普通菌毛,而菌毛则多指性菌毛。

3. 荚膜　有些细菌生活在一定营养条件下,可向细胞壁外分泌一层黏性透明的物质,根据这层黏性物质的厚度、可溶性及在细胞表面存在的状况,可把它们分为荚膜、微荚膜或黏液层,这些均可称为糖被。也有些细菌的荚膜连在一起,其中包含着多个细胞,称作菌胶团。荚膜很难着色,用负染色法可在光学显微镜下观察到,即背景和细胞着色,荚膜不着色。

微荚膜的厚度在 200 nm 以下,它与细胞表面结合较紧,用光学显微镜不易观察到,但可采用血清学方法证明其存在。微荚膜易被胰蛋白酶消化。

黏液层比荚膜疏松,无明显形状,悬浮在基质中更易溶解,并能增加培养基黏度。

荚膜产生受遗传特性控制,但并非是细胞绝对必要的结构,失去荚膜的变异株同样正常生长。而且,即使用特异性水解荚膜物质的酶处理,也不会杀死细菌。

荚膜的主要成分是 90% 以上的水分以及多糖、多肽或蛋白质,也含有一些其他成分。在固体培养基上,产荚膜的细菌菌落通常光滑透明,称光滑型(S 型)菌落,不产荚膜细菌菌落表面粗糙,称粗糙型(R 型)菌落。

荚膜的主要作用:①保护作用:能保护细胞免受干燥的影响,使之抵抗宿主白细胞的吞噬,同时能增强某些病原菌的致病能力。例如能引起肺炎的肺炎双球菌Ⅲ型,如果失去了荚膜,则成为非致病菌。②作为细胞外碳源和能源性贮藏物质,当外界营养缺乏时,细菌可吸收利用荚膜成分而维持生命活动。③作为细胞的渗透屏障,使细胞免受重金属离子的毒害可作为菌体黏附的基质等。

有些产荚膜细菌,如肠膜明串珠菌(*Leuconostoc mesenteroides*),则可用于葡聚糖的工业生产,葡聚糖已被用来治疗失血性休克的血浆代用品。从野油菜黄单胞菌(*Xanthomonas campestris*)荚膜提取的黄原胶,已作为食品添加剂应用于食品工业中。

而菌胶团则在污水生物处理中对活性污泥的形成、作用与沉降性能等均具重要影响。有些产荚膜的细菌,常常给生产带来麻烦,牛奶、蜜糖、面包及其他含糖液变得"黏胶状",就是由于受了某些产荚膜细菌的污染。制糖工业中产荚膜的肠膜明串珠菌的繁殖引起糖液发黏,影响糖液的过滤,有些细菌能借荚膜牢固地黏附在牙齿表面,引起龋齿。

4. 芽孢　某些细菌在其生活史的一定阶段,于营养细胞内形成一个圆形、椭圆形或圆柱形的,高度折射、厚壁、含水量低、抗逆性强的休眠构造,称为芽孢(spore)。因为细菌芽孢都形成在菌体内,故亦称内生孢子(endosome)。含有芽孢的菌体细菌称为孢子囊(sporangium)。芽孢成熟后可脱落出来。

球菌和螺旋菌仅少数种能生成芽孢,球菌中只有芽孢八叠球菌属产生芽孢。生成芽孢的细菌多为杆菌,主要有两个属,好氧性的芽孢杆菌和厌氧性的梭状芽孢杆菌。形成芽孢需要一定的外界条件,这些条件因菌种而异。然而,芽孢一旦形成,对恶劣环境条件均具有很强的抵抗能力。芽孢为休眠体,在一定条件下可保存几十年而不丧失其生活力。

芽孢具有很强的抗热性,芽孢尤其能耐高温,芽孢的存在对食品工业的灭菌提出了更高的要求。一般细菌的营养细胞在70~80 ℃ 10 min就死亡,芽孢的出现保护了微生物个体,使之在高温干燥等不良条件下能够生存。如枯草芽孢杆菌的芽孢在沸水中可存活1 h,破伤风芽孢杆菌的芽孢可存活3 h,而肉毒梭菌的芽孢则可忍受6 h左右,即使在180 ℃的干热中仍可存活10 min。一般在121 ℃下,需要15~20 min才能杀死芽孢。除耐热外,芽孢也能抵抗低温,它在液氮温度(-190 ℃)中6个月仍能存活。芽孢对辐射、高温、干燥和大多数化学杀菌剂也具有极强的抗性。

芽孢之所以具有如此高度的抗逆性,这与其结构和化学组成有关。芽孢的结构包括胞外壁、芽孢衣、皮层和核心。

胞外壁:位于芽孢的最外层,是一种类似角蛋白的蛋白质,非常致密,无通透性,可抵抗有害物质的侵入。

芽孢衣:层次很多,有3~15层,主要含疏水性的角蛋白,芽孢衣对溶菌酶、蛋白酶和表面活性剂具有很强的抗性,对多价阳子的透性很差。

皮层:是最厚的一层,在芽孢中占有很大体积,在芽孢形成中产生一种高度抗性物质,2,6-吡啶二羧酸钙盐(DPA-Ca)。

核心:由芽孢壁、芽孢膜、芽孢质和核区四个部分构成。芽孢壁含有肽聚糖,可发展成新细胞的壁;芽孢膜含有磷脂,可发展成新细胞的膜;芽孢含有DPA-Ca、核糖体、RNA和酶类;核区含有DNA。

成熟的芽孢结构特点是含水少、致密紧、含大量的抗性物质,因此芽孢具有极强的抗性和休眠等特征。芽孢在细菌细胞中的位置、形态与大小因菌种不同而异,这是分类鉴定的重要依据之一。芽孢的形态和着生位置如图2-6。

研究芽孢的意义在于:可以作为菌种分类的依据;选择灭菌指标,芽孢最耐热,因此在微生物实验或者工业发酵中常以是否杀死芽孢作为灭菌的标准;对于能够形成芽孢的细菌,由于芽孢是抗性强,酶活低的休眠体,可在自然界存活10~20年,因此在实验室保藏条件下,芽孢可存活更长的时间,可以作为保存菌种的材料。

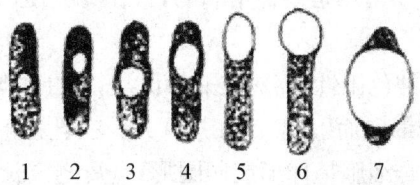

1. 芽孢球形,在菌体中心 2. 卵形,偏离中心不膨大 3. 卵形,近中心,膨大 4. 卵形,偏离中心,稍膨大 5. 卵形,在菌体极端,不膨大 6. 球形,在极端,膨大 7. 球形,在中心,特别膨大

图 2-6 芽孢的形态和着生位置

三、细菌的繁殖方式和培养特征

1. 细菌的繁殖　细菌的繁殖主要是以无性繁殖为主,其中又以裂殖方式中的二分裂法为主要形式。绝大多数种类的细菌在分裂前菌体伸长,然后在中部垂直于菌体长轴处分裂,形成大小基本相同的两个子细胞,称为同型分裂。少数种类的细菌分裂偏于一端,形成大小不同的两个子细胞,称为异型分裂。在电镜下观察,细胞分裂过程可分为细胞核及细胞质分裂、横隔壁形成和子细胞分离三步。

(1) 核质分裂:染色体 DNA 复制并形成两个核区,随着细菌的伸长,原核彼此分开,同时细胞膜向细胞质延伸,然后闭合,直至闭合形成一个垂直于细胞长轴的细胞质隔膜,将细胞质和原核分开。

(2) 横隔壁形成:随着细胞膜内陷,母细胞的细胞壁也跟着向中心逐渐延伸,形成横隔壁,把细胞质隔膜分成两层,每一层将分别成为子细胞的细胞膜,横隔壁将分别成为子细胞壁。

(3) 子细胞分离:有些种类的细菌细胞在横隔壁形成后不久便相互分离,形成单个细胞的菌体,而有些细菌在横隔壁形成后暂不分离,数个细胞相连成链状,根据菌种不同,组成不同的排列形式,如双球菌、链球菌等。

2. 细菌的培养特征　见"细菌的群体形态"。

四、细菌与食品及在食品工业中的应用

(一) 食品中常见的细菌

食品中常见的细菌,有的是对食品工业生产有害的,有的则是有利的。

1. 革兰阴性菌

(1) 醋酸杆菌属:醋酸杆菌属细胞从椭圆状到杆状,$(0.4\sim0.8)\mu m \times (1.0\sim2.0)\mu m$,革兰染色阴性,无芽孢,需氧。该菌属具有较强的氧化能力,如醋酸杆菌能氧化乙醇为醋酸,常用于醋酸的生产,但却对酒类饮料有害,可以使啤酒浑浊,变味,发黏。一般出现在发酵的粮食、腐败的水果蔬菜,以及变酸的酒类和果汁中。

(2) 埃希杆菌属:埃希杆菌属细胞呈杆状,有的近似球状,$(0.5\sim0.8)\mu m \times (0.1\sim2.0)\mu m$,革兰染色阴性,无芽孢。典型代表是大肠杆菌,兼性厌氧,工业中往往用于生产谷氨酸脱羧酶,天冬氨酸,苏氨酸,缬氨酸等产品。在生物工程领域中,还常被选为研究材料。但在啤酒生产中能产生异味,在奶品生产中能使牛奶迅速产酸凝固。大肠杆菌存

在于温血动物的肠道中,有些菌株是条件治病的,常作为粪便污染和食品检验的指示菌。

2. 革兰阳性菌

(1) 葡萄球菌属:革兰染色阳性,需氧或兼性厌氧,往往耐热、耐盐。其中最重要的是金黄色葡萄球菌,能产生肠毒素而引起食物中毒,尤其在乳粉生产中是控制的重点。

(2) 链球菌属:链球菌属细胞呈球形或卵圆形,呈短链或长链状排列,革兰染色阳性,无芽孢,兼性厌氧。乳链球菌可用于生产乳制品。无乳链球菌可引起乳牛患乳房炎。粪链球菌往往引起罐头食品和肉制品的腐败。

(3) 梭状芽孢杆菌属:其中肉毒梭状芽孢杆菌专性厌氧,能产生一种与神经亲和力很强的肉毒毒素,是毒性极大的病原菌。

另外,常见的还有枯草芽孢杆菌,是典型的腐败菌,也是酿造业制曲中曲子发黏并产生异臭的主要因素;乳酸杆菌在食品工业中常用来生产乳酸和青储饲料;北京棒状杆菌在味精生产中发酵获得谷氨酸;明串珠菌常引起糖厂的糖发黏等。

(二) 细菌在食品工业中的应用

1. 细菌在食醋酿造中的应用　食醋是一种我国人民常用的调味料,酷爱食醋的古人给它起了一个拟人的称号——"食总管",作为调味品,它在烹调中位居"五味之首"。人们在饮食中加入适量的食醋,可以改善食物的口感、增进食欲、促进消化。我国各地生产的食醋品种非常多,例如:山西陈醋、江苏镇江香醋、东北白醋、福建红曲醋、江浙玫瑰米醋、新疆笑厨香醋等等。食醋按照加工方法可以分为配制醋、酿造醋和再制醋三类。配制醋是以食用冰酸醋,添加水、酸味剂、调味料、香辛料、食用色素勾兑而成,仅仅具有一定的调味功用;而酿造醋,是以薯类、粮谷类、粮食加工下脚料等为原料,经过微生物制曲、糖化、酒精发酵、醋酸发酵等工艺酿造制成,其营养价值和香醇味远远超过配制醋,具有调味、保健、药用、医用等多种功用;再制醋,是以酿造醋为基料,经过进一步加工制成,如五香醋、蒜醋、姜醋、固体醋等。这三类醋中产量最大并且人们食用最多的是酿造醋。

(1) 生产中醋酸菌的选择:醋酸菌是醋酸发酵的主要菌种。醋酸菌可将酵母菌产生的乙醇进一步氧化成醋酸,是食醋生产的关键菌,其细胞形态为长杆状或短杆状、单独、成对或链状排列,不形成芽孢,革兰染色阴性,喜欢在含糖和酵母膏的培养基上生长。生长最适温度为28~32 ℃,最适 pH 值为 3.5~6.5。

醋厂选用醋酸菌的标准:氧化酒精速度快、醋酸产率高、耐酸性强、不分解醋酸、产品风味良好的菌种。在目前发现和使用的醋酸菌中,有些醋酸菌虽然不会分解醋酸,但产酸能力弱;有些醋酸菌产酸能力强,但具有将醋酸氧化成二氧化碳和水的能力。目前国内外在生产上常用的醋酸菌有:

①奥尔兰醋酸杆菌(A. orleanense):它是法国奥尔兰地区用葡萄酒生产醋的主要菌种。最适生长温度为30 ℃。该菌能产生少量的酯,产酸能力较弱,但耐酸能力较强。

②许氏醋酸杆菌(A. schutzenbachii):它是国外有名的速酿醋菌种,也是目前制醋工业较重要的菌种之一。液体培养基中生长的最适温度为 25~27.5 ℃,固体培养的最适生长温度为 28~30 ℃,最高生长温度 37 ℃。该菌产酸高达 11.5%。对醋酸没有氧化作用。

③恶臭醋杆菌(A. rancens):它是我国酿醋常用菌株之一。该菌在液面形成菌膜,并

沿容器壁上升,菌膜下液体不浑浊。一般能产酸6%～8%,有的菌株产2%的葡萄糖酸,并能把醋酸进一步氧化成二氧化碳和水。

④AS 1.41醋酸菌:它属于恶臭醋酸杆菌,是我国酿醋常用菌株之一。该菌细胞呈杆状,常呈链状排列,单个细胞大小为$(0.3\sim0.4)\mu m\times(1\sim2)\mu m$,无运动性、无芽孢。在不良的环境条件下,细胞会伸长变成线形、棒形或管状膨大。平板培养时菌落隆起,表面平滑,呈灰白色,液体培养时则形成菌膜。该菌生长的适宜温度为28～30 ℃,生成醋酸的最适宜的温度为28～33 ℃,最适pH 3.5～6.0,耐受酒精浓度为8%(体积分数)。最高产醋酸为7%～9%,产葡萄糖酸力弱,能氧化分解醋酸为二氧化碳和水。

⑤沪酿1.01醋酸菌:是从丹东速酿食醋中分离到,是我国酿醋厂应用较长远的菌种之一。在含酒精的培养液中形成青色的薄膜。酒精产醋酸的转化率为93%～95%。

(2)食醋的酿造工艺:选取原料不同,食醋的制作工艺也不同。以淀粉质原料生产食醋,一般经淀粉糖化、酒精发酵和醋酸发酵三个生化阶段;以糖类原料生产醋,需要经过酒精发酵和醋酸发酵两个生化阶段;若以酒精为原料,则只经醋酸发酵一个生化阶段。下面以淀粉质原料大米生产米醋为例,介绍食醋生产工艺。

①食醋生产工艺流程:见图2-7。

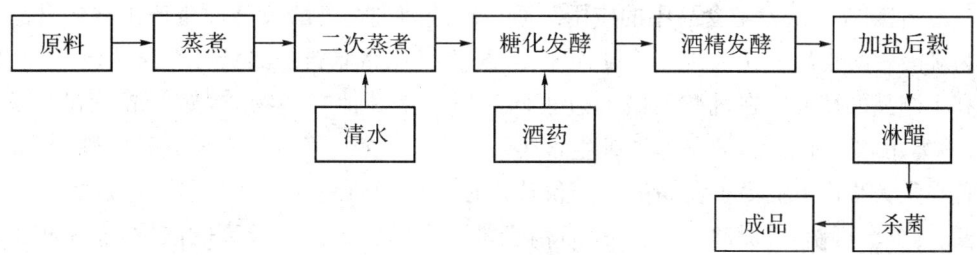

图2-7 食醋生产工艺流程

②食醋生产工艺操作要点

大米浸泡:称取大米500 g置于不锈钢容器中,加水,控制水层比米层高4～5 cm,在室温下浸泡8～10 h。

蒸煮:将泡好的大米捞起放在一个铺过两层纱布的筐内,将筐放入高压锅内0.06 kPa保持5～6 min,降压后取出,向米饭中淋入适量清水,再于0.06 kPa保持10 min,取出后观察到米粒膨胀发亮、松散柔软即已熟透,再加入清水充分降温,待水沥干后,倒出摊铺在消毒后的混料盘上冷却备用。

糖化发酵:在冷却至33 ℃的米饭中加入20 g粉状酒药,混合均匀后装入容积3 000 ml的无菌容器中,于28 ℃恒温培养。12 h后,翻拌使料温不超过40 ℃,恒温培养箱停止加热功能,36 h后糖液渗出,甜而微酸,可闻到轻微的酒香,糖化阶段完成,酒化阶段开始。

酒精发酵:在糖化结束后加入20～25 ℃的清水,搅拌均匀后在28 ℃密闭发酵,发酵过程中温度不超过38 ℃,温度升高时需要搅拌,2天后开始测酒精含量,酒精含量不再升高时,酒精发酵结束。此时酒精含量7%。

醋酸发酵:称取200 g干麸皮、300 g谷糠加入成熟的预先加入25 ml醋酸菌种子液的酒醪中,翻拌均匀,28 ℃继续发酵,一周后每天翻醅,监测酸度,当酸度达到最后,醋酸含量不再上升时,醋酸发酵结束,总的发酵时间20～30天。

加盐后熟:按主料的10%加粗盐,抑制醋酸氧化,再翻1～2天使其后熟,增加色泽和香气。

淋醋:把成熟的醋醅装入一个5 L,有下口的小罐内浸泡4～6 h,泡透为止。采用套淋方法进行淋醋。

杀菌:65 ℃、30 min进行巴氏杀菌,冷却后即为成品。

成品评价:感官指标:红棕色,具有食醋特有的香味,酸味柔和,回味绵长,无异味,体态澄清。理化指标:总酸(以醋酸计)≥3.50 g/100 ml,可溶性无盐固形物≥1.00 g/100 ml。

(3) 食醋生产中有害的醋酸菌

①胶膜醋酸杆菌:该菌生产醋酸能力弱,在液面会形成一层皮革状类似纤维样的厚膜,在酿酒醪液中繁殖会引起酒变黏酸败,会氧化分解醋酸,因此是食醋生产中的有害菌。

②攀膜醋酸杆菌:在醋醅中常能够分离出来,最适生长温度为31 ℃,最高生长温度为44 ℃。在液面容易生成破碎的膜,菌膜沿容器壁上升很高,菌膜下液体很浑浊,是葡萄酒酿造过程中的有害菌。

2. 细菌在乳酸发酵食品中的应用　通过乳酸菌进行乳酸发酵而生产出来的食品通称为乳酸发酵食品。在乳酸发酵过程中,乳酸菌将食品原料中的糖分转化为乳酸,从而提高了制品的酸度。在乳酸发酵的过程同时还产生其他一些物质,如甲酸、乙酸、琥珀酸、醇类、酮类、甘油、酯类及各种维生素等,因而使乳酸发酵食品不但具有特殊的风味,而且在很大程度上提高了食品的营养价值。近几年的研究还表明,某些乳酸菌(如双歧杆菌、嗜酸乳杆菌)有保健作用。另外,由于乳酸发酵食品具有较高的酸度,能在相当长的时期内抑制腐败性菌类的生长,使食品的保藏性能得以增强。

乳酸发酵食品常用的菌种乳酸菌为革兰阳性细菌,无运动性,不形成芽孢,以乳酸作为发酵代谢的主要产物。乳酸菌缺少完备的氧化还原酶系,不能进行氧化磷酸化,因而都是厌氧生长的,但又不像其他厌氧菌那样对氧敏感,故有时又称微需氧菌。

乳酸菌是正常人畜肠道中极为重要的生理菌群,担负着人畜机体多种重要的生理功能,具有维持人体微生态平衡作用,与机体健康息息相关。目前,乳酸菌已广泛应用于发酵酸乳。

(1) 发酵乳制品中常见的乳酸菌

①乳杆菌属:本属细菌为革兰阳性杆菌,老培养物的细胞有时呈革兰阴性反应。多分布在牛乳及发酵的谷物或蔬菜的醪液中,在人的口腔及肠道中也有分布。在乳酸发酵食品中常用的菌种有保加利亚乳杆菌、干酪乳杆菌、嗜酸乳杆菌、乳酸乳杆菌、植物乳杆菌,它们都属于同型乳酸发酵,而发酵乳杆菌、短乳杆菌为异型乳酸发酵。

②双歧杆菌属:因其菌体分叉而得名。为革兰染色阳性无芽孢杆菌。双歧杆菌发酵葡萄糖主要形成醋酸和乳酸。目前已有多种双歧杆菌被开发应用于食品生产,如青春双歧杆菌、婴儿双歧杆菌、长双歧杆菌等。

③链球菌属:细胞呈球形或卵圆形,成对排列或成链排列,革兰染色阳性,无芽孢,一般不运动,不产色素,化能异养型,兼性厌氧型。链球菌属的代表种有嗜热链球菌、乳酸

链球菌和乳脂链球菌。

(2) 乳酸菌的发酵机理：自然界中能使糖类发酵产生以乳酸为主要代谢产物的细菌称为乳酸菌。根据乳酸菌发酵的过程及产物不同，可分为同型乳酸发酵和异型乳酸发酵。同型乳酸发酵，在这一发酵过程中产物的绝大多数为乳酸。大多数乳酸菌进行同型乳酸发酵。异型乳酸发酵是指某些乳酸菌在发酵过程中除生成乳酸外，同时还生产其他的有机酸、醇类、二氧化碳等。

同型发酵的乳酸菌通过 EMP 代谢途径，即葡萄糖经 1,6-二磷酸果糖降解成丙酮酸，在乳酸脱氢酶的作用下丙酮酸被 $NADH_2$ 还原成乳酸。异型乳酸发酵的乳酸菌进行的是 HMP 途径，即葡萄糖先被分解成 5-磷酸木酮糖并释放出二氧化碳，再经磷酸解酮酶作用转变成乙酰磷酸及 3-磷酸甘油醛；乙酰磷酸进一步还原成醋酸和乙醇，同时释放出磷酸，而 3-磷酸甘油醛则通过丙酮酸被还原成乳酸。

(3) 发酵乳制品：发酵乳制品是指优质的原料乳经过杀菌后接种特定的微生物进行发酵，产生具有特殊风味的食品，称为发酵乳制品，它们具有良好的风味、较高的营养价值、还具有一定的保健作用，故深受广大消费者的欢迎。常见的发酵乳制品有酸奶、奶酪、酸奶油、马奶酒等。发酵乳制品的生产菌种主要是乳酸菌。近年来，随着对双歧杆菌在营养保健方面作用的认识，人们便将其引入发酵乳制品制造，使传统的单株发酵，变为双株或三株共生发酵。由于双歧杆菌的引入，使发酵乳制品在原有的助消化、促进肠胃功能作用基础上，又具备了防癌、抗癌的保健作用。

(4) 发酵剂：指用于酸乳、酸牛乳酒、奶油、干酪和其他发酵产品生产的细菌以及其他微生物培养物。发酵剂的制备过程如下：

①乳酸菌纯培养物的活化：取新鲜无抗乳经过滤、分装于 20 ml 的试管中，经 120 ℃灭菌 15～20 min 后，在无菌条件下将购买的乳酸菌接种，42 ℃培养 12～14 h，如此继续 3～4 代之后，即可使用。

②母发酵剂：是中间和工作发酵剂的基础，取 200～300 ml 的无抗乳装于 300～500 ml 的三角瓶中，120 ℃灭菌 15～20 min，用活化菌种 1％接种于然后取相当于乳量 3％的已活化的乳酸菌纯培养物在三角瓶内接种培养 12～14 h，42 ℃培养至凝乳。

③中间发酵剂：用母发酵剂根据实际生产需要 1％接种于灭菌脱脂乳，42 ℃培养至凝乳，制得中间发酵剂。

④工作发酵剂：又称生产发酵剂，用中间发酵剂 1％接种于灭菌脱脂乳或全乳，42 ℃培养至凝乳。为使菌种的生活环境不至于急剧改变，发酵剂的培养基最好与成品乳的原料相同，即成品用的原料如果是脱脂乳时，生产发酵剂的培养基最好也用脱脂乳。如果成品的原料是全乳，则生产发酵剂也用全乳。

(5) 酸乳：酸乳是发酵乳制品中最重要的产品之一，是以新鲜牛乳或复原乳为原料，接种保加利亚乳杆菌和嗜热链球菌进行乳酸发酵而制成的凝乳状制品，成品中必须含有大量的、相应的活性微生物。家庭自作酸乳方法很简单，若在暑伏天喝上一杯酸奶，既能防暑又能解饿，实是难得的清凉饮料。如喝得习惯了，别的饮料是无法比拟的。相传成吉思汗有一次征战途中路经蒙古鄂尔多斯地区，当时天赐他三碗酸乳，离开鄂尔多斯时，成吉思汗胡子上的酸奶滴了下来，从此鄂尔多斯就有了福分。酸乳的神奇作用使美国医学界为之叹服,奉它为"世界最佳饮料"。

酸乳按照发酵方式可分为凝固型酸乳和搅拌型酸乳。凝固型酸乳的发酵过程是在包装容器中进行的,从而使成品保留了很好的凝乳状态,我国传统的玻璃瓶和塑料盒装的老酸奶属于凝固型酸乳;搅拌型酸乳是先在发酵罐中发酵,将发酵后的凝乳在灌装前或灌装过程中用搅拌器破乳,添加(或不添加)果料、果酱等制成具有一定黏度的呈半流体制品,食用时可用吸管吸食,搅拌型酸乳根据添加风味物质不同、口味不同,种类有很多,有草莓味、蓝莓味、红枣味、芦荟味、菠萝、芒果、樱桃、黄桃、沙棘等口味。

①凝固型酸乳的制作工艺流程:见图2-8。

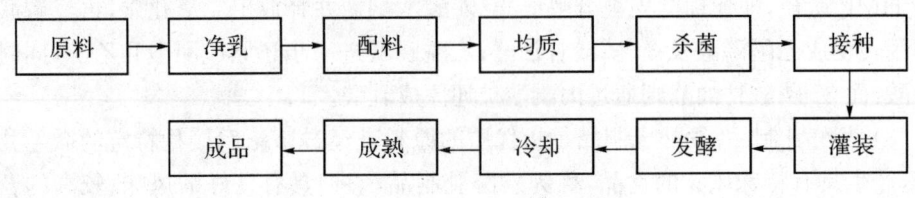

图2-8 凝固型酸乳生产工艺流程

②酸乳生产操作要点

原料选择:选择新鲜、品质好的牛乳。原料乳温度应低于15 ℃,酸度16～18°T,干物质含量不得少于11.5%,细菌总数应小于104 cfu/ml,不含抗生素和农药,不宜选用乳房炎乳和贮存时间长而细菌总数高的原料乳。生产酸乳的原料乳也可用乳粉经复原调制而成。为保证产品的良好发酵,原料乳中绝不能含有抗生素,因此在生产前原料乳经发酵试验短期发酵凝固良好者方可使用;如加入稳定剂,需先溶解。

净乳:采用离心分离机除去原料乳中的体细胞及部分机械杂质和部分芽孢菌。

配料:将鲜乳加热到50 ℃左右时加白砂糖溶解,搅拌均匀。

均质:将配好的料液60 ℃均质,均质处理可使原料充分混匀,粒子变小,有利于提高乳的稳定性和稠度,并使酸乳质地细腻,口感良好。

杀菌:将均质好的料液加热至90 ℃保持5 min杀菌,生产过程中的热处理不仅是为了杀灭奶中的致病菌和有害微生物,同时可使部分乳清蛋白质变性沉淀,增加蛋白质的持水能力,使酸奶更黏稠,提高乳清蛋质的保水性。

接种:将杀菌完毕的料液降温至45 ℃,接入工作发酵剂。

灌装:将接种后的物料迅速分装到销售用的容器中。在灌装前对容器进行灭菌处理,并保持灌装过程处于无菌状态。

发酵:发酵时间和接种量、发酵剂活性和培养温度有关系,发酵剂添加量为牛乳的3%,当用保加利亚乳杆菌和嗜热链球菌1∶1混合发酵时,以保证两菌种在数量上的平衡,保持良好的共生关系,缩短发酵时间,提高生产效率。这是因为保加利亚乳杆菌在发酵时分解蛋白质产生的缬氨酸、甘氨酸和组氨酸等能刺激嗜热链球菌的生长,而嗜热链球菌生长时产生的甲酸可被保加利亚乳杆菌利用,因此两种菌在短时间内(2～3 h)迅速繁殖,发酵乳糖产生乳酸,当pH值降至4.5～4.6,酸乳凝固性状良好时,即发酵成熟。若发酵剂添加总量为奶的1.0%,则嗜热链球菌占优势;若发酵剂添加总量为奶的5.0%,则保加利亚乳杆菌占优势;只有添加总量的3.0%,才能保证保加利亚乳杆菌与嗜热链球菌的平衡关系。当温度小于40 ℃时,嗜热链球菌占优势,当温度大于45 ℃时保加利亚乳杆菌占优势,因此选用42 ℃有利于两菌种生长速度保持一致,缩短发酵时间。在实际生产中,控制培养温度在41 ℃～44 ℃,培养时间2.5～4 h即可。注意发酵时进行恒温静置培养,避免震动,否则会影响组织状态。

发酵终点判断:物料凝固,流动性差,外观平滑,酸度达到70～90°T,pH低于4.6。

冷却、后熟:发酵结束后,将酸奶从培养室取出,迅速冷却到10 ℃以下,抑制乳酸菌生长,冷却后,将酸奶存放在0～4 ℃,后熟待售。冷却24 h,风味物质双乙酰含量达到最高值,超过24 h又会减少,所以酸乳冷藏24 h再出售,这段时间又称后熟期。

成品评价:酸乳的国家标准参考GB 2746-1999。

3. 细菌在氨基酸生产中的应用　氨基酸是组成蛋白质的基本成分,其中有8种氨基酸是人体不能合成但又必需的氨基酸,称为必需氨基酸,人体只有通过食物来获得。另外在食品工业中,氨基酸可作为调味料,如谷氨酸钠、肌苷酸钠、鸟苷酸钠可作为鲜味剂,色氨酸和甘氨酸可作为甜味剂,在食品中添加某些氨基酸可提高其营养价值等等。因此氨基酸的生产具有重要的意义。

自从20世纪60年代以来,微生物直接用糖类发酵生产谷氨酸获得成功并投入工业化生产。味精是谷氨酸的钠盐,具有强烈的肉鲜味,它被广泛用于食品菜肴的调味,我国味精生产始于1923年,上海天厨味精厂最先用水解法生产,1932年沈阳又开始用脱脂豆粕水解生产味精。1958年开始筛选谷氨酸产生菌,1964年分离选育出北京棒状杆菌AS1.299和钝齿棒杆菌AS1.524两株谷氨酸产生菌,用糖质原料发酵的谷氨酸生产菌的共同特征是:细胞呈球形、棒形或短杆形;革兰阳性,无鞭毛,不运动,需氧,以生物素作为生长因子,不形成芽孢。

(1) 味精生产中常用的菌株

①北京棒杆菌AS1.299:短杆状或棒状,两端钝圆不分枝,有时细胞微呈弯曲状,细胞大小$(0.7～0.9)\mu m \times (1.0～2.5)\mu m$,革兰染色阳性,无芽孢,不运动,最适温度30～32 ℃,最适pH 6～7.5,不能利用淀粉和纤维素,有脲酶活力,需要生物素作为生长因子。琼脂斜面培养淡黄色,表面湿润,光滑有光泽,边缘整齐,半透明。

②北京棒杆菌D110:以北京棒杆菌AS1.299菌为出发菌株,经硫酸二乙酯对此诱变处理后选育得到,该菌株适合于甜菜糖蜜为原料的谷氨酸发酵。

③棒杆菌S-914:细胞两端钝圆,细胞大小$(1～4)\mu m \times 10.5\mu m$,无芽孢,生物素和维生素$B_1$是必需生长因子,有脲酶活力,在含有0.1%酵母膏的加糖肉汤平板培养基上培养,菌落淡黄色,直径为1.5～2.0 mm。

④北京棒杆7338:以北京棒杆菌AS1.299菌为出发菌株,经亚硝基胍多次诱变处理后选育得到。该菌株适合于淀粉质为原料的谷氨酸发酵。

⑤钝齿棒杆菌HU7251:细胞两端钝圆,不分枝,细胞大小为$(0.7～0.9) \times (1.0～3.4)\mu m$革兰染色阳性,无芽孢,不运动,最适温度30 ℃,pH 6～9范围生长良好。生物素是必需生长因子,有脲酶活力,在普通肉汁琼脂斜面上划线培养,菌落呈草黄色,表面湿润,无光泽,边缘较薄呈钝齿状,不产生水溶性色素。

⑥黄色短杆菌T6-13:细胞两端钝圆,不分枝,细胞大小为$(0.7～1.0) \times (1.2～$

3)μm 革兰染色阳性,无芽孢,不运动,26～37 ℃生长良好,pH 6～10生长良好,生物素是必须生长因子,有脲酶活力,在普通肉汁琼脂斜面上划线培养25 h,菌落呈淡黄色,表面湿润光滑,不产生水溶性色素。

(2)谷氨酸菌的扩大培养:谷氨酸发酵生产通常采用谷氨酸菌二级扩大的种子液获得发酵所需的菌量。扩大培养的工艺流程:

斜面原种→斜面活化(32 ℃ 18～24 h)→200 ml 液体振荡培养(32 ℃ 12 h)→1 000 ml 三角瓶(一级种子)→50～500 L 种子罐(二级种子)

(3)味精生产工艺流程:粉质原料→粉碎→调浆→水解糖化→冷却→中和→脱色→过滤→添加氮源、无机盐和生长因子→接种二级种子→谷氨酸发酵→谷氨酸提取→加碱中和→除铁脱色→浓缩→干燥→过筛→包装→成品味精

(4)技术要点

①原料的处理:淀粉质原料必须经过水解糖化后才能用于谷氨酸发酵,目我国谷氨酸发酵大多采用酸解法进行淀粉糖化。

②发酵培养基的制备:常用的氮源是尿素和氨水,碳氮比为 100∶25,比一般工业发酵培养基[C/N 为 100∶(0.5～2)]的氮源用量大得多。

③谷氨酸发酵条件控制:前期为 30～32 ℃,中后期为 34～36 ℃。发酵前期 pH 控制在 7.5 左右,发酵后期通过流动尿素的方法控制 pH 在 7.0～7.2。溶氧量主要由通风量和搅拌速度决定,通风量大小对谷氨酸发酵存在显著影响。发酵前期以低通风量为宜[溶氧系数 Kd 保持 5×10^{-4} 摩尔氧/(升·分·大气压)];发酵中后期以高通风量为宜。

④谷氨酸提取:提取谷氨酸的方法有:目前我国大多采用等电气法提取谷氨酸一般提取率可达 80%以上。

⑤味精的制造:谷氨酸与纯碱作用生成谷氨酸单钠的过程称为谷氨酸的中和。加入 Na_2CO_3 形成味精,即可制得味精粗品,进一步进行除铁、脱色和结晶处理,即可制备味精成品。

第二节 放线菌

放线菌是原核微生物中一类能形成分枝菌丝和分生孢子的特殊类群,因菌落呈放射状而得名,是丝状分枝细胞的细菌。一般分布在含水量低,有机质丰富的中性偏碱性土壤中,多数放线菌因能产生土腥味素而使土壤带有特殊的泥腥味。大多数是腐生菌,少数寄生;多数异养,好氧。突出特性是产各种抗生素。

一、放线菌与人类生活及生产的关系

放线菌是真细菌的一个大类群,为革兰染色阳性。放线菌多为腐生,少数为寄生。寄生型放线菌会引起放线菌病和诺卡氏病。同时放线菌能产生大量的、种类繁多的抗生素。世界上绝大多数的抗生素由放线菌产生。目前比较热衷于来自放线菌的食物防腐生物保鲜剂的研究。

二、放线菌的个体形态结构

放线菌的菌体为单细胞,最简单的为杆状或有原始菌丝,大部分放线菌由分枝发达的菌丝组成。菌丝无隔膜,菌丝直径与杆状细菌差不多,大约 1 μm。细胞壁中含有 N-乙酰胞壁酸与二氨基庚二酸,而不含几丁质与纤维素,绝大多为 G^+。链霉菌属(Streptomyces)是放线菌中发育较为高等的放线菌,这里以其为例来阐明放线菌的一般形态构造。根据放线菌菌丝的形态与功能不同,分为基内菌丝、气生菌丝与孢子丝(图 2-9)。

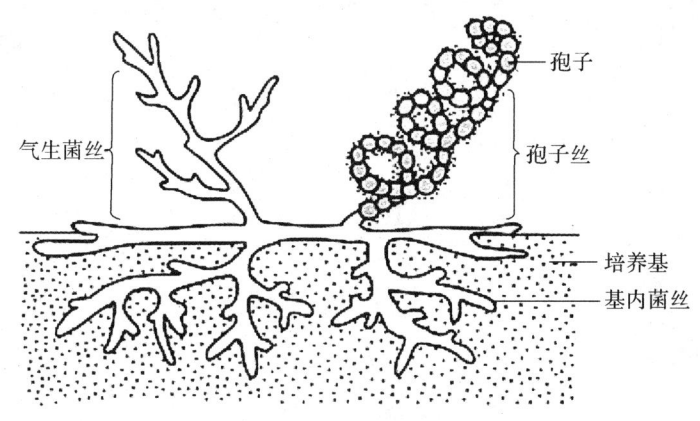

图 2-9 放线菌的菌丝

1. 基内菌丝　基内菌丝(substrate mycelium)又称营养菌丝(vegetative mycelium)或初级菌丝(primary mycelium),匍匐生长于培养基表面或生长于培养基内,主要功能为吸收营养物。链霉菌基内菌丝一般无隔膜,多分枝,直径常在 0.2~1.0 μm。有的无色,有的能产生色素,呈红、橙、黄、绿、蓝、紫、褐、黑等不同颜色。色素有水溶性的,也有脂溶性的。若是水溶性的色素,则可渗入培养基内,将培养基染上相应的颜色;如是非水溶性的(或脂溶性)色素,则使菌落呈现相应的颜色。

2. 气生菌丝　气生菌丝(aerial mycelium)又称二级菌丝(secondary mycelium)。由基内菌丝长出培养基外伸向空间的菌丝为气生菌丝。在显微镜下观察时,气生菌丝体颜色较深,直径较基内菌丝粗,约为 1~1.4 μm,直或弯曲,有的产生色素。各类放线菌能否产生菌丝体,取决于种的特征、营养条件和环境因子。

3. 孢子丝　放线菌生长至一定阶段,在其气生菌丝上分化出可以形成孢子的菌丝,为孢子丝。孢子丝的形状以及在气生菌丝上的排列方式,随不同菌种而不同。孢子丝的形状有直形、波浪形、螺旋形之分(图 2-10)。孢子丝的排列方式,有的交替着生,有的丛生或轮生。孢子丝从一点分出 3 个以上的孢子枝者,称轮生枝。它有一级轮生和二级轮生之分。轮生类群的孢子丝多为二级轮生。

孢子丝生长到一定阶段断裂为孢子,或称分生孢子(conidium)。孢子有球形、椭圆形、杆形、瓜子形等不同形状。在电子显微镜下可见孢子表面结构,有的光滑、有的带小疣、有的生刺或毛发状。孢子常具有不同色素。孢子形状、表面结构、颜色等均为鉴定放线菌菌种的依据。

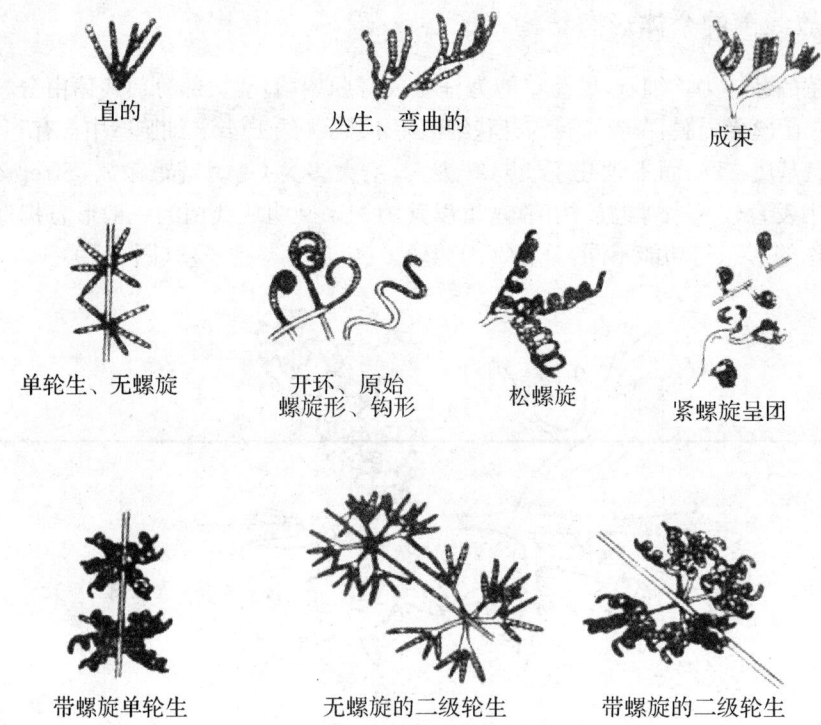

图 2-10 放线菌的孢子丝形态图

三、放线菌的群体菌落形态

放线菌菌落在光学显微镜下观察,周围具放射状菌丝。放线菌菌落因种类不同可分为两类。一类是由产生大量分枝的气生菌丝的菌种所形成的菌落,以链霉菌的菌落为代表。链霉菌菌丝较细,生长缓慢,菌丝分枝互相交错缠绕,因而形成的菌落质地致密,表面呈紧密的绒状或坚实、干燥、多皱,菌落较小而不致广泛延伸;营养菌丝长在培养基内,所以菌落与培养基结合较紧,不易挑起或整个菌落被挑起而不致破碎。幼龄菌落因气生菌丝尚未分化成孢子丝,故菌落表面与细菌菌落相似而不易区分。当形成大量孢子布满菌落表面时,就形成外观为绒状、粉末状或颗粒状的典型的放线菌菌落;有些种类的孢子含有色素,如与基内菌丝的颜色不同,则使菌落表面与背面呈现不同颜色。另一类菌落由不产生大量菌丝体的种类形成,如诺卡氏菌的菌落,因其一般只有基内菌丝,结构松散,黏着力差,结构呈粉质状,用针挑起则易粉碎。放线菌菌落常具土腥味。

四、放线菌的繁殖

放线菌主要通过形成无性孢子的方式进行繁殖,也可借菌丝断片(液体培养时)进行繁殖。无性孢子主要有以下三种:分生孢子、孢囊孢子和横隔孢子。

1. 凝聚分裂 大多数放线菌的孢子是以凝聚的方式形成的。其过程是孢子发育到一定阶段,丝内细胞质围绕核物质自上而下凝聚成一串体积相等的小段,然后下端收缩,并在每段外面产生新的孢子壁而成为圆形的孢子。孢子成熟后,孢子丝壁破裂,释放出孢子,这种孢子称为分生孢子。

2. 横隔分裂　到孢子丝发育到一定阶段以后,孢子丝内产生许多横隔膜,然后在横隔处断裂,形成体积相等的圆柱形孢子。横隔分裂方式比较原始,以这种方式产生孢子的放线菌称为原放线菌。

3. 孢囊孢子　孢囊孢子的形成是菌丝分化形成孢囊梗,梗顶端形成孢囊,孢子囊内生很多孢子,孢囊成熟后破裂放出孢子,称为孢囊孢子。孢子囊可在气生菌丝上形成,也可在基内菌丝上形成。

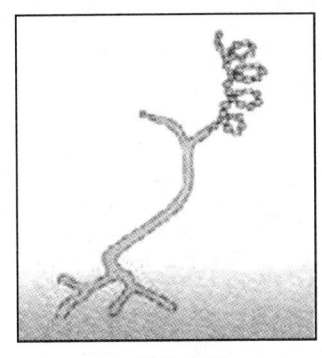 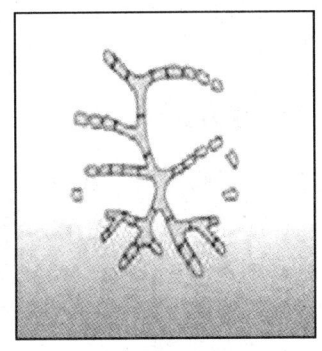 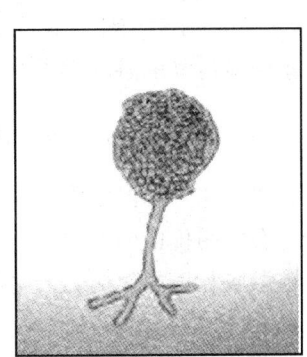

1. 凝聚分裂　　　　　　2. 横隔分裂　　　　　　3. 孢囊孢子

图 2-11　放线菌的繁殖

五、放线菌的代表属

1. 链霉菌属　链霉菌属有发育良好的分枝状菌丝体,菌丝无隔膜,直径约为 $0.4\sim 1~\mu m$,长短不一,多核。菌丝体有营养菌丝、气生菌丝和孢子丝之分。孢子丝再形成分生孢子。链霉菌主要借分生孢子繁殖。

已知的链霉菌属的菌有千余种,大多生长在含水量较低、通气良好的土壤中。链霉菌能分解纤维素、石蜡、蜡与各种碳氢化合物。链霉菌是产生抗生素菌株的主要来源。许多著名的常用的抗生素如链霉素、土霉素,抗肿瘤的博来霉素、丝裂霉素,抗真菌的制霉菌素,抗结核的卡那霉素,能有效防治水稻纹枯病的井冈霉素等,都是链霉菌属的种的次生代谢产物。

2. 小单孢菌属　此属多分布于土壤或堆肥中。庆大霉素即由棘孢小单孢菌产生。该属菌基内菌丝发育良好,多分枝,无横隔,不断裂,直径为 $0.3\sim 0.6~\mu m$,一般不形成气生菌丝体。孢子单生,无柄,直接从基内菌丝上产生,或在基内菌丝上长出短孢子梗,顶端着生一个孢子。

小单孢菌属与链霉菌属相比,菌丝体较细、无气生菌丝;菌落小,一般为 $2\sim 3~mm$,呈橙黄色或红色,也有深褐、黑色、蓝色者;菌丝生长力较弱,一般在 15～20 天便停止发育,生长温度略高,一般为 32～37 ℃,所以很容易区别开。

3. 诺卡氏菌属　诺卡氏菌在培养基上形成典型的菌丝体,菌丝纤细,多数弯曲如树根状,生长到十几小时时开始形成横隔膜,并断裂成多形态的杆状、球状或带叉的杆状体。诺卡氏菌属中大多数种无气生菌丝,只有基内菌丝,菌落秃裸;有的则在基内菌丝体上覆盖着极薄一层气生菌丝,有横隔,断裂成杆状。菌落比链霉菌的小,表面多皱,致密干燥,或平滑凸起不等,有黄、黄绿、红橙等颜色。有些诺卡氏菌可用于石油脱蜡、烃类发酵以及污水处理中分解腈类化合物。利福霉素由地中海诺卡氏菌产生。

4. 放线菌属　该属仅有基内菌丝,有横隔,易断裂成"V"形或"Y"形体。菌落污白色。一般为厌氧或兼性厌氧菌,因此在 CO_2 气体存在下容易生长。放线菌属多为致病菌。典型种为牛型放线菌,原始发现于牛的颚肿病,通常见于动物口腔内。另一个是衣氏放线菌,寄生在人体上,可引起后颚骨瘤肿病和肺脏及胸部的放线菌病。

5. 游动放线菌属　游动放线菌属以基内菌丝为主,有的有气生菌丝,有的气生菌丝少,菌丝有隔或无隔。在基内菌丝上生孢囊梗,梗顶端生孢囊,孢囊成熟,释放出有鞭毛、在水中能运动的游动孢子。

六、放线菌在食品工业及其他方面的用途

放线菌对国民经济的重要性在于它们是抗生素的主要产生菌,许多在临床和农业生产上有使用价值的抗生素都是由放线菌产生的,产生抗生素的菌属主要有链霉菌属、小单孢菌属和诺卡菌属。产生的抗生素常见的有链霉素、螺旋霉素、四环素、氯霉素、红霉素、庆大霉素和万古霉素等,其中有的被食品工业用来防腐以保藏食品,如链霉素。来自放线菌的ε-聚赖氨酸可用作食品防腐保鲜剂,不仅没有副作用,而且还可以在保存食物的过程中令食物增香。

放线菌还可用于生产各种酶和维生素,在甾体转化、石油脱蜡、烃类发酵、污水处理等方面也有所应用。有的菌还能与植物共生,固定大气氮。由于放线菌有很强的分解纤维素、石蜡、琼脂、角蛋白和橡胶等复杂有机物的能力,故它们在自然界物质循环和提高土壤肥力等方面有着重要的作用。此外,少数放线菌也能引起人、畜和植物疾病,如马铃薯疮痂病和人畜共患的诺卡氏菌病等。

第三节　酵母菌

酵母菌(yeast)是一个通俗名称,泛义上指能发酵糖类的各种单细胞真菌。酵母菌(yeast)是一群单细胞的真核微生物,通常用于以芽殖或裂殖来进行无性繁殖的单细胞真菌,以与霉菌区分开。极少数种可产生子囊孢子进行有性繁殖。由于酵母菌进化和分类地位的异源性,例外情况较多,因此很难对它下一个确切的定义。可以认为,酵母菌一般具有以下五个特点:①个体一般以单细胞状态存在;②多数出芽繁殖,也有少数裂殖;③能发酵糖类产能;④细胞壁常含甘露聚糖;⑤喜在含糖量较高、酸度较大的水生环境中生长。

酵母菌在自然界分布很广,主要生长在含糖较高的偏酸性环境,诸如果品、蔬菜、花蜜和植物叶子上,特别是葡萄园和果园的土壤中。近年来研究发现,酵母菌的营养代谢极其多样,在自然界不同的微环境中能够利用不同的底物,展现出极强的生存能力,甚至进化出比细菌更好的适应低温环境的能力。无论是在南极、北极还是一些低纬度高海拔山地冰川的冰芯、冻土、融水和沉积物等各种冰冻圈环境中,均有可培养酵母菌存在。此外,部分酵母菌可利用烃类物质,因此在油田和炼油厂附近环境中也很易分离到能利用烃类的酵母菌。

酵母菌是人类文明史中被应用最早的微生物，与人类的关系极其密切，在酿造、食品、医药工业等方面占有重要地位。早在四千年前的殷商时代，我国劳动人民就用酵母菌酿酒。公元前6000多年古埃及人就利用酵母菌生产啤酒。多少世纪以来，它便以发酵果汁、面包、馒头和制造某些美味、营养的食品服务于人类。随着近代科学技术的发展，酵母菌的用途更加广泛。酵母菌细胞蛋白质含量高达细胞干重的50%以上，并含有人体必需的氨基酸。据估计，如果每天生产450万千克酵母菌体，其蛋白质含量相当于一万头肉用牛。此外，人们利用酵母菌进行甘油、甘露醇、各种有机酸和酶制剂的发酵，从酵母菌体中提取核酸、麦角甾醇、辅酶A、细胞色素C、维生素、凝血质和谷胱甘肽等生化药物，近年来将酵母菌尤其是 Saccharomyces cerevisiae（酿酒酵母）和毕赤酵母作为基因工程中的模式菌而被用作异源表达的优良工程菌。

此外还有食用单细胞蛋白（SCP, single-cell protein）的生产。单细胞蛋白一般是指来自各类微生物体的蛋白，它是继动物蛋白和植物蛋白后的另一类重要的可供动物作营养的蛋白质来源。良好的单细胞蛋白必须具备无毒、易消化吸收、必需氨基酸的含量丰富、核酸含量较低、口味好、制造容易和价格低廉等条件，而酵母菌基本上具备以上条件。此外，酵母菌一般还能利用无机氮源或尿素来合成蛋白质，生长速度快，再加上细胞体积大等优点，自然成了目前最重要的单细胞蛋白来源。加之酵母菌细胞体积小、表面积大、代谢旺盛、繁殖速度快于动物2 000多倍，若以造纸厂、糖厂、淀粉厂、木材水解厂的废液为原料，通过通气培养方式，便可进行工业化的大批量生产，故有些国家酵母菌体生产已商品化，用以补充食物或饲料等。有的酵母菌体能大量产生维生素、有机酸。有的还具有氧化石蜡降低石油凝固点的作用，或者以烃类为原料发酵制取柠檬酸、反丁烯二酸、脂肪酸、甘油、甘露醇、酒精等。

酵母菌也常给人类带来危害。腐生型酵母菌能使食物、纺织品和其他原料腐败变质，少数嗜高渗压酵母菌如鲁氏酵母（Saccharomyces rouxii）、蜂蜜酵母（Saccharomyces mellis）可使蜂蜜、果酱败坏；有的是发酵工业的污染菌，它们消耗酒精，降低产量或产生不良气味，影响产品质量。只有少数（约25种）酵母菌能引起人或其他动物的疾病，其中最常见的是 Candida albicans（白假丝酵母，即"白色念珠菌"）和 Cryptococcus neoformans（新型隐球菌），一般属于条件性致病菌，可引起皮肤、黏膜、呼吸道、消化道以及泌尿系统等多种疾病，如鹅口疮、阴道炎、轻度肺炎或慢性脑膜炎等。

一、酵母菌的形态和菌落特征

酵母菌是典型的真核微生物，酵母细胞直径一般为细菌的10倍，细胞的形态通常有球状、卵圆状、椭圆状、柱状或香肠状等多种。最典型和最重要的酿酒酵母（Saccharomyces cerevisiae），细胞大小约为$(2.5 \sim 10)\mu m \times (4.5 \sim 21)\mu m$。当它们进行一连串的芽殖后，如果长大的子细胞与母细胞并不立即分离，其间仅以极狭小的面积相连，这种藕节状的细胞串就称假菌丝。

酵母菌都是单细胞微生物，且细胞都是粗短的形状，在细胞间充满着毛细管水，酵母菌在固体培养基表面形成的菌落与细菌相似，但比细菌的菌落大而厚，菌落表面光滑、湿润、易被挑起，菌落质地均匀以及正反面和边缘、中央部位的颜色都很均一。有些种类经长时间培养后则菌落表面干燥、皱缩。但由于酵母的细胞比细菌的大，细胞内颗粒较明显、细胞间隙含水量相对较少以及不能运动等特点,故反映在宏观上就产生了较大、较厚、外观较稠和较不透明的菌落。酵母菌菌落的颜色比较单调,多数都呈乳白色,少数为红色,个别为黑色。另外,凡不产生假菌丝的酵母菌,其菌落更为隆起,边缘圆整;而会产生假菌丝的酵母,则菌落较平坦,表面和边缘较粗糙。酵母菌的菌落一般还会散发出一股悦人的酒香味。

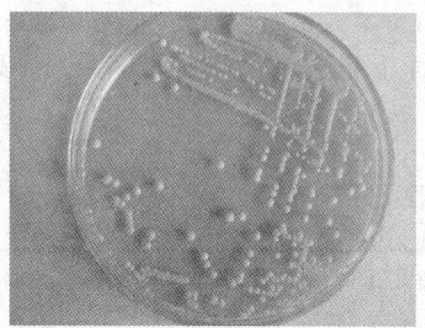
图 a　酵母菌菌落特征

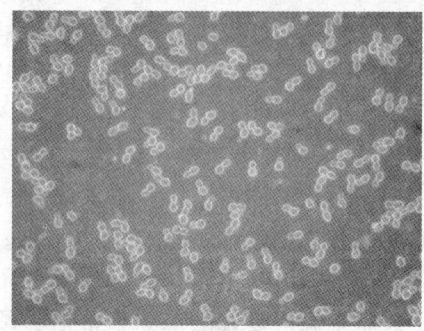
图 b　酵母菌显微镜下照片

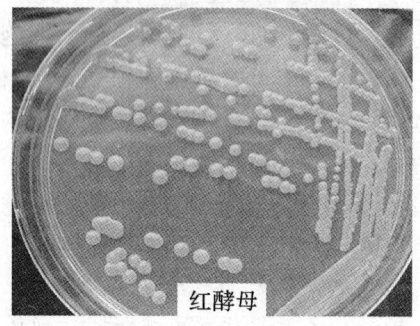
图 c　红酵母菌落特征

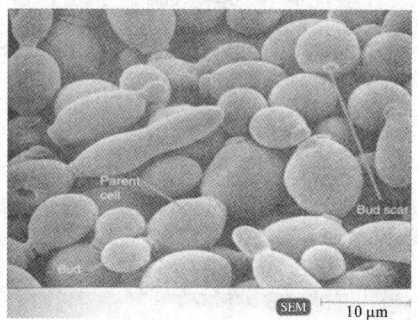
图 d　酵母菌扫描电镜下形态

图 2-12　酵母菌菌落特征和显微镜下形态

二、酵母菌的细胞构造

真菌细胞有典型的真核生物细胞结构,无论是细胞器的结构、化学组成,还是其生物学功能,都与其他真核生物相似。酵母菌的细胞结构与细菌的基本结构相似,细胞结构包括细胞壁、细胞膜、细胞质、细胞核及细胞器等。在结构方面,和细菌重要的区别是酵母菌有完整的细胞核等。图 2-13 是酵母菌细胞的一般结构。酵母细胞构造不能一概而论,因为不同酵母菌种显示出一定差异。有关酵母细胞构造的描述,一般都根据酿酒酵母和面包酵母的研究资料获得。近年来的研究表明,对于不同的属,能形成一些特殊的结构,而且培养条件也会引起明显的细胞学变化。例如,细胞壁的厚度、细胞形状,脂肪粒、液泡和其他内含物的存在、线粒体的发育和膜多糖形成的程度等,都能随培养条件的改变而发生变化。

1. **细胞壁**　酵母细胞壁的很多理化性状是通过电子显微镜观察和用化学制备与分离壁的技术而获得的。其化学成分大多是根据化学分析与酶解细胞壁的综合结果而确定的。

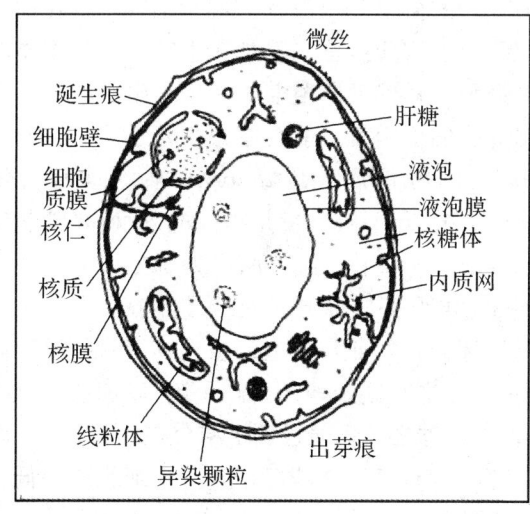 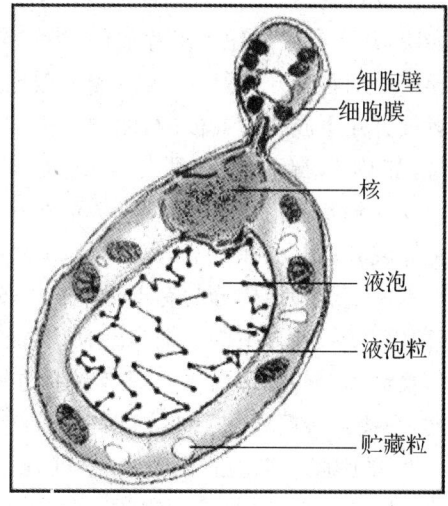

图 2-13 酵母菌的细胞结构模式图

细胞壁厚约 25 μm，约占细胞干重的 25%，是一种坚韧的结构。酵母菌细胞壁的结构类似"三明治"：外层为甘露聚糖（mannan），内层为葡聚糖（glucan），它们都是复杂的分枝状聚合物，其间夹有一层蛋白质分子。蛋白质约占细胞壁干重的 10%，其中有些是以与细胞壁相结合的酶的形式存在，例如葡聚糖酶、甘聚糖酶、蔗糖酶、碱性磷酸酶和脂酶等。据实验证实，维持细胞壁强度的物质主要是位于内层的葡聚糖成分。此外，细胞壁上还含有少量类脂和以环状形式分布在芽痕周围的几丁质。

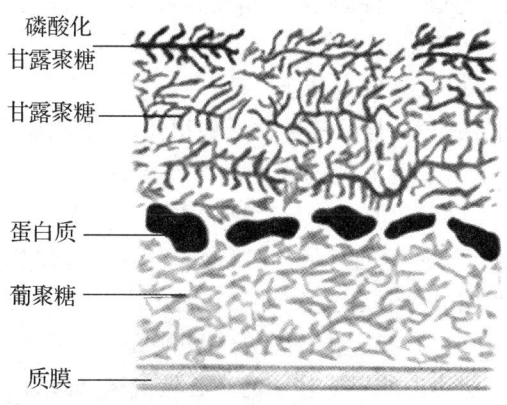

图 2-14 酵母细胞壁结构

细胞壁的物质组成为：葡聚糖 35%~45%，甘露聚糖 40%~45%，蛋白质 5%~10%，几丁质 1%~2%，脂类 3%~8%，无机物（如磷酸盐等）1%~3%。磷酸盐主要存在于甘露聚糖蛋白质复合物中。

近年来的研究证明，这种葡聚糖是两种多糖的混合物。其中较多的一种（占 85%）主要为 β-(1→3)键的葡聚糖，而作为分枝点的是 3% 的 β-(1→6)键；较少的一种多糖（占 15%）由具有 β-(1→3)中间残基键的高度分枝化的 β-(1→6)葡聚糖构成。

作为细胞壁外壳的甘露聚糖蛋白质复合物，其蛋白质含量约为 5%~10%。几丁质是一种线状的 N-乙酰氨基葡萄糖的多聚体,其单体间以 β-(1→4)键相结合。现在的研究表明,几丁质仅出现于出芽痕中,当一个芽完全发育时,首先就是初生的含有几丁质的隔膜与母细胞分开,然后初生的隔膜被葡聚糖和甘露聚糖所覆盖。一个不出芽的子细胞或者没有几丁质或含量极微,而具有很多出芽痕的细胞就可能含有很多几丁质。在丝状酵母,如内孢霉和拿逊酵母属（Nadsonia）、红酵母属（Rhodotorula）、隐球酵母属（Cryptococcus）和掷孢酵母属（Sporobolomyces）中,几丁质含量是很高的,大概是细胞壁的主导成分;相反,在裂殖酵母属（Schizosaccharomyces）中几乎没有几丁质。

真菌细胞壁结构分为有形微纤维部分和无定形基质部分。微纤维部分都以几丁质（卵菌以纤维素）为主构成细胞壁骨架,而基质部分则犹如骨架上的填充物,包括葡聚糖、甘露聚糖和一些糖蛋白质。细胞壁中的各种组分之间紧密地结合在一起,以加强细胞壁强度,一些葡聚糖和几丁质之间有共价结合,葡聚糖之间也通过侧链结合在一起。

2. 细胞膜　细胞膜位于细胞壁内层,具有从培养基中摄取营养,防止细胞质中低分子化合物的泄漏,以及排泄代谢产物以防止其在细胞内积累过量的作用,所以它是一层半透性膜。此外,在细胞生长时,它还具有储积细胞壁成分的功能。

在电子显微镜下观察时,酵母菌的细胞膜与细菌的细胞膜一样,也是一种三层结构。以磷脂双分子层为基本结构,中间镶嵌着蛋白质。磷脂的亲水部分排在膜的外侧,疏水部分则排在膜的内侧。细胞膜的功能是：①调节细胞外溶质运送到细胞内的渗透屏障;②细胞壁等大分子的生物合成和装配基地;③部分酶的合成和作用场所。它的主要成分是蛋白质（约占干重 50%）、类脂（约占 40%）和少量糖类。

酵母细胞膜的成分
- 蛋白质：其中含有可吸收糖和氨基酸的酶类等
- 类脂
  - 甘油的单、双、三酯
  - 甘油磷脂：卵磷脂、磷脂酰乙醇胺
  - 甾醇：麦角甾醇和酵母甾醇
- 糖类：主要含甘露聚糖

酵母菌细胞膜在化学成分上与原核生物十分相似,主要由蛋白质和脂类组成。它们在功能上的差异可能仅是由于构成膜的磷脂和蛋白质种类不同而形成的。在化学组成中,酵母细胞的质膜中具有甾醇,而在原核生物的质膜中很少或没有甾醇。

3. 细胞核　酵母菌具有完整的、以细胞器形式存在的核结构。核由核膜、核仁和染色体构成,膜将核与细胞质分开,膜上有小孔,以利核内外物质交流。核膜一般为两层,厚为 8~20 nm。核膜孔径大小差异很大,孔的数量随菌龄而增大。用相差显微镜观察真菌活细胞,可观察到被一层均匀的核质包围的中心稠密区,即核仁。核仁除 DNA 外还含有 RNA,但 RNA 在细胞核分裂时消失。DNA 存在于染色体中,染色体是由蛋白质和 DNA 结合而成。

酵母细胞核是其遗传信息的主要贮存库。在酿酒酵母的核中基因组存在着 17 条染色体。酿酒酵母的全序列已于 1996 年公布,共有 6 500 个基因,这是第一个测出的真核生物的基因序列。

除细胞核外,在酵母的线粒体和环状的"2 μm 质粒"中也含有 DNA。酵母线粒体中的 DNA 是一个环状分子,分子量为 5×10^7 Da,比高等动物线粒体中的 DNA 大 5 倍,类似于原核生物中的染色体。可通过密度梯度离心而与染色体 DNA 相分离。线粒体上的

DNA量约占酵母细胞总DNA量的15%~23%,它的复制是相对独立进行的。2 μm质粒是1967年后才在 S. cerevisiae 中发现的,它可作外源DNA片段的载体,并通过转化而完成组建"工程菌"等重要的遗传工程研究。

4. 细胞质和细胞器　位于细胞质膜内的透明、黏稠、不断流动并充满各种细胞器的溶胶,称为细胞质。酵母菌的细胞质是在幼龄时均匀稠密,老龄时出现液泡和各种贮藏物质。液泡的成分分为有机酸及其盐类水溶液。贮藏物质以颗粒状态存在,异染颗粒是酵母细胞中的主要成分之一。此外,肝糖粒和脂肪滴也是酵母细胞中常见的贮藏物质。

真菌的细胞器较原核生物更复杂,主要包括核蛋白体、内质网、高尔基体、线粒体、液泡等。

(1) 核蛋白体:核蛋白体是细胞质和线粒体中无膜包裹的颗粒状细胞器,具蛋白质合成功能。核蛋白体包括 RNA 和蛋白质,直径为 20~25 nm。真核细胞的核蛋白体比原核细胞的大,其沉降系数一般为80S,它由60S和40S的2个小亚基组成。细胞质核蛋白体有的呈游离状态,有的和内质网及核膜结合。线粒体核蛋白体存在于线粒体内膜的嵴间,但沉降系数为70S。

(2) 内质网:内质网是存在于细胞质中折叠的膜系统。典型的内质网是成对的平行膜,由狭窄的腔分隔形成封闭的管道系统,有时是分枝的管道。内质网的主要成分是脂蛋白,但游离蛋白和其他物质有时也合并到内质网上,且时常被核蛋白体附着形成粗糙型内质网,这在菌丝的顶端细胞中常可见到。没有被核蛋白体附着在上面的内质网称为光滑型内质网。内质网沟通着细胞的各个部分,它与细胞质膜、细胞核、线粒体等都有联系。内质网是细胞中各种物质运转的一种循环系统,同时内质网还供给细胞质中所有细胞器的膜。

(3) 线粒体:线粒体是含有 DNA 的细胞器。它具有双层膜,内层较厚,常向内延伸形成不同数量和形状的脊。线粒体的形态、数量和分布常因真菌的种类和发育阶段而异。线粒体是氧化磷酸化作用和 ATP 形成的场所。其内膜上有细胞色素、NADH 脱氢酶、琥珀酸脱氢酶和 ATP 磷酸化酶。此外,三羧酸循环的酶类、核糖核蛋白体、蛋白质合成酶和 DNA,以及脂肪酸氧化作用的酶也都在内膜上。外膜上也有多种酶,如脂类代谢的酶类等。总之,线粒体是酶的载体,细胞的"动力房"。

(4) 高尔基体:真菌的高尔基体在细胞中大多呈网状,少数为鳞片状、颗粒状或杆状,均匀分布于核的周围,往往与内质网相连。高尔基体与细胞的分泌机能有关,是凝集某些酶原颗粒(如消化酶原)的场所,且与细胞膜的形成以及碳水化合物的合成有关。目前高尔基体仅在少数几种真菌中发现。

(5) 液泡:液泡由单位膜分隔,其形态、大小受细胞年龄和生理状态而变化,一般在老龄细胞中液泡大而明显。真菌的液泡中主要含有糖原、脂肪和多磷酸盐等贮藏物,精氨酸、鸟氨酸和谷氨酰胺等碱性氨基酸,以及蛋白酶、酸性和碱性磷酸酯酶、纤维素酶和核酸酶等各种酶类。液泡不仅有维持细胞渗透压、贮存营养物等功能,而且还有溶酶体的功能,因为它可以把蛋白酶等水解酶与细胞隔离,防止细胞损伤。

三、酵母菌的繁殖方式

(一) 酵母菌的繁殖

酵母菌的繁殖方式有多种类型。繁殖方式对酵母菌的鉴定和菌种选育极为重要,现将几种有代表性的繁殖方式作一介绍：

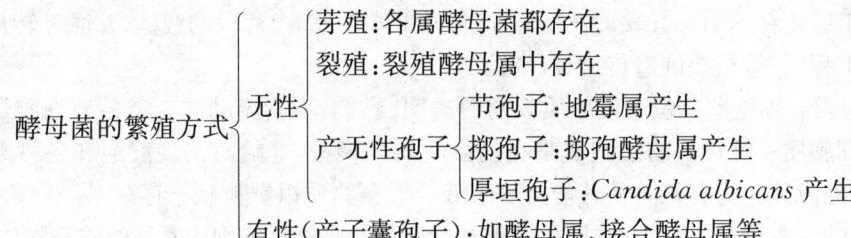

有人把只进行无性繁殖的酵母菌称作"假酵母"，而把具有有性繁殖的酵母称作"真酵母"。

1. 无性繁殖

（1）芽殖（budding）：芽殖是在成熟的酵母细胞上长出一个小芽，长到一定程度脱离母细胞，可以继续生长而产生新生个体。芽殖是除了裂殖酵母菌以外几乎所有的酵母菌普遍存在的繁殖方式，是酵母菌最常见的繁殖方式。在良好的营养和生长条件下，酵母生长迅速，这时可以看到所有细胞上都长有芽体，而且芽体上还可消除新的芽体，所以经常可以见到成簇状的细胞团。

芽体的形成过程是这样的：在母细胞形成芽体的部位，由于水解酶对细胞壁多糖的分解，使细胞壁变薄。大量新细胞物质——核物质（染色体）和细胞质等在芽体起始部位上堆积，使芽体逐步长大。当芽体达到最大体积时，它与母细胞相连部位形成了一块隔壁。隔壁的成分是由葡聚糖、甘露聚糖和几丁质构成的复合物。最后，母细胞与子细胞在隔壁处分离。于是，在母细胞上就留下一个芽痕（budscar），而在子细胞上就相应地留下一个蒂痕（birthsear）。在光学显微镜下无法直接看到酵母菌的芽痕，如果用钙荧光素（calcafluor）或樱草灵（primulin）等荧光染料染色，就可在荧光显微镜下看到它。当然若在扫描电镜下摄影，就可清晰地观察到芽痕和蒂痕的细致结构。

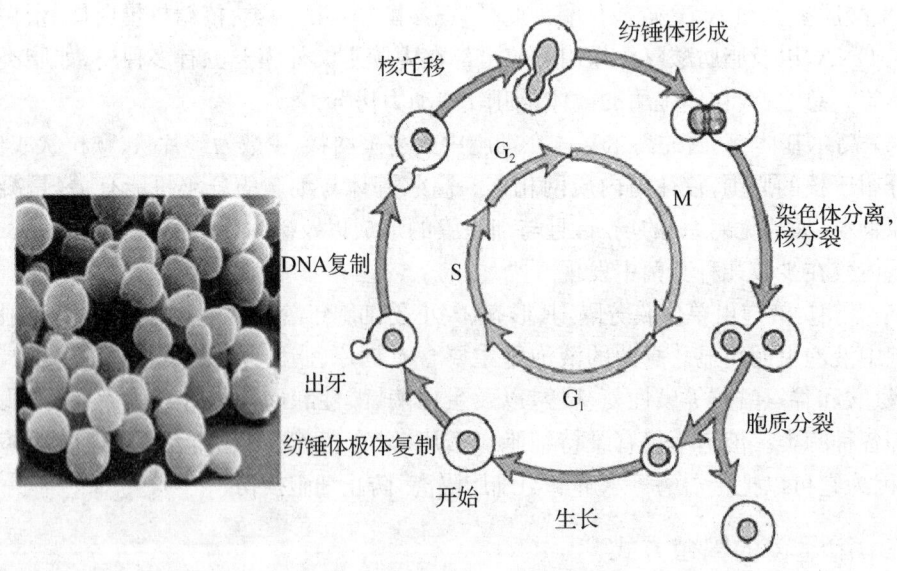

图 2-15　酵母菌繁殖方式——芽殖

根据酿酒酵母细胞表面留下芽痕的数目,就可确定某细胞曾产生过的芽体数,因而也可用于测定该细胞的年龄。在任何酵母群体中,50%的细胞是由最近一代的细胞分裂所产生的,故在其表面仅有一个蒂痕而无芽痕。

酵母菌的出芽方式表现为一端芽殖、两端芽殖和多端芽殖。其中一端芽殖总是在细胞的相同部位形成牙体,如路德类酵母。多边芽殖在母细胞的各个方向出芽,对数酵母菌一次方式繁殖;两端芽殖是芽细胞产生于母细胞的两端,细胞呈柠檬状;三边芽殖——在母细胞三边产生,细胞呈三角形。子细胞在形成后可继续进行芽殖,如果连续芽殖的子细胞都不脱离母细胞,则可出现一堆团聚的细胞群,即为芽簇。

(2) 裂殖:进行裂殖的只是少数裂殖酵母菌的繁殖方式。酵母菌的裂殖与细菌的裂殖相似,其过程是酵母菌细胞延长,细胞内的核分裂成两个,同时在延长的细胞中央产生一横隔,形成两个具有单核的子细胞,而且子细胞可以进行裂殖,出现酵母菌细胞排列的短链状。

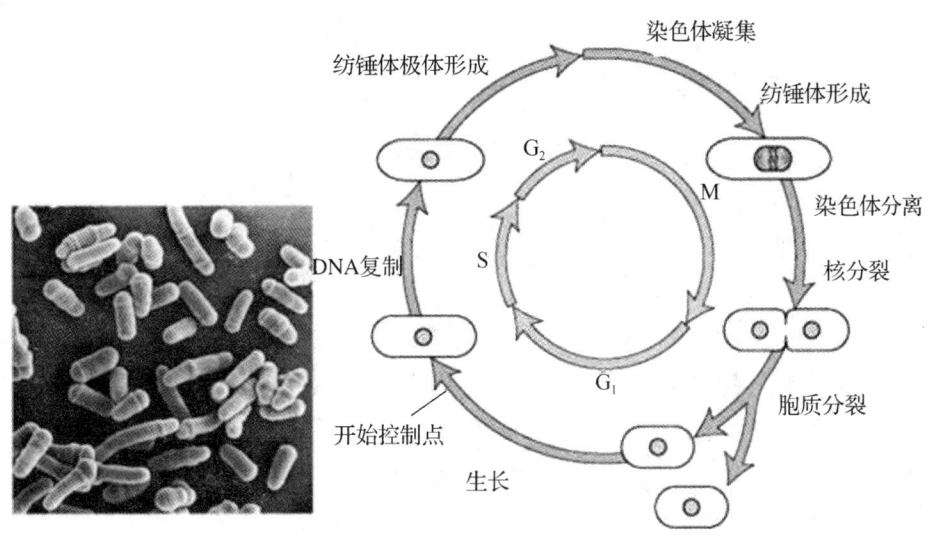

图 2-16 酵母菌的无性繁殖方式——裂殖

(3) 产生掷孢子等无性繁殖:掷孢子(ballistospore)是掷孢酵母属等少数酵母菌产生的无性孢子,外形呈肾状。这种孢子是在卵圆形的营养细胞上生出的小梗上形成的。孢子成熟后,通过一种特有的喷射机制将孢子射出。因此,如果用倒置培养皿培养掷孢酵母并使其形成菌落,则常因其射出掷孢子而可在皿盖上见到由掷孢子组成的菌落模糊镜像。

此外,有的酵母如 *Candida albicans* 等还能在假菌丝的顶端产生厚垣孢子(chlamydospore)。酵母细胞内的核经 1~3 次分裂后,每个分裂核的表面即形成膜,这样就形成 2~8 孢子。原有的酵母细胞即成为一个子囊,子囊内的孢子即为孢囊孢子。由于这些孢子的产生是在细胞内进行的,故又称它为内生孢子,孢囊破裂时,孢子即被释放出来。例如酵母属的酵母。

2. 有性繁殖　酵母菌的有性繁殖是产生子囊和子囊孢子。有性繁殖的过程可以分为质配、核配、减数分裂和有丝分裂。当酵母菌发育到一定阶段时,两个邻近的细胞相接近,各形成一个小突起而相互接触,接触处两细胞壁溶解形成通道,然后两个细胞内的细胞质通过形成的通道融合(质配),两个单个倍体的核也将到通道中融合成二倍体核(核配)。接着二倍体细胞进行减数分裂,形成4个或8个子核。每个子核和周围的原生质形成孢子,称为子囊孢子。原来的接合孢子则成为子囊。当子囊成熟时破裂(有丝分裂),子囊孢子释放出来,发育成新的酵母菌细胞。两个相近细胞结合时,如果大小、形状相同,则称为同形配子结合;如果大小、形状不同时,则称为异形配子结合。

(二)酵母菌生活史的三类型

个体经一系列生长、发育阶段后而产生下一代个体的全部过程,就称为该生物的生活史或生命周期(life cycle)。各种酵母菌的生活史可分为三个类型。

1. 营养体既可以单倍体(n)也可以二倍体(2n)形式存在　酿酒酵母是这类生活史的代表。其特点为:一般情况下都以营养体状态进行出芽繁殖;营养体既可以单倍体形式存在,也能以二倍体形式存在;在特定条件下进行有性繁殖。

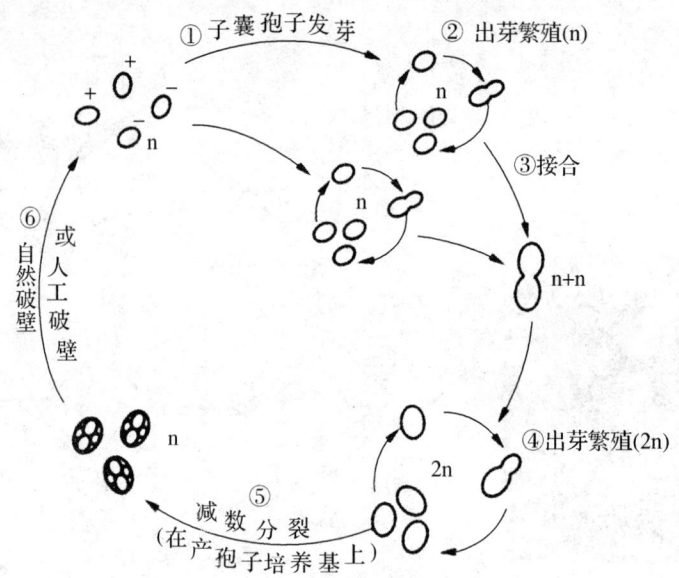

图2-17　酿酒酵母的生活史

从图2-17中可见其生活史的全过程:子囊孢子在合适的条件下发芽产生单倍体营养细胞;单倍体营养细胞不断进行出芽繁殖;两个性别不同的营养细胞彼此接合,在质配后即发生核配,形成二倍体营养细胞;二倍体营养细胞并不立即进行核分裂,而是不断进行出芽繁殖;在特定条件下,二倍体营养细胞转变成子囊,细胞核进行减数分裂,并形成4个子囊孢子;子囊经自然破壁或人为破壁(如加蜗牛消化酶溶壁,或加硅藻土和石蜡油研磨等)后,释放出单倍体子囊孢子。啤酒酵母的二倍体营养细胞因其体积大、生活力强,故广泛地应用于工业生产、科学研究或是遗传工程实践中。

2. 营养体只能以单倍体(n)形式存在　八孢裂殖酵母(*Schizo saccharomyces octosporus*)可作为这一类型的代表。其主要特点是:营养细胞为单倍体;无性繁殖以裂殖方式进行;二倍体细胞不能独立生活,故此阶段很短。其主要过程为:单倍体营养细胞借裂殖进行无性繁殖;两个营养细胞接触后形成接合管,发生质配后即行核配,于是两个细胞联成一体;二倍体的核分裂3次:第一次为减数分裂;形成8个单倍体的子囊孢子;子囊破裂,释放子囊孢子。全部过程见图2-18。

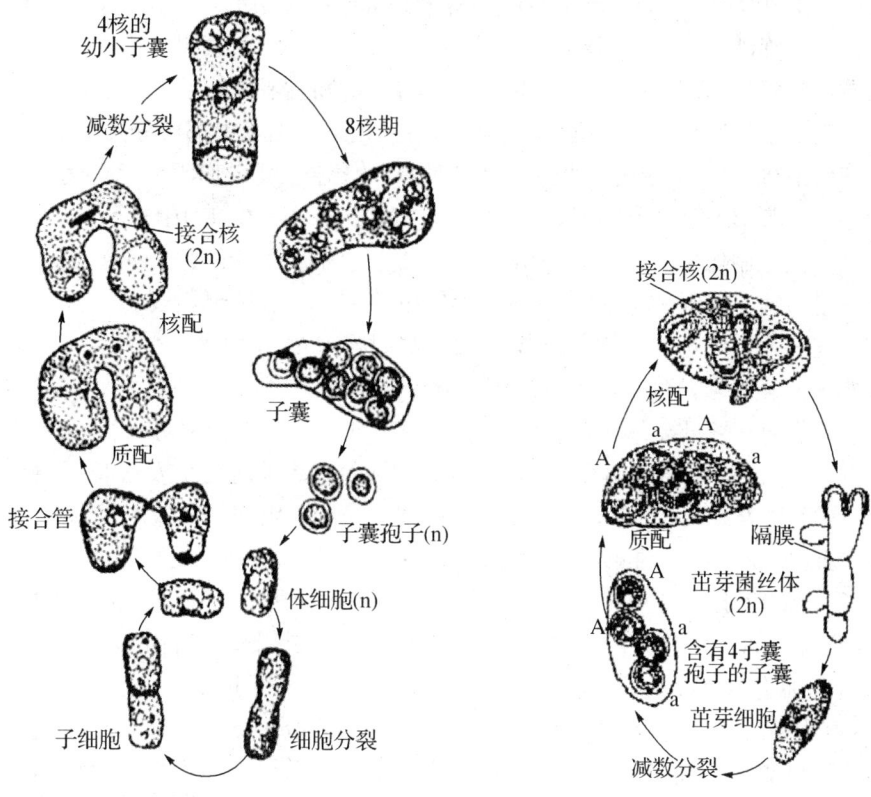

图2-18 八孢裂殖酵母的生活史　　图2-19 路德类酵母的生活史

3. 营养体只能以二倍体(2n)形式存在　路德类酵母(*Saccharomycodes budwigii*)是这一类型的典型代表。其特点为：营养体为二倍体，不断进行芽殖，此阶段较长；单倍体的子囊孢子在子囊内发生接合；单倍体阶段仅以子囊孢子形式存在，故不能进行独立生活。

由图2-19可以看到路德类酵母生活史的过程：单倍体子囊孢子在孢子囊内成对接合，并发生质配和核配；接合后的二倍体细胞萌发，穿破子囊壁；二倍体的营养细胞可独立生活，通过芽殖方式进行无性繁殖；在二倍体营养细胞内的核发生减数分裂，营养细胞成为子囊，其中形成4个单倍体子囊孢子。

四、酵母菌在食品工业中的应用

酵母菌与人们的生活有着十分密切的关系，几千年来劳动人民利用酵母菌制作出许多营养丰富、味美的食品和饮料。目前，酵母菌在食品工业中占有极其重要的地位。

（一）食品中常见的酵母菌

1. 酵母菌属(*Saccharomyces*)　酵母菌属于子囊菌亚门，半子囊菌纲，内孢霉目，酵母科。

这属的一些菌种具有典型的酵母菌的形态和构造。细胞为圆形、椭圆形或腊肠形。没有真菌丝，有的有假菌丝，无性繁殖为芽殖，有性繁殖为形成子囊孢子。种类较多，在娄德的酵母菌属中曾列举41种，但最主要的是啤酒酵母和葡萄汁酵母。

(1) 啤酒酵母（S. cerevisiae）：啤酒酵母是酵母菌属中的典型菌种，也是重要的菌种，广泛应用于啤酒、白酒、果酒的酿造和面包的制造中。由于酵母菌含有丰富的维生素和蛋白质，因而可作为药用，也可用于饲料，具有较大的经济价值。分布也很广泛，在各种水果的表皮上、发酵的果汁、酒曲、土壤中，特别是果园土壤中都可分离到。

啤酒酵母的种类也很多，根据细胞长与宽的比例，可将啤酒酵母分为三组。第一组的细胞多为圆形、短卵形或卵形。细胞长与宽之比为1～2。应用广泛，如啤酒、白酒和酒精发酵及面包制作中多应用这类菌种。第二组的细胞为卵形或长卵形，长与宽之比通常为2，常常用于葡萄酒和果酒的酿造。第三组的细胞为长圆形，长与宽之比大于2。这组的酵母比较耐高渗透压。用甘蔗糖蜜做原料时可供酒精发酵。在麦芽汁琼脂上的啤酒酵母菌的菌落为乳白色，有光泽、平坦、边缘整齐。

(2) 葡萄汁酵母（S. uvarum）：娄德于1970年将卡尔斯伯酵母、娄哥酵母和葡萄汁酵母合并成一种，叫葡萄汁酵母。它与啤酒酵母的主要区别是全发酵棉子糖。在麦芽汁中，25℃下培养3天，细胞呈圆形、卵形、椭圆或长形。供啤酒酿造底层发酵，或作饲料和药用。此外，是维生素的测定菌，可测定泛酸、硫铵素、吡哆醇、肌醇等。

2. 裂殖酵母属（Schizosaccharomyces） 裂殖酵母属于子囊菌亚门、酵母科中的裂殖酵母亚科。细胞为椭圆形或圆柱形。无性繁殖为分裂繁殖。有时形成假菌丝。有性繁殖是营养细胞结合形成子囊，子囊内有1～4个或8个子囊孢子。子囊孢子是球形或卵圆形，具有酒精发酵的能力，不同化硝酸盐。八孢裂殖酵母（S. octosporus）是这一属的重要菌种。无性繁殖为裂殖，在麦芽汁中，25℃下培养3天，液面无菌醭，液清，菌体沉于管底。在麦芽汁琼脂培养基上菌落为乳白色，无光泽，曾经从蜂蜜、粗制蔗糖和水果上分离到。

3. 假丝酵母属（Candida） 未发现此属酵母菌的有性繁殖，属于半知菌亚门，芽孢菌纲，隐球酵母目，隐球酵母科。细胞为圆形、卵形或长形，无性繁殖为多边芽殖，形成假菌丝，有的菌有真菌丝，也可形成厚垣孢子，不产生色素，此属中有许多种具有酒精发酵的能力。有的菌种能利用农副产品或碳氢化合物生产蛋白质，可用于食用或饲料。

(1) 热带假丝酵母（G. tropicalis）：热带假丝酵母是最常见的假丝酵母。在葡萄糖—酵母汁—蛋白胨液体培养基中，25℃下培养3天，细胞呈球形或卵球，其中大小为(4～8)μm×(6～11)μm。在麦芽汁琼脂上菌落为白色到奶油色，无光泽或稍有光泽，软而平滑或部分有皱纹。培养时间长时，菌落变硬。在加盖玻片的玉米粉琼脂培养基上培养，可看到大量的假菌丝和芽生孢子。

热带假丝酵母氧化烃类的能力强，在230～290℃石油馏分的培养基中，经22 h后，可得到相当于烃类重量92%的菌体，所以是生产石油蛋白质的重要菌种。用农副产品和工业废弃物也可培养热带假丝酵母。如用生产味精的废液培养热带假丝酵母作饲料，既扩大了饲料来源，又减少了工业废水对环境的污染。

(2) 解脂假丝酵母（C. lipolytica）：细胞为卵形到长形，有的细胞可长达20 μm。在加盖玻片的玉米粉琼脂培养基上，可看到假菌丝或具有横隔的真菌丝。在菌丝顶端或中间有单个或成双的芽生孢子。

解脂假丝酵母能利用的糖类很少，但它们分解脂肪和蛋白质的能力很强。主要用于石油发酵，可用廉价的石油为原料生产酵母蛋白，同时可使石油脱蜡，降低石油分馏的凝固点。此外,还可利用解脂假丝酵母生产柠檬酸、维生素、谷氨酸和脂肪酸等。从黄油、石油井口的油黑土中,炼油厂或生产油脂车间等地方,都可以分离到这种微生物。

(3)产朊假丝酵母(G. utilis):产朊假丝酵母又叫产朊圆酵母或食用圆酵母。其蛋白质和维生素B的含量都比啤酒酵母高,它能以尿素和硝酸作为氮源,在培养基中不需要加入任何生长因子即可生长。它能利用五碳糖和六碳糖,既能利用造纸工业的亚硫酸废液,还能利用糖蜜、木材水解液等生产出可食用的蛋白质。

4. 球拟酵母属(Torulopsis) 此属与假丝酵母同属隐球酵母科,细胞为球形、卵形或略长形,生殖方式为芽殖。无假菌丝,无色素,有酒精发酵能力。有些种能产生甘油等多元醇。在适宜条件下能将40%的糖转化为多元醇。由于甘油是重要的化工原料,所以这属的酵母菌是工业中的重要种类。其代表菌种为白色球拟酵母,广泛存在于自然界,能发酵甘油。球形球拟酵母能耐高渗透压,可在高糖浓度的基质上生长,如蜜饯、蜂蜜等食品上。有的菌种也可进行石油发酵,可生产蛋白质或其他产品。

5. 红酵母属(Rhodotorula) 此属亦属于隐球酵母科,细胞为圆形、卵形或长形,为多边芽殖,多数种类没有假菌丝,其特点是,有明显的红色或黄色色素,很多种因形成荚膜而使菌落呈黏质状,如粘红酵母。因此在食品工业中开发天然色素的良好来源。在冰川等冷环境分布较广,具有耐低温特性。

红酵母菌没有酒精发酵的能力,少数种类为致病菌,在空气中时常发现。有的菌,如粘红酵母,能产生脂肪,其脂肪含量可达干物质量的50%~60%。此外,粘红酵母还可产生丙氨酸、谷氨酸、蛋氨酸等多种氨基酸。

6. 掷孢酵母属(Sporobolomyces) 掷孢酵母属属于担子菌亚门,冬孢菌纲,黑粉菌目,掷孢酵母科。掷孢指投掷其孢子的真菌。它们的孢子是由卵圆形的营养细胞生出的小突起形成的,然后由一种机制有力地射出。Buller证明,这种机制是担子菌所特有的。也有一些学者认为掷孢酵母是一种低等的担子菌。这一属的特点是:形成红至鲑肉粉红色的菌落及肾形或豆形的掷孢子。掷孢酵母的幼年菌落几乎和红酵母的菌落无法区别,因此,也有人认为,红酵母可能是由掷孢酵母退化而来,由于它们丧失了形成掷孢的能力。

利用酵母菌生产的食品种类很多,下面仅介绍几种主要产品。

(二)酵母菌在食品工业中的应用

1. 面包 面包是产小麦国家的主食,几乎世界各国都生产。它是以面粉为主要原料,以酵母菌、糖、油脂和鸡蛋为辅料生产的发酵食品,其营养丰富,组织蓬松,易于消化吸收,食用方便,深受消费者喜爱。

(1)菌种:面包等发酵型焙烤食品所使用的酵母菌种必须是发酵能力强的,并且能产生一些风味物质。目前最常用的菌种是啤酒酵母。面包酵母是一种单细胞生物,属真菌类,学名为啤酒酵母。面包酵母有圆形、椭圆形等多种形态,以椭圆形的用于生产较好。酵母为兼性厌氧性微生物,在有氧及无氧条件下都可以进行发酵。酵母生长与发酵的最适温度为26~30 ℃,最适pH为5.0~5.8。酵母耐高温的能力不及耐低温的能力,60 ℃以上会很快死亡,而-60 ℃下仍具有活力。生产上应用的酵母主要有鲜酵母、活性干酵母及即发干酵母。鲜酵母是酵母菌种在培养基中经扩大培养和繁殖、分离、压榨而制成。鲜酵母发酵力较低,发酵速度慢,不易贮存运输,0~5 ℃时可保存两个月,其使用受到一定限制。活性干酵母是鲜酵母经低温干燥而制成的颗粒酵母,发酵活力及发酵速度都比较快,且易于贮存运输,使用较为普遍。即发干酵母又称速效干酵母,是活性干酵母的换代用品,使用方便,一般无需活化处理,可直接生产。

(2) 面团的发酵的作用

①体积大、组织松软:酵母在发酵时利用原料中的葡萄糖、果糖、麦芽糖等糖类及α-淀粉酶对面粉中淀粉进行转化后的糖类进行发酵作用,产生 CO_2,使面团体积膨大,结构疏松,呈海绵状结构。

②改善面包的风味:发酵后的面包与其他各类主食品相比,其风味自有特异之处。产品中有发酵制品的香味,这种香气的构成极其复杂。

③增加面包的营养价值:在面团制作过程中,酵母中的各种酶对面团中的各种有机物发生的生化反应,将高分子的结构复杂的物质变成结构简单的、相对分子质量较低、能为人体直接吸收的中间生成物和单分子有机物,如淀粉中的一部分变成麦芽糖和葡萄糖,蛋白质水解成胨、肽和氨基酸等生成物。这对人体消化吸收非常有利,提高了谷物的生理价值。酵母本身蛋白质含量甚高,且含有多种维生素,使面包的营养价值增高。

(3) 面包生产工艺:面包生产有传统的一次发酵法、二次发酵法及新工艺快速发酵法等。我国生产面包多用一次发酵法及二次发酵法,近年来,快速发酵法应用也较多。

①一次发酵法工艺流程:

活化酵母
↓
原料处理→面团调制→面团发酵→分块、搓圆→整形→醒发→烘烤→冷却→包装

一次发酵法的特点是生产周期短,所需设备和劳力少,产品有良好的咀嚼感,有较粗糙的蜂窝状结构,但风味较差。该工艺对时间相当敏感,大批量生产时较难操作,生产灵活性差。

②二次发酵法工艺流程:

原辅料处理→第一次和面→第一次发酵→第二次和面→第二次发酵→整形→醒发

(部分面粉、部分水、全部酵母)　(加入剩下的原辅料)

→烘烤→冷却→成品

二次发酵法即采取两次搅拌、两次发酵的方法。第一次搅拌时先将部分面粉(占配方用量的1/3)、部分水和全部酵母混合至刚好形成疏松的面团,然后将剩下的原料加入,进行二次混合调制成成熟面团。成熟面团再经发酵、整形、醒发、烘烤制成成品。

二次发酵法应用较多,其特点是生产出的面包体积大、柔软,且具有细微的海绵状结构,风味良好,生产容易调整,但周期长、操作工序多。

2. 啤酒　啤酒(beer)是以麦芽为主要原料,经糖化先制成麦汁,添加酒花,再用啤酒酵母发酵等工艺而制成的一种含有二氧化碳、低酒精度和营养丰富的酿造酒。啤酒营养丰富,酒精含量低,素有液体面包之称,在第九次世界营养食品会议上被确定为营养食品之一。啤酒生产主要包括制麦、麦汁制备(糖化)、发酵、包装四大工序。

(1) 制麦:把原料大麦制成麦芽,称为制麦。全制麦工艺包括大麦清选分级、浸麦、发芽、干燥及除根,具体工艺见图2-20。

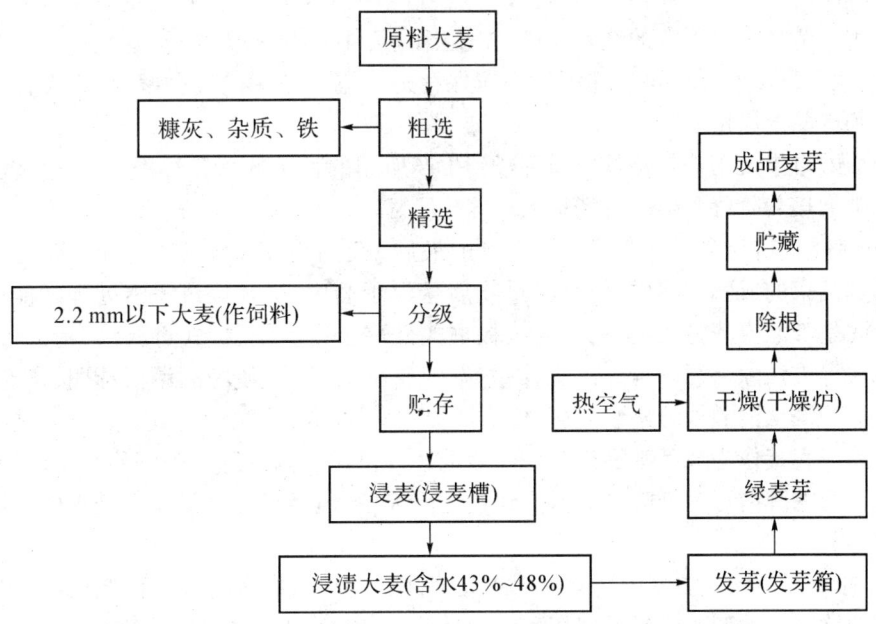

图 2-20 麦芽制造工艺流程

(2) 糖化:糖化又称麦汁制备。麦汁制备是将固态麦芽、非发酵谷物、酒花等加水制备成澄清透明的麦芽汁的过程。主要包括原料的粉碎、原料的糊化和糖化、糖化醪的过滤、混合麦汁加酒花煮沸及麦汁的澄清、冷却、加氧等一系列加工过程。其工艺流程如图 2-21。

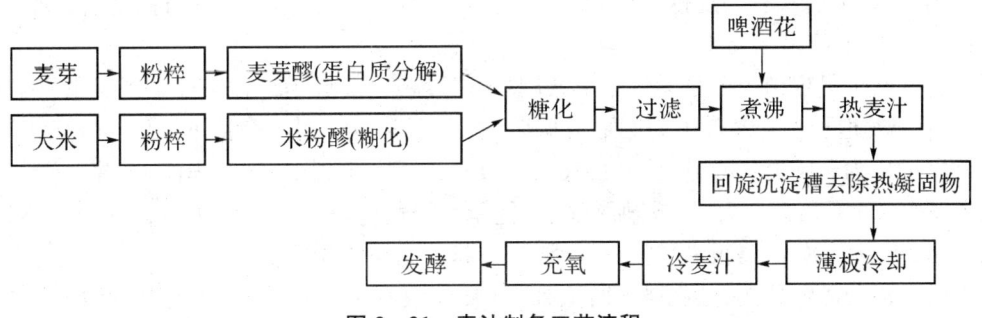

图 2-21 麦汁制备工艺流程

(3) 啤酒发酵:啤酒发酵方法有上面发酵法和下面发酵法两种方法,一般都采用下面发酵法。传统的发酵过程一般分为两个阶段:主发酵和后发酵(贮酒)。主发酵过程控制中,采用低温发酵,酵母在发酵过程中生成的副产物较少,使啤酒的口味较好,泡沫状况良好。

①啤酒酵母的分类和主要特性要求:啤酒酵母属于真菌门,子囊菌纲,原子囊菌亚纲、内孢霉目,内孢霉科,酵母亚科,酵母属,啤酒酵母种。

啤酒工厂使用的啤酒酵母是由野生酵母经有系统的长期驯养,经反复使用和考验,具有正常生理状态和特性,适合啤酒生产要求的培养酵母。对啤酒酵母的基本要求是:发酵力高,凝聚力强、沉降缓慢而彻底,繁殖能力适当,生理性能稳定,酿制出的啤酒风味好。

②啤酒酵母扩大培养:啤酒酵母纯正与否,对啤酒发酵和啤酒质量有很大影响。生产中使用的酵母来自保存的纯种酵母,在适当的条件下,经扩大培养,达到一定数量和质量后,供生产现场使用。每个啤酒厂都应保存适合本厂使用的纯种酵母,以保证生产的稳定性和产品的风格质量。

啤酒酵母扩大培养是指从斜面种子到生产所用的种子的培养过程,这一过程又分为实验室扩大培养阶段和生产现场扩大培养阶段。

(4) 啤酒包装:啤酒包装是啤酒生产的最后一道工序,对啤酒质量和外观有直接影响。发酵结束的成熟啤酒中,仍有少量物质悬浮于酒中,必须经过澄清处理才能进行包装。过滤是啤酒澄清方法的一类,通过板框式硅藻土过滤法、板式过滤法(精滤机法)和膜过滤法等方法除去酒中悬浮的固体微粒,改善啤酒外观,使啤酒澄清透明、富有光泽。过滤好的啤酒从清酒罐分别装入瓶、罐或桶中,经过压盖、生物稳定处理、贴标、装箱成为成品啤酒或直接作为成品啤酒出售。一般把经过巴氏灭菌处理的啤酒称为熟啤酒,把未经巴氏灭菌的啤酒称为鲜啤酒。若不经过巴氏灭菌,但经过无菌过滤等处理的啤酒则称为纯生啤酒。

3. 葡萄酒　葡萄酒是由新鲜葡萄或葡萄汁通过酵母的发酵作用而制成的一种低酒精含量的饮料。葡萄酒质量的好坏和葡萄品种及酵母菌的选择有着密切的关系,因此在葡萄酒生产中葡萄的品种、酵母菌种的选择是相当重要的。

葡萄酒酵母的特征:葡萄酒酵母为子囊菌纲的酵母属,啤酒酵母种。该属的许多变种和亚种都能对糖进行酒精发酵,并广泛用于酿酒、酒精、面包酵母等生产中,但各酵母的生理特性、酿造副产物、风味等有很大的不同。

葡萄酒酵母除了用于葡萄酒生产以外,还广泛用在苹果酒等果酒的发酵上。世界上葡萄酒厂、研究所和有关院校优选和培育出了各具有特色的葡萄酒酵母的亚种和变种,如我国有张裕 7318 酵母等。

葡萄酒酵母繁殖主要是无性繁殖,以单端(顶端)出芽繁殖。在条件不利时也易形成 1~4 个子囊孢子。子囊孢子为圆形或椭圆形,表面光滑。在显微镜下(500 倍)观察,葡萄酒酵母常为椭圆形、卵圆形,一般为 $(3\sim10)\mu m \times (5\sim15)\mu m$,细胞丰满,在葡萄汁琼脂培养基上,25 ℃培养 3 天,形成圆形菌落,色泽呈奶黄色,表面光滑,边缘整齐,中心部位略凸出,质地为明胶状,很易被接种针挑起,培养基无颜色变化。

优良葡萄酒酵母具有以下特性:除葡萄(其他酿酒水果)本身的果香外,酵母也产生良好的果香与酒香;能将糖分全部发酵完,残糖在 4 g/L 以下;具有较高的对二氧化硫的抵抗力;具有较高发酵能力,一般可使酒精含量达到 16% 以上;有较好的凝集力和较快沉降速度;能在低温(15 ℃)或果酒适宜温度下发酵,以保持果香和新鲜清爽的口味。

(1) 红葡萄酒生产工艺:酿制红葡萄酒一般采用红皮白肉或皮肉皆红的葡萄品种。葡萄入厂后,经破碎去梗,带渣进行发酵,发酵一段时间后分离出皮渣(蒸馏后所得的酒可作为白兰地的生产原料),葡萄酒继续发酵一段时间,调整成分后转入后发酵,得到新干红葡萄酒,再经陈酿、调配、澄清处理、除菌和包装后便可得到干红葡萄酒的成品。红葡萄酒生产工艺如图 2-22。

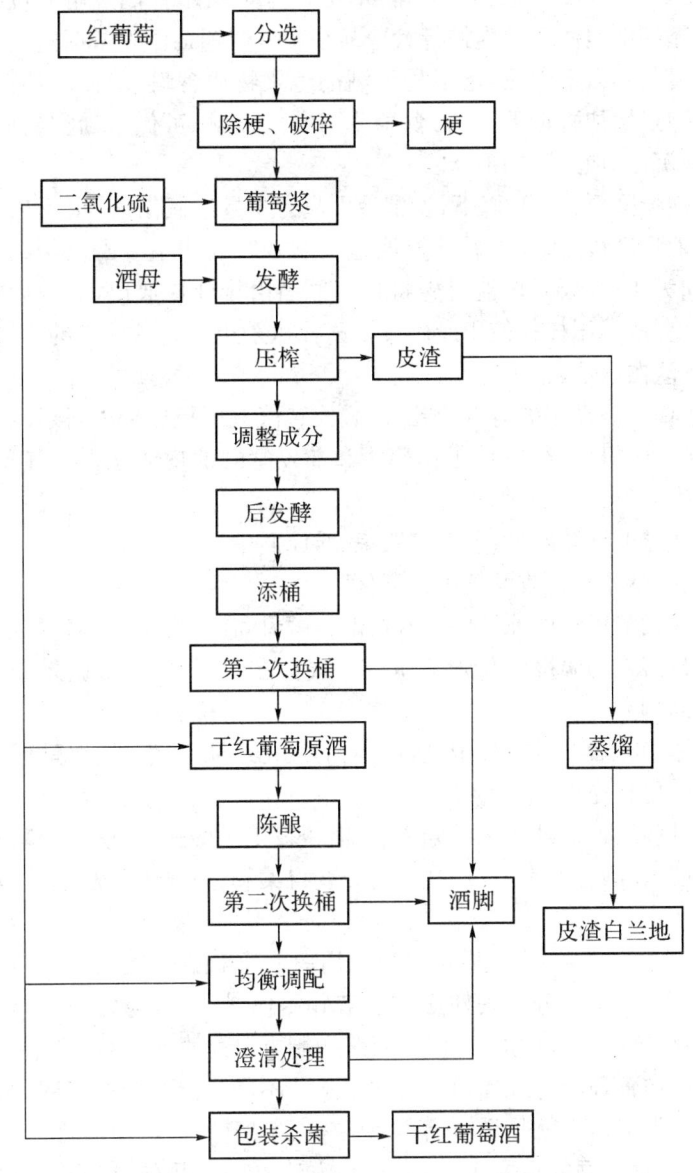

图 2-22　红葡萄酒酿造工艺流程

①原料的处理：葡萄完全成熟后进行采摘，并在较短的时间内运到葡萄加工车间。经分选剔除青粒、烂粒葡萄后送去破碎。破碎去梗后的带渣葡萄浆，用送浆泵送到已经用硫黄熏过的发酵桶或池中，进行前发酵（主发酵）。

②前发酵（主发酵）：葡萄酒前发酵（主发酵）的主要目的是进行酒精发酵、浸提色素物质和芳香物质。前发酵进行的好坏是决定葡萄酒质量的关键。

葡萄皮、汁进入发酵池后，因葡萄皮相对密度比葡萄汁小，发酵时产生的二氧化碳，葡萄皮、渣往往浮在葡萄汁表面，形成很厚的盖子（生产中称"酒盖"或"皮盖"）。这种盖子与空气直接接触，容易感染有害杂菌，败坏葡萄酒的质量。在生产中需将皮盖压入醪中，以便充分浸渍皮渣上的色素及香气物质，这一过程叫压盖。

发酵温度是影响红葡萄酒色素物质含量和色度值大小的主要因素。红葡萄酒发酵温度一般控制在25~30℃。进入主发酵期,必须采取措施控制发酵温度。控制方法有外循环冷却法、循环倒池法和池内蛇行管冷却法。等红葡萄酒发酵时进行葡萄汁的循环是必要的,循环可起到以下作用:增加葡萄酒的色素物质含量;降低葡萄汁的温度;可使葡萄汁与空气接触,增加酵母的活力;葡萄浆与空气接触,可促使酚类物质的氧化,使之与蛋白质结合成沉淀,加速酒的澄清。

③压榨:当残糖降至5 g/L以下,发酵液面只有少量二氧化碳气泡,皮盖已经下沉,液面较平静,发酵液温度接近室温,并伴有明显的酒香时表明主发酵已经结束,可以出池。一般主发酵时间为4~6天。出池时先将自流原酒由排汁口放出,放净后打开入孔清理皮渣进行压榨。皮渣的压榨靠使用专用设备压榨机来进行。压榨出的酒进入后发酵,皮渣可蒸馏制作皮渣白兰地,也可另作处理。

葡萄酒的压榨设备常用的有以下几种:卧式转筐双压板压榨机:该设备成本高,一次性投资大。连续压榨机:广泛应用于葡萄浆和前发酵醪的皮渣压榨。气囊压榨机:价格昂贵,一次性投大。

④后发酵:残糖的继续发酵:前发酵结束后,原酒中还残留3~5 g/L的糖分,这些糖分在酵母的作用下继续转化成酒精和二氧化碳。

澄清作用:前发酵得到的原酒中还残留部分酵母,在后发酵期间发酵残留糖分,后发酵结束后,酵母自溶或随温度降低形成沉淀。残留在原酒中的果肉、果渣随时间的延长自行沉降,形成酒脚。

陈酿作用:原酒在后发酵过程中进行缓慢的氧化还原作用,促使醇酸酯化,使酒的口味变得柔和,风味更趋完善。

降酸作用:某些红葡萄酒在压榨分离后,需诱发苹果酸——乳酸发酵,对降酸及改善口味有很大好处。新酒在后发酵过程中,口味变得柔和,风味上更趋完善,对改善口味有很大作用。

(2) 白葡萄酒生产工艺:白葡萄酒既可以用白葡萄来酿造,也可以用红皮白肉的红葡萄来酿造。葡萄采摘后,经分选去梗后进行破碎压榨,将果汁与葡萄皮分离,澄清,然后经低温发酵、贮存、陈酿及后期加工处理,最终酿制成白葡萄酒。其工艺流程如图2-23。

①果汁分离:白葡萄酒与红葡萄酒前加工工艺不同。白葡萄经破碎(压榨)或果汁分离,果汁单独进行发酵。也就是说白葡萄酒压榨在发酵前,而红葡萄酒压榨在发酵后。

果汁分离是白葡萄酒的重要工艺,其分离方法有如下几种:螺旋式连续压榨机分离果汁,气囊式压榨机分离果汁,果汁分离机分离果汁,双压板(单压板)压榨机分离果汁。果汁分离时应注意葡萄汁与皮渣分离速度要快,缩短葡萄汁的氧化。果汁分离后,需立即进行二氧化硫处理,以防果汁氧化。

②果汁澄清:果汁澄清的目的是在发酵前将果汁中的杂质尽量减少到最低含量,以避免葡萄汁中的杂质因参与发酵而产生不良成分,给酒带来异杂味。为了获得洁净、澄清的葡萄汁,可以采用二氧化硫静置澄清、果胶酶法、皂土澄清法和机械澄清法。将破碎压榨所得的果汁澄清,使悬浮在其中的杂质沉淀。

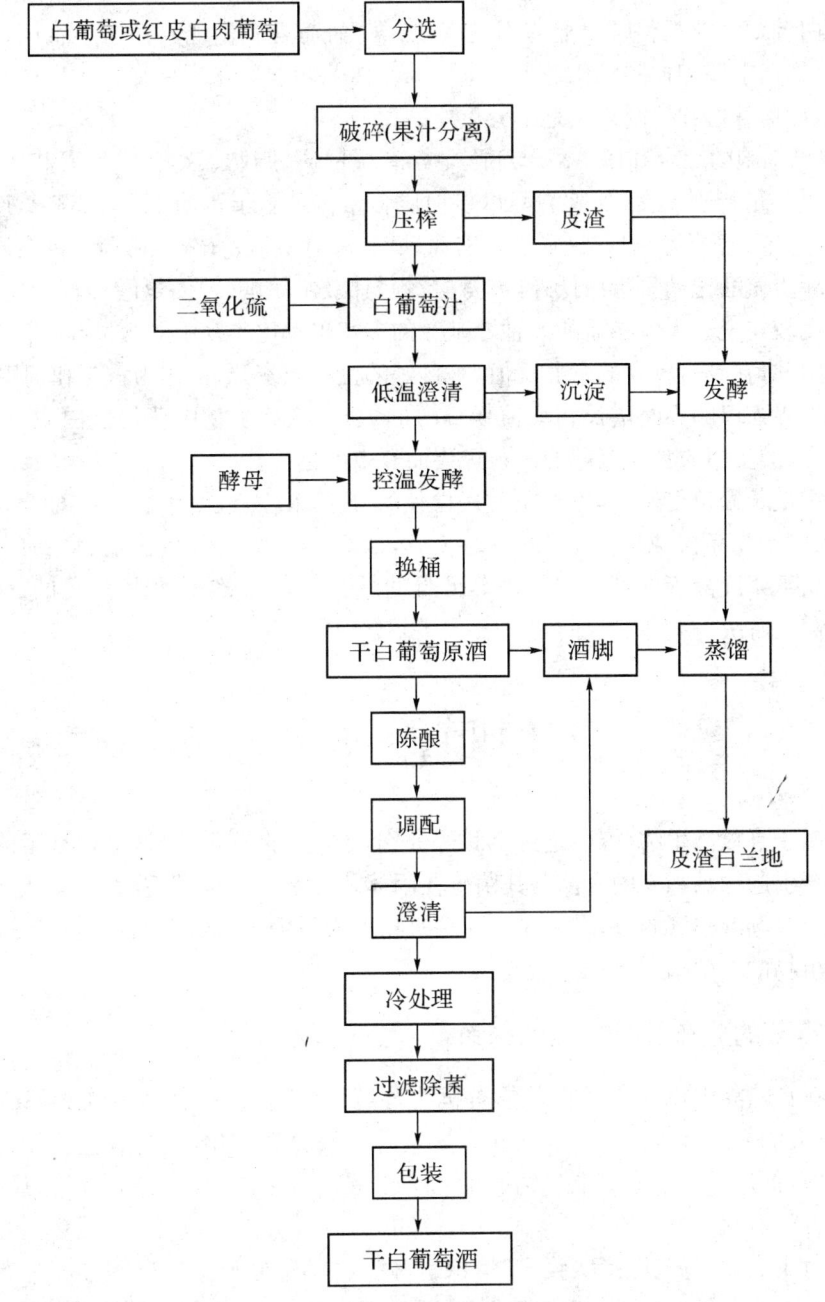

图 2-23 白葡萄酒酿造工艺流程

③白葡萄酒发酵：白葡萄酒发酵多采用人工培育的优良酵母(或固体活性干酵母)进行低温发酵。主发酵温度一般以 16~22 ℃为宜，主发酵期为 15 天左右。主发酵后残糖降至 5 g/L 以下，即可转入后发酵。后发酵温度一般控制在 15 ℃以下。在缓慢的后发酵中，葡萄酒香和味形成更为完善，残糖继续下降至 2 g/L 以下。后发酵越持续一个月左右。

④白葡萄酒的防氧化：白葡萄酒中含有多种酚类化合物，在与空气接触时，很容易被

氧化,生成棕色聚合物,使白葡萄酒的颜色变深,酒的新鲜感减少,甚至造成酒的氧化味,从而引起白葡萄酒外观和风味上的不良变化。白葡萄酒氧化现象存在于生产过程的每一个工序,如何掌握和控制氧化是十分重要的。白葡萄酒氧化现象存在于生产过程的每一个工序,如何掌握和控制氧化是十分重要的。

4. 酵母细胞的综合利用　酵母细胞中含有蛋白质、脂肪、糖类、维生素和无机盐等,其中蛋白质含量特别丰富,如啤酒酵母蛋白质含量占细胞干重的42%～53%,产假丝酵母为50%左右。糖类除糖原外,还发现有海藻糖、去氧核糖、直链淀粉等。蛋白质中氨基酸的含量除蛋氨酸比动物蛋白低外,苏氨酸、赖氨酸、组氨酸、苯丙氨酸等含量均较高,氨基酸组成比较完全。人体必需的8种氨基酸的多数也都比小麦中的含量高;维生素在14种以上。因此,它具有较高的营养价值,是良好的蛋白质资源,可作为食用和饲用。

随着世界人口的不断增长和动植物资源的短缺,从微生物中获得蛋白质(单细胞蛋白)是解决人类蛋白质食物资源的一条重要而有效的途径。

微生物生长繁殖迅速,其生长条件完全受人工控制,而且由于微生物对营养物质适应性强,农副产废弃物、糖蜜、谷氨酸发酵废液、稻草、稻壳、玉米秸、酿造、食品厂的废渣、废液、木屑、纸浆废液等都可以作为培养酵母的材料,以达到综合利用的目的。当然,如果食用还需要解决一些适口性问题。

第四节　霉菌

霉菌属于真核微生物,霉菌这一名词不是分类学上的术语,而是丝状真菌的一个俗称,意即"会引起物品霉变的真菌",其菌落在固体培养基上长成绒毛状、棉絮状或蜘蛛网状菌丝体。在潮湿的气候下,霉菌往往在有机物上大量繁殖,从而引起食物、工农业产品的霉变或植物的真菌病害。

一、霉菌的分布及与人类的关系

霉菌在自然界中扮演着最重要的有机物分解角色,从而把其他生物难以分解利用的、数量巨大的复杂有机物如纤维素和木质素等彻底分解转化,成为绿色植物可以重新利用的养料,促进了整个地球上生物圈的繁荣发展。霉菌的分布极其广泛,只要存在有机物的地方就有它们的踪迹。

霉菌对工农业生产、医疗实践、环境保护和生物学基础理论研究等方面都有着密切的关系。①工业上的柠檬酸、葡萄糖酸、L-乳酸等有机酸,淀粉酶、蛋白酶等酶制剂,青霉素、头孢霉素、灰黄霉素等抗生素,核黄素等维生素,麦角碱等生物碱,真菌多糖、γ-亚麻酸或赤霉素等产物的发酵生产;利用 Absidia(犁头霉)等对甾体化合物的生物转化生产甾体激素类药物;以及利用霉菌在生物防治、污水处理和生物测定等方面的应用等。②在食品制造方面,如酱油的酿造和干酪的制造等。③在基础理论研究方面,霉菌是良好的实验材料,如 *Neurospora crassa*(粗糙脉孢菌)和 *Aspergillus nidulans*(巢构曲霉)在微生物遗传学研究中的应用等。④大量真菌可引起工农业产品霉变,如食品、纺织品、皮革、木材、纸张、光学仪器、电器材和照相材料等。⑤是植物最主要的病原菌,引起各种植物的传染性病害,如马铃薯晚疫病、稻瘟病和小麦锈病等。⑥引起动物和人体传染病,如皮肤癣症等;另有少部分霉菌可生产毒素很强的真菌毒素,如黄曲霉毒素(aflatoxin)等。

二、霉菌的个体形态结构

霉菌营养体的基本单位是菌丝,菌体在显微镜下观察呈狭长的管状,用放大镜或肉眼观察呈丝状,其宽度为 $3\sim 10\ \mu m$,比放线菌的菌丝宽很多。菌丝可无限制地伸长,分枝或不分枝的菌丝相互交错,形成菌丝体。

1. **菌丝细胞结构** 霉菌菌丝细胞的构造与酵母菌细胞十分相似。其外由厚实、坚韧的细胞壁所包裹,其内有细胞膜,在内就是充满着细胞质的细胞腔。细胞核也有双层的核膜包裹,其上有许多膜孔,核能有一核仁。在细胞质中存在着液泡、线粒体、内质网、核糖体、泡囊和膜边体等。

2. **菌丝** 根据菌丝中是否存在横隔,可把霉菌的菌丝分为两类:一类是较低等的霉菌,菌丝无隔膜,呈分枝状的长管状,内含多个细胞核,整个菌体是一个单细胞,在生长过程中只有菌丝的延伸和细胞核数目的增多,没有细胞数目的增加。常见的藻状菌纲中毛霉属和根霉属的菌丝就属于这种类型。另一类是较高级的霉菌菌丝有隔膜,隔膜将菌丝分为多细胞,每个细胞内含 1~2 个核,也可见到多核的情况(图 2-24)。隔膜中央有小孔,可使细胞间的物质相互沟通。菌丝生长时,每个细胞也随着分裂。子囊纲属和半知菌纲属的霉菌菌丝属于此类。

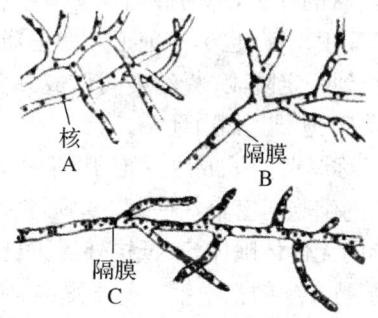

A.无隔多核菌丝　B.有隔单核菌丝　C.有隔多核菌丝

图 2-24 霉菌菌丝

3. **菌丝的变态** 在长期的自然选择下,真菌的营养菌丝发生多种变态,可更有效地摄取养料,以满足其生长发育的需要。

二、霉菌的群体形态

1. **固体培养形态** 霉菌的菌落和放线菌一样也是由分枝状菌丝组成。因菌丝较粗而长,形成的菌落较疏松,呈绒毛状、絮状或蜘蛛网状,一般比细菌菌落大几倍到几十倍。有些霉菌,如根霉、毛霉、链孢霉生长很快,菌丝在固体培养基表面蔓延,以至菌落没有固定大小。有的霉菌菌落生长则有一定的局限性,直径 1~2 cm 或更小。菌落表面常呈现出肉眼可见的不同结构和色泽特征,这是因为霉菌形成的孢子有不同形状、构造和颜色,有的水溶性色素可分泌到培养基中,使菌落背面呈现不同颜色;一般处于菌落中心的菌丝菌龄较大,位于边缘的则较年幼。菌落常常散发出"霉味"。同一种霉菌,在不同成分培养基上的菌落特征可能有变化。但一种霉菌,在同一培养基上的菌落形状、颜色等相对稳定。故菌落特征也是鉴定霉菌的重要依据之一。

2. 液体培养形态　霉菌在液体培养基中培养时,进行通气搅拌或振荡,往往会产生菌丝球的特殊构造,菌丝体相互紧密纠缠形成颗粒,均匀地悬浮于液体培养基中,有利于氧的传递以及营养物和代谢产物的输送,对菌丝的生长和代谢产物形成有利。例如,用黑曲霉的高产菌株进行柠檬酸发酵或多双孢菇进行液体培养进行液体培养时,最容易见到菌丝球。

三、霉菌的繁殖

霉菌的繁殖能力很强,而且方式多样,或者是菌丝顶端不断延伸,或者由菌丝的片断重新生长菌丝体。霉菌主要是通过产生无性孢子和有性孢子来进行繁殖。

1. 无性繁殖　霉菌的无性繁殖是指不经过两性细胞的结合而形成新个体的过程。无性繁殖是霉菌的主要繁殖方式。无性繁殖所产生的孢子叫做无性孢子。无性孢子通常有以下几种:

(1) 芽孢子:和酵母菌的出芽一样,是由母细胞生芽而形成。当芽长到正常大小时,或脱离母细胞,或仍与母细胞相连接而且继续再发生芽体,如此反复进行,最后成为具有发达或不发达分枝的假菌丝。所谓的假菌丝,就是芽殖后的子细胞与母细胞仅以极狭窄面积连接,即两细胞间有一细腰,而不像真正菌丝横隔处两细胞宽度一致。如此多次出现芽殖后,细胞与细胞连接成丝状的样子,称为假菌丝。有些种类的假菌丝,在两个细胞相连接处的其他侧面(或四周)又生出芽,也称芽孢子。如玉蜀黍黑粉菌能产生芽孢子。

(2) 节孢子:某些霉菌生长到一定阶段,菌丝中间形成许多隔膜,接着从隔膜处断裂成许多竹节似的无性孢子,成为节孢子。如白地霉。

(3) 厚垣孢子:厚垣孢子又称厚壁孢子或厚膜孢子,某些霉菌生长到一定阶段,在菌丝的顶端或中间体有部分细胞的细胞质密集在一起,变圆,然后在其四周生出厚壁,或原细胞壁加厚,形成圆形、纺锤形的无性休眠体,来抵抗外界不良的环境条件。

(4) 孢囊孢子:藻状无性繁殖产生的孢子生在孢子囊内,所以称为孢囊孢子。孢子囊一般生在气生菌丝的顶端或生在孢囊梗的顶端。在形成孢囊孢子前,首先有多核的原生质密集于此处,使其膨大,并在下方生出横隔膜与菌丝分开而形成孢子囊。孢子囊逐渐长大,然后其中原生质体分割成许多小块,在囊中形成许多核,每一个核包以原生质并产生孢子壁,即成孢囊孢子。原来膨大的细胞壁就成为孢囊壁。孢子囊成熟后破裂,包囊孢子扩散出来,遇适宜条件即可萌发成新个体。

(5) 分生孢子:分生孢子为子囊菌亚门和半知菌亚门中霉菌所具有,是霉菌中最普遍的一类无性孢子。由于这类孢子是由细胞内向外分生出来的,又称外生孢子。分生孢子是在菌体端部或分生孢子梗部特化而成的单个或成簇的孢子。孢子的形状、大小、结构及着生方式多种多样,根据分生孢子的着生情况可分为两种类型:一种类型是分生孢子直接着生在其菌丝或菌丝分枝的顶端,单生、成簇或成链,不具有明显分化的孢子梗,如红英霉属和交链孢霉属;另一类是生殖菌丝转化成明显的分生孢子梗和子梗,在子梗上着生成串的分生孢子,如青霉和曲霉(图 2-25)。

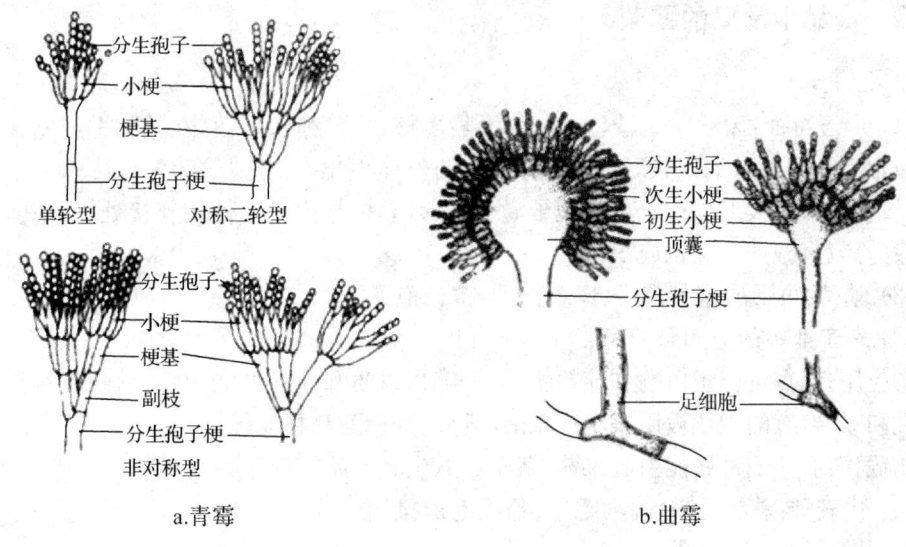

图 2-25 青霉和曲霉的分生孢子图

2. 有性繁殖

(1) 卵孢子：卵孢子是由两个大小不同的配子囊结合发育而成的，小型的配子囊称为雄器，大型的配子囊称为藏囊器，藏囊器内有一个到数个卵球。当雄器与藏卵器配合时，雄器中的细胞质与细胞核通过受精管进入藏卵器与卵球结合，此后卵球生出外壁即成为卵细胞。例如得巴利腐菌霉。

(2) 接合孢子：接合孢子是结合菌亚门菌种典型的有性孢子，是菌丝生出形态相同或略有不同的配子囊结合而成。两个相邻的菌丝相遇，各自向对方伸出极短的侧枝，称为原配子囊。原配子囊接触后，顶端各自膨大并形成横隔，形成配子囊。配子囊项目的部分称为配子囊柄。相接触的两个配子囊之间的横隔消失，细胞质和细胞核相互融合，同时外部形成后壁，即为接合孢子。

同宗配合：同菌丝体上的两菌丝相接触而形成接合孢子，如根霉。异宗配合：两种具有亲和力的不同质的菌系的菌丝"＋""－"相接触而形成的接合孢子，如毛霉。

(3) 子囊孢子：形成子囊孢子是子囊菌的主要特征。子囊孢子的形成过程比较复杂，首先是相邻的两菌丝分化成两个异形配子囊，即产囊器和雄器。当两个菌丝接触时，它们就成卷曲状而相互缠绕起来，两个性细胞随即融合为一，即为受精。在受精作用后，两细胞核并不立即融合，此时只进行质配，也不立即形成子囊，而是产囊器形成分多分枝菌丝，称为产囊菌丝。产囊丝经减少分裂，产生子囊。每个子囊产生 2～8 个子囊孢子。在子囊和子囊孢子发育的过程中，原来的产囊菌丝把融合的细胞围起来而后形成产囊器和雄器下面的细胞生出许多菌丝，它们有规律地将产囊丝包围，于是形成了子囊果。子囊果有三种类型：闭囊壳、子囊壳、子囊盘。

(4) 担孢子：担孢子是担子菌产生的有性孢子，是生长在担子上的外生型孢子。在担子菌中，两性器官多已退化，通常以菌丝结合的方式产生双核菌丝，双核菌丝的顶端膨大为担子，担子内两性细胞配合后形成一个二倍体的细胞核，经减数分裂形成四个单倍体，同时可在担子上长出四个小梗，小梗稍微膨大，最后四个核分别进入小梗的膨大部位，形成四个外生的单倍体担孢子。

四、食品中常见的霉菌

1. 毛霉属

(1) 形态特征:菌丝发达、繁密;白色无隔多核,为单细胞真菌,在基物上或基物内能广泛蔓延。无假根和匍匐枝,孢囊梗直接由菌丝体生出,一般为单生,分枝较少或不分枝,分枝顶端可膨大形成孢子囊。孢子囊为球形,囊梗与孢子囊柄相连接处无囊托,孢子囊一般为黑色,孢子为黑色或褐色。

(2) 繁殖:可形成孢囊孢子、厚垣孢子、接合孢子。

(3) 在工业中的应用和危害:

①应用:毛霉可产蛋白酶和淀粉酶,故分解蛋白质和淀粉的能力特别强,常被用于制备腐乳和豆豉,有的种还被用来生产草酸、乳酸、柠檬酸和甘油等。

②危害:有些毛霉属能引起果酱、蔬菜、糕点、乳制品等食品腐败变质,如鲁氏毛霉。

(4) 代表种:总状毛霉、高大毛霉、鲁氏毛霉、梨形毛霉等。

2. 根霉属

(1) 形态特征:与毛霉的主要区别在于有假根和匍匐枝,与假根相对处向上生出孢囊梗匍匐菌丝呈弧状,在培养基部水平生长。匍匐菌丝着生孢子囊梗的部位,接触培养基处,菌丝伸入培养基内呈分枝状生长,犹如树根,故称假根。梗的顶端膨大形成孢子囊,囊内产生孢子。孢子囊内囊轴明显,呈球形或近球形,一般为黑色,囊轴基部与梗相连处有囊托。孢囊孢子呈球形、卵形或不规则。

(2) 繁殖:形成孢囊孢子、厚垣孢子、接合孢子。

(3) 在工业中的应用和危害:

①应用:根霉能够产生糖化酶,使淀粉转化为糖,常用于酿酒工业。家庭制作米酒的甜酒曲就是根霉和酵母菌的混合物。

②危害:根霉能够引起粮食及其制品霉变,如米根霉。

(4) 代表种:米根霉、华根霉、黑根霉(R. nigrican)、少根根霉。

3. 曲霉属

(1) 形态特征:菌丝发达多分枝,有隔多核,分生孢子梗由特化了的厚壁而膨大的菌丝细胞(足细胞)上垂直生出;顶端膨大成顶囊,顶囊多呈半球状、椭圆或球形,分生孢子头状如"菊花或皇冠状"(图 2-25);顶囊表面生辐射状小梗,小梗单层或双层,小梗顶端着生成串分生孢子。孢子囊成熟时呈黑色。

(2) 繁殖:大多数为无性世代产分生孢子;少数种可形成子囊孢子。

(3) 在工业中的应用和危害:

①应用:曲霉可以产生多种酶制剂,如蛋白酶、淀粉酶、果胶酶,是酿酒、制醋曲的主要菌种。现代工业中。曲霉被广泛用于制造发酵食品、酶制剂、有机酸和抗生素。

②危害:曲霉广泛分布在空气、土壤、谷物上,可造成谷物、水果和蔬菜等物品霉变腐烂,有些曲霉产生的黄曲霉毒素是已知的最强的致癌物质。

(5) 代表种:黄曲霉、寄生曲霉、黑曲霉。

4. 青霉属

(1) 形态特征:与曲霉类似。但无足细胞,分生孢子梗从基丝或气丝上生出,有横隔,多细胞,顶端生有扫帚状的分生孢子头。分生孢子梗顶端不膨大,有扫帚状分枝,称为帚状枝(图2-25)。帚状枝是由单轮或两轮到多轮分枝系统构成,对称或不对称,最后一级分枝称为小梗,着生小梗的细胞称梗基,支持梗基的细胞称为副枝。小梗上产生成串的分生孢子,分生孢子呈青绿色。

(2) 繁殖:产生分生孢子。

(3) 在工业中的应用和危害:青霉菌因产青霉素而著称,它还可生产有机酸和酶制剂等。青霉是霉腐菌,可引起皮革、布匹、谷物和水果等腐烂。

(4) 代表种:产黄青霉(*Pen. chrysogenum*)、桔青霉(*Pen. citrinum*)、展青霉(*Pen. patulum*)

五、霉菌在食品工业中的应用

霉菌在食品工业中的用途十分广泛,如豆腐乳、豆豉、酱、酱油、柠檬酸等都是在霉菌的参与下生产出来的。绝大多数霉菌能把加工所用原料中的淀粉、糖类等碳水化合物、蛋白质等含氮化合物及其他种类的化合物进行转化,制造出多种多样的食品、调味品及食品添加剂。不过,在许多食品制造中,除了利用霉菌以外,还需要细菌、酵母菌的共同作用来完成。下面以酱油和腐乳的制作为例来说明霉菌在食品工业中的应用。

酱油是人们生活中普遍使用的调味品。最早起源于我国,明代时传入日本,最后逐步扩大到东南亚和世界各地。

参与酱油酿造过程并起主要作用的是曲霉属的一些种,如米曲霉、黄曲霉、酱油曲霉等。我国目前应用的菌种以米曲霉为主。米曲霉具有复杂的酶系,特别是能产生丰富的蛋白酶和淀粉酶,可将原料中的蛋白质分解成各种氨基酸,将淀粉分解成糊精和葡萄糖等。除曲霉外,在酱油酿造过程中起作用的还有酵母菌。酵母的主要作用是将糖发酵成乙醇等物质,乙醇是合成酯类所必需的,因而是构成酱油香气的重要因素之一。此外,某些能够生香的汉逊氏酵母菌在酱油酿造中也有应用。有些能形成乳酸的菌种在酱油酿造过程中也起着积极的作用,它们分解基质所产生的有机酸,是构成风味物质不可缺少的。

1. 生产菌 酱油生产中常用的霉菌有米曲霉、黄曲霉和黑曲霉等,目前我国较好的酱油酿造菌种有米曲霉 AS3.863、米曲霉 AS3.591(沪酿 3.042,由 AS3.863 经过紫外诱变获得的蛋白酶高产菌株,用于酱油发酵,发酵速度快,酱油风味好)、961 米曲霉、广州米曲霉、WS2 米曲霉、10B1 米曲霉等。

2. 生产工艺流程 酱油生产分种曲、制曲、发酵、浸出提油、成品配制几个阶段。

(1) 种曲制造工艺流程:麸皮、面粉→加水混合→蒸料→冷却→接种→装匾→曲室培养→种曲。

(2) 成曲制造工艺流程:原料→粉碎→润水→蒸料→冷却→接种→通风培养→成曲。

(3) 发酵:在酱油发酵过程中,根据醪醅的状态,有稀醪发酵、固态发酵及固稀发酵之分;根据加盐量的多少,又分有盐发酵、低盐发酵和无盐发酵三种;根据加温状况不同,又可分为日晒夜露与保温速酿两类。目前酿造厂中用得最多的固态低盐发酵工艺流程为:成曲→打碎→加盐水拌和(12~13° Be′的盐水,含水量 50%~55%)→保温发酵(50~

55 ℃,4～6 天)→成熟酱醅。

(4) 浸出提油工艺流程：

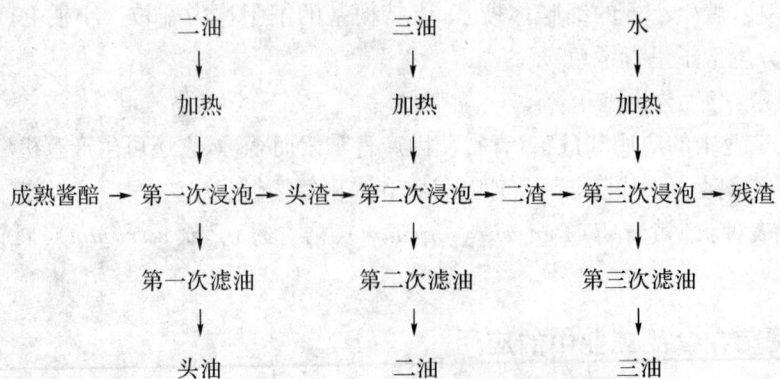

如上所述,酱油酿造过程是在以曲霉为主的多种微生物综合作用下完成的,这一过程包括十分复杂的生物化学变化。归纳起来,这些变化主要分为以下几类：

(1) 蛋白质的发酵作用：原料中的蛋白质在曲霉等分泌的蛋白酶作用下被分解成各种氨基酸,各种氨基酸特别是其中呈味的氨基酸是酱油鲜味的主要来源,氨基酸也是形成酱油色素的成分。

(2) 淀粉的糖化作用：淀粉类物质在淀粉酶系作用下被水解为单糖及双糖,是酱油甜味的主要来源,并为酒精发酵和乳酸发酵提供基质。同时,单糖和氨基酸发生美拉德反应的产物是酱油色素的主要来源。

(3) 酒精发酵：酱醅中的酵母菌利用糖进行发酵作用形成乙醇,乙醇与有机酸结合成酯,是构成酱油香味的物质。

(4) 酸类发酵：基质中糖在乳酸细菌的作用下形成以乳酸为主的有机酸,行成酯的原料,并构成酱油特有的酸味。

酱醅经上述生化变化,产生各种蛋白质和淀粉的分解产物并合成一些产物,这些物质的综合作用构成了酱油特有的风味和性状。

2. **腐乳** 腐乳是用豆腐胚、食盐、黄酒、红曲、面曲、砂糖、花椒、玫瑰、辣椒等香辛料,接种微生物发酵而制成。用于腐乳发霉的主要有腐乳毛霉、鲁氏毛霉、五通桥毛霉、总状毛霉、花根霉等。另外,在细菌型腐乳中,克东腐乳利用微球菌属中的种进行酿造,武汉腐乳是利用枯草杆菌进行酿造的。

腐乳的酿造是几种微生物及其所产生的酶的不断作用的过程。在发酵前期,主要是毛霉等的生长发育期,在豆乳胚周围布满菌丝,同时分泌各种酶,引起豆乳中少量淀粉的糖化和蛋白质的逐步降解。此时由外界来到胚上的细菌、酵母菌也随着繁殖,参与发酵。加入食盐、红曲、黄酒等辅料,装坛后,即进行厌氧的后发酵。毛霉产生的蛋白酶和细菌、酵母菌的发酵作用,经过复杂的生物化学变化,将蛋白质分解为胨、多肽和氨基酸等物质,同时生成一些有机酸、核黄素、维生素 B_{12}、醇类、酯类等,最后制成具有特殊色、香、味的腐乳成品。因此,腐乳不仅仅是一种很好的调味品,也是人体营养物质的来源。

1. **发酵腐乳的微生物** 目前采用人工纯种培养微生物,大大缩短了生产周期,不易污染,常年都可生产。现在用于腐乳生产的菌种主要是霉菌,如：腐乳毛霉(*M. sufu*)、根霉、总状毛霉、米曲霉等,但克东腐乳是利用微球菌,武汉腐乳是用枯草杆菌进行酿造的。

(1) 五通桥毛霉:菌丝白色,老后稍黄,孢子梗不分枝,孢子囊呈圆形,色淡,后垣孢子很多。最适生长温度为 10～25 ℃,低于 4 ℃下勉强能生长,高于 37 ℃不能生长。

(2) 腐乳毛霉:菌丝初期为白色,后期为灰黄色;孢子囊呈球形,灰黄色;孢子轴呈圆形;孢子椭圆形,表面光滑。它的最适生长温度为 29 ℃。

(3) 总状毛霉:菌丝初期为白色,后期为黄褐色;孢子梗不分枝;孢子囊为球形,褐色;孢子较短、为卵形,后垣孢子数量多,大小均匀,为物色或黄色,最适生长温度为 23 ℃,低于 4 ℃和高于 37 ℃的环境下都不能生长。

(4) 根霉:根霉生长温度比毛霉高,在夏季高温情况下也能生长,而且生长速度快。因此利用根霉酿造腐乳,不仅打破了季节对生产的限制,而且缩短了发酵周期。

(5) 米曲霉:米曲霉能分泌产生淀粉酶、蛋白酶、脂肪酶、氧化酶、转化酶及果胶酶等,不仅能使原料中的淀粉转化为糖以及蛋白质分解为氨基酸,还可形成具有芳香气味的酯类。最适培养温度为 37 ℃。

(6) 细菌和酵母菌:它们都有产蛋白酶的能力,某些代谢产物在腐乳的特色风味形成过程中起作用。

(7) 羊肚菌:营养丰富,是世界著名的食药两用真菌。菌丝体内有 17 种氨基酸,其中有 8 种是人体必需氨基酸,另外还有特殊风味的氨基酸,因此用该菌酿制的腐乳香味独特。

2. 生产工艺流程:我国酿造腐乳以毛霉菌酿造的腐乳占多数,下面以毛霉型腐乳生产工艺为例介绍:

大豆选料→浸泡→磨浆→过滤、煮浆→点浆、蹲脑→压榨→豆腐切坯→接种→培养→搓坯、腌坯→装坛、加辅料→后发酵(3～6 个月)→成品。

(1) 大豆选料:豆腐的质量优劣首先取决于大豆的品质。一般选择粒大,完整,皮薄,蛋白质含量高的大豆。

(2) 浸泡:大豆淘洗后以清水浸泡,用水量约为大豆质量的 3 倍,浸泡时间因季节温度而有所调整,8～36 h 不等,泡至大豆皮不轻易脱落,豆瓣掐之易断,断而无生心为度。

(3) 磨浆:用磨浆机,加水量约为大豆量的 3 倍,加入适量消泡剂。

(4) 过滤、煮浆:三级过滤,采用连续煮浆器煮浆,出口温度设置在 105～110 ℃。

(5) 点浆、蹲脑:熟浆通入豆腐缸内,加入盐卤搅拌,加入的量和搅拌程度凭经验控制,不同品种的豆腐乳要求的凝聚状态不同。

(6) 压榨:点浆后豆腐脑下沉,上面为澄清黄色泔水,将点好的豆浆放到铺好布的过滤器上,包好,压以重物,将坯子水分控制在约 71%。

(7) 豆腐切坯:将压榨好的豆腐放在划刀架上,切成需要的规格。

(8) 接种:将豆腐胚送入接种室,切面朝下,整齐摆放,均匀喷洒一些菌悬液或曲面,交错叠放于发酵房。

(9) 培养:发酵房温度控制在 23～28 ℃,湿度控制在 75%～85%,培养 1～2 天,待豆腐坯长满茂盛的菌丝时结束发酵,将发酵室门窗打开,降温冷却。

(10) 搓坯、腌坯:将凉透的毛坯拉到腌坯间,将毛坯间牵连的菌丝扯断,毛霉菌丝体轻轻弄倒，注意不要弄破菌膜，然后将毛坯整齐放入腌制的大缸内，一层腐乳加一层盐。根据品种不同，腌制方式略有不同。

（11）装坛、加辅料：腌制好后，将盐卤沥净，将腐乳一层一层放入坛子中，根据不同的品种，将辅料混合均匀，灌入坛中。

（12）后发酵、成熟：后发酵条件为自然条件，一般温度保持为25～35℃，一般低温长时间后发酵品质更佳。

第五节　病毒

病毒是目前已知的最小生物。1982年俄国科学家伊万诺夫斯基首先发现烟草花叶病的感染因子能够通过细菌通不过的微孔滤器，后来他把这种感染因子命名为滤过性病毒，简称病毒。随后牛口蹄疫病毒、细菌病毒、昆虫病毒也相继被发现。随着电子显微镜技术的发展，以及X光衍射技术和超速离心机等先进仪器的应用，人们对病毒的研究已进入一个崭新的阶段。

病毒广泛分布在自然界，在有细胞型生物生存的地方，都可能有与其相应的病毒存在。在食品与发酵工业中，常发现病毒的污染与危害。因此，了解并掌握病毒的特性，对控制病毒对人类的危害，防止病毒对食品的污染，减少噬菌体对发酵工业的污染，具有重要意义。

一、病毒的生物学特性

病毒与其他细胞型微生物相比，具有以下主要特性：

1. 个体极微小　病毒的个体称为病毒粒子，绝大多数能通过细菌过滤器，必须借助电子显微镜才能看到，常以纳米（nm）为单位来表示其大小。

2. 无细胞结构，只是由核酸和蛋白质组成的大分子。

3. 每种病毒只含有一种核酸，或者是DNA，或者是RNA。

4. 专性细胞内寄生　大部分病毒没有酶或酶系不完善，不能独立进行新陈代谢，不能在无生命培养基上生长，必须寄生在活的易感细胞内才能增殖。

5. 以复制方式增殖　依靠宿主细胞进行自我复制繁殖。

6. 在离体条件下，只能以无生命的大分子状态存在，并可长期保持其侵染性。

7. 对抗生素一般不敏感，对干扰素敏感。

二、病毒的基本形态和大小

病毒的基本形态有球形、卵圆形、砖形、杆形、丝状、蝌蚪状等（图2-26）。动物病毒多呈球形（或多面体形），如脊髓灰质炎病毒、口蹄疫病毒、腺病毒等；但有的呈砖形，如牛痘苗病毒；少数呈子弹形，如狂犬病毒。植物病毒大多呈杆状，如烟草花叶病毒；少数呈丝状，如甜菜黄化病毒；有的呈球形，如花椰菜花叶病毒。微生物病毒多呈蝌蚪状，如噬菌体。

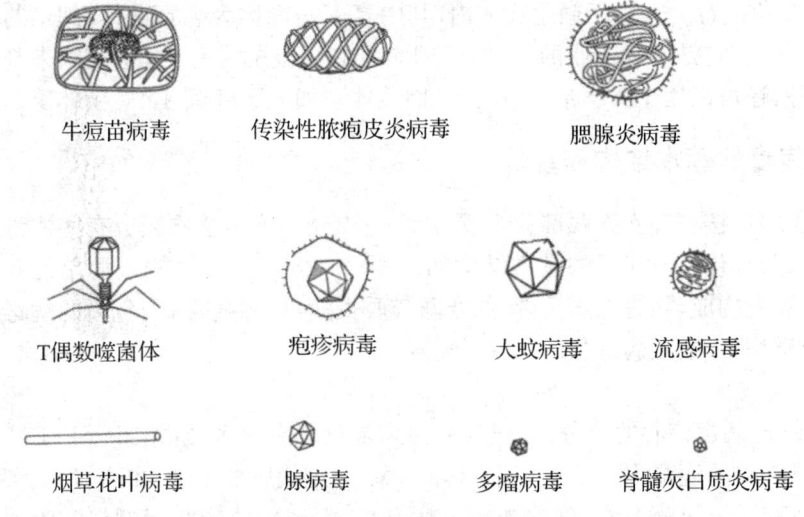

图 2-26 病毒的几种形状

大多数病毒的直径在 10~300 nm 之间。病毒大小悬殊,较大的病毒如牛痘病毒,直径为 300 nm,较小的病毒如口蹄疫病毒,直径为 10 nm,所以不能用普通光学显微镜观察其形态,必须用电子显微镜放大几千倍、几万倍,甚至十几万倍才能看到其基本形态。

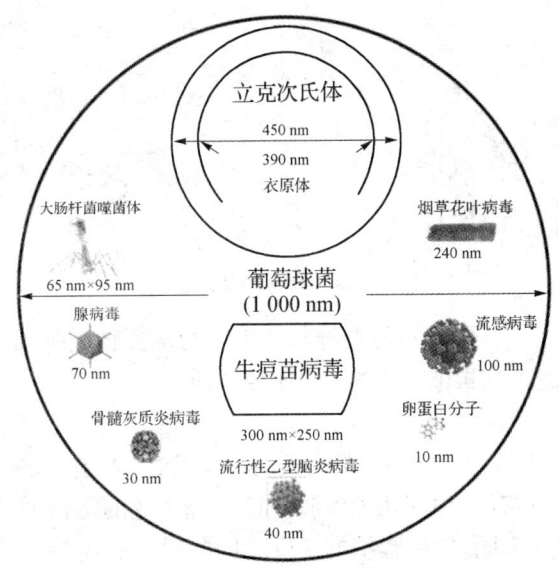

图 2-27 病毒与其他微生物的大小比较

三、病毒的分类

由于病毒的专性寄生特征,故往往依据宿主不同进行分类研究。

1. 动物病毒 寄生于人体与动物细胞内,引起人和动物多种疾病。如流行性感冒病毒、脊髓灰质炎病毒、SAS 病毒等。

2. 植物病毒 寄生于植物细胞内,造成农产品产量和质量的重大损失。如烟草花叶病毒等。

3. 微生物病毒　寄生于微生物体内,其中真菌病毒称为噬真菌体;细菌与放线菌病毒称为噬菌体。它是发酵工业的大敌,但因它具有高度的专一性,也可用来判断不同微生物的菌种,还可以用于医学治疗、用作基因载体。如大肠杆菌T2噬菌体等。

四、病毒的基本结构和功能

病毒主要由核心和衣壳两部分构成,核心与衣壳合称为核衣壳。有些病毒在核衣壳外还有一层膜称包膜。病毒的基本结构如图图2-28所示。结构最简单的病毒没有包膜,只由核衣壳构成,称为裸露病毒,如脊髓灰质炎病毒、腺病毒;有包膜的病毒称为包膜病毒,如流感病毒、冠状病毒。

1. 核心

(1)成分:病毒核心的成分是核酸,每种病毒只含有一种核酸,或者是DNA,或者是RNA。含DNA的病毒称为DNA病毒(如腺病毒、冠状病毒),含RNA的病毒称为RNA病毒(如流感病毒、风疹病毒、脊髓灰质炎病毒)。大多数植物病毒的核酸为RNA,少数为DNA;动物病毒的核酸部分是DNA,部分是RNA;噬菌体的核酸大多数为DNA,少数为RNA。RNA病毒多数为单链,极少数为双链;DNA病毒多数为双链,少数为单链。

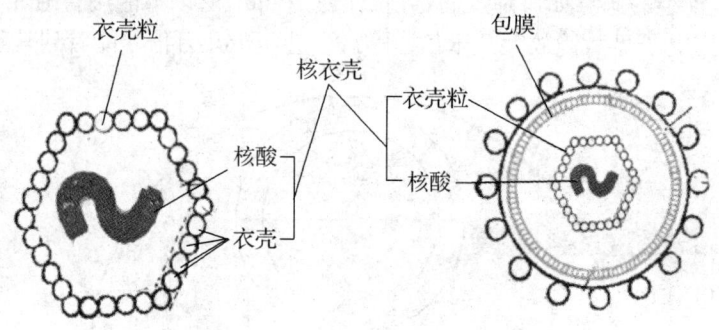

图2-28　病毒的基本结构

(2)功能:核酸是病毒增殖、遗传变异与感染性的重要物质基础。大部分病毒的遗传物质为DNA,少数RNA病毒能以RNA为遗传物质。

2. 衣壳

(1)成分:包在病毒核心外的蛋白质外壳称为衣壳。衣壳由壳粒构成,它是电镜下能看到的最小形态学单位,有一种或几种多肽链接折叠而成的蛋白质亚单位构成。由于壳粒在壳体上的排列方式不同,使病毒结构呈现不同的对称形式(图2-29)。

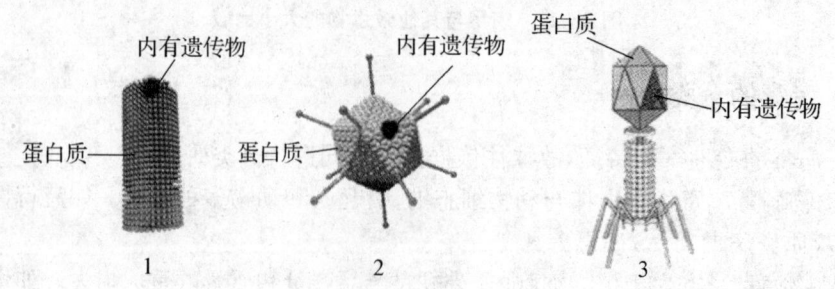

1. 烟草花叶病毒　2. 腺病毒　3. 大肠杆菌噬菌体

图2-29　病毒衣壳的排列方式

①螺旋对称型：核酸是伸展开的，壳粒围绕核酸呈螺旋对称排列。如烟草花叶病毒。

②二十面体立体对称型：核酸浓集在一起形成球状或近似球状，衣壳包绕在外面，壳粒排列呈二十面体立体对称形式。如腺病毒。

③复合对称型：少数病毒壳粒排列较复杂，壳粒既不呈螺旋对称，也不呈立体对称。如噬菌体。

（2）成分

①保护核酸免受外界核酸酶及其他理化因子的破坏。

②决定病毒感染的特异性：衣壳能与宿主易感细胞表面的受体结合，使病毒核酸侵入宿主细胞内，引起宿主细胞感染。

③使病毒具有抗原性：衣壳蛋白是病毒的主要抗原成分，可刺激机体产生免疫应答。

3. 包膜　有些较大型病毒在核衣壳外面有一层膜状结构，称为包膜，也叫囊膜，如麻疹病毒、腮腺炎病毒。大多数有包膜的病毒呈球形（如流感病毒），但痘病毒呈砖形，狂犬病毒呈子弹形。

包膜由脂质、蛋白质和糖类组成。包膜表面形成包膜突起，称为刺突，嵌附在包膜脂质中，它是多糖与蛋白质的复合物（糖蛋白）。刺突因病毒的种类不同而异，可作为鉴定的依据。

包膜中的脂质是某些病毒在宿主细胞内成熟过程中，以出芽方式穿过宿主细胞膜（少数是由核膜）释放到细胞外时所获得的宿主细胞成分。脂类构成了病毒包膜的脂质双层结构。由于病毒包膜的脂类来源于宿主细胞，其种类和含量均具有对宿主细胞的特异性，所以可决定病毒侵害宿主的特定部位。包膜具有宿主细胞膜的特性，对脂溶剂（如乙醚、氯仿、胆汁等）敏感。呼吸道病毒一般不能侵入消化道，因为该类病毒易被胆汁所破坏，故包膜病毒一般不经消化道感染，而主要通过分泌物、呼吸道飞沫、血液和组织移植等途径传播疾病。糖类也来自宿主细胞。蛋白质由病毒基因组编码而合成。

刺突上含有两种酶：一种叫血凝素，形似三角形，可与宿主易感细胞表面的受体结合，使病毒吸附在宿主细胞上，还能凝集某些动物的红细胞，如脊髓灰质炎病毒、腺病毒、流感病毒、麻疹病毒等。另一种叫神经氨酸酶，形似蕈状，能破坏宿主细胞表面的受体，使包膜上的脂质易与宿主细胞膜融合，便于病毒侵入易感细胞，如流感病毒、腮腺炎病毒等。

刺突与宿主细胞表面的受体结合，使病毒黏附在靶细胞表面，并构成病毒的表面抗原，与病毒的分型、致病性和免疫性等有关，赋予病毒某些特殊功能。

当包膜受到破坏时，包膜病毒也丧失吸附和侵入宿主细胞的能力，从而丧失感染性。

五、病毒的增殖

病毒的增殖又称为病毒的复制，是病毒在活细胞中的繁殖过程。病毒没有活细胞所具备的细胞器，缺乏完整的酶系统，不能单独进行新陈代谢，必须借助宿主细胞供给原料和能量，才能在病毒核酸控制下合成新的病毒核酸和蛋白质并装配成完整的病毒颗粒，然后以一定方式释放到细胞外，再感染其他细胞。

病毒从进入宿主细胞开始，经复制成为成熟的病毒颗粒并释放到细胞外的过程称为复制周期，包括吸附、侵入、生物合成、装配与释放五个连续的过程（图2-30）。

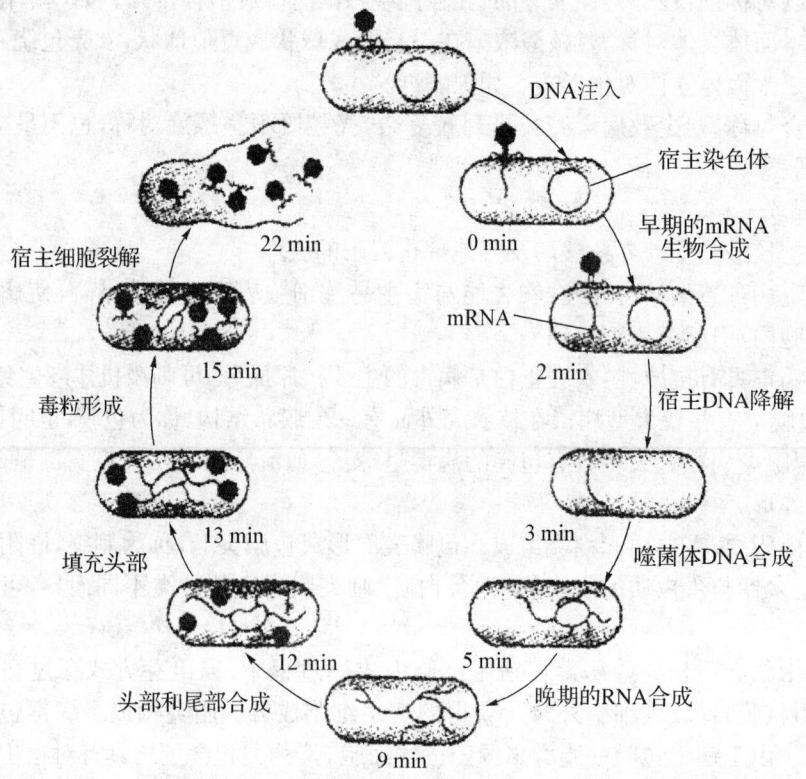

图 2-30 T₄噬菌体的生命周期示意图

1. **吸附** 吸附是指病毒表面蛋白质与宿主细胞的特异接受位点发生特异性结合。这是病毒感染细胞的第一步。例如，流感病毒必须通过其包膜上的血凝素与人的呼吸道黏膜柱状纤毛上皮细胞膜上的黏蛋白结合，才能感染细胞；大肠杆菌T系噬菌体是通过尾丝末端蛋白质吸附在大肠杆菌的细胞壁上的。

2. **侵入** 不同种类的病毒，其侵入宿主细胞的方式不同。

（1）有包膜的病毒多数通过包膜与宿主细胞膜融合，使核衣壳进入宿主细胞质内。

（2）无包膜病毒一般通过细胞膜以胞饮方式将核衣壳吞入宿主细胞。即病毒与宿主细胞表面受体结合后，细胞膜折叠内陷，将病毒包裹其中，形成类似吞噬泡的结构，使病毒原封不动地穿入细胞质内。

（3）以穿过宿主细胞膜的移位方式进入细胞。如呼肠孤病毒以完整的病毒粒子直接穿过宿主的细胞膜，进入细胞质中。

（4）大肠杆菌T系噬菌体吸附到宿主细胞壁上后，尾部的溶菌酶水解宿主细胞壁的肽聚糖，使之形成小孔，然后通过尾鞘收缩，将头部的DNA注入宿主细胞内，而蛋白质外壳及其他部分则留在宿主细胞外。

完整的病毒粒子进入宿主细胞后，必须脱去包膜或核衣壳，即所谓的脱壳。如进入宿主细胞的核衣壳，被宿主细胞释放的蛋白酶降解而脱壳，使核酸游离出来并进入宿主细胞的一定部位。多数病毒在穿入时已在细胞的溶酶体酶作用下脱壳并释放出病毒的基因组。少数病毒的脱壳较复杂，这些病毒往往是在脱衣壳前，病毒的酶已在起转录mRNA的作用。

3. 生物合成 此过程包括核酸的复制和蛋白质的生物合成。侵入宿主细胞中的病毒在释放核酸之后,接着借助宿主细胞的一些细胞器和宿主细胞的一些酶(以及病毒自身的少数酶)来复制病毒的核酸和合成结构蛋白及其他结构成分。

除痘病毒外,多数双链 DNA 病毒在细胞核内复制 DNA,在细胞质内翻译出病毒蛋白;痘类病毒虽属 DNA 病毒,但它的 DNA 复制与衣壳蛋白的合成等均在细胞质内进行。除逆转录病毒以外,多数 RNA 病毒都在细胞质内合成病毒的全部成分。

病毒的生物合成基本步骤为:转录早期 mRNA→翻译"早期蛋白"→复制子代病毒核酸→转录晚期 mRNA。现以双链 DNA 病毒(痘病毒)为例来介绍病毒的生物合成过程。

①宿主细胞内的病毒核酸在 RNA 多聚酶的作用下合成早期 mRNA。

②在宿主细胞核糖体内,将早期 mRNA 翻译成病毒的早期蛋白质,如复制子代核酸所需要的 DNA 多聚酶和抑制宿主细胞正常代谢的调节蛋白质。

③在 DNA 多聚酶催化下,以亲代病毒 DNA 为模板,以半保留复制方式自我复制出许多子代病毒 DNA。

④子代 DNA 转录为晚期 mRNA,晚期 mRNA 在胞浆中翻译成病毒的晚期蛋白质,主要构成子代病毒的衣壳蛋白。

其他单链 DNA 病毒、双链和单链 RNA 病毒的生物合成过程与双链 DNA 病毒基本相似。不同之处就是 RNA 病毒以 RNA 作为遗传物质复制子代 RNA 并转录 mRNA,翻译成 RNA 多聚酶及衣壳蛋白。

4. 装配 装配就是在宿主细胞的一定部位(细胞核或细胞质),将已合成的核酸和蛋白质组装成完整的、有感染性的病毒粒子。

当衣壳蛋白达到一定浓度时,将聚合成衣壳并包裹大小合适的核酸而形成核衣壳。裸露病毒装配成核衣壳即为成熟的病毒粒子;包膜病毒一般是在细胞核内或细胞质内装配核衣壳,然后以出芽方式释放时再包上核膜或细胞质膜后成为成熟病毒。

除痘病毒外,DNA 病毒都在细胞核内装配(如腺病毒),RNA 病毒与痘病毒在细胞质内装配(如流感病毒、脊髓灰质炎病毒)。

5. 释放 病毒装配后,从被感染细胞内转移到细胞外的过程称为释放。裸露病毒通过细胞破裂释放,即通过宿主细胞溶解或局部破裂而释放出来,如腺病毒;包膜病毒以"出芽"方式经过细胞膜或核膜而成为成熟病毒体释放出来,如痘病毒;有的病毒是通过沿核周与内质网相通的渠道,从细胞内逐渐释放出来;有的病毒是通过细胞之间的接触或通过宿主细胞之间的"间桥"而扩散到新宿主细胞内。

六、病毒的检测

1. 直接法 在电子显微镜下直接观察病毒粒子并计数的方法。

2. 间接法 在很多情况下,病毒会在它们新侵染的细胞或组织中留下踪迹,如噬菌体在细菌平板上形成噬菌斑,动物病毒在动物细胞单层培养物上形成蚀斑或感染病灶,植物病毒在茎叶等组织上产生坏死斑等。检查并计数这些斑点,就可以间接推算出病毒粒子的数目。

(1) 噬菌斑:在有噬菌体存在的细菌平板上,由于噬菌体侵染敏感细胞,并使之裂解,从而形成一个个不长细菌的透明小圆区,称为噬菌斑。一个噬菌体产生一个噬菌斑,并且噬菌斑的特征也随噬菌体的种类不同而异,故可用其对噬菌体进行检测、鉴定。

(2)蚀斑或感染病灶:在有动物病毒存在的动物细胞单层培养物平板上,会出现与噬菌斑类似的蚀斑。但如果是肿瘤病毒,被侵染细胞不被裂解,而是生长速率大增,致使被侵染的细胞堆积起来形成类似于菌落的感染病灶。

(3)坏死斑:植物病毒会在茎叶等组织上形成一个个褐绿或坏死的斑点,即为坏死斑。

七、噬菌体的形态与结构

1. **噬菌体的形态** 迄今为止,已知噬菌体的形态有三类,即蝌蚪形、微球形、纤线形。
2. **噬菌体的结构** 随着电子显微技术的发展,对噬菌体的结构也有了初步的了解,图2-31即显示了大肠杆菌T偶数噬菌体的模式结构。

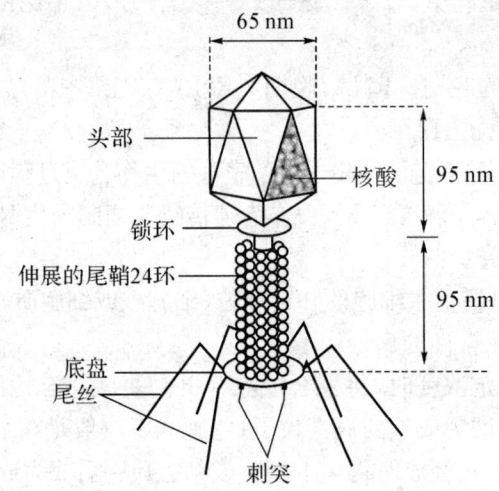

图2-31 大肠杆菌T偶数噬菌体的模式结构

3. **噬菌体的复制过程** 噬菌体侵染细胞后,在细胞内增殖。凡能导致寄主细胞裂解者叫做烈性噬菌体,相应的寄主细胞称为敏感性细胞;而不能使寄主细胞发生裂解,并与寄主细胞同步复制的噬菌体叫做温和噬菌体,相应的寄主细胞叫做溶原性细胞。

(1)烈性噬菌体的复制

①吸附:烈性噬菌体与寄主细胞接触,噬菌体的末端尾丝散开,固着在寄主细胞的特异性受点上。

②侵入:随后,噬菌体尾部分泌溶菌酶,水解寄主细胞壁,产生一小孔,然后噬菌体收缩,通过该小孔把头部的核酸注入寄主细胞内,蛋白质外壳仍留在寄主细胞外。

③增殖:噬菌体核酸进入寄主细胞后,借助寄主细胞的代谢机构大量复制子代噬菌体的核酸,同时合成子代噬菌体的蛋白质。

④成熟:子代噬菌体核酸与子代噬菌体蛋白质聚集成为新的子代噬菌体粒子,即完成装配过程。

从噬菌体侵入寄主细胞直到出现新的子代噬菌体前,在外观上看不到成形的噬菌体,故这一时段往往被称为潜伏期。

⑤释放：子代噬菌体成熟，能溶解寄主细胞壁的溶菌酶逐渐增加，促使寄主细胞裂解，从而释放出大量的子代噬菌体(图 2-32)。

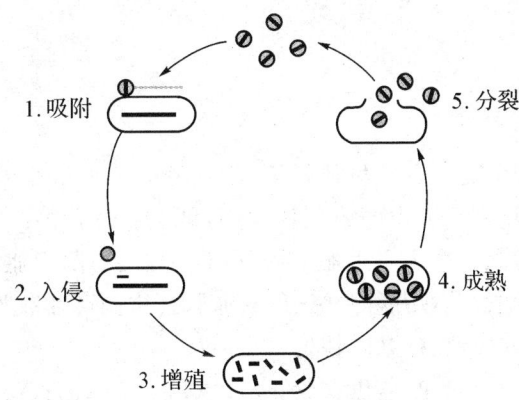

图 2-32 噬菌体的复制过程

(2) 温和噬菌体的复制：温和噬菌体侵入寄主细胞后，核酸不单独复制，也不合成子代噬菌体蛋白质外壳，而是把基因整合到寄主细胞染色体上。当寄主细胞进行分裂时，随寄主细胞染色体同步复制，分别进入两个子代寄主细胞中，这个过程并不影响寄主细胞的正常生命活动，也不会导致寄主细胞裂解。如果环境条件突变，温和噬菌体有可能变为烈性噬菌体，从而导致寄主细胞裂解。

4. 噬菌体对食品工业的危害和防治　在利用细菌、放线菌生产的食品工业中，生产菌种(如制干酪、乳酸用的乳酸杆菌、乳酸链球菌以及制味精用的北京棒状杆菌)一旦受到相应噬菌体的侵染，轻则使菌体变畸形，发酵液菌数下降而使发酵缓慢，严重的可使菌体被溶解，发酵作用立即停止，不再积累发酵产物，给生产带来巨大损失。

目前对已污染噬菌体的发酵液尚无法阻止其溶菌作用，故只有预防其感染。生产中常见的措施介绍如下：

①严格控制活菌体的排放，并处理好环境。噬菌体的最初来源有两条途径：一种是生产菌种自身带有，另一种是生产环境中存在。同时也因为噬菌体具有专性寄生的特点，故对工业发酵罐排出的废气和废液都要经灭菌处理后才可以排放，这就杜绝了噬菌体生存复制的可能。另外，因为噬菌体对物理、化学因素比较敏感，故经常对生产车间、无菌室等环境进行处理，也可以杀灭噬菌体。如使用石灰粉处理地面；用乙醇擦拭玻璃；用紫外线处理空气等。

②选育和使用抗噬菌体的菌株。

③轮换使用菌种。

④药物防治。如在发酵液中适当地加入低剂量的氯霉素、四环素等抗生素，可以起到防治噬菌体的作用。

⑤在实际生产工作中，一旦发现噬菌体侵染了菌种，应及时采取有效的补救措施。如大量接入另一种菌种的种子液或发酵液继续发酵，减少损失，避免倒罐。

第六节 食用菌

一、食用菌概述

食用菌不仅味道鲜美而且营养价值极高,因而受到人们的喜爱,现在已发展成为继植物性食物、动物性食物之后人类的第三种食品,即菌物性食品。"一荤一素一菇"已成现今人类饮食结构新理念。进入上世纪80年代以来,食用菌产业发展迅速。现在食用菌产业与传统农业、海洋种养业并称为"三色农业",食用菌产业成为我国农村、城郊发展经济的支柱产业,也是农民致富的好门路。

"三色农业"包括"绿色农业、蓝色农业和白色农业"。绿色农业指以绿色植物为劳动对象,以获取农产品的产业;蓝色农业指以蓝色海洋为劳动对象,以获取水产品的产业;白色农业指以菌类为劳动对象,以细胞工程、基因工程、酶工程为手段,生产菌类蛋白为目的产业。

(一)什么是食用菌

食用菌是指可供人们食用的大型真菌,如:平菇、香菇、金针菇、双孢菇、银耳、猴头、灵芝、黑木耳、冬虫夏草等。

据报道,目前世界上已发现的真菌约有25万多种,其中能形成大型子实体的约有10 000多种,可供人们食用的约有2 000多种。现在已能栽培的约有80多种,而能进行商品生产的只有20多种。可见还有许多优质味美,具有极高食用和药用价值的食用菌还处于野生状态,有待于人们去开发、驯化和栽培,这里面还蕴藏着巨大的商机。比如上世纪80年代以前,竹荪还不能人工栽培,竹荪的价格极高,人称"一斤竹荪,一两黄金"。那时人们一直认为竹荪是菌根类食用菌,只有与竹子的根系共生才能生长。80年代末,我国科技工作者揭示了地上生的竹荪不是菌根类真菌,而是腐生菌,并驯化栽培成功红托竹荪、短裙竹荪、长裙竹荪。但因为它们对环境条件要求较苛刻,商业栽培困难重重。直到90年代初,人们驯化出适应性强的棘托竹荪,生产才得到急速发展,栽培竹荪取得了良好的经济效益。现在羊肚菌、冬虫夏草、蛹虫草等珍贵食、药用菌的驯化栽培已取得突破性进展,相信不久的将来,这些珍稀食用菌也会走上我们寻常百姓的餐桌。

二、食用菌的价值

(一)食用菌的营养价值

1. 高蛋白,低脂肪　食用菌中蛋白质含量多,约占食用菌干品的30%~40%,有的甚至高达50%,500 g干菇相当于1 000 g猪肉的蛋白质含量。而脂肪含量却很低,只有1%~2%。食用菌这种高蛋白、低脂肪的特点,满足了当代人们降脂减肥的需求。

2. 必需氨基酸含量多　食用菌不仅蛋白质含量多,而且组成蛋白质中的氨基酸种类也很全面,特别是人体必需的8种氨基酸含量很多。食用菌中必需氨基酸含量多,决定了其极高的营养价值。比如金针菇中赖氨酸和精氨酸含量极高,能促进人体神经系统的生长发育,因此儿童多吃金针菇有利于智力发育,人称"增智菇"。

3. 食用菌中含有大量特殊的风味物质　食用菌中的风味物质不是营养物,却能促进人的食欲,提高人们的食物摄取量,间接提高人体营养。据说明朝开国皇帝朱元璋在位期间,有一年天大旱,朱元璋向上天祈雨,为显示他的虔诚,他沐浴斋戒,每天素食,时间一长,食欲大减,"举箸无可食之物"。皇帝吃不下饭,大臣们都心急如焚却束手无策。这时刘基弄了些香菇让御厨做菜,朱元璋吃了连呼好吃。从此香菇被列为朝廷贡品,获得"素中之荤"的美誉。

(二) 食用菌的药用价值

食用菌除含有上述大量营养物质外,还含有各种维生素、矿质元素、核酸、多糖等物质,这些物质不仅大大提高了食用菌的营养价值,还使食用菌具有极高的药用价值。

1. 富含维生素,可预防人体各种维生素缺乏症　维生素是维持人体正常生命活动所必需的一类化合物,在人体中含量极低,但对人体作用巨大。这些物质人体不能合成或合成量极少,必须有食物供给,因此人体极易缺乏。当人体缺乏某种维生素后,就会表现某种病症。食用菌中维生素不仅含量丰富,而且全面,是一种极好的维生素来源食物。如香菇富含维生素 D,多食用香菇可以补充维生素 D,从而促进钙的吸收,预防小儿佝偻病、老年骨质疏松症等疾病,并能促进小孩生长,有一定的增高作用。草菇中富含维生素 C,常食可增强对疾病的抵抗力,加速伤口愈合,防治坏血病。

2. 丰富的矿物质,可预防人体各种微量元素缺乏症　矿质元素中不论是大量元素还是微量元素,都是人体的重要营养元素,都必不可少。食用菌中的矿质元素含量与人体所需很吻合。常食食用菌可补充人体矿质元素,特别是微量元素不足者。比如锌是我国人体普遍缺乏的微量元素,缺锌会引起许多疾病,尤其会影响儿童的生长发育,降低食欲,降低免疫力。而食用菌中铁、锌的含量都很高,如灵芝中微量元素锗含量高,因此灵芝有抗癌、抗衰老、防治心血管疾病、提高免疫力的药效。传说中白蛇为救许仙,上昆仑山盗的灵芝草,就是药用菌灵芝。当然这是传说,但也在一定程度上反映了我国人民在古代就已经认识到了灵芝的药用价值。

3. 丰富的核酸物质　食用菌中核酸含量高,与动物性食物中的鱼、肉等相当。核酸水解后成核苷酸,不仅能增加食物鲜味,还具有药用价值,有提高免疫力、抗病毒、抗肿瘤、抗菌消炎的功效。

4. 独特的碳水化合物——多糖　许多食用菌多糖都具有很高的生理活性,具有提高免疫力、抗病毒、抗肿瘤、抗菌消炎的功效。比如香菇多糖具有抗病毒、抗肿瘤、调节免疫功能和刺激干扰素形成等功能,对防癌抗癌、防治艾滋病、抗感冒都有很好的效果。

三、种植食用菌致富的有利因素

据有关部门统计,1986 年我国食用菌年总产量为 58.5 万吨;1994 年为 264.09 万吨;2000 年超过 450 万吨,到 2010 年已发展到 600 万吨以上,成为世界食用菌强国。

1. 原料多,成本低,投资少　稻草、木屑、玉米芯、豆秸、棉子壳等秸秆,以及麦麸、米糠、畜禽粪,都是食用菌生产的优质原料,所需器材罐瓶、塑料袋等也很平常;场地要求不严,空余房屋、大棚、树林、家前屋后都可发展。一般说 200～300 元就可上马,一两千元就可办一个像样的菇房。

2. 生产周期短,见效快　食用菌生产与栽培其他作物和畜禽养殖相比,见效快。从播种到采菇,草菇只需 10~12 天;平菇为 25 天;金针菇为 30 天;猴头菇为 40 天;香菇为 60~70 天。在生产中可根据各品种对温度的不同需求,搭配利用,四季长菇,月月销售,经济效益更好。

3. 操作简便,劳动强度不大,技术易学　食用菌生产并非是深不可测、高不可攀的项目,只要认真、细心、严格,经过 5~7 天实际操作训练,均可学会 1~2 种食用菌的制种与栽培技术。

4. 产量高,效益好,销售方便　一般说每千克原料可产鲜菇 1.5~2.5 kg,其中草菇产量低,平菇产量高。若一个家庭年投料 5 000 kg,一般产菇 7 000 kg 以上,年收入 1.5 万~2 万元。只要根据生产季节、当地自然资源条件、消费习惯、市场行情和技术能力发展食用菌生产,就一定会获得较好的收益。一般说食用菌生产效益为 1∶(1.5~2.5)。

四、食用菌的分类

在生产实践中,人们观察食用菌的角度不同,对食用菌的分类方法也不相同。了解一定的食用菌分类知识,对生产实践具有一定的指导意义。

1. 按形态结构分

担子菌:平菇、香菇、金针菇、木耳、灵芝、猴头等。

子囊菌:羊肚菌、蛹虫草、冬虫夏草、竹荪等。

2. 按用途分

食用菌:平菇、香菇、金针菇、木耳、灵芝、猴头等。

药用菌:灵芝、云芝、天麻、猪苓、茯苓等。

药食兼用菌:蛹虫草、冬虫夏草、银耳、猴头等。

3. 按营养类型分

(1) 腐生菌

　　木腐菌:平菇、香菇、金针菇、木耳、灵芝、猴头等。

　　草腐菌:草菇、鸡腿菇、双孢菇、松茸、口蘑等。

(2) 寄生菌:蛹虫草、冬虫夏草等。

(3) 共生菌:天麻、猪苓、茯苓等。

(4) 兼性寄生菌:平菇、蜜环菌等。

4. 按出菇所需温度分

(1) 高温型菇:草菇。

(2) 中温型菇:木耳、灵芝。

(3) 低温型菌:平菇、香菇、金针菇。

五、食用菌生活史与生活条件

(一) 食用菌的生活史

食用菌和其他生物一样,也需要繁殖后代。绿色植物通过种子繁殖后代。种子从萌发,长成具有根茎叶的幼苗,再到开花结果,直到种子成熟,这称作植物的生活史。其中根、茎、叶称植物的营养器官,花、果、种子称植物的生殖器官。

食用菌和绿色植物不同,用孢子繁殖,孢子相当于"种子"。孢子萌发,长成菌丝,菌丝生长到一定阶段,发育成熟,长出子实体,子实体上产生孢子直到孢子成熟。这称食用菌的生活史。其中菌丝是食用菌的营养器官,子实体、孢子是食用菌的生殖器官。从食用菌的生活史我们可以看出,食用菌的一生可分为两个阶段:菌丝生长阶段和子实体生长阶段。

食用菌栽培就是在人为创造的适宜的环境条件和营养条件下培养菌丝体,进而培养出子实体的过程。

(二) 食用菌的生活条件

1. 营养条件　食用菌是异养生物,自己不能制造营养物质,只能利用自然界现成的有机物才能生存。平常我们看到的野生食用菌大都生长在枯枝、烂叶、腐草上,就是因为这些物质里含有食用菌生长所需的各种营养物质。那么食用菌都需哪些营养物质呢?

(1) 碳素营养物质:在树木杂草的体内含有大量的纤维素、半纤维素、木质素、淀粉等多糖类物质。这些物质被分解后转化成各种单糖,其基本成分是碳元素,所以称作碳素营养物质。食用菌不仅能利用这些大分子糖类,还能利用小分子糖类、有机酸、油脂等,并且这些物质与前一类物质相比,菌丝更易吸收,更有利于菌丝生长。所以在栽培食用菌时,培养料中常需加入一定比例的蔗糖或淀粉,以促进菌丝的生长。

(2) 氮素营养物质:氮素营养物质是指蛋白质、氨基酸、尿素、铵盐和硝酸盐等含氮物质,这些物质是食用菌合成自身蛋白质的基础。这些物质不足,将直接影响菌丝的生长发育,最后影响食用菌的产量。

食用菌的生长所需的碳素和氮素物质是有一定比例的,称碳氮比(C/N)。不同食用菌所需碳氮比不同。一般食用菌的培养料如木屑、玉米芯、各种作物秸秆含氮量都低。碳氮比大,不利于食用菌的生长。常需添加一定比例含氮素较高的麸子、米糠、玉米面、豆粉、尿素等物质,以降低碳氮比,促进食用菌生长。但这些物质也不能过量,否则污染率增加,也可能造成菌丝生长旺盛,而出菇推迟或不出菇。

(3) 矿质营养:食用菌生长发育还需一定量的磷、硫、钾、钙、镁、铁、钴、锰、锌等矿质元素。这些元素在培养料中都含有,一般不会缺乏,不需额外添加。

(4) 维生素和生长激素类物质:维生素对食用菌的生长发育是必不可少的。有些食用菌自身能合成,培养料中不需添加;但有些维生素食用菌自身不能合成,如果培养料中这些维生素缺乏,则食用菌生长不良,如 B 族维生素、生物素 H 等。玉米粉被称作食用菌的增产剂,一方面是因为玉米粉中蛋白质、淀粉含量高,另一个重要原因是玉米中生物素 H 和 B 族维生素含量高,对食用菌生长有利。

生长激素对食用菌生长有调节作用。一般低浓度促进生长,高浓度抑制生长。因此在生产中使用生长激素需要严格控制使用浓度。这些生长素有:萘乙酸、赤霉素、吲哚乙酸、三十烷醇、环腺苷酸等,使用浓度分别是 5 ppm、10 ppm、5 ppm、0.5~1 ppm 等。

2. 环境条件　食用菌生长发育所需的环境条件主要是温度、水分、氧气、光照、酸碱度等。

(1) 温度:温度是影响各种食用菌生长发育和地理分布的最主要环境条件之一。其对食用菌的影响主要表现在以下几个方面:

①温度影响食用菌地理分布和生长季节:在地球上,不同的温度带生长着不同的食

用菌。高温型菌类和中高温型菌类生长在热带、亚热带和温带的夏季。温带夏季生长高温或中温偏高型菌类,而春秋季生长中温和低温型菌类。了解这些知识可以指导我们在食用菌栽培时根据我们所处的地理位置、栽培季节选择合适的栽培品种。如果品种选择不当,会造成增加管理难度进而增加栽培成本或只长菌丝而不出菇。

②温度对菌丝体生长发育的影响:食用菌的生长发育对温度的要求有一定的范围。某种食用菌从生长发育所需的最低温度到最高温度范围称作生长温度范围。如平菇低于7℃不能生长,高于37℃易于死亡,所以平菇的生长温度范围是7~37℃。在这个范围内,随温度升高,生长速度先是逐渐加快,温度升高到以一定程度后,生长速度又逐渐减慢直至停止。在这中间有一个范围最适合菌丝生长,菌丝生长最快,这个范围称作菌丝生长的最适范围。如平菇生长的最适温度范围是24~28℃。

③温度对食用菌子实体生长发育的影响:食用菌子实体生长发育所需温度一般比菌丝体生长发育所需温度低一些,温度范围窄一些,最适温度范围也窄。如表2-2所示平菇子实体生长所需温度范围是7~22℃,最适温度范围是13~17℃。了解这些知识可以指导我们按照食用菌不同生长发育阶段进行温度调节,为食用菌生长发育创造一个适宜的温度条件。

表2-2 几种食用菌对温度的要求

种类	菌丝体生长温度(℃)		子实体分化和发育温度(℃)	
	生长温度范围	最适温度	分化温度	生长温度
双孢菇	3~32	24~25	12~16	9~22
大肥菇	3~35	28~30	20~25	18~25
金针菇	3~34	22~26	12~15	8~14
凤尾菇	15~36	24~27	20~24	8~32
平菇	7~37	24~28	7~22	13~17
香菇	5~35	22~26	7~21	5~25
草菇	15~45	32	22~30	28~38
滑菇	5~32	24~26	5~20	7~10
黑木耳	12~35	22~28	20~24	20~27
银耳	5~38	25	18~26	20~24
猴头菇	12~33	21~25	12~24	15~22

④温差对食用菌出菇的影响:有些食用菌出菇需要温差刺激,称变温结实型菌类,如平菇、香菇、金针菇、黑木耳等。这些食用菌菌丝发育成熟后,如果昼夜温差不大,则不能出菇或出菇很少;若管理上能人为拉大昼夜温差,且温差越大,出菇越多越好。相反,有些食用菌出菇不需要温差刺激,需要环境温度保持稳定,称恒温结实型菌类。这些食用菌菌丝发育成熟后,如果温度变化较大则影响出菇。如木耳、银耳、草菇、猴头菇、灵芝、双孢菇等。了解这些知识可以指导我们在生产中根据自己的栽培菇种进行出菇管理,争取多出菇、出好菇。

(2) 水分:食用菌结构简单,保水能力差,但生长需水量大,因此野生食用菌大都生在潮湿的地方。食用菌对水分的需求主要表现在两个方面：

①对培养料含水量的要求：食用菌生长在培养料中，既要在培养料中吸收营养又要在培养料中获得氧气。如果培养料水分过多，氧气不足，则菌丝生长不良。反之，如果培养料水分含量不足，不仅影响食用菌生长，还会增加污染率。食用菌种类不同，要求培养料的含水量也不同，一般要求培养料含水量在60%～70%之间。培养料的粗细、栽培季节也影响培养料的含水量。培养料越细，透气性越差，要求含水量越低；气温越高，食用菌需氧量越大，要求培养料含氧量越高，含水量则应越低。

②对空气湿度（相对湿度）的要求（如表2-3所示）：在菌丝体生长阶段所需空气相对湿度较低，特别是塑料袋栽培湿度对菌丝的生长影响不大；但是在子实体生长阶段所需空气相对湿度则较高，一般在85%～95%之间。这与食用菌种类、环境温度、通气状况有关。一般温度越高湿度应越低，防止高温高湿子实体腐烂或滋生杂菌。

表2-3 几种食用菌对空气相对湿度的要求（%）

种类	菌丝发育阶段	子实体发育阶段
蘑菇	60～70	85～95
金针菇	60～70	80～85
凤尾菇	70～80	80～90
平菇	70～80	85～95
香菇	60～70	80～90
草菇	60～70	85～95
滑菇	70～80	90～95
大肥菇	60～70	85～90
侧耳	80	85～90
木耳	70～80	85～95
猴头菇	60～80	80～95
银耳	60～80	85～95
口蘑	65～70	85

（3）氧气：几乎所有食用菌都是好氧型菌类。菌丝生长阶段对氧气的需求略低，子实体生长阶段对氧气的需求较高。菌丝阶段缺氧，菌丝生长细弱、缓慢，还易滋生杂菌；子实体阶段缺氧，子实体不分化或生长畸形、缓慢，严重影响产量和质量。

如平菇栽培，在菌丝生长阶段，控制培养料含水量，装袋要求松紧适度，菌袋要打眼透气，培养室经常开窗换气等，都是为菌丝生长提供氧气的措施。在子实体生长阶段，如果不注意通风换气，菇房内缺氧，则子实体生长畸形。根据缺氧程度由轻到重，依次会长成长腿菇、鹿角菇、菜花菇或棉絮状菌丝不成菇。有的菇农在冬季栽培平菇时，为提高温度，用煤火加温，常产生上述症状。究其原因，一方面是煤燃烧消耗了菇棚内的氧气；另一方面是怕降温舍不得放风，造成菇棚内二氧化碳积累。

（4）光照：野生食用菌大都生长在具有一定遮阴度的林间，这一方面是因为这种环境湿度适宜,另一原因是强光不利于食用菌生长。但是遮阴度太高的林间,也很少有食用菌生长,这是因为食用菌生长还需要一定的光照。

一般来说,太阳光中的紫外线对菌丝有杀伤作用,抑制菌丝生长,过强的光线还能升高培养料温度使培养料中水分蒸发,降低含水量,影响生长,所以菌丝生长阶段要遮光培养。在子实体生长阶段,有些食用菌需要一定强度的光照刺激才能出菇,否则不出菇、出菇少或菇生长不良。如黑木耳,如果出耳阶段光照不足,耳基分化减少,耳片色泽变淡,严重影响产量和质量。

(5) 酸碱度(pH值):食用菌的生长需要一定的酸碱度范围(如表2-4所示)。从食用菌菌丝能够生长的最低pH值到最高值的范围,称适宜生长pH值;在这个范围内有一个区间菌丝生长最快,这个区间称最适pH值。一般来说,木腐菌的最适pH值偏低些,草腐菌的pH值偏高些。

表2-4 几种食用菌对pH值的要求

种类	适宜生长pH值	最适生长pH值
金针菇	3.0～8.4	4.0～7.0
香菇	4.0～7.5	4.0～6.5
平菇	5.0～6.5	5.4～6.0
猴头菇	4.5～6.5	4.0～5.0
灵芝	4.0～7.0	4.0～4.5
木耳	4.0～7.0	5.5～6.5
银耳	5.2～7.2	5.2～5.8
滑菇	3.0～8.0	4.0～5.0
蘑菇	6.0～8.0	6.8～7.0
草菇	6.8～7.8	6.8～7.2

六、食用菌栽培技术

(一) 栽培季节与品种

根据不同菇类品种对温度的要求,结合本地气候状况,选择安排制种期、播种期,以求获得最佳的出菇期,从而获得更高的产量。

根据不同食用菌在子实体分化阶段对温度要求,可将它们分为三大类型。不同类型的食用菌栽培季节与方法也各不相同。

1. 低温型 子实体分化最高温度24 ℃以下,最适温度在20 ℃以下,如平菇、蘑菇、香菇、金针菇、猴头菇等。一般都在9月份制生产种,10月份播种,秋、冬、春三季生产、出菇。

2. 中温型 子实体分化最高温度在28 ℃以下,最适温度在22～24 ℃,如木耳、银耳、鸡腿菇(中温偏低)等。一般在8月中旬制种,9月中下旬播种,秋季生产出菇,也可春季生产。

3. 高温型 子实体分化最高温度在30 ℃以上,最适温度在24 ℃以上,以草菇为代表,大肥菇(高温蘑菇),鲍鱼菇(高温平菇、台湾平菇)。一般在1~3月份制生产种,3~5月份制袋,6~9月份生产出菇。

(二)培养料的调制原则

培养料的配方是指在制作培养基时采用主要原料和辅料的种类及其数量的配比,要根据不同菇种要求和充分利用本地资源而定。一个较合理、科学的配方必须具备营养性、透气性、持水性三个条件,只有这样才能使菌种发菌快,菌丝旺盛,产量高,品质好。

1. 营养性　食用菌在营养生长和生殖生长都需要大量的碳源、氮源、无机盐类和生长素,在一般情况下,碳源的吸收利用率为25%,碳源不足,菌丝容易早衰。氮源不足菌丝生长弱、且又缓慢,氮源过量,菌丝过旺,不利积累代谢产物。一般食用菌在营养生长阶段碳氮比以20:1左右为好;在子实体发育阶段以40:1左右为好。调节补充碳源辅料主要是糖分,补充氮源的辅料主要是麸皮、豆饼、米糠、二铵、尿素。

2. 透气性　若在配方中加入质地细密、透气性差的原料多,菌丝体在生长阶段就会积累较多的二氧化碳和有害气体,会抑制生长,甚至死亡。透气性好的培养基,菌丝旺盛、子实体壮实。

3. 持水性　保持水分较好的原料,能够充分满足菌丝及子实体对水分的需求和营养成分的吸收,减少喷水和保持培养料内的营养成分。否则出现菌丝体或子实体因没有及时补充水源而干枯,停止生长发育。持水性能较好的培养基原料有麦秸、玉米等。作物秸杆的营养与棉子壳相比,没有棉子壳好,所以要尽量配置复合培养基(几种秸秆混合配制),尽量不使用单一秸秆,以防止营养缺乏或者单一。玉米芯营养丰富、透气好,但持水性差;豆秸营养丰富,持水性好,但处理不好透气性差,;麦秸、稻草营养一般,持水性差,但透气性好;木屑富含碳素,持水性好,透气性差。在配制时,既要充分利用废弃的农作物秸杆,又要考虑几种原料,采取优势互补的原则,进行组合配比,这样配制出的混合培养基具有营养丰富、透气性强、持水性好的特点,能够充分满足菌丝体的子实体生长发育。

(三)食用菌栽培方法

食用菌栽培方法很多,不同品种有所不同,在原有的畦栽、袋栽基础上,近几年有许多新突破,如园田化栽培、保护地栽培、立体栽培、地下栽培、覆土栽培、反季节栽培等等。应当指出,采用这些技术时,都是有利有弊,必须结合当地实际进行。

1. 按材料分　椴木栽培和代料栽培。

2. 按对材料的处理方式分　生料栽培,发酵料栽培,熟料栽培,先发酵再灭菌栽培。

3. 按出菇方式分　吊袋出菇,墙式出菇,床架式出菇,覆土出菇,床架覆土出菇,摆袋地栽。

图2-33　吊袋出菇

图2-34　墙式出菇

图 2-35 床架式出菇

图 2-36 覆土出菇

4. 按栽培设施分 普通民房栽培;地洞栽培;地沟栽培;阳畦栽培;大棚栽培;温室栽培等。

上述栽培方式只是简单的分类,在栽培实践中常常是几种方法的综合运用。下面介绍几个近几年发展比较好的栽培方式:

(1) 平菇床畦覆土盖草法:既有覆土出菇的优点,又克服菇根沾泥的缺点。方法是在大棚内设床畦,宽1 m左右,深30 cm,将坑底泥土挖松,铺一层肥泥,将成熟菌袋从中间切开成两节,脱去筒膜,竖立排放在畦内,覆土层不能厚,浇足水,然后盖膜发菌,当见到土面爬满菌丝后,覆一层长15~25 cm的稻麦秸(预泡石灰水),覆草厚度以明显看不见复土层为宜,然后再覆盖薄膜,发菌。要注意通风换气,过几天后就有大量原基发生。

(2) 单排式泥面菌墙覆土法:要预先准备好覆土和抹墙泥材料,以河泥塘泥为好,菜园土次之,土中加4%~5%菜饼浸出液,0.5%~1%磷肥,0.2%尿素,0.1%~0.2%磷酸二氢钾,1%~3%石灰粉,加水适量,调和成营养稀泥备用。大棚内按间距80~100 cm筑土埂或砌墙脚(高15~25 cm),将脱袋菌棒依次平排在土埂上,淋一次追肥液(4%~5%的菜饼浸出液,加0.4%~0.6%尿素)盖一层营养稀泥,如此堆放7~10层,高90~110 cm,然后用泥板收浆,将墙面抹平,待墙面稍干后,次日再抹营养稀泥,菌墙顶部用泥土做成蓄水池,经常灌水,让其自然渗透,以保持湿润。

(3) 袋式复土栽培:将发好菌的菌袋脱去薄膜后直接进行棚、畦床覆土栽培。选择排水良好、土地肥沃的地块,挖深10~20 cm、宽100~150 cm,长度不限的畦床,畦床南北向,周围挖好排水沟,床底要求平整,撒上少量石灰消毒,然后将脱袋后的菌棒横放纵向排列于畦床上,菌棒间隙3~5 cm,用肥土或发酵料填满,再于菌棒表面覆3~5 cm厚的粗细混合土(或菜园土),覆土材料使用前用1%~2%石灰水消毒,覆土后盖薄膜和草帘,避免阳光直射,然后按出菇状况进行管理。

(4) 窄垄穴播栽培:例如平菇生产,按床宽1 m,料厚10 cm,然后用木板将上层料分开,做成窄垄,使整个床面呈波浪状。波峰相距30 cm,用木板压实,然后用穴播法播种,穴距10 cm×10 cm,并在表面撒一层菌种,撒一层料,用木板拍平,上面盖一层用2%石灰水调湿的碎稻草,加盖薄膜发菌,进行常规管理。

(5) 室内床式栽培:一般蘑菇、平菇等都能在室内、大棚内设架使用。床架要牢固,一般床宽1 m,4~5个层次,上、下层距离50 cm,保证有散射光照到床面,床面铺塑料薄膜,使用前用5%石灰水喷洒四壁和地面。如播种蘑菇时,先垫铺培养料,厚薄一致,料面平整,厚度一般15 cm。为了发挥菌种优势,一般都采用穴播,穴距为8 cm×10 cm,穴深

3~4 cm。一般 750 ml 的蘑菇瓶菌种可播种 0.27~0.33 m^2 面积。方法是：用手指挖穴，将菌种置于穴中，盖一层培养料，轻压，使菌种和料贴紧，播后用薄膜覆盖保湿，暗光发菌。

七、我国食用菌产业的优势和特色发展道路

食用菌产业作为中国农业的传统产业和近年快速发展的新兴产业而备受重视。在新的历史条件下，中国需要发挥自身优势，加快食用菌产业的特色发展进程，在可持续发展中进一步提高食用菌产业竞争力，这也是中国食用菌产业实现可持续发展的必由之路。

食用菌产业作为国际性的"健康食品"标志性产业，具有十分广阔的发展前景和效益空间。我国的食用菌产业在国际市场上具有很强的竞争力。加入 WTO 后，我国的食用菌产业更是受益匪浅。我国的食用菌产品以相对较低的劳动力成本和原料成本，在国际市场上获得了竞争优势。

（一）中国食用菌产品在国际市场上优势突出，市场潜力极大

近几十年来中国食用菌产业发展迅速，现在，我国在新品种栽培、产品产量和出口量上都是世界上当之无愧的"超级大国"。我国食用菌产业在国际市场上具有以下优势：一是我国拥有 800 多年源远流长的栽培食用菌的历史和饮食文化；二是我国菇农具有丰富的生产经验；三是有大量廉价劳动力资源，为食用菌这种劳动密集型产业的发展奠定了基础；四是我国食用菌资源丰富，为新品种开发和育种工作提供了相当有利的条件；五是有辽阔的国土和各种类型的地理气候条件，可以满足各类食用菌的生长、发育；六是有大量生产食用菌的廉价原材料。

全世界食用菌年总产量已达到 1 200 万吨，在国外人均消费量正以每年 13% 的速度递增。食用菌产品已逐步成为当今世界的三大主流食品之一。在发达国家中，食用菌产品的供求缺口甚大。美国每年需进口各种食用菌产品 18 万吨，法国 16 万吨，就产菇大国日本来说，每年也需要进口 12 万吨来弥补产销所造成的逆差。

中国加入世贸组织标志着中国菇品更深层次的融入世界市场，可以在 WTO 的 134 个缔约国中享受关税减免，无歧视性地自由贸易，这是全国上下都乐于见到的千载难逢的商机。

（二）食用菌产业成为我国振兴"三农"的重要产业

食用菌在我国农业中是一个传统农业，栽培历史悠久，品种资源丰富，分布地域广阔，但作为一个产业发展，还是改革开放以后的事。今十几年，食用菌发展成为新兴产业，也是一个朝阳产业，发展势头很猛，食用菌被称为当代高效农业、生态农业、特色农业和创汇农业。

食用菌产业已成为农民增收致富的重要门路，食用菌对丰富菜篮子、改善人们营养结构、增进人体健康，将越来越显现它的积极作用。栽培食用菌，无论山区、平原、湖区和丘陵等地区均可，很少受时间和地域的限制。食用菌又可以高度立体化、集约化和工厂化栽培，可分层分袋、间种和套种，其单位面积产值超过粮、棉、油、麻、丝、茶、果、药、蔬菜等，现在食用菌产量产值居于粮、棉、果、菜等后的第六位而且它成功地解决了几百万中国农民的就业问题很多农民通过食用菌产业实现了小康、走向了富裕。当今世界没有一

个国家像中国这样动员如此之多的农民来发展食用菌产业,也没有一个国家像中国这样,有如此之多的农民从食用菌产业发展中得到这么多实惠。

(三)在保持传统产品出口的基础上,对珍稀菇品开发的力度加大

中国传统出口以"五菇、三耳"为主,即香菇、双孢蘑菇、草菇、金针菇、平菇、黑木耳、毛木耳、银耳,而在传统出口产品中香菇、双孢蘑菇、草菇、黑木耳、银耳这"三菇二耳"为拳头产品,其中香菇、双孢蘑菇为世界性产品,是世界产菇国主要竞争对手。加入WTO之后,我国在保持传统产品出口外,积极投入开发珍稀菇品,如白灵菇、杏鲍菇、真姬菇、鸡腿菇、茶薪菇、姬松茸和金福菇等。北京、河北、天津和河南把白灵菇作为5年内的主攻品种,在开发珍稀菇品中出现了"南菇北移"和"北菇南移"局面,使新品种发展速度加快,在国际市场竞争中做到"我有你无,你有我新"的态势。

在新的历史条件下,依托科技创新,我国的食用菌产业有必要也完全可能继续走出一条特色化发展之路,再创食用菌产业辉煌。我国食用菌产业的特色化发展趋势概括起来有以下几方面:

1. 菇品特色化,发展特色食用菌 一是生态食用菌产业,把食用菌资源的充分利用和当地的自然生态环境融为一体,最终实现食用菌产业的可持续发展;二是创汇食用菌,应瞄准国际食用菌市场,栽培一些有创汇能力的食用菌产品;三是有机食用菌,应加强有机食用菌产品的开发,使食用菌品种多样化、产品安全化;四是发展休闲食用菌产业,把食用菌的生产与旅游观光、采摘自食等综合开发结合起来,加强食用菌的文化底蕴;五是发展食用菌的精深加工产业,经过加工,实现食用菌增值,开发和研制食用菌功能性保健食品。

2. 质量标准化和管理严格化 食用菌产业要坚决走优质高效道路。菌种和菌品质量都要按照行业标准进行检验,菌品要建立注册商标,树立名牌意识。在市场激烈竞争中,产品质量决定了生产效益和生死存亡。对食用菌无公害栽培技术研究及相应的建立生产标准和加工体系要引起足够的重视,在详细了解各进口国(地区)的确切条文之后,从原材辅料、菌种选择、病虫防治,直到生产管理、加工包装以及贮存运输等环节,实施标准化生产,严格管理,以保证进入市场的产品质量无可挑剔;同时要控制农药及含有重金属等污染物的材料在食用菌生产上应用。

3. 菌种优良化 菌种选育目标是:优质、高产、抗病、抗虫、耐贮,育种技术要向现代的DNA基因重组技术发展。根据市场需求发展更多优良品种,尤其是国内外畅销的新品种,并通过国际交流引进国外新菌种和育种技术,抓紧开展野生菌种的驯化研究,研究出拥有自主知识产权的菌种生产许可制度。

4. 市场网络化 发展食用菌产业链条,建立顺畅的流通网络在主产地区培育食用菌专业交易市场,在销地城市建立批发市场,在菜市设立食用菌柜台,在饭店增设食用菌菜谱,开设食用菌专业餐厅连锁店,扩大消费,形成产、供、销一条龙模式,最终形成规模产业和品牌效应,从而实现农业产业的良性循环。

5. 资源持续化 根据保护森林的政策,要发展菇耳专用林,同时扩大袋料范围,利用当地林木资源和农作物秸秆资源,通过营养生理及原料成分分析,选择配料,做出菇试验,达到最佳配方;同时,还要提高栽培料的利用率。

6. 生产周年化 为顺应国内外市场需求,要做到食用菌周年化生产。一方面要充分

利用自然条件,培育广温型和高、中低温型系列品种,利用山区不同气候差异,积极开发反季节生产;另一方面可通过人工设施调节温湿度来实现反季节生产,使鲜品周年稳定供应。

7. 发展科技化　我国食用菌生产要实现持续发展,应加强对食用菌保鲜技术和深加工技术的研究。为延长食用菌鲜食品的货架寿命,应加强对食用菌保鲜技术研究研究出保鲜效果好而且无毒的化学制剂、生物制剂和物理方法,解决袋料香菇在贮藏过程中甲醛超标问题,另外,食用菌含有丰富的氨基酸、多糖和生物活性因子,因此要重视食用菌系列保健食品的研究和开发,开发食、药兼用系列新产品;加强对有市场竞争力的特色加工产品的研发,能够满足特殊需要、适应性强的新菌种、新菌株的驯化、培育;研究不用灭菌、不用装袋的生料简化栽培技术,无害化病虫控制技术,无公害段木灵芝生产技术;研究共生菌类的保护开发技术,投资少、先进实用、可以普及推广的周年生产设施与技术,速生丰产专用林培育与新型袋用新料开发、食用菌加工过程中有效成分提取等等,这些都需要依靠科技来解决。因此,必须走发展科技化道路。在提升食用菌地位的同时,相应地调整技术力量布局,大幅度增强食用菌科研与技术推广的投入,建立一批功能较为齐全的研究中心和试验示范基地;同时通过多种形式加强对农民群众食用菌生产知识和技能的培训,努力提高专业技术人员和农民的食用菌科技开发与应用能力,组建全方位、多层次的科研与技术推广体系,集中解决生产中存在的重点与难点问题,力争在新品种选育、新技术研究、病虫害防治、产品深加工等方面不断取得新突破。

技能训练二 细菌的简单染色和革兰染色技术

一、目的与要求

1. 掌握染色的原理和操作过程。
2. 掌握简单染色和革兰染色法。
3. 熟练显微镜的使用技术。

二、原理

由于菌体极小,折光率低,在显微镜下不容易看清,如将其染色,使菌体和背景之间反差增大,折光率增强,就容易看清。简单染色法只用一种染料着色。革兰染色法是细菌染色中一种重要的鉴别染色法。通过此法染色,可将细菌鉴别为革兰阳性菌和阴性菌两大类。其过程是:草酸铵结晶紫初染→路哥尔氏碘液媒染→95%乙醇脱色→蕃红复染。若细胞能保持结晶紫与碘所形成的复合物而不被乙醇脱色,则细菌呈紫色,称革兰阳性菌;若被乙醇脱色而被蕃红复染成红色,则称革兰阴性菌。

三、材料与仪器

1. 革兰染色液(草酸铵结晶紫+路哥尔氏碘液+95%乙醇+蕃红)、蒸馏水、菌落培养物(培养18~24 h)、二甲苯、香柏油。
2. 载玻片、盖玻片、酒精灯、废液缸、洗瓶、吸水纸、接种环、光学显微镜、镊子。
3. 金黄色葡萄球菌、枯草芽孢杆菌(12~16 h)、大肠杆菌的标准菌株。

四、操作程序

(一)简单染色法

涂片→干燥→固定→染色→水洗→干燥→镜检

1. 涂片 取洁净载玻片,在中央滴一滴生理盐水(或无菌水),用接种环以无菌操作挑取欲观察菌体,和水充分混匀,涂成极薄的菌膜。
2. 干燥 室温自然干燥或略微加热干燥。
3. 固定 涂面朝上,快速通过火焰2~3次(勿使涂片烫手)。
4. 染色 放平染料,用自来水冲洗,直到涂片上流下的水无色为止。
5. 干燥 自然干燥或吸水纸吸干,或用电吹风吹干。

(二)革兰染色法

涂片→干燥→固定→草酸铵结晶紫初染 1 min→水洗→碘液媒染→95%乙醇脱色20~30 s→水洗→蕃红复染 3 min→水洗干燥→镜检

1. 涂片 先滴一小滴蒸馏水于载玻片中央,然后用接种环取少量菌体轻轻混入水中,涂成一薄层并使细胞均匀分散。
2. 干燥 在空气中令其自然干燥或在酒精灯火焰上端高处微微加温,但勿靠近火焰。

3. 固定　把涂有细菌的面朝上,在酒精灯火焰上通过三次,目的是杀死菌体细胞以及改变对染色剂的通透性,同时使涂片的菌体紧贴载玻片而不易被水冲洗脱落。

4. 初染　用草酸铵结晶紫液初染 1 min,水洗、吸干。

5. 媒染　加一滴碘液媒染 1 min、水洗。(此时结晶紫与碘液成复合物)

6. 脱色　斜置载玻片,用 95% 乙醇冲洗约 20~30 s,立即水洗停止脱色干燥。

7. 复染　用蕃红液复染 3~5 min,水洗晾干或用吸水纸吸干。

8. 镜检　在光学显微镜油浸镜下检查革兰阳性菌和阴性菌染色的差异,并观察菌体形态。

(三) 革兰染色成败的控制点

1. 涂片厚度　涂片过厚,细胞重叠,无法较好地观察单个细菌细胞形态;涂片过薄,细胞数量少,不利于观察。

2. 染色时间　染色时间过长,结晶紫与细胞结合,脱色不易;染色不够,结晶紫尚未与细胞结合。染色控制不好,易引起误判。

3. 乙醇脱色的程度　如脱色过度,则阳性菌被误染为阴性菌;若脱色不够,则阴性菌被误染为阳性菌。

五、实验报告

(一) 结果

对染色结果显微镜观察拍照记录,说明三株细菌的染色观察结果(形态、颜色)。

(二) 思考题

1. 你认为制备细菌染色标本时,应注意哪些环节?
2. 哪些环节会影响革兰染色结果的正确性?其中最关键的环节是什么?

六、注意事项

1. 涂片时载玻片要洁净无油迹,否则菌液涂不开,图片要涂抹均匀,不宜太厚,涂布直径约 1 cm。

2. 水洗时,不要直接冲洗涂抹面,应使水从载玻片的一端流下,水流不宜过大、过急,以免涂片薄膜脱落。

技能训练三　细菌的芽孢、荚膜和鞭毛染色技术

一、目的与要求

学习掌握芽孢、荚膜和鞭毛染色原理和方法。

二、原理

1. 芽孢染色法　是根据细菌的芽孢和菌体对染料的亲和力不同的原理,用不同的染

料进行染色,使芽孢和菌体呈不同颜色而便于区别。芽孢壁厚、透性低,着色、脱色均较困难,当用弱碱性染料孔雀绿在加热的情况下进行染色时,此染料可以进入菌体及芽孢使其着色,而进入芽孢的染料则难以透出。若再复染(蕃红液),则菌体呈红色而芽孢呈绿色。

2. 荚膜染色法 观察荚膜通常采用负染色法,即将菌体染色后,再使背景着色,从而把荚膜衬托出来。

3. 鞭毛染色法 观察鞭毛是采用在染色的同时将染料堆积在鞭毛上,使它加粗的方法。细菌只有在个体发育到一定的时期才具有鞭毛,一般在多次移种之后,在其旺盛生长阶段染色。

三、材料与仪器

1. 菌种
巨大芽孢杆菌(B. megaterium):营养琼脂斜面培养 20 h。
产气肠杆菌(Enterobacter aerogenes):肉汁等斜面培养 20 h。
普通变形杆菌(Proteus vulgaris):营养琼脂斜面培养 18 h。

2. 染料
(1) 芽孢染色用 7.6% 饱和孔雀绿液、0.5% 蕃红液(或石炭酸复红液和吕氏美蓝液)。
(2) 荚膜染色用刚果红、明胶水溶液、吕氏美蓝液等。
(3) 鞭毛染色用硝酸银染色液(A、B 液);或 Leifson 染色液(A、B、C 液)。

3. 其他 显微镜、载玻片、接种环、酒精灯、香柏油、二甲苯、无菌水、1% 盐酸、电炉、墨汁、20% $CuSO_4$、95% 乙醇、擦镜纸等。

四、实验方法与步骤

(一)芽孢染色

孔雀绿染色法:取一干净载片,按无菌法取巨大芽孢杆菌菌体少许制成涂片,风干固定后,在涂菌处滴加 7.6% 的孔雀绿饱和水溶液,染色 10 min 后水冲洗,再用 0.5% 蕃红花红液染色彩 1 min,水洗,风干后镜检。芽孢被染成绿色,营养体呈红色。

(二)荚膜染色法

将刚果红水溶液和明胶水溶液各一滴滴于干净载片上;用接种环蘸取细菌培养液或悬浮液在载片上与上述两滴溶液混匀,自然干燥;滴加 1% HCl 冲洗,使涂片呈蓝色;用蒸馏水漂洗,除去 HCl;用美蓝复染 1 min,水洗,自然干燥后镜检。镜检:有荚膜的菌,菌体蓝色,荚膜不着色,背景蓝紫色;无荚膜的菌,菌体蓝色,背景蓝紫色。由于干燥菌体收缩,菌体四周也可能有一圈狭窄的不着色环,但这不是荚膜。荚膜不着色的部分宽。

(三)鞭毛染色法

1. 清洗玻片 选择光滑无裂痕的玻片,最好选用新的。为了避免玻片向后重叠,应将玻片插在专用金属架上。然后将玻片置洗衣粉滤过液中(洗衣粉先经煮沸,再用滤纸过滤,以除去粗颗粒),煮沸 20 min。取出稍冷后即用自来水冲洗,晾干。再放入浓洗液中浸泡 5~6 天。使用前取出玻片,用水冲去残酸,再用蒸馏水洗。将水沥干后,放入 95% 乙醇中脱水。取出玻片,在火焰上烧去酒精,立即使用。

2. 菌液的制备及涂片　用于染色的菌种应预先连续移接 5～7 代。染色前用于接菌的培养基应是新鲜制备的,表面较湿润,在斜面底部应有少许冷凝水。将变形杆菌接种于肉汤斜面上,在适宜的温度下培养 15～18 h 后,用接种环挑取斜面底部菌苔数环,轻轻地移入盛有 1 ml 与菌种同温的无菌水中,不要振动,让有活动能力的菌游入水中,呈轻度混浊。在最适温度下保温 10 min,让老菌体下沉,而幼龄菌体在无菌水中可松开鞭毛。然后从试管上端挑数环菌液,置于洁净玻片的一端,稍稍倾斜玻片,使菌液缓慢地流向另一端。置空气中自然干燥。

3. 染色

(1) 滴加 A 液,染 4～6 min。

(2) 用蒸馏水轻轻地充分洗净 A 液。

(3) 用 B 液冲去残水,再加 B 液于玻片上,在微火上加热至冒蒸汽,约维持 0.5～1 min(加热时应随时补充蒸发掉的染料,不可使玻片出现干涸部分)。

(4) 用蒸馏水洗,干燥。

(5) 镜检观察结果:菌体和鞭毛呈深褐色至黑色。

五、实验报告

(一) 结果

对染色结果显微镜观察拍照记录,说明三株细菌的染色观察结果(形态、颜色)。

(二) 思考题

1. 芽孢染色为什么要加热或延长染色时间?
2. 说明芽孢染色自来水冲洗的作用。
3. 荚膜染色涂片时为什么不加热固定?
4. 说明荚膜染色(TyLer 法)中硫酸铜的作用。
5. 鞭毛染色为什么用培养 12～18 h 的菌体?为什么要连续多次的传代?
6. 鞭毛染色在制片时能否用加热固定?为什么?

技能训练四　酸奶的制作

一、目的要求

1. 了解发酵乳制作常用原发酵剂菌种。
2. 掌握发酵乳生产的工艺流程。

二、实验器材

1. 菌种　嗜热链球菌、保加利亚乳杆菌,市售原味酸奶。
2. 器皿　高压蒸汽灭菌锅、恒温培养箱、冰箱、玻璃瓶、温度计等。

三、实验方法步骤

1. 原料乳选择　选新鲜品质好的乳做原料,并不含有抗生素等药品及其他有害物质。
2. 均质 均质处理可使原料乳形成均匀的组织状态。
3. 杀菌 将三角瓶置蒸汽灭菌器中,加热杀菌90~95 ℃,10~15 min。
4. 添加发酵剂 将奶冷却至45 ℃左右,添加乳杆菌和链球菌混合发酵剂2%。
5. 分装 将发酵剂与乳经搅拌混合均匀后,立即分装塑料杯中,然后用纸封口,以防止杂菌污染。
6. 发酵 置于42 ℃温箱中,培养2~3 h,当pH为4.5时即可终止发酵。
7. 冷却后熟 将发酵好的酸奶,置于4 ℃冰箱贮藏过夜。
8. 成品 酸奶呈乳白色,具有纯净的芳香酸味,凝块均匀细腻、结实,无气泡,允许表面有少量乳清析出。

四、思考题

1. 酸奶制作的原理是什么?
2. 酸奶为什么要进行后熟工艺?

技能训练五 酵母菌的形态观察与大小测定技术

一、目的要求

1. 学习酵母菌的制片方法,观察酵母菌的基本形态。
2. 了解酵母菌的繁殖方式。
3. 掌握镜台测微尺的原理及使用方法。

二、实验原理

酵母菌的有性繁殖一般产生子囊孢子,其形成过程为:两营养细胞各伸出一个小突起而相接触,使两个细胞结合起来,而后接触处的细胞溶解,经质配和核配后,形成双倍体核,原来的细胞形成合子。此双倍体细胞可以进行芽殖。在适宜条件下,合子减数分裂,双倍体核分裂4~8个单倍体核,核外再围以原生质逐渐形成子囊孢子,包含在由母细胞壁演变而来的子囊(即原来的二倍体细胞)中。子囊孢子的形成与否及其数量和形状,是鉴定酵母菌的依据之一。

将酿酒酵母(*Saccharomyces cerevisiae*)从营养丰富的培养基上移植到含有醋酸钠和葡萄糖(或棉子糖)的产孢培养基上,于适温下培养,即可诱导其子囊孢子的形成。本实验即以酿酒酵母为材料,观察酵母菌的子囊孢子。

微生物细胞的大小,是微生物重要的形态特征之一。由于菌体很小,只能在显微镜下来测量。用于测量微生物细胞大小的工具有目镜测微尺和镜台测微尺。目镜测微尺(图A)是一块圆形玻片,在玻片中刻有精确等分的刻度。测量时将其放在接目镜中的隔板上来测量经显微镜放大后的细胞物像。由于不同的显微镜放大倍数不同,同一显微镜在不同的目镜、物镜组合下,其放大倍数也不相同,而目镜测微尺处在目镜的隔板上,每格实际表示的长度不随显微镜的总放大倍数的放大而放大,仅与目镜的放大倍数有关,只要目镜不变,它就是定值。而显微镜下的细胞物像是经过了物镜、目镜两次放大成像后才进入视野的。即目镜测微尺上刻度的放大比例与显微镜下细胞的放大比例不同,只是代表相对长度,所以使用前须用置于镜台上的镜台测微尺校正,以求得在一定放大倍数下实际测量时的每格长度。

镜台测微尺(图 B)是中央部分刻有精确等分线的载玻片。一般将 1 mm 等分为 100 格,每格长 10 μm(即 0.01 mm),是专用于校正目镜微测尺每格长度的。校正时,将镜台测微尺放在载物台上。由于镜台测微尺与细胞标本是处于同一位置,都要经过物镜和目镜的两次放大成像进入视野,即镜台测微尺随着显微镜总放大倍数的放大而放大,因此从镜台测微尺上得到的读数就是细胞的真实大小,所以用镜台测微尺的已知长度在一定放大倍数下校正目镜测微尺,即可求出目镜测微尺每格所代表的长度。然后移去镜台测微尺,换上待测标本片,用标定好的目镜测微尺在同样放大倍数下测量微生物大小。

三、实验器材

1. 酿酒酵母(*Saccharomyces cerevisiae*)斜面菌种。
2. 克氏培养基或麦氏培养基的试管斜面、石炭酸复红染色液、美蓝染色液、3%的酸性酒精、载玻片、显微镜、接种环、蒸馏水、滴管等。
3. 显微镜、目镜测微尺、镜台测微尺、盖玻片、载玻片、滴管。

四、酵母菌的形态观察

1. 孢子的培养　将酿酒酵母用马铃薯培养基活化 2~3 代后,接种于克氏或麦氏斜面培养基上,于 25 ℃培养 3~7 天,即可形成子囊孢子。
2. 制片与观察　于载玻片上加蒸馏水一滴,取子囊孢子培养体少许放入水滴中制成涂片,让其干固后以石炭酸复红染色液加热染色 5~10 min(不能沸腾),倾去染液,用酸性酒精冲洗 30~60 s 脱色,再用水洗去酒精,最后加美蓝染色液染色,数秒后用水洗去,用吸水纸吸干后置显微镜下镜检。子囊孢子为赤色,菌体为青色,绘图加以说明之。

五、酵母菌大小操作步骤

1. 目镜测微尺的校准　把目镜上的透镜旋下,将目镜测微尺的刻度朝下轻轻地装入目镜的隔板上,把镜台测微尺置于载物台上,使刻度朝上。先用低倍镜观察,对准焦距,视野中看清镜台测微尺的刻度后,转动目镜,使目镜测微尺与镜台测微尺的刻度平行,移动推动器,使两尺重叠,再使两尺的"0"刻度完全重合,定位后,仔细寻找两尺第二个完全重合的刻度(图 C)。计数两重合刻度之间目镜测微尺的格数和镜台测微尺的格数。因为镜台测微尺的刻度每格长 10 μm,所以由下列公式可以算出目镜测微尺每格所代表的长度。

例如目镜测微尺 5 小格等于镜台测微尺 2 小格,已知镜台测微尺每小格为 10 μm,则 2 小格的长度为 2×10 μm $= 20$ μm,那么相应地在目镜测微尺上每小格长度为:

$$\frac{2 \times 10 \text{ μm}}{5} = 4 \text{ μm}$$

用同法分别校正在高倍镜下和油镜下目镜测微尺每小格所代表的长度。

由于不同显微镜及附件的放大倍数不同,因此校正目镜测微尺必须针对特定的显微镜和附件(特定的物镜、目镜、镜筒长度)进行,而且只能在这特定的情况下重复使用。当更换不同放大倍数的目镜或物镜时,必须重新校正目镜测微尺每一格所代表的长度。

2. 酵母菌细胞大小的测定

(1) 将酵母菌斜面制成一定浓度的菌悬液(如 10^{-2})。

(2) 取一滴酵母菌悬液制成水浸片。

(3) 移去镜台测微尺,换上酵母菌水浸片,先在低倍镜下找到目的物,然后在高倍镜下用目镜测微尺来测量酵母菌菌体的长、宽各占几格(不足一格的部分估计到小数点后一位数)。测出的格数乘上目镜测微尺每格的长度,即等于该菌的大小。

一般测量菌的大小要在同一个涂片上测定 10~20 个菌体,求出平均值,才能代表该菌的大小,而且一般是用对数生长期的菌体进行测定。

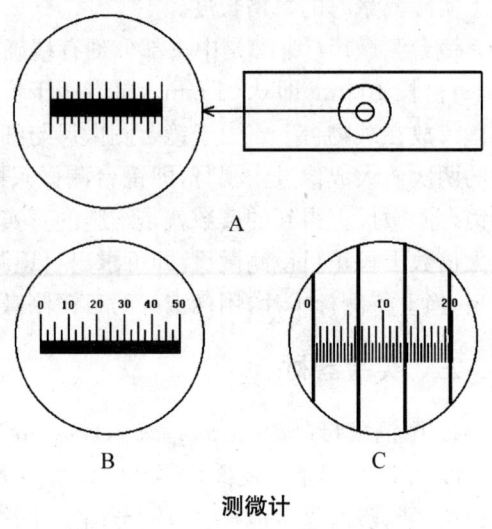

测微计

3. 同法用油镜测定枯草杆菌染色标本的长和宽。

六、结果记录

1. 将实验结果填入下列空格:

目镜_____倍,低倍镜_____倍,高倍镜_____倍,油镜_____倍。低倍镜下,目镜测微尺_____格=镜台测微尺_____格。目镜测微尺每格=_____μm。高倍镜下,目镜测微尺_____格=镜台测微尺_____格。目镜测微尺每格=_____μm。油镜下,目镜测微尺_____格=镜台测微尺_____格。目镜测微尺每格=_____μm。

2. 酵母菌在高倍镜下的大小

菌号	1	2	3	4	5	6	7	8	9	10	平均值(μm)
长(格)											
宽(格)											

技能训练六 葡萄酒的酿造

葡萄酒是用新鲜的葡萄或葡萄汁经发酵酿成的酒精饮料。通常分红葡萄酒和白葡萄酒两种。前者是红葡萄带皮浸渍发酵而成;后者是葡萄汁发酵而成的。我们所要酿造的是红葡萄酒。葡萄酒有增进食欲、滋补作用。葡萄酒中含有糖、氨基酸、维生素、矿物质,这些都是人体必不可少的营养素。它可以不经过预先消化,直接被人体吸收;同时还有助于消化,葡萄酒能刺激胃酸分泌胃液,每 60～100 g 葡萄酒能使胃液分泌增加 120 毫升。

一、实验目的

1. 熟悉酿造葡萄酒的过程和原理。
2. 学会葡萄酒中酵母菌的分离纯化。
3. 熟悉酵母菌形态观察和菌落计数法。

二、材料和仪器

(一) 材料

酿酒葡萄、亚硫酸、果胶酶、酿酒酵母。

(二) 仪器

1. 主发酵器 玻璃罐(坛、瓶)、陶瓷坛。
2. 一根细塑料管、带玻璃导管的塑料管。
3. 玻璃棒或筷子 用来在发酵过程中搅拌葡萄皮和葡萄汁。
4. 细纱布 用来过滤葡萄酒汁。

三、实验步骤

1. 清洗 将主发酵器(即玻璃坛等)充分洗干净,控干。将葡萄摘除蒂,把剪好的葡萄冲洗,这是为了去掉葡萄皮上的农药和其他有害物质,再次冲洗,晾干至表面没有水珠。
2. 装瓶 将葡萄捏破,葡萄肉连同葡萄皮挤到主发酵器中。当把葡萄装到发酵器容量的 70%左右时,停止装葡萄,塞好带有塑料导管的塞子,塑料管另一端导入装有水的烧杯。
3. 酵母菌的复水活化 将酿酒活性干酵母复水活化。
4. 发酵 将活化好的酿酒酵母加入葡萄汁中,在发酵启动后,每天两次用玻璃棒或筷子将葡萄皮压入酒液中,然后盖上盖子。
5. 二次发酵 当酒精发酵完成后,首先利用虹吸法,将葡萄酒汁倒入二次发酵器,然后将剩下的葡萄皮、籽、糟等用细纱布过滤,过滤后的酒液也混入二次发酵器中。葡萄皮、籽、糟扔掉。注意二次发酵器留有 1/10 空隙,盖子也不要拧得很紧。放在阴凉处。二次发酵主要是苹果酸-乳酸发酵,不再产生酒精。
6. 陈酿 再次用塑料管通过虹吸的方法将上面原酒转入贮酒瓶,低温下储存。

附:

葡萄酒的质量检测

葡萄酒的质量指标是现行国家标准 GB/T 15037—94 中规定的检验指标。

色泽:紫红、深红、宝石红、红微带棕色。

澄清程度:澄清透明、有光泽、无明显悬浮物(使用软木塞封口的酒允许有 3 个以下不大于 1 mm 的软木渣)。

香气:具有纯正、优雅、怡悦、和谐的果香。
甜味:具有纯净、幽雅、爽怡的口味和新鲜。

注意事项

1. 各类容器一定要洗干净,葡萄在酿制过程中不能碰到油污、铁器、铜器、锡器等,但可以接触干净的不锈钢制品。

2. 在发酵时,发酵器的盖子用塑料导管,防止气体过多导致葡萄汁爆出。

技能训练七　霉菌计数法

一、目的与要求

了解霉菌计数的基本操作。

二、原理

食品受霉菌侵染后很容易引起霉变,某些霉菌的有毒代谢产物还能引起各种急性或慢性中毒,危害人类。目前已知的产毒霉菌如青霉、曲霉和镰刀霉等在自然界中分布较为广泛,对食品侵染的机会也较多,所以对食品进行霉菌检测就具有重要的意义。因此,霉菌的测定的结果,可作为食品被霉菌污染程度的标志,在对被检样品进行卫生学评价时提供依据。

三、仪器和材料

1. 温箱(25～28 ℃)、振荡器、天平、玻塞三角瓶(500 ml)、平皿(直径 9 cm)、吸管(1 ml 及 10 ml)、酒精灯等。

2. 高盐察氏培养基、灭菌蒸馏水、乙醇。

四、操作步骤

1. 无菌操作称取检样 25 g(或 25 ml),放入含有 225 ml 灭菌水的玻塞三角瓶中,振摇 30 min,即为 1∶10 稀释液。

2. 用灭菌吸管吸取 1∶10 稀释液 10 ml,注入试管中,另用带橡皮乳头的 1 ml 灭菌吸管反复吹吸 50 次,使霉菌孢子充分散开。

3. 取 1 ml 1∶10 稀释液注入含有 9 ml 灭菌水的试管中,另换一支 1 ml 灭菌吸管吹吸 5 次,此液为 1∶100 稀释液。

4. 按上述操作顺序做 10 倍递增稀释液,每稀释一次换用一支 1 ml 灭菌吸管,根据对样品污染情况的估计,选择 3 个合适的稀释度,分别在做 10 倍稀释的同时吸取 1 ml 稀释液于灭菌平皿中,每个稀释度做 2 个平皿,然后将凉至 45 ℃左右的培养基注入平皿中,待琼脂凝固后,倒置于 25～28 ℃温箱中。3 天后开始观察,共培养观察 5 天。

5. 计算方法　通常选择菌落数在 10～150 之间的平皿进行计数,同稀释度的 2 个平皿的菌落平均数乘以稀释倍数,即为每克(或毫升)检样中所含霉菌数。

五、实验报告

每克(或毫升)食品所含霉菌以个/g(个/ml)表示。

技能训练八　食用菌形态结构观察

一、目的要求

观察食用菌菌丝体的生长状态,利用显微镜认识食用菌的营养体和繁殖体的微观结构,利用徒手切片观察食用菌子实体的微观结构,通过对食用菌子实体形态特征的观察,让学生们了解和熟悉各种食用菌子实体的类型和特征,并能根据子实体的外形进行分类。

二、实训准备

1. 材料　平菇、香菇、双孢蘑菇、草菇、金针菇、木耳、银耳、猴头菇、灵芝、密环菌、羊肚菌、虫草、茯苓等食用菌子实体或菌核浸渍标本或干标本、鲜标本及部分食用菌的菌丝体,担孢子等。

2. 仪器工具　光学显微镜(100～600倍)、接种针、无菌水滴瓶、染色剂(石炭酸复红或美蓝等)、酒精灯、75％乙醇、火柴、载玻片、盖玻片、刀片、培养皿、绘图纸、铅笔等。

三、内容和方法步骤

(一)菌丝体形态特征观察

1. 菌丝体宏观形态观察

(1)观察平菇、草菇、金针菇、木耳、银耳及香灰菌、蘑菇、猴头菇、灵芝等食用菌的试管斜面菌种或 PDA 平板上生长的菌落,比较其气生菌丝的生长状态,并观察菌落表面是否产生无性孢子。

(2)观察菌丝体的特殊分化组织:蘑菇菌柄基部的菌丝束;密环菌的菌索;茯苓的菌核;虫草等子囊菌的子座。

2. 菌丝体微观形态观察

(1)菌丝水浸片的制作:取一载玻片,滴一滴无菌水于载片中央,用接种针挑取少量平菇菌丝于水滴中,用两根接种针将菌丝拨散。盖上盖玻片,避免气泡产生。

(2)显微观察:将水浸片置于显微镜的载物台上,先用10倍的物镜观察菌丝的分枝状态,然后转到40倍物镜下仔细观察菌丝的细胞结构等特征,并辨认有无菌丝锁状联合的痕迹。

(二)子实体形态特征观察

1. 子实体宏观形态观察　仔细观察各种类型的食用菌子实体的外部形态特征,并比较各种子实体的主要区别,特别注意菌盖、菌柄、菌褶(或菌孔、菌刺)、菌环、菌托的特征,并对之进行比较、分类。

2. 子实体微观形态观察

(1) 菌褶切片观察:取一片平菇菌褶置于左手,右手持刀片,横切菌褶若干薄片漂浮于培养皿的水中,用接种针先取最薄的一片制作水浸片,显微观察平菇担子及担孢子的形态特征。

(2) 有性、无性孢子的观察:灵芝担孢子水浸片观察;羊肚菌子囊及子囊孢子水浸片观察;草菇厚垣孢子水浸片观察;银耳芽孢子水浸片观察(以上各类孢子的观察可用标本片代替)。

四、作业

1. 描述菌丝体的生长状态,并画出所观察菌丝、无性孢子、担子及担孢子的形态结构图。

2. 列表说明所观察各种类型的食用菌子实体的形态特征,如:伞状、头状、耳状、花絮状、肾状、扇状、蛋形、钟形等。

3. 绘制一种食用菌子实体的形态图,用绘图笔或钢笔(黑)绘制生物图,要求图形真实、准确、自然,画面整洁。

技能训练九　食用菌母种培养基的配制

一、目的要求

了解高压蒸汽灭菌锅的构造,了解食用菌母种培养基的配方,熟悉高压蒸汽灭菌锅的使用方法,掌握母种培养基(PDA 或 PSA)的配制方法。

二、实训准备

1. 配制培养基材料　马铃薯、葡萄糖(或蔗糖)、琼脂、水等。

2. 仪器用具　高压蒸汽灭菌锅(手提式或立式)、可调式电炉、铝锅(20 cm)、汤勺、切刀、切板、量杯、纱片、漏斗(带胶管和玻璃管)、止水夹、漏斗架、试管(18 mm×180 mm 或 20 mm×200 mm)、1 cm 厚的长形木条(摆放斜面时垫试管用)、棉花(未脱脂)、捆扎绳、标签、天平等。

三、内容和方法步骤

(一) 母种培养基(PDA 或 PSA)配方

马铃薯 200 g,葡萄糖(或蔗糖)20 g,琼脂 15～20 g,水 1 000 ml,pH 自然。

(二) 母种培养基配制

1. 熬制　先将马铃薯洗净,挖芽去皮,准确称取 200 g,然后将马铃薯切成玉米大小的颗粒或薄片。用量杯量取 1 000～1 200 ml 水于铝锅内煮马铃薯,待水沸后计时 20～25 min,当马铃薯酥而不烂时,用双层纱布进行过滤于量杯中,洗净铝锅滤渣,将滤液到回锅中继续以文火加热,加入葡萄糖(或蔗糖)和琼脂,待琼脂溶化,不断搅拌,以免糊锅,注意补足水量。

2. 分装　将熬面的培养基保持文火,趁热分装。用勺将培养基加入漏斗中,左手握2~5支试管,右手持漏斗下面的玻璃管入试管口内,同时放开止水夹,让培养基逐个流入试管内,培养基高度约为试管长度的1/6~1/5,约10~15 ml,注意避免将培养基沾在试管口内外。分装后的试管,在培养基凝固前必须立放。

3. 制棉塞　用叠放式将未脱脂棉做成棉球,塞入试管口,管口内棉塞底部要求光滑,棉塞侧面要求无褶皱,棉塞长度的2/3在管口内,1/3在管口外。棉塞的松紧以手提棉塞轻晃试管不滑出为度。

4. 捆把　以10支试管为一捆,用捆扎绳扎紧。贴上标签,准备灭菌。

(三) 培养基的灭菌

1. 手提式高压灭菌锅的构造　锅体、提把、压力表、安全阀、排气阀、灭菌锅腔、筛架、锅盖、胶垫圈、紧固螺栓等。

2. 高压灭菌锅的使用方法　加水→灭菌物入锅→上盖→对称、均匀地扭紧螺栓→加热升温→压力至 0.5 kg/cm² 时,打开排气阀排除锅内冷空气,压力降至0,排气阀有大量热蒸汽冲出时,关闭排气阀→继续升温,压力升至 1 kg/cm²,温度过到 121 ℃时,开始调火稳压 25~30 min→灭火,自然降压至压力为 0.5 kg/cm² 时,可慢慢打开排气阀徐徐降压至0(若降压太快,试管中的培养基易沸腾浸湿棉塞)→锅盖半开,让锅内多余蒸汽逸出,锅内的余热烘干棉塞→开盖,取物,摆斜面,斜面试管上应覆盖洁净和厚毛巾或几层纱布,防止试管内产生过多的冷凝水。

四、作业

1. 试述母种培养基的配制过程,培养基分装的要点。
2. 怎样正确使用高压蒸汽灭菌锅对培养基进行灭菌?

本章复习题

一、填空题

1. 微生物包括的主要类群有_____、_____和_____。
2. 细菌的基本形态有_____、_____和_____。
3. 根据分裂方式及排列情况,球菌分有_____、_____、_____、_____、_____、_____、_____、_____等,螺旋菌又有螺旋体菌、螺旋状和弧状及其他形态的菌有星形、方形、柄杆状和异常形态。
4. 细菌的一般构造有_____、细胞膜、细胞质和_____等,特殊构造又有_____、_____、_____等。
5. 革兰染色的步骤分为_____、_____和_____、_____,其中关键步骤为_____;而染色结果 G^- 为_____、G^+ 为_____,如大肠杆菌是_____、葡萄球菌是_____。
6. G^+ 细胞壁的主要成分是_____和_____;细胞壁结构为_____层。
7. 芽孢具有很强的_____、_____、_____、_____和_____等性能。

8. 放线菌是一类呈菌丝生长和以孢子繁殖的原核生物,其菌丝有_____、_____和_____三种类型。

9. 酵母菌细胞形态有_____、_____、_____、_____、_____等多种,其繁殖方式有_____和_____。

10. 霉菌的无性孢子有孢子_____、_____、_____、_____和_____,有性孢子有_____、_____和_____,其有性繁殖过程为_____、_____和_____。

11. 病毒是侵害各种生物的分子病原体,现分为真病毒和亚病毒两大类,而亚病毒包括_____、_____和_____。

12. 毒粒的形状大致可分为_____、_____和_____等几类。

13. 病毒是严格的_____,它只能在_____内繁殖,其繁殖过程可分为复制与_____、_____、_____、_____与_____五个阶段。

14. 大肠杆菌长为 2.0 μm,宽为 0.5 μm,其大小表示为_____。

15. 病毒极微小,表示其大小的单位用_____。

16. 病毒的基本结构由_____和_____两部分组成.

17. 烈性噬菌体噬菌体的繁殖一般可分为五个阶段:_____、_____、_____、_____和_____。

18. 细菌大小的度量单位是_____球菌用_____表示,杆菌用_____表示。

19. 酵母菌的无性繁殖包括_____和_____两种方式。

20. 酸奶发酵常用的菌种是_____和_____;食醋发酵用的菌种是_____,味精发酵用的菌种是_____,柠檬酸发酵常用菌种是_____。

21. 按食用菌的用途,可将其分为_____、_____、_____三种类型。

22. 食用菌的营养物质种类繁多,根据其作用和性质可能分为_____、_____、_____、_____。

23. 酵母菌一般具有以下五个特点:_____、_____、_____、_____和_____。

24. 酿酒酵母的细胞壁呈三明治状,外层为_____、内层为_____、中间层为_____;细胞壁经_____水解后可制成酵母原生质体。

25. 酵母菌的繁殖方式多样,包括无性为_____、_____和有性的_____等。

26. 酵母菌的无性孢子有_____、_____和_____等数种。

27. 酵母菌细胞壁的主要成分_____。

28. 酵母菌生活史的三种类型是_____、_____和_____。

二、是非题

1. 细菌的异常形态是细菌的固有特征。（ ）
2. 脂多糖是革兰阳性细菌特有的成分。（ ）
3. 所的细菌的细胞壁中都含有肽聚糖。（ ）
4. 细胞的荚膜只能用荚膜染色法观察。（ ）
5. 放线菌具有菌丝,并以孢子进行繁殖,它属于真核微生物。（ ）

6. 放线菌孢子和细菌的芽孢都是繁殖体。   (   )
7. 细菌是一类细胞细而短,结构简单,细胞壁坚韧,以二等分裂方式繁殖,水生性较强的真核微生物。   (   )
8. 细菌形态通常有球状、杆状、螺丝状三类。自然界中杆菌最常见,球菌次之,螺旋菌最少。   (   )
9. 芽孢有极强的抗热、抗辐射、抗化学物和抗静水压的能力,同时具有繁殖功能。
                                                                (   )
10. 链霉菌和毛霉都呈丝状生长,所以它们都属于真菌中的霉菌。   (   )
11. 一个病毒的毒粒内既含有 DNA 又含有 RNA。   (   )
12. 一个病毒的毒粒内只含有一种核酸 DNA 或 RNA。   (   )
13. 溶源性细菌在一定条件诱发下,可变为烈性噬菌体裂解寄主细胞。   (   )
14. 朊病毒是只含有侵染性蛋白质的病毒。   (   )
15. 原噬菌体是整合在宿主 DNA 上的 DNA 片段,它不能独立进行繁殖。   (   )
16. 病毒具有宿主特异性,即某一种病毒仅能感染一定种类的微生物、植物或动物。
                                                                (   )
17. 真核微生物的主要特征是无完整的细胞核结构。   (   )
18. 病毒一旦离开寄主细胞就不能进行独立的代谢和繁殖。   (   )
19. 芽孢是细菌的特殊结构。   (   )
20. 产生假根是根霉的主要形态特征。   (   )
21. 酵母菌是单细胞的原核微生物。   (   )
22. 微生物同其他生物一样都是具有生命的。   (   )
23. 细菌革兰染色的最终结果菌体染为红色的是革兰染色阳性菌。   (   )
24. 自然界中分布最广的细菌是杆菌。   (   )
25. 革兰染色成败的关键是酒精脱色。   (   )
26. 原核微生物的主要特征是细胞内无核。   (   )
27. 酸乳是乳酸菌发酵制得的。   (   )
28. 放线菌最适的 pH 为中性至微酸性。   (   )
29. 酵母菌是单细胞的真核微生物。   (   )
30. 巴氏灭菌能杀死 97%～99% 的微生物。   (   )
31. 组成病毒粒子衣壳的化学物质是糖类。   (   )
32. 大肠杆菌是引起毒素型中毒的微生物。   (   )
33. 以芽殖为主要繁殖方式的微生物是酵母菌。   (   )
34. 革兰染色结果,菌体呈红色者为革兰阳性菌。   (   )
35. 芽孢是细菌的基本结构,从细菌出生就存在。   (   )
36. 鞭毛是细菌的运动器官。   (   )
37. 酵母菌主要分布在含糖丰富的偏酸性土壤中。   (   )
38. 病毒失去包膜就会失去感染性。   (   )
39. 噬菌体侵染宿主时只将其核酸注入宿主细胞,而其他部分都留在外面。   (   )

三、名词解释

1. 菌落（colony）
2. 芽孢
3. 鞭毛
4. 荚膜
5. 菌毛
6. 假根
7. 噬菌斑
8. 病毒
9. 温和噬菌体
10. 烈性噬菌体
11. 溶源菌
12. 菌胶团

四、选择题

1. 细菌形态通常有球状、杆状、螺丝状三类。自然界中最常见的是 （ ）
   A. 螺旋菌　　　　B. 杆菌　　　　C. 球菌
2. 革兰阳性菌细胞壁特有的成分是 （ ）
   A. 肽聚糖　　　　B. 几丁质　　　　C. 脂多糖　　　　D. 磷壁酸
3. 原核细胞细胞壁上特有的成分是 （ ）
   A. 肽聚糖　　　　B. 几丁质　　　　C. 脂多糖　　　　D. 磷壁酸
4. 下列微生物中鞭毛着生类型为周生的是 （ ）
   A. 红螺菌　　　　　　　　　　　B. 蛭弧菌
   C. 大肠杆菌　　　　　　　　　　D. 反刍月形单胞菌
5. 放线菌具吸收营养和排泄代谢产物功能的菌丝是 （ ）
   A. 基内菌丝　　　　　　　　　　B. 气生菌丝
   C. 孢子丝　　　　　　　　　　　D. 孢子
6. 产甲烷菌属于 （ ）
   A. 古细菌　　　　B. 真细菌　　　　C. 放线菌　　　　D. 蓝细菌
7. 在革兰染色中一般使用的染料是 （ ）
   A. 美蓝和刚果红　　　　　　　　B. 苯胺黑和碳酸品红
   C. 结晶紫和番红　　　　　　　　D. 刚果红和番红
8. 酵母菌的细胞壁主要含 （ ）
   A. 肽聚糖和甘露聚糖　　　　　　B. 葡聚糖和脂多糖
   C. 几丁质和纤维素　　　　　　　D. 葡聚糖和甘露聚糖
9. 下列微生物中，_____属于革兰阴性菌 （ ）
   A. 大肠杆菌　　　　　　　　　　B. 金黄葡萄球菌
   C. 巨大芽孢杆菌　　　　　　　　D. 肺炎双球菌
10. 属于细菌细胞特殊结构的为 （ ）
    A. 荚膜　　　　　　　　　　　　B. 细胞壁

C. 细胞膜　　　　　　　　　　D. 核质体
11. 球状细菌分裂后排列成链状称为　　　　　　　　　　　　　　　　　　（　）
A. 双杆菌　　　B. 链球菌　　　C. 螺旋体　　　D. 葡萄球菌
12. E. coli 细菌的鞭毛着生位置是　　　　　　　　　　　　　　　　　　（　）
A. 偏端单生　　　　　　　　　　B. 两端单生
C. 偏端丛生　　　　　　　　　　D. 周生鞭毛
13. 核酸是病毒结构中_____的主要成分　　　　　　　　　　　　　　（　）
A. 壳体　　　B. 核髓　　　C. 外套　　　D. 都是
14. 噬菌体属于病毒类别中的　　　　　　　　　　　　　　　　　　　　（　）
A. 微生物病毒　　　　　　　　　　B. 昆虫病毒
C. 植物病毒　　　　　　　　　　　D. 动物病毒
15. 土壤中三大类群微生物以数量多少排序为　　　　　　　　　　　　　（　）
A. 细菌＞放线菌＞真菌　　　　　B. 细菌＞真菌＞放线菌
C. 放线菌＞真菌＞细菌　　　　　D. 真菌＞细菌＞放线菌
16. 以芽殖为主要繁殖方式的微生物是　　　　　　　　　　　　　　　　（　）
A. 细菌　　　B. 酵母菌　　　C. 霉菌　　　D. 病毒
17. 一个细菌每 10 分钟繁殖一代,经 1 小时将会有多少个细菌　　　　（　）
A. 64　　　B. 32　　　C. 9　　　D. 1
18. 属于细菌细胞基本结构的为　　　　　　　　　　　　　　　　　　　（　）
A. 荚膜　　　B. 细胞壁　　　C. 芽孢　　　D. 鞭毛
19. 下列孢子中属于霉菌无性孢子的是　　　　　　　　　　　　　　　　（　）
A. 子囊孢子　　　B. 担孢子　　　C. 分生孢子　　　D. 接合孢子
20. 根霉和毛霉在形态上的不同点是　　　　　　　　　　　　　　　　　（　）
A. 菌丝无横隔　　　　　　　　　B. 多核
C. 蓬松絮状　　　　　　　　　　D. 假根
21. 放线菌属于　　　　　　　　　　　　　　　　　　　　　　　　　　（　）
A. 病毒界　　　　　　　　　　　B. 原核生物界
C. 真菌界　　　　　　　　　　　D. 真核原生生物界
22. 病毒大小的测量单位是　　　　　　　　　　　　　　　　　　　　　（　）
A. cm　　　B. mm　　　C. μm　　　D. nm
23. 细菌中最耐热的结构是　　　　　　　　　　　　　　　　　　　　　（　）
A. 荚膜　　　B. 鞭毛　　　C. 芽孢　　　D. 中介体
24. 大肠杆菌的鞭毛着生位置是　　　　　　　　　　　　　　　　　　　（　）
A. 偏端单生　　　B. 两端单生　　　C. 偏端丛生　　　D. 周生鞭毛
25. 自然界分布最广的细菌是　　　　　　　　　　　　　　　　　　　　（　）
A. 球菌　　　B. 螺旋菌　　　C. 杆菌　　　D. 酵母
26. 下列哪个是菌落总数的单位　　　　　　　　　　　　　　　　　　　（　）
A. ICU　　　B. UFO　　　C. CEO　　　D. CFU
27. 烟草花叶病毒是　　　　　　　　　　　　　　　　　　　　　　　　（　）

A. 动物病毒　　　　　　　　　　　B. 植物病毒
C. 微生物病毒　　　　　　　　　　D. 以上三者都不对
28. 腺病毒的壳粒排列形式是　　　　　　　　　　　　　　　　　　　　（　　）
A. 螺旋对称型　　　　　　　　　　B. 二十面体立体对称型
C. 复合对称型　　　　　　　　　　D. 以上三者都不对
29. 下列属于无性孢子是　　　　　　　　　　　　　　　　　　　　　　（　　）
A. 分生孢子　　B. 卵孢子　　　C. 子囊孢子　　D. 担孢子
30. 真酵母菌的有性生殖一般产生哪类孢子　　　　　　　　　　　　　　（　　）
A. 卵孢子　　　B. 接合孢子　　C. 子囊孢子　　D. 担孢子
31. 酵母菌常用于酿酒工业中，其主要产物为　　　　　　　　　　　　　（　　）
A. 乙酸　　　　B. 乙醇　　　　C. 乳酸　　　　D. 丙醇
32. 以芽殖为主要繁殖方式的微生物是　　　　　　　　　　　　　　　　（　　）
A. 细菌　　　　B. 酵母菌　　　C. 霉菌　　　　D. 病毒
33. 酵母菌细胞壁的主要成分为　　　　　　　　　　　　　　　　　　　（　　）
A. 肽聚糖，磷壁酸　　　　　　　　B. 葡聚糖和甘露聚糖
C. 几丁质　　　　　　　　　　　　D. 纤维素
34. 下列属于单细胞真菌的是　　　　　　　　　　　　　　　　　　　　（　　）
A. 青霉　　　　B. 酵母菌　　　C. 曲霉　　　　D. 细菌
35. 葡聚糖和甘露聚糖是_____细胞壁的主要成分　　　　　　　　　（　　）
A. 细菌　　　　B. 酵母菌　　　C. 霉菌　　　　D. 病毒
36. 赋予酵母菌细胞壁机械强度的主要物质是　　　　　　　　　　　　　（　　）
A. 甘露聚糖　　B. 葡聚糖　　　C. 蛋白质　　　D. 几丁质
37. 营养体只能以单倍体形式存在的酵母菌如　　　　　　　　　　　　　（　　）
A. 酿酒酵母　　　　　　　　　　　B. 白假丝酵母
C. 八孢裂殖酵母　　　　　　　　　D. 路德类酵母
38. 单细胞蛋白（SCP）主要是指用_____细胞制成的微生物蛋白质（　　）
A. 藻类　　　　B. 蓝细菌　　　C. 霉菌　　　　D. 酵母菌
39. 维持细菌固有形态的结构是　　　　　　　　　　　　　　　　　　　（　　）
A. 细胞壁　　　B. 细胞膜　　　C. 芽孢　　　　D. 夹膜
40. 对外界抵抗力最强的细菌结构是　　　　　　　　　　　　　　　　　（　　）
A. 细胞壁　　　B. 细胞膜　　　C. 芽孢　　　　D. 核质
41. 在放线菌发育过程中吸收水分和营养的器官是　　　　　　　　　　　（　　）
A. 基内菌丝　　B. 气生菌丝　　C. 古细菌　　　D. 孢子

五、简答题

1. 细菌有哪些基本结构和特殊结构？
2. 简述细菌革兰染色的基本程序及作用机理。
3. 细菌主要贮藏物的特点及生理功能是什么？
4. 什么是芽孢？为什么说芽孢是细菌抵抗不良环境的休眠体？
5. 简述细菌二分裂繁殖的基本过程。

6. 酵母菌的繁殖方式有哪几种？简述酵母菌的芽殖过程。
7. 霉菌的有性孢子和无性孢子有哪些类型？简述无性孢子的形成过程。
8. 试述原核细胞与真核细胞结构的主要区别。
9. 简述毛霉、根霉、青霉和曲霉形态鉴定要点。
10. 病毒区别于其他生物的特点是什么？根据你的理解，病毒应如何定义？
11. 病毒的分类原则和病毒命名规则最主要包括哪些？
12. 病毒学研究的基本方法有哪些？这些方法的基本原理分别是什么？
13. 病毒壳体结构有哪几种对称形式？毒粒的主要结构类型有哪些？
14. 病毒核酸有哪些类型和结构特征？各类病毒基因组的复制策略有何区别？
15. 简述芽孢的特点和芽孢出现的意义。
16. 写出革兰染色的详细操作和机理。
17. 简述食用菌的分类及其营养价值。
18. 结合所学知识，查阅资料，简述金针菇的栽培技术要点。
19. 简述病毒的一般特性。
20. 简述病毒的结构与化学组成。
21. 简述烈性噬菌体与温和噬菌体的区别。
22. 试述酵母菌的菌落特征。
23. 试对酵母菌的繁殖方式作一表解。
24. 比较酵母菌细胞壁、细胞膜成分的不同。
25. 比较细菌、放线菌、酵母菌和霉菌细胞成分的异同。
26. 试阐明酿酒酵母的生活史及其特点。
27. 如何区分酵母菌死、活细胞？

拓展知识 微生物的分类与命名

一、通用分类单元

1. 种以上的系统分类单元

（1）级分类单元（taxon，复数 taxa；category）：分类又称分类单位、分类阶元或分类群。种以上的系统分类单元自上而下可依次分为 7 个等级：界（Kingdom，拉：*Regnum*）、门（Phylum，拉：*Phylum* 或 Division，拉：*Division*)、纲（Class，拉：*Classis*）、目（Order，拉：*Ordo*）、科（Family，拉：*Familia*）、属（Genus，拉：*Genus*）、种（Species，拉：*Species*）。若这些分类单元的等级不足以反映某些分类单元之间的差异时，也可以增加"亚等级"，即：亚界、亚门……亚种。在细菌分类中，还可以在科（或亚科）和属之间增加族和亚族等级。值得强调的是，分类单元的等级（阶元）只是分类单元水平的概括，它并不代表具体的分类单元。

（2）种的概念：在微生物尤其在原核生物中，种的定义是很难下的，因此至今还找不到一个公认的、明确的种的定义。我们认为，微生物的种（species），又译物种，是一个基本的分类单元和分类等级，它是一大群表型特征高度相似、亲缘关系极其接近、与同属内的其他物种有着明显差异的一大群力株的总称。在微生物中，一个种只能用该种内一个典型菌株(type strain)当作它的具体代表,故此典型菌株就成了该种的模式种(type species)或模式活标本。

新种(species nova, *sp. nov* 或 *nov sp.*)是指权威性的分类、鉴定手册中从未记载过的一种新分离并鉴定过的微生物。当发现在按《国际命名法规》对它命名并在规定的学术刊物上发表时,应在其学名后附上"sp. nov"符号。在新种发表前,其模式菌株的培养物就应存放在一个永久性的可靠的菌种保藏机构中,并允许研究人员取得该菌种。

2. 学名 每一种微生物都有一个自己的专门名称。名称分两类,一类是地区性的俗名(common name, vernacular name);另一类是国际上统一使用的名称,即学名(scientific name)。俗名是一个国家或地区使用的普通名称,如我们把引起人结核病的细菌叫"结核杆菌",而英语称"tubercle bacillus",而俄语则称"туберку лёзная палочка"。俗名的优点是在一定的区域内通俗易懂便于记忆,但俗名有局限性,尤其是不便于国际间的交流。所以为了使生物分类单元的名称能在国际上通用,就需要制定一个为各国生物学工作者共同遵守的命名法则,即国际生物命名法规,来管理生物分类单元的命名,以确保生物名称的统一性、科学性和实用性。现在分别由国际动物命名法规、国际植物命名法规和国际细菌命名法规来分别管理各类生物的命名。据报道,目前正在制定适用于各类生物的统一的国际生物命名法规,预计新的统一的生物命名法规到2000年正式实施。

下面以细菌为例,简要介绍有关微生物命名的基本常识。物种的学名是用拉丁词或拉丁化的词组成的。在一般出版物中,学名应排斜体字,在书写或打字材料中,应在学名之下划一横线,以表示它应是斜体字母。学名的表示方法分双名法与三名法两种。

(1) 双名法(binominal nomenclature):双名法指一个物种的学名由前面一个属名(generic name)和后面一个种名加词(specific epithet)两部分组成。属名的词首须大写,种名加词的字首须小写(包括由人名或地名等专用名词衍生的)。出现在分类学文献中的学名,在上述两部分之后还应加写3项内容,即首次定名人(正体字,用括号括住)、现名定名人(正体字)和现名的定名年份。如在一般书刊中出现学名时,则不必写上后3项内容。即:

学名 = 属名 + 种名加词 + (首次定名人) + 现名定名人 + 现名定名年份

  排斜体字　　　　　　　　　排正体字(一般省略)

例如:*Pseudomonas aeruginosa*(铜绿色假单胞菌)。其中 *Pseudomonas* 是属名(假单胞菌属)(阴性);*aeruginosa* 是种名加词,是拉丁语形容词(阴性),原意为"铜绿色的"。

Mycobacterium tuberculosis(结核分枝杆菌),其中 *Mycobacterium* 是属名(分枝杆菌属),系希腊词源的复合词(中性),*tuberculosis* 是种名加词,是希腊词和拉丁词缀合成的名词所属格形式,意为"结核病的"。

当泛指某一属细菌而不特指该属中任何一个种(或未定种名)时,可在属名后加 *sp.* 或 *spp.*(分别代表 *species* 缩写的单数和复数形式)表示,如 *Streptomyces sp.*(一种链霉菌),*Micrococcus spp.*(某些微球菌)。

(2) 三名法(trinominal nomenclature):当某种微生物是一个亚种(*subspecies*,简称"*subsp*")或变种(*variety*,简称"*var*",亚种的同义词)时,学名就应按三名法拼写,即:

学名 = 属名 + 种名加词 + 符号 subsp 或 var + 亚种或变种的加词

　　　　排斜体字　　　排正体字(可省略)　排正体字(不可省略)

如：

Alcaligenes	*denitrificans*	subsp.	*xylosoxidans*
属名(产碱杆菌属)	种名加词(反硝化的)	subspecies 的缩写(亚种)	亚种名加词(氧化木糖的)

该亚种名可译为：反硝化产碱杆菌氧化木糖亚种。

3. 有关学名的其他知识

(1) 属名：属名用一个单数主格名词或当做名词用的形容词来表示，可以是阳性、阴性或中性，首字母要大写。例如：*Bacillus*(芽孢杆菌属)(阳性)，拉丁词，原意为"小杆菌"，因该属菌有芽孢而译为"芽孢杆菌属"。*Clostridium*(梭菌属)(中性)，源于希腊词，原意为"纺锤状菌"。*Salmonella*(沙门氏菌属)(阴性)，以美国细菌学家 D. E. Salmon 的姓氏命名。亚属分类单元的命名和属名相同。

(2) 种名加词：种名加词又称种加词，它代表一个物种的次要特征。与属名一样，种名加词也由拉丁词、希腊词或拉丁化的外来词所组成。字首一律小写。可由形容词或名词组成，如果是形容词，要求其性与属名一致，如 *Staphylococcus aureus*(金黄色葡萄球菌)中，属名与种的加词均为阳性词。

(3) 种名的发音：按规定，学名均应按拉丁字母发音规则发音。但事实上，英、美等国的学者经常按自己的语种来发音，且影响颇大。

4. 亚种以下的几个分类名词　除上述国际公认的分类单元的等级外，在细菌分类中还常常使用一些非正式的类群术语。如亚种以下常用培养物、型和菌株；种以上常使用群、组、系等类群名称；近年伍斯还在界之上使用域(domain)(他把全部生物分为古生菌域、细菌域和真核生物域，域下面再分界)，把"域"作为分类单元的最高等级。下面简要介绍一些常用的类群术语。

(1) 亚种(subspecies)或变种(variety)：当某一个种内的不同菌株存在少数明显而稳定的变异特征或遗传性状而又不足以区分成新种时，可以将这些菌株细分成两个或更多的小的分类单元——亚种。亚种是正式分类单元中地位最低的分类等级。变种是亚种的同义词。

(2) 培养物(culture)：是指一定时间一定空间内微生物的细胞群或生长物。如微生物的斜面培养物、摇瓶培养物等。如果某一培养物是由单一微生物细胞繁殖产生的，就称之为该细菌的纯培养物(pure culture)。

(3) 型(form 或 type)：常指亚种以下的细分。当同种或同亚种不同菌株之间的性状差异，不足以分为新的亚种时，可以细分为不同的型。例如抗原特征的差异分为不同的血清型；对噬菌体裂解反应的不同分为不同的噬菌型等等。由于"type"一词既代表"型"又可代表"模式"，为避免混淆，现在对表示型的词作了修改，用"var"代替"type"。

(4) 菌株(strain)：从自然界中分离得到的任何一种微生物的纯培养物都可以称为微生物的一个菌株；用实验方法(如通过诱变)所获得的某一菌株的变异型，也可以称为一个新的菌株，以便与原来的菌株相区别。菌株是微生物分类和研究工作中最基础的操作实体。由于同种或同一亚种的不同菌株之间,某些生物学特性可能存在一定差异,就某些非鉴别性特征(不是定种或界定亚种的特征)而言,不同菌株可能存在重要差别。因此在实际工作中,除了注意菌株的种名外,还要注意菌株的名称。菌株名称常用数字编号、字母、人名、地名等表示。如枯草杆菌 ASI.398(Bacillus subtilis ASI.398)和枯草杆菌 BF7658(Bacillus subtilis BF7658),分别代表枯草杆菌的两个菌株(ASI.398 和 BF7658 分别为菌株的编号),这两个菌株,前者可用于生产蛋白酶,后者则可用于生产 α-淀粉酶。

菌株与型的区别:菌株之间不存在鉴别性特征的差异,命名不同的菌株无需分类学依据;不同型的细菌之间存在鉴别性特征的差异,命名或鉴定不同的型必须有分类学依据。

(5) 属(genus):是介于种(或亚种)与科之间分类等级,也是生物分类中的基本分类单元。通常是把具有某些共同特征或密切相关的种归为一个高一级的分类单元,称之属。在系统分类中,任何一个已命名的种都归属于某一个属。当某一个种与其他相关属的种具有重要的区别时,也可以鉴定为只有一个种的属。就一般而言,微生物属间的差异比较明显,但属的划分也没有客观标准。因此,属水平上的分类也会随着分类学的发展而变化,属内所含种的数目也会由于新种的发现或种的分类地位的改变而变化。

第三章　微生物的营养和培养基

营养(或营养作用，nutrition)是指生物体从外部环境摄取其生命活动所必需的能量和物质，以满足其生长和繁殖需要的一种生理过程。微生物同其他生物一样是具有生命的，微生物的营养是指微生物在生长过程中获得与利用自身所需营养物质的过程，营养物或营养素则指具有营养功能的物质。微生物的营养物可为它们的正常生命活动提供结构物质、能量、代谢调节物质和必要好的生理环境，为一切生命活动提供了必需的物质基础。它是一切生命活动的起点，有了营养，才可以进行代谢、生长和繁殖，并可能为人们提供有益的代谢产物。学习微生物的营养知识并掌握其中的规律，是认识、利用和深入研究微生物的必要基础，尤其对更自觉和有目的地选用、改造和设计符合微生物生理要求的培养基，以便进行科学研究或用于生产实践，具有重要的意义。

第一节　微生物的营养素

通过对微生物细胞组分的研究，我们可以推断出微生物所需要的主要营养物质。熟悉微生物的营养知识，是研究和利用微生物的必要基础，有了营养理论，就能更自觉和有目的地选用或设计符合微生物生理要求或有利于生产实践应用的培养基。除此之外，那些能满足微生物机体生长、繁殖及各种生理活动的营养物质如何更好地进入微生物细胞，也是微生物营养的重要研究内容。

一、微生物细胞的化学组成

微生物细胞化学组成主要成分有水，大约占微生物细胞的80%，其余20%是干物质，在干物质中有蛋白质、核酸、糖类、脂类和矿物质。这些干物质由碳、氢、氧、氮、磷、硫、钾、钙、镁、铁等主要元素组成，其中，碳、氢、氧、氮、磷、硫是六大主要元素，大量元素为钾、钙、镁、铁，还有一些含量极少的微量元素如钼、锌、锰、铜、硒、钴、镍等微量元素。除上述一些主要物质外，有些微生物细胞中还含有色素、毒素等。

二、微生物的营养素

组成微生物细胞的化学元素分别来自微生物生存所需要的营养物质，即微生物生长所需的营养物质应该包含组成细胞的各种化学元素。依据营养物质在微生物体内的存在形式以及生理功能的不同，把微生物的营养素分为碳源、氮源、能源、无机盐、水和生长因子。

1. 碳源　凡能提供微生物营养所需的碳元素(碳架)的营养源，称为碳源。碳元素占到了微生物细胞干重的50%左右，所以，碳源是微生物细胞自身物质和代谢产物的主要营养来源。此外，对于大部分微生物来讲，碳源还可以作为能源物质，为微生物的生命活动提供能量来源。微生物能利用的碳源的种类及形式极其广泛多样，既有简单的无机含碳化合物如 CO_2 和碳酸盐等，也有复杂的天然有机化合物，如糖与糖的衍生物、醇类、有机酸、脂类、烃类、芳香族化合物以及各种含氮的有机化合物。其中糖类通常是许多微生物最广泛利用的碳源与能源物质；其次是醇类、有机酸类和脂类等。微生物对糖类的利用，单糖优于双糖和多糖，己糖胜于戊糖，葡萄糖、果糖胜于甘露糖、半乳糖；在多糖中，淀粉明显地优于纤维素或几丁质等多糖，纯多糖则优于琼脂等杂多糖和其他聚合物（如木质素）等。

微生物的碳源分为有机碳源和无机碳源，无机碳源以 CO_2 为主，还有一些碳酸盐等。有机碳源以糖类为主，另外还有一些糖的衍生物如脂类、醇类、有机酸、烃类、芳香族化合物以及各种含碳的化合物。除此以外还有各种农副产品，甚至有些微生物可以利用石蜡、酚、氰化物及塑料等高度不活跃的碳氢化合物和有毒物质。目前在微生物分类中已利用了 148 种碳素化合物进行菌种鉴定。微生物不同，利用上述含碳化合物的能力不同。如假单胞菌属中的某些种可以利用 90 种以上的不同类型的碳源物质；而某些甲基营养型细菌只能利用甲醇或甲烷等一碳化合物进行生长。

尽管大部分微生物都能利用多种碳源，但却对碳源的利用存在一定的选择性，当多种碳源同时存在时，优先利用其速效碳源。例如：当碳源物质中同时存在蔗糖和葡萄糖时，大肠杆菌优先利用葡萄糖，而青霉、曲霉等霉菌则优先利用蔗糖。

目前，在实验室培养微生物时，常用糖类（蔗糖、乳糖、葡萄糖）、牛肉膏、蛋白胨等作为碳源物质；在发酵工业生产中，常用花生饼粉、废糖蜜、麸皮、米糠以及野生植物淀粉等廉价的物质作为碳源。

2. 氮源　凡能提供微生物营养所需的氮元素的营养源，称为氮源。氮源分为有机氮源和无机氮源。有机氮源以蛋白质类为主，还有牛肉膏、蛋白胨、尿素、酪素、玉米浆、豆饼等。无机氮源主要指铵盐，大部分微生物都以铵盐为氮源，极少数固氮微生物能利用分子态氮作为氮源。

多数微生物可以利用无机含氮化合物作为氮源，也可以利用有机含氮化合物作为氮源。但有些微生物没有将无机氮合成有机氮的能力，它们不能把尿素、铵盐等这些无机氮源自行合成它们生长所需的氨基酸，而需要从外界吸收现成的氨基酸作为氮源才能生长，这类微生物叫做氨基酸异养型微生物，也叫营养缺陷型。

无机氮源或以蛋白质降解产物形式存在的有机氮源可以直接被菌体吸收利用，这种氮源叫做速效氮源。速效氮源通常有利于机体的生长；蛋白氮必须通过水解之后降解成胨、肽、氨基酸等才能被机体利用，这种氮源叫迟效氮源。迟效氮源有利于代谢产物的形成。

目前，实验室培养微生物时，常用蛋白胨、牛肉膏、酵母膏和硫酸铵作为氮源物质，生产上常用的氮源有硝酸盐、铵盐、尿素、氨以及蛋白含量较高的鱼粉、蚕蛹粉、黄豆饼粉、花生饼粉、玉米浆等。

3. 无机盐　无机盐主要可为微生物提供除碳、氮源以外的各种重要元素。无机盐在微生物生命活动中起着重要的作用，无机盐不仅是酶活性中心的组成部分，能维持酶的活性，保证微生物各种代谢活动的顺利进行，还是微生物细胞的组成部分。除此之外，无机盐还充当缓冲角色,有效调节微生物细胞的渗透压、pH 值、氧化还原电位等。

根据微生物对矿物质元素需要量不同,可将其分为大量元素和微量元素。大量元素如 P、S、K、Mg、Na 和 Fe 等。硫和磷的需要量最大,磷在微生物生长与繁殖过程中起着重要作用,它既是合成核酸、核蛋白、磷脂与其他含磷化合物的重要元素,也是许多酶与辅酶的重要元素。硫是胱氨酸、半胱氨酸、甲硫氨酸的组成元素之一,因为它也是构成蛋白质的主要元素之一。钠、钙、镁等是细胞中某些酶的激活剂。

微量元素如 Cu、Zn、Mn、Mo、Co、Ni、Sn 和 Se 等。微量元素通常混杂在其他营养物质中,如果没有特殊原因,在配制培养基过程中没有必要另外加入,因为过量的微量元素反而对微生物起到毒害作用。微量元素一般参与酶蛋白的组成,或者能使许多酶活化,如果微生物在生长中缺乏这些元素,会导致机体生理活性降低,或导致生长停止。

4. 水 水是微生物细胞主要组成成分,不同微生物细胞含水量不同,一般含量可高达 70%~90%。细菌含水量为鲜重的 75%~85%,酵母菌为 70%~80%,霉菌为 85%~95%。细菌的芽孢和霉菌的各种孢子含水量较少。细菌芽孢含水量约为 40%,霉菌孢子约含 38% 的水。同种微生物随着周围环境和培养时间的变化,含水量也不尽相同,如酵母菌在 20 ℃环境中生长,含水量为 91.2%;在 43 ℃环境中生长,含水量降 74%。

在微生物细胞内,一部分水以结合水状态存在。这部分水不易挥发,不冻结,不能作为溶剂,也不能渗透,一般约占总水量的 17%~28%。另一部分水以游离态存在。游离态的水是细胞吸收营养物质和排除代谢产物的溶剂及生化反应的介质,一定量的水分又是维持细胞渗透压的必要条件。由于水是热的良导体,故能有效地吸收代谢过程中产生的热量,使细胞温度不至于骤然升高,能有效地调节细胞内的温度。

5. 生长因子 生长因子是一类对微生物正常代谢必不可少且不能用简单的碳源或氮源自行合成的有机物。它的需要量一般很少。

生长因子虽是一种重要的营养要素,但它与碳源、氮源和能源不同,并非任何一种微生物都需从外界吸收的。微生物的生长素以维生素为主,另外还有氨基酸、生物素等。各种微生物与生长因子的关系可分以下几类:

(1) 生长因子自养型微生物:多数真菌、放线菌和不少细菌,如 E. coli(大肠杆菌)等,都是不需要外界提供生长因子的生长因子自养型微生物。

(2) 生长因子异养型微生物:它们需要多种生长因子,如乳酸细菌、各种动物致病菌、原生动物和支原体等。例如,一般的乳酸菌都需要多种维生素;许多微生物及其营养缺陷型(突变株)都需要不同的嘌呤、嘧啶碱基。

大部分生长素是酶的辅基或组分,不参与供能和微生物体的组成,但却在微生物代谢中起着重要作用。

6. 能源 为微生物的生命活动提供最初能量来源的物质称为能源。微生物能利用的能源种类因种不同而异,主要是一些无机物、有机物或光。

能作为化能自养微生物能源的物质都是一些还原态的无机物质,如 NH_4^+、NO_2^-、S、H_2S、H_2 和 Fe^{2+} 等,这些化能自养型的细菌包括硝化细菌、硫化细菌、氢细菌和铁细菌等。

许多营养物具有一种以上的营养功能。例如,还原态无机营养物常是双功能的(如 NH_4^+ 既是硝化细菌的能源,又是其氮源),有机物常起着双功能或三功能的营养作用,例如以 N、C、H、O 类元素组成的营养物常是异养型微生物的能源、碳源兼氮源。而光是光合微生物所利用的单功能能源。

三、微生物的营养类型

根据微生物生长所需要的碳源物质的性质,可将微生物分成自养型与异养型两大类。又可以按照微生物生长所需能量来源的不同,可将微生物分成化能营养型与光能营养型。还可根据其生长时能量代谢过程中供氢体性质的不同来分,将微生物分成有机营养型无机营养型,综合起来,可将微生物营养类型归纳为四种,即化能有机营养型(化能异养型)、化能无机营养型(化能自养型)、光能无机营养型(光能自养型)、光能有机营养型(光能异养型)。

1. 光能自养型　又称光能无机营养型,这是一类含有光合色素、能以 CO_2 作为唯一或主要碳源并利用光能进行生长的微生物。它们能以无机物如硫化氢、硫代硫酸钠或其他无机硫化物,以及水作为供氢体,使 CO_2 还原成细胞物质。藻类、蓝细菌、绿硫细菌和紫硫细菌就属于这类微生物。例如藻类和蓝细菌具有与高等植物相同的光合作用,它们从日光捕获光能,从水中获得所需的氢,还原二氧化碳,放出氧。绿硫细菌和紫硫细菌也能行光合作用,它们以 H_2S 为供氢体,还原 CO_2,但不产氧气。

2. 光能异养型　又称光能有机营养型。有少数含有光合色素的微生物种类,能利用光能为能源,还原 CO_2 合成细胞物质,同时又必须以某种有机物质作为光合作用中的供氢体,因而被称为光能有机营养型。例如红螺菌属中的一些细菌,它们能利用异丙醇作为供氢体,使 CO_2 还原成细胞物质,同时积累丙酮。光能异养型细菌在生长时大多数需要外源的生长因。

3. 化能自养型　又称化能无机营养型,是一类能氧化某种还原态的无机物质,利用所释放的化学能还原 CO_2,合成有机物质,进行生长、繁殖的微生物。该类微生物的特点是能以 CO_2 作为生长的主要碳源或唯一碳源,不需要有机养料;其所能利用的能源物质与供氢体均是无机性质的。例如硝化细菌、氢细菌、一氧化碳细菌、硫化细菌、铁细菌等均属于化能自养型微生物。

4. 化能异养型　又称化能有机营养型,以适宜的有机碳化合物为基本碳源,以有机物氧化过程中释放的化学能为能源,以有机物为供氢体进行生长的微生物通称为化能有机营养型。它们的特点是不能以 CO_2 这样的无机碳源作为其生长的主要碳源或唯一碳源,它们所能利用的基本碳源、能源物质、能量代谢中的供氢体均为有机物。这类微生物生长所需要的碳源如淀粉、糖类、纤维素、有机酸等,主要是一些有机含碳化合物。对于化能有机营养型微生物来说,有机物通常既是它们生长的碳原物质又是能源物质和供氢体。绝大多数细菌与全部真核微生物都属于化能有机营养型。

四、营养物质进入微生物细胞的方式

1. 影响营养物质进入细胞的因素　营养物质能否被微生物利用的一个决定性因素是这些营养物质能否进入微生物细胞。只有营养物质进入细胞后才能被微生物细胞内的新陈代谢系统分解利用,进而使微生物正常生长繁殖。

影响营养物质进入细胞的因素主要有三个:

(1) 营养物质本身的性质:相对分子质量、溶解性、电负性、极性等都影响营养物质进

入细胞的难易程度。

(2) 微生物所处的环境:温度通过影响营养物质的溶解度、细胞膜的流动性及运输系统的活性来影响微生物的吸收能力。

(3) 微生物细胞的透过屏障:所有微生物都具有一种保护机体完整性且能限制物质进出细胞的透过屏障。屏障主要由原生质膜、细胞壁、荚膜及黏液层等组成。荚膜与黏液层的结构较为疏松,对细胞吸收营养物质影响较小。革兰阳性细菌由于细胞壁结构较为紧密,对营养物质的吸收有一定的影响,相对分子质量较大的葡聚糖难以通过这类细菌的细胞壁。对绝大多数属于渗透营养型的微生物来说,营养物质通过细胞膜进入细胞的问题,是一个较复杂又很重要的生理学问题。据目前所知,细胞壁在营养物质运送上不起多大作用,仅简单地排阻分子量过大(>600 Da)的溶质的进入,而具有磷脂双分子层和嵌合蛋白分子的细胞膜则是控制营养物进入和代谢产物排出的主要屏障。细胞膜是双层磷脂分子与蛋白质构成的液态镶嵌型结构,这种结构上有许多微孔,具有这种结构的细胞膜是一种是生物活性很强的半透膜,它不但具有一般的渗透作用,而且能够选择性地吸收自身所需要的营养物质,以至于使某种生理上所需要的物质可以在细胞内高浓度地积累。

微生物不像动物那样具有专门的摄食器官,也不像植物那样具有根系吸收营养和水分,它们对营养物质的吸收是借助细胞膜的半透性及其结构特点,以几种不同的方式来吸收营养物质和水分的。

一般认为,细胞膜以四种方式控制物质的运送,即单纯扩散(也称简单扩散被动运送)、促进扩散、主动运送和基团移位,其中尤以主动运送为最重要。它们间的主要差别如下:

物质运送类型 { 细胞膜上无载体蛋白:单纯扩散
                  细胞膜上有载体蛋白 { 不耗能量:促进扩散
                                       耗能量 { 运送前后溶质分子不变:主动运送
                                                运送前后溶质分子改变:基团移位

1. 单纯扩散 单纯扩散是一种最为简单的营养物质吸收进入细胞的方式。在单纯扩散中,营养物质在通过细胞膜的过程中不消耗能量,也不发生化学变化。物质扩散的动力是物质在膜内外的浓度差;通过细胞膜中的含水小孔由高浓度的胞外环境向低浓度的胞内扩散,这种扩散是非特异性的;但膜上小孔的大小和形状对被渗透扩散的营养物质的分子大小有一定的选择性。单纯扩散不是微生物吸收营养物质的主要方式,因为细胞既不能通过它来选择必需的营养成分,也不能将稀溶液中的溶质分子进行逆浓度梯度运送,以满足细胞的需要。

以这种方式运输的物质主要是一些分子量小与脂溶性的物质,如水、一些气体(如氧)、甘油和某些离子,如大肠杆菌以单纯扩散方式吸收钠离子等。

2. 促进扩散 单靠单纯扩散,对营养物质的吸收是有限的。微生物细胞为了加速对营养物质的吸收,以适应生长发育的需要,在细胞膜上还存在多种具有运载营养物质功能的特异性载体蛋白质。由于参与的方式不同,载体蛋白还有许多其他名称,例如透性酶、移位酶或移位蛋白等。

促进扩散是指营养物质在进入细胞的过程中,需要借助载体蛋白的参与,这些载体蛋白起着"渡船"的作用,把物质从膜外运至膜内,并且每种载体蛋白只运输相应的物质。

因此,促进扩散对被运输的物质具有高度的立体专一性,被传送的物质先在细胞膜外面与载体蛋白结合,然后在细胞内表面释放。载体蛋白能促进物质运输加快进行,但营养物质仍不能逆浓度梯度吸收。促进扩散的运输方式多见于真核微生物,例如酵母菌,某些物质的吸收和代谢产物的分泌是通过这种方式完成的。通过促进扩散进入细胞的营养物质主要有氨基酸、单糖、维生素及无机盐等。

3. 主动运输　如果微生物对营养物质的吸收只能凭借浓度梯度由高浓度向低浓度扩散,那么微生物就无法吸收低于细胞内浓度的外界营养物质,生长就会受到限制。事实上微生物细胞中有些营养物质以高于细胞外的浓度在细胞内积累。

主动运送是微生物吸收营养物质的主要机制。营养物质的主动运输过程需要消耗能量,并且可以逆浓度梯度运输,从而使生活在低营养环境下的微生物能获得浓缩形式的营养物。显然,它与上述促进扩散方式不同,重要的区别是:在促进扩散中载体蛋白分子构型改变不需要能量,它在被运输物质与载体分子之间通过相互作用使其构型变化,从而完成营养物质转运;但在主动运输中,载体分子构型变化以消耗能量为前提,因此主动运输是一个耗能过程。

另外,主动运输也需要载体蛋白参与运输过程,因而这种运输方式对被运输的物质有高度的立体专一性,被运输的物质与相应的载体蛋白之间存在着亲和力,并且这种亲和力在膜内外大小不同,即在膜外表面亲和力大,在膜内表面亲和力小,因而通过亲和力大小的改变使它们之间能发生可逆性结合与分离,从而完成相应物质的运输。

由主动运送的营养物主要有无机离子、有机离子、氨基酸和一些糖类(例如乳糖、蜜二糖或葡萄糖)等。

4. 基团转移　基团转移是一种既需要载体蛋白又需要消耗能量的物质运输方式。其与主动运输方式不同的是:它有一个复杂的运输酶系统来完成物质的运输,同时底物在运输过程中发生化学结构变化。这种运输方式主要存在于厌氧细菌和兼性厌氧细菌中,基因移位主要用于运送葡萄糖、果糖、甘露糖、核苷酸、丁酸和腺嘌呤等物质。

(1) 单纯扩散

(2) 促进扩散

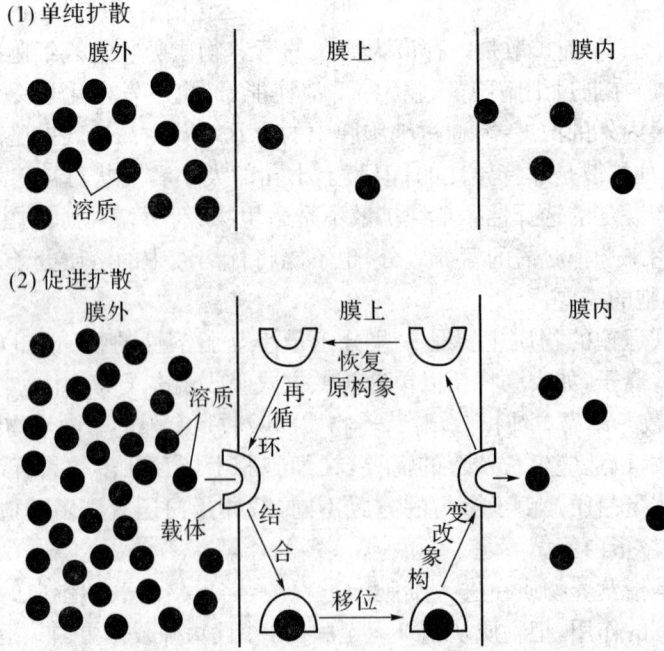

(3) 基团转移

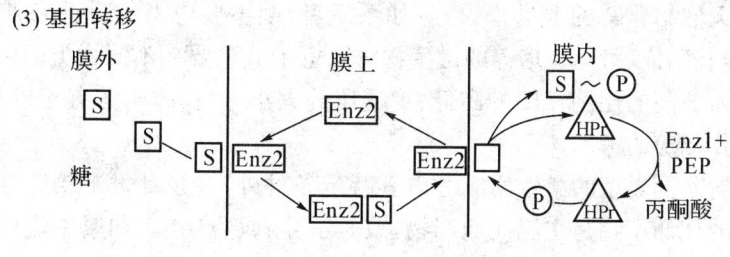

(4) 主动运输

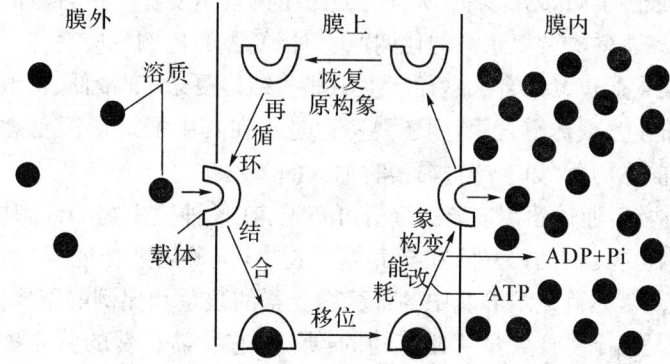

图 3-1 营养物质运送入细胞的四种方式

五、培养基

为研究和利用微生物,首先要培养微生物。要培养微生物,就得给微生物提供各式各样的食品。这种由人工配制的用于微生物生长繁殖或积累代谢产物的营养基质,在微生物学中称培养基。微生物培养基的配方犹如人们的菜谱,新的种类总是层出不穷。由于各种微生物所需要的营养物质不尽相同,所以培养基的种类很多,但无论何种培养基,都应当具备满足所要培养的微生物生长代谢所必需的营养物质。即任何培养基都应具备微生物所需要的六大营养要素,且其间的比例是合适的。

1. 培养基配制应遵循的原则　在微生物学研究和生产实践中,配制合适的培养基是一项最基本的工作。但是,许多工作不但要求我们去选用一种现成的培养基,而且还经常要求亲自去设计一种更合适的培养基,这就要求人们除了熟悉微生物的营养知识和规律外,还要有一套科学的设计培养基所应遵循的基本原则和方法。那么如何设计和配制出适合我们所需要的微生物生长要求的培养基?我们感到,遵循"投其所好"、"对症下药"的设计培养基的原则,就能到达预期的目的。

(1) 根据不同微生物对营养的要求:首先要考虑不同微生物的营养需求。自养型的微生物则主要考虑无机碳源,异养型的微生物则主要提供有机碳源外,还要考虑加入适量的无机矿物质元素。有些微生物在培养时还需要加入生长因子,如在培养乳酸细菌时,在培养基中可加入一些氨基酸和微生物等才能使之很好地生长。

(2) 根据培养目的:首先要明确配制该培养基的目的。例如:要培养何菌?获何产物?用于实验室作科学研究还是用于大规模的发酵生产?作生产中的"种子",还是用于发酵?等等。如果某培养基将用于实验室研究,则一般不必过多地计较其成本。但必须明确对该培养基是作一般培养用,还是作精细的生理、代谢或遗传等研究用。如属前者,可尽量按天然培养基的要求来设计;如系后者,则主要应考虑设计一种组合培养基(即"合成培养基",详后)。拟培养的微生物对象也十分重要。不同大类的微生物,对培养基中碳源与氮源间的比例、pH 的高低、渗透压的大小、生长因子的有无以及特殊成分的添加等都要作相应的考虑。

除了对不同类型的微生物应考虑其特定条件外,在设计发酵培养基时,还应特别考虑到生产的代谢产物是主流代谢产物,或是次生代谢产物。如属主流代谢产物(一般指通过主要代谢途径产生的那些结构较简单、产量较高、价值较低的降解产物),则生产不含氮的有机酸或醇类时,培养基中所含的碳源比例自然要比生产含氮的氨基酸类产物时高;反之,生产氨基酸类含氮量高的代谢产物时,氮源的比例就应高些。如属生产次生代谢产物(一般是指通过复杂合成途径产生的那些结构复杂、产量低、价值高的合成产物),例如抗生素、维生素或赤霉素等,则还要考虑是否在其中加入特殊元素(如维生素 B_{12} 中的 Co)或特定前体物质(如生产青霉素时加入的苯乙酸)。

(3) 营养协调:通过菌体成分的分析可知道,在各种微生物的细胞中,其不同成分或元素间是有较稳定比例的;另外,在异养微生物中,碳源还兼作能源,而能源的需要量是很大的。这两点就是确定培养基中各种营养要素的数量和比例的重要依据。此外,如果设计的培养基是用于生产大量代谢产物的,那么,它所需耗费的营养物的量也要在设计培养基时予以充分考虑。

(4) 理化条件适宜:指培养基的 pH 值、渗透压、水分活度和氧化还原电势等物理化学条件较为适宜。

① pH 值:各大类微生物一般都有它们合适的生长 pH 范围。细菌的最适 pH 在 7.0~8.0 间,放线菌在 7.5~8.5 间,酵母菌在 3.8~6.0 间,而霉菌则在 4.0~5.8 间。对于具体的微生物种来说,它们都有特定的最适 pH 范围,有时可大大突破上述一般界限。

由于在微生物生长繁殖过程中会产生引起培养基 pH 改变的代谢产物,尤其是不少微生物有很强的产酸能力,如不适当地加以调节,就会抑制甚至杀死其自身,因而在设计它们的培养基时,就要考虑到培养基的 pH 调节能力。这种通过培养基内在成分发挥的调节作用,就是 pH 的内源调节。

内源调节主要有以下两种方法:

第一种是采用磷酸缓冲液的方式。调节 K_2HPO_4 和 KH_2PO_4 两者浓度比就可获得从 pH 6.0~7.6 间的一系列稳定的 pH,当两者为等摩尔浓度比时,溶液的 pH 可稳定在 pH 6.8。其反应原理如下:

$$K_2HPO_4 + HCl \longrightarrow KH_2PO_4 + KCl$$
$$KH_2PO_4 + KOH \longrightarrow K_2HPO_4 + H_2O$$

第二种是采用加入 $CaCO_3$ 作"备用碱"的方式。$CaCO_3$ 在水溶液中溶解度极低,加入至液体或固体培养基中时,不会使培养液的 pH 升高。但当微生物生长过程中不断产酸时,它就逐渐被溶解,并发生以下反应:

$$CO_3^{2-} \underset{-H^+}{\overset{+H^+}{\rightleftharpoons}} HCO_3^- \underset{-H^+}{\overset{+H^+}{\rightleftharpoons}} H_2CO_3 \rightleftharpoons CO_2 + H_2O$$

因为 $CaCO_3$ 是不溶性且是沉淀性的,故在配成的培养基中分布很不均匀,如因实验需要,也可用 $NaHCO_3$ 来调节:

$$\text{(气相中) } CO_2$$
$$\Updownarrow$$
$$\text{(液相中) } CO_2 \rightleftharpoons CO_2 + H_2O \rightleftharpoons H_2CO_3 \rightleftharpoons H^+ + HCO_3^-$$

与内源调节相对应的是外源调节,这是一种按实际需要不断流加酸液或碱液到培养液中去的调节方法。

②渗透压和水分活度:渗透压是可用压力来量度的一个物化指标,它表示两种浓度不同的溶液间被一个半透性薄膜隔开时,稀溶液中的水分子会透过此膜到浓溶液中去,直到浓溶液产生的机械压力足以使两边的水分子进出达到平衡为止。这时由浓溶液中的溶质所产生的机械压力,即为渗透压。渗透压的大小是由溶液中所含有的分子或离子的质点数所决定的,等重的物质,其分子或离子越小,则质点数越多,因而产生的渗透压就越大。

等渗溶液适宜微生物的生长,高渗溶液会使细胞发生质壁分离,而低渗溶液则会使细胞吸水膨胀,对细胞壁脆弱或丧失的各种缺壁细胞(如原生质体、球状体、支原体)来说,在低渗溶液中还会破裂。

微生物在其长期的进化过程中,发展出一套高度适应渗透压的特性,尤其会通过体内大分子贮藏物的合成或分解的方式来适应。据测定,革兰阳性细菌的内渗透压约可达到20个大气压,而革兰阴性细菌也可达到5~10个大气压。

(4) 培养基中原料的选择要经济节约:经济节约主要指在设计生产实践中所使用的大量培养基时应遵循的原则,应尽量利用廉价且容易获得的原料作为培养基的成分。综合各方面的实际经验,经济节约的原则大体可体现在:

①以粗代精:一般地说,"粗"与"精"的概念是人为划分的。对人来说是一种"精"的营养料(如精白糖),对微生物往往却是一种不完全的养料,而对一般人只认为是"粗"的营养料(如红糖),对微生物倒反而是一种较完全的养料。从这一点出发,就可以在设计培养基时充分利用各种粗原料。

②以"野"代"家":主要指以野生植物原料代替栽培植物原料。如木薯、橡子、薯芋、土茯苓、金刚刺和苦楝子等都是富含淀粉质的野生植物,可以部分取代粮食用于发酵工业中的碳源;许多含纤维素、半纤维素和木质素等的植物秸秆,可以作为栽培食用菌的良好养料。

③以废代好:以工、农业生产中易污染环境的废弃物作为微生物培养基的原料,是大有可为的,例如,造纸厂的亚硫酸废液(含有戊糖和短小纤维)、各种发酵废液(酒精及丙酮丁醇发酵废醪、味精发酵废液)、各种酿造工业废弃物(啤酒糟、酒糟、酱渣、甘草渣、废糖蜜)以及其他工业废弃物(花生麸、淀粉渣、胚芽饼、豆腐渣、屠宰水、黄浆水、蚕茧脱胶废水、粉丝厂废水)等。在利用这类原料生产酵母菌等单细胞蛋白方面,国内外已有很多成功的例子。

④以简代繁:生产上在改进培养基成分时,一般都以"加法"居多,即设法使其营养越来越丰富、含量越来越高。这对微生物的生长不一定都有利。有时可试用"减法",即用稀薄的培养基或成分较少的培养基来代替原有培养基成分,以求达到更好的效果。例如,某制药厂在改进链霉素发酵培养基原有配方中,曾设法减去30%~50%的黄豆饼粉、25%葡萄糖和20%硫酸铵,结果反而提高了产量;又如,某厂在卡那霉素发酵培养基中将

原来的12种成分减少为7种,结果仍可维持原有的产量。

⑤以烃代粮:即以石油或天然气代替糖质原料来培养微生物。能利用石油作为碳源和能源的微生物在自然界中普遍存在,据知至少有8属细菌、6属放线菌、6属酵母和6属霉菌能利用石油。不同的微生物几乎能利用石油中所含的所有成分,除了合成菌体成分——石油蛋白外,还能将其氧化成醇、醛、酸等化工产品。在当前石油资源逐渐趋向紧缺的情况下,如能拿出一部分石油作发酵原料,让微生物将它转化成一些产值较高的高级醇、脂肪酸和环烷酸等化工产品和若干合成产物,还是十分值得的。

⑥以纤代糖:纤维素是一种由14 000个左右的葡萄糖单位构成的β-D-葡萄糖长链,是自然界中最丰富的有机物。可是,人类和动物都无法直接消化这一取之不尽、用之不竭的可再生资源。在自然界中,存在着大量分解纤维素的微生物,它们能分泌各种纤维素酶,例如内-β-1,4-葡聚糖酶(分解大分子中央的β-1,4键,产生含游离末端的长链片段)、外-β-1,4-葡聚糖酶(从纤维素链的末端上不断水解出纤维二糖单位),以及β-葡糖苷酶(将纤维二糖水解成葡萄糖)。因此,有可能利用这些微生物将大量的农副产品转化成优质饲料、工业发酵原料、燃料以及人类的食品或饮料。

⑦以氮代朊:即以大气氮、铵盐、硝酸盐或尿素等一类非蛋白质或非氨基酸原料用作发酵培养基中的氮源,让微生物转化成菌体蛋白质或含氮的发酵产物供人们利用。

2. 培养基的类型　培养基种类很多,可根据构成培养基的成分、物理状态、用途将培养基分成若干类型。

(1)根据营养成分的来源划分:根据构成培养基的化学成分的了解程度,可将培养基分成合成培养基、半合成培养基和天然培养基三大类。

①合成培养基:是一类用多种高纯化学试剂配制成的、各成分(包括微量元素)的量都确切知道的培养基。例如培养细菌的葡萄糖铵盐培养基,培养放线菌的淀粉硝酸盐培养基(即高氏一号培养基),培养真菌的蔗糖硝酸盐培养基(即察氏培养基)等。合成培养基的优点是成分精确、重复性高;缺点是价格较贵、配制较烦。因此,一般不宜于大规模的发酵生产,仅用于实验室中研究使用,常研究微生物的作营养、代谢、生理、生化、遗传、育种、菌种鉴定和生物测定等定量要求较高的研究工作上。习惯常以该培养基中所含的碳源和氮源名称来作该培养基的名称,也有以设计人的姓名来命名的。

②半合成培养基:又称为半组合培养基,是指一类主要用已知化学成分的试剂配制,同时又添加某些未知成分的天然物质制备而成的培养基。半合成培养基的营养成分更加全面、均衡,可充分满足微生物的营养需求,是实验室和发酵工业中用得最多的一类培养基。如一般用于培养霉菌的马铃薯蔗糖培养基则为半合成培养基。

③天然培养基:是指用化学成分并不十分清楚或化学成分不恒定的天然有机物质配制而成培养基。常用的有机物有牛肉膏、酵母膏、蛋白胨、麦芽汁、豆芽汁、玉米粉、麸皮、牛奶、血清、花生饼粉等,它们含有丰富的营养成分,能满足营养需求复杂的微生物的需求,适合培养许多异养型微生物。这些天然成分大多来自于动植物或酵母提取物,包括细胞、组织或分泌物。如实验室常用于培养细菌的牛肉膏蛋白胨培养基及培养酵母菌的麦芽汁培养基等,就属于此类培养基。这类培养基的缺点是确切营养成分不明确、成分复杂、不稳定,不同单位生产的或同一单位不同批次所提供的产品成分不稳定;优点是配制方便,营养全面而丰富,价格低廉,适合于各类异养微生物生长,并适于大规模培养微

生物之用。

(2) 根据物理状态划分：培养基还可根据其物理状态分成液体培养基、固体培养基与半固体培养基等类型。

①液体培养基：指呈液体状态的培养基。无论是在实验室还是生产实践中，液体培养基被广泛应用。尤其是工业生产上，液体培养基被用于培养微生物细胞或获得代谢产物，如用于制面包的酵母的生产、食用调味剂味精（谷氨酸钠）的生产、大多数抗生素的生产，均采用大规模的液体培养基进行发酵。

②固体培养基：即指呈固化状态的培养基，由液体培养基中加入凝固剂而成。琼脂是最为优良与应用最为广泛的凝固剂，明胶曾被广泛使用，但由于琼脂理化特性远胜于明胶，现已很少采用明胶作培养基凝固剂。通常在液体培养基中加入 1.5%～2% 的琼脂，配制固体培养基。在特殊用途时也加入 5%～12% 明胶做凝固剂，如用来检验某些微生物分解蛋白质的生理生化特性等。

天然固体培养基：指由天然固态营养基质制备而成的固体培养基。常用的天然固态营养基质有麦麸、米糠、木屑、植物秸秆纤维粉、马铃薯片、胡萝卜条、大豆、大米、麦粒等。如固体发酵生产纤维素酶常用麦麸为主要原料的天然固体培养基，又如食用菌生产常用植物秸秆纤维粉为主要原料的天然固体培养基。

③半固体培养基是指在液体培养基中加入少量凝固剂而制成的坚硬度较低的固体培养基。一般常用的琼脂浓度为 0.2%～0.8%。这种培养基常分装于试管中灭菌后用于穿刺接种观察被培养微生物的运动性、趋化性研究、厌氧菌培养、菌种保藏等。

(3) 根据用途划分：根据培养基的用途，又将培养基分成以下四种类型：

①基础培养基：含有一般微生物生长繁殖所需基本营养成分的培养基称为基础培养基。牛肉膏蛋白胨培养基就是基础与应用研究中常用的基础培养基。在基础培养基中加入某些特殊需要的营养成分，可构成不同用途的其他培养基，以达到更有利于某些微生物生长繁殖的目的。

②加富培养基：也称增值培养基，指在基础培养基中加入某些特殊需要的营养成分配制而成的营养更为丰富的培养基。加富培养基一般用于培养对营养要求比较苛刻的微生物。在研究致病微生物时常采用加富培养基。如培养某些致病菌常需要在基础培养基中加入血液、血清或动物与植物的组织液等。在含有多种微生物的样品中分离某种微生物时，常需要根据欲分离的微生物的营养嗜好，在基础培养基中添加特定的营养成分，使更加有利于欲分离的目标微生物的生长繁殖。如用液体培养基培养，可使微生物群体中欲要分离的目标微生物随培养时间的延长在数量逐步占据优势，以利于下一步分离；如是用固体平板培养基培养，可使微生物群体中欲要分离的微生物较早形成菌落而利于分离。

③选择性培养基：用于从混杂的微生物群落中选择性地分离某种或某类微生物而配制的培养基称为选择性培养基。选择性培养基配制时可根据不同的用途选择特殊的营养成分或添加特定的抑制剂，以达到分离特定微生物的目的。在实践中有两种方式，一种是正选择，另一种是反选择。

所谓正选择是添加某种特定成分为培养基主要或唯一的营养物，以分离能利用该种营养物的微生物。如从混杂的微生物群落中选择性地分离能利用纤维素的微生物时，则把纤维素作为选择培养基的唯一碳源,把混杂的微生物群落样品涂布于此种培养基上,凡能在该培养基上生长繁殖的微生物即为能利用纤维素的微生物。以此类推,可以分离利用各种各样营养物的微生物。

反选择是在培养基中加入某种或某些微生物生长抑制剂,以抑制所不希望出现的微生物,从而从混杂的微生物群体中分离不被抑制和所需要的目标微生物。如在选择培养基中加入青霉素、链霉素以抑制细菌,从而分离霉菌与酵母菌;在选择培养基中加入一定量10%的酚试剂以抑制细菌与霉菌,分离放线菌;在基因工程中,也常用加入抗生素的选择培养基来筛选带有抗生素标记基因的基因工程菌株或转化子。

④鉴别培养基:用于鉴别不同微生物类型微生物的培养基称为鉴别培养基。鉴别培养基主要用于微生物的分类鉴定和分离或筛选产生某种或某些代谢产物的微生物菌株。如要了解某种微生物利用葡萄糖时是否产酸,就在葡萄糖为唯一碳源的培养基中加入一定量的1%溴麝香酚蓝酒精溶液。溴麝香酚蓝是一种在 pH 6.8 左右时呈浅草青色,pH 低于 6.6 时变黄,pH 高于 7.0 时变蓝的指示剂。当培养的细菌能利用葡萄糖产酸,则使培养基呈酸性而变黄色,从而利用葡萄糖产酸这一生理生化特性得以被鉴定。

以上关于选择性培养基和鉴别性培养基的区分也只是人为的、理论上的。在实际应用时,这两种功能常结合在一种培养基中,例如,EMB 培养基除有鉴别不同菌落的作用外,同时还有抑制革兰阳性细菌和选择革兰阴性细菌的作用。

3. 培养基的配制　任何微生物的培养都需要与之相匹配的培养基,培养的微生物不同,所制备培养基的成分与方式也各不相同,但大致流程却是相同的。具体培养基制备如下:

(1) 原料选择与称量:依据培养基的配方选择不同精密度的称量工具进行原料称量,常见的称量工具有托盘天平、电子天平、分析天平等。一般情况下,原料的称量不需要很高的精密度,用托盘天平或电子天平就可以了。

(2) 混合溶解:原料称量完毕后,在烧杯或其他容器中进行溶解(先用部分水溶解)。一般情况下,混合溶解过程需要加热,常用的加热工具是电炉。在这一过程中需要特别注意的是:当原料中有琼脂时,在溶解时要用玻璃棒不停搅拌,并控制火力大小,以防止琼脂溶解后溢出。

(3) 定容:溶解完毕后,加入剩余的水,定容至要求容量。

(4) 调整 pH 值:定容完毕后,用 pH 试纸或测定计测定培养基的 pH 值,然后与要求值相对照。当实际值大于要求值时,加入一定量5%的盐酸调节至要求值;当实际值小于要求之时,加入一定量5%的氢氧化钠调节至要求值。在调节 pH 值时,一定要慢慢加入调试剂,并且随时测定,以免调过。

(5) 过滤:对有特殊要求的培养基进行过滤,过滤时一般用八层纱布。

(6) 分装:过滤完毕后,依据不同的要求进行分装。分装试管时,液体培养基分装试管容积的四分之一,固体分装五分之一,半固体分装三分之一。分装锥形瓶时,一般不超过二分之一。分装常用的工具是漏斗。分装后,塞上棉签,用牛皮纸或报纸包好,用铅笔在纸上标明培养基名称、制备日期、组别和姓名等基本情况。

(7) 灭菌:将分装、包扎好的培养基放入高压蒸汽灭菌锅灭菌(高压蒸汽灭菌锅的使用方法见实验),任何培养基一旦配成,必须立即进行灭菌,否则很快引起杂菌丛生,并破坏其固有成分和性质。

（8）保温实验：为了验证灭菌是否完全，将灭菌后的培养基放入 37 ℃ 环境中一天，若未生长菌，说明灭菌完全，培养基合格，可备用；若长菌，则说明灭菌不完全，培养基不合格，需要重新灭菌，直到灭菌完全方可使用。

第二节　微生物的生长

一、微生物的生长与繁殖

生长与繁殖是生物体生命活动的两大重要特征，微生物也不例外。在适宜的环境中，微生物吸收利用营养物质，进行新陈代谢活动。新陈代谢包括合成代谢（同化作用）和分解代谢（异化作用）。当同化或合成作用的速率高于异化或分解作用的速率，其原生质总量增加，表现为细胞重量增加、体积变大，此现象称之为生长。随着生长的延续，微生物细胞内各种细胞结构及其组成分按比例成倍增加，最终通过细胞分裂，导致微生物细胞数目的增加，单细胞微生物则表现为个体数目的增加。在生物学上一般把个体数目的增加定义为繁殖。

在营养条件适宜的环境中，微生物的生长是一个量变过程，是繁殖的基础，而繁殖又为新的个体的生长创造了条件。微生物没有生长就难以繁殖，而没有繁殖，细胞也不可能无休止地生长。因此，生长与繁殖是互为因果的一对矛盾的统一体，是在适宜的营养条件下，微生物个体生命延续中交替进行和紧密联系的两个重要阶段。

在一般的情况下，当环境条件适宜，生长与繁殖始终是交替进行的。从生长到繁殖是一个由量变到质变的过程，这个过程就是发育。

微生物的生长和繁殖与其所处环境之间存在着密切关系。无论是自然界大环境中，还是人工培养的小环境中，都可观察到由于微生物的生长繁殖而改变其生存的周围环境。同时，变化了的环境反过来又影响微生物的生长与繁殖。人类经长期的观察、探索、总结和近代科学技术的发展，已经基本掌握了微生物生长繁殖与其环境之间相互作用和互为影响的基本规律。这不仅为深入了解整个生物界与其所处环境间的复杂的生态关系提供了具有重要科学价值的信息，同时也大大增强了人类对有益微生物的利用和对有害微生物的控制能力。微生物在生产实践上的各种应用，或对致病菌微生物、霉腐微生物、引起食品腐败变质的微生物的控制，都与微生物生长繁殖和控制紧密相关。

二、微生物生长的测定方法

微生物特别是单细胞微生物，体积很小，个体很小，个体生长很难测定，意义也不大。通常测定微生物的生长是测群体的生长，而测定繁殖则是都要建立在计数这一基础之上。

1. 直接法

（1）测体积：是一种较为粗放的方法。通常用于初步比较用。例如，将待测培养液放在刻度离心管中作自然沉降或进行一定时间的离心，然后观察沉降物的体积。

(2) 称干重:采用离心法或过滤法测定。一般干重为湿重的 10%～20%。如用离心法,将待测培养液离心,再用清水洗涤离心 1～5 次后干燥,可用 105 ℃、100 ℃ 或红外线烘干,也可在较低的温度(80 ℃ 或 40 ℃)下进行真空干燥,然后称重。

2. 间接法

(1) 生理指标法

①测定细胞总氮含量来确定细菌浓度 细胞的蛋白质含量是比较稳定的,可以从蛋白质含量的测定求出细胞物质量。一般细菌的含氮量约为原生质干重的 14%。而总氮量与细胞蛋白质总含量的关系可用下式计算:

$$蛋白质总量 = 含氮量百分比 \times 6.25$$

②含碳量的测定

(2) 比浊法:这是测定菌悬液中细胞数量的快速方法。其原理是菌悬液中的单细胞微生物,其细胞浓度与混浊度成正比,与透光度成反比。细胞越多,浊度越大,透光量越少。因此,测定菌悬液的光密度(或透光度)或浊度可以反映细胞的浓度。将未知细胞数的悬液与已知细胞数的菌悬液相比,求出未知菌悬液所含的细胞数。浊度计、分光光度仪是测定菌悬液细胞浓度的常用仪器。此法比较简便,但使用有局限性。菌悬液颜色不宜太深,不能混杂其他物质,否则不能获得正确结果。一般在用此法测定细胞浓度时,应先用计数法作对应计数,取得经验数据,并制作菌数对 OD 值的标准曲线,方便查获菌数值。

3. 计数法

(1) 血球计数法:取定量稀释的单细胞培养物悬液放置在血球计数板(细胞个体形态较大的单细胞微生物,如酵母菌等)或细菌计数板(适用于细胞个体形态较小的细菌)上,在显微镜下计数一定体积中的平均细胞数,换算出供测样品的细胞数。

血球计数板是一种在特定平面上划有格子的特殊载片。在划有格子的区域中,有分别用双线和单线分隔而成的方格。其中有以双线为界划成的方格 25(或 16)格,这种以双线为界的格子称为中格(见图 3-2),其内有以单线为界的 16(或 25)小格。因此,用于细胞计数的区域的总小格数为:$25 \times 16 = 400$。

该 400 个小格排成一正方形的大方格,此大方格的每条边的边长为 1 mm,故 400 个小格的总面积为 1 mm^2。

在进行细胞计数前,先取盖玻片盖于计数方格之上,盖玻片的下平面与刻有方格的血球计数板平面之间留有 0.1 mm 高度的空隙。含有细胞的供测样品液被加注在此空隙中。加注在 400 个小格(1 mm^2)之上与盖玻片之间的空隙中的液体总体积应为:

$$1.0 \text{ mm} \times 1.0 \text{ mm} \times 0.1 \text{ mm} = 0.1 \text{ mm}^3$$

一般表示样品细胞浓度的单位为:亿个/ml。因此,在计数后,获得在 400 个小格中的细胞总数,再乘以 10^4,以换算成每 ml 所含细胞数。其计算公式如下:

$$菌液的含菌数/ml = 每小格平均菌数 \times 400 \times 10\,000 \times 稀释倍数$$

在进行具体操作时,一般取五个中格进行计数,取格的方法一般有两种:①取计数板斜角线相连的 5 个中格;②取计数板 4 个角上的 4 个中格和计数板正中央的 1 个中格。

对横跨位于方格边线上的细胞,在计数时,只计一个方格 4 条边中的 2 条边线上的细胞,而另两条边线上的细胞则不计;取边的原则是每个方格均取上边线与右边线或下边线与左边线。

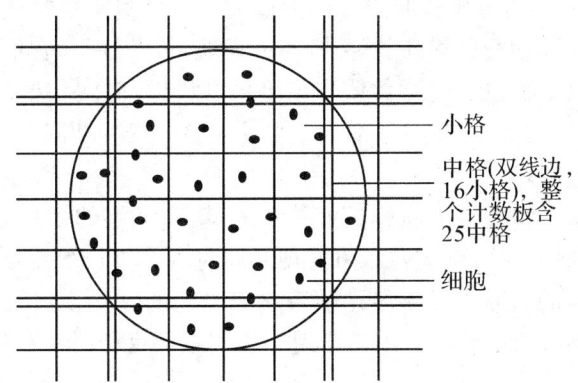

图 3-2 血球计数板方格示意图

（2）活菌计数法:活菌计数法又称间接计数法。直接计数法测定到的是死、活细胞总数,而间接计数法测得的仅是活菌数。这类方法所得的数值往往比直接计数法测得的数值小。

①平板菌落计数法:此法是基于每一个分散的活细胞在适宜的培养基中具有生长繁殖并能形成一个菌落的能力;因此,菌落数就是待测样品所含的活菌数。

将单细胞微生物待测液经 10 倍系列稀释后,将一定浓度的稀释液定量地接种到琼脂平板培养基上培养,长出的菌落数就是稀释液中含有的活细胞数,可以计算出供测样品中的活细胞数。但应注意,由于各种原因,平板上的单个菌落可能并不是由一个菌体细胞形成的,因此在表达单位样品含菌数时,可用单位样品中形成菌落单位来表示,即 CFU/ml 或 CFU/g(CFU 即 colony-forming unit)。

②液体稀释法:取定量(1 ml)的单细胞微生物悬液,用培养液作定量 10 倍系列稀释,重复 3~5 次,将不同稀释度的系列稀释管置适宜温度下培养。在稀释度合适的前提下,在菌浓度相对较高的稀释管内均出现菌生长,而自某个稀释度较高的稀释管开始至稀释度更高的稀释管中均不出现菌生长,按稀释度自低到高的顺序,把最后三个稀释度相对较高的、出现菌生长的稀释管之稀释度称为临界级数。由 3~5 次重复的连续三级临界级数获得指数,查相应重复的最大可能数(即 MPN)表求得最大可能数,再乘以出现生长的临界级数的最低稀释度,即可测得比较可靠的样品活菌浓度。

三、微生物的生长规律

对微生物群体生长的研究表明,微生物的群体生长规律因其种类不同而异,单细胞微生物与多细胞微生物的群体生长表现出不同的生长动力学特性。但就单细胞微生物而言,在特定的环境中,不同种的微生物表现出趋势相近的生长动力学规律。单细胞微生物,如细菌、酵母菌在液体培养基中,可均匀地分布,每个细胞接触的环境相同,都有充分的营养物质,故每个细胞都迅速地生长与繁殖。霉菌多数是多细胞微生物,菌丝呈丝状,在液体培养基中生长繁殖的情况与单细胞微生物不一样。如果采取摇床培养,则霉菌在液体培养基中的生长繁殖情况近似于单细胞微生物。因液体被搅动,菌丝处于分布比较均匀的状态,而且菌丝在生长繁殖过程中不会像在固体培养基上那样有分化现象,孢子产生也较少。

1. 单细胞微生物的典型生长曲线　把少量纯种单细胞微生物接种到恒容积的液体培养基中后,在适宜的温度、通气(厌氧菌则不能通气)等条件下,它们的群体就会有规律地生长起来。如果以细胞数目的对数值作纵坐标,以培养时间作横坐标,就可以画出一条有规律的曲线。这条曲线反映出单细胞微生物在整个培养期间菌数变化规律,这就是微生物的典型生长曲线。

将少量细菌纯培养物接种入新鲜的液体培养基,在适宜的条件下培养,定期取样测定单位体积培养基中的菌体(细胞)数,可发现开始时群体生长缓慢,后逐渐加快,进入一个生长速率相对稳定的高速生长阶段。随着培养时间的延长,生长达到一定阶段后,生长速率又表现为逐渐降低的趋势。随后出现一个细胞数目相对稳定的阶段,最后转入细胞衰老死亡期。

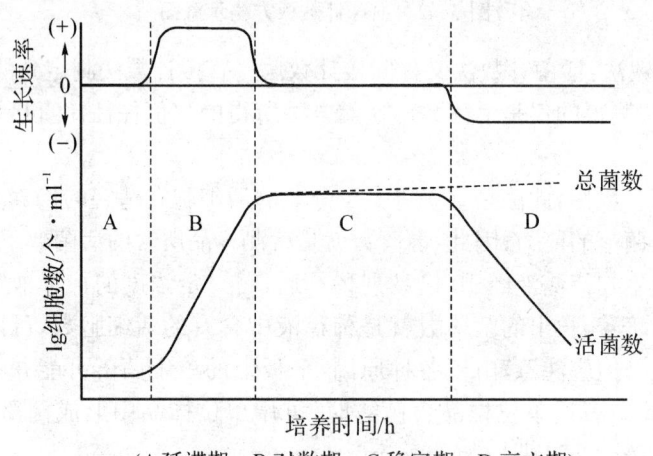

(A延滞期,B对数期,C稳定期,D衰亡期)

图3-3　单细胞微生物典型的生长曲线

从图3-3可见,细菌生长曲线可划分为四个时期,即:延迟期、对数期、稳定期、衰亡期。生长曲线表现了细菌细胞及其群体在新的适宜的理化环境中,生长繁殖直至衰老死亡的动力学变化过程。生长曲线各个时期的特点,反映了所培养的细菌细胞与其所处环境间进行物质与能量交流,以及细胞与环境间相互作用与制约的动态变化。深入研究各种单细胞微生物生长曲线各个时期的特点与内在机制,在微生物学理论与应用实践上都有着十分重大的意义。

(1)延迟期:也叫迟缓期、延滞期、适应期。研究发现,当菌体被接入新鲜液体培养基后,在起初的一个培养阶段内,菌体体积增长较快,胞内贮藏物质逐渐消耗,DNA与RNA含量也相应提高,各类诱导酶的合成量增加,此时细胞内的原生质比较均匀一致,但单位体积培养基中的菌体数量并未出现较大变化,曲线平缓。这一时期的细胞,正处于对新的理化环境的适应期,对外界不良条件反应比较敏感,正在为下一阶段的快速生长繁殖做生理与物质上的准备。在这个时期的后阶段,菌体细胞逐步进入生理活跃期,少数菌体开始分裂,曲线出现上升趋势。

延滞期出现的原因,可能是当细胞接种到新的环境(如从固体培养基接种到液体培养基)后,需要重新合成必需的酶类、辅酶或某些中间代谢产物,以适应新的环境而出现生长的延滞期。

延滞期所维持时间的长短,因微生物种或菌株和培养条件的不同而异。实践已知延滞期可从几分钟到几小时、几天,甚至几个月不等,如大肠杆菌的延滞期就比分枝杆菌短得多。同一种或菌株,接种用的纯培养物所处的生长发育时期不同,延滞期的长短也不一样。如接种用的菌种都处于生理活跃时期,接种量适当加大,营养和环境条件适宜,延滞期将显著缩短,甚至直接进入对数期。

延滞期特点:①生长的速率常数为 0;②细胞的体积增大,DNA 含量增多为分裂做准备;③合成代谢旺盛,核糖体、酶类和 ATP 合成加快,易产生诱导酶;④对不良环境敏感,例如 pH、NaCl 溶液浓度、温度和抗生素等化学物质。

在微生物发酵工业中,如果有较长的延迟期,则会导致发酵设备的利用率降低、耗能增加、产品生产成本上升,最终造成劳动生产力低下与经济效益下降。只有缩短延滞期,才有可能缩短发酵周期、提高经济效益。因此深入了解延滞期的形成机制,可为缩短或延长延滞期提供指导实践的理论基础,这对于微生物学及其应用等均有极为重要的意义。

因此,在微生物应用实践中,通常可采取用处于快速生长繁殖中的健壮菌种细胞接种、适当增加接种量、采用营养丰富的培养基、培养种子与下一步培养用的两种培养基的营养成分以及培养的其他理化条件尽可能保持一致等措施,可以有效地缩短延滞期。

(2) 对数期:也叫指数期,是指在生长曲线中,紧接着延迟期后的一段时期。此时的菌体通过对新环境适应后,细胞代谢活性最强,生长旺盛,分裂速度按几何级数增加,即进入生长速度相对恒定的快速生长与繁殖期,处于这一时期的单细胞微生物,其细胞按 2^n 的方式呈几何级数增长。这里的指数"n"则为细胞分裂的次数或增殖的代数,也即一个细菌繁殖 n 代产生 2^n 个子代菌体。在对数生长期,每一种微生物的世代时间(细胞每分裂一次所需要的时间)是一定的,这是微生物菌种的一个重要特征。

由此可见,培养基中细胞的最初个数和指数式生长一段时间后的细胞个数之间存在如下关系:

(1) 繁殖代数(n):从图 3-4 可以得出:

$$x_2 = x_1 \cdot 2^n$$

以对数表示:$\lg x_2 = \lg x_1 + n\lg 2$

(2) 生长速率常数(R):按前述生长速率常数的定义可知:

$$R = \frac{n}{t_2 - t_1} = \frac{3.322(\lg x_2 - \lg x_1)}{t_2 - t_1}$$

(3) 代时(G):按前述平均代时的定义可知:

$$G = \frac{1}{R} = \frac{t_2 - t_1}{3.322(\lg x_2 - \lg x_1)}$$

影响指数期微生物增代时间的因素很多,主要有:

①菌种:不同菌种的代时差别极大。
②营养成分:同一种细菌,在营养物丰富的培养基中生长,其代时较短,反之则长。
③营养物浓度:营养物的浓度可影响微生物的生长速率和总生长量。在营养物浓度很低的情况下,营养物的浓度才会影响生长速率;随着营养物浓度的逐步增高,生长速率不受影响,而只影响最终的菌体产量。如果进一步提高营养物的浓度,则生长速率和菌体产量两者均不受影响。凡是处于较低浓度范围内,可影响生长速率和菌体产量的营养物,就称生长限制因子。
④培养温度:温度对微生物的生长速率有极其明显的影响。指数期的微生物因其整个群体的生理特性较一致、细胞成分平衡发展和生长速率恒定,故可作为代谢、生理等研究的良好材料,是增殖噬菌体的最适宿主菌龄,也是发酵生产中用作"种子"的最佳种龄。

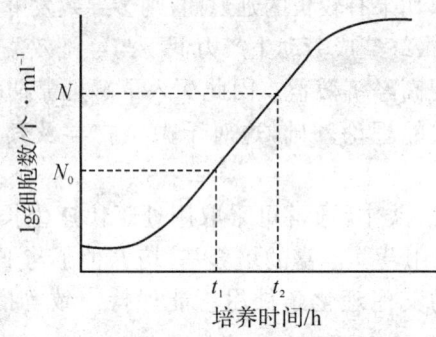

图3-4　生长曲线的指数期

处于对数生长期的细胞,由于代谢旺盛,生长迅速,代时稳定,个体形态、化学组成和生理特性等均较一致,因此在微生物发酵生产中,常用对数期的菌体作种子。它可以缩短延迟期,从而缩短发酵周期,提高劳动生产率与经济效益。对数生长期的细胞也是研究微生物生长代谢与遗传调控等生物学基本特性的极好材料。

指数生长期的生长速率受到环境条件(培养基的组成分、培养温度、pH值与渗透压等)的影响,也是在特定条件下微生物菌株遗传特性的反映。总的来说,原核微生物细胞的生长速率要快于真核微生物细胞,形态较小的真核微生物要快于形态较大的真核微生物。不同种类的细菌,在同一生长条件下,代时不同;同一种细菌,在不同生长条件,代时也有差异。但是,在一定条件下,各种细菌的代时是相对稳定的,有的为20~30 min,有的为几小时甚至几十小时。

(3)稳定期:又称最高生长期,根据单细胞微生物指数生长规律,一个细菌如 E. coli 细胞的重量大约只有 10^{-12} g,但不难计算,如果其代时为 20 min,在指数生长 48 h 后,所产生的细胞总量将会比地球还要重 4 000 倍! 这是不可思议的,事实上难于得到这样的结果。因为在这一时段内,一定存在某些因素抑制菌体生长与繁殖。一般而言,制约对数生长的主要因素有:①培养基中必要营养成分的耗尽或其浓度不能满足维持指数生长的需要而成为生长限制因子;②细胞的排出物在培养基中的大量积累,以致抑制菌体生长;③由上述两方面主要因素所造成的细胞内外理化环境的改变,如营养物比例的失调、pH、氧化还原电位的变化等。虽然这些因素不一定同时出现,但只要其中一个因素存在,细胞生长速率就会降低。这些影响生长因子的综合作用,致使群体生长逐渐进入新增细胞与逐步衰老死亡细胞在数量上趋于相对平衡状态,这就是群体生长的稳定期。

在稳定期,细胞的净数量不会发生较大波动,生长速率常数(R)基本上等于零。此时细胞生长缓慢或停止,有的甚至衰亡,但细胞包括能量代谢和一系列其他生化反应的许多功能仍在继续。

处于稳定期的细胞,其胞内开始积累贮藏物质,如肝糖,异染颗粒,脂肪粒等,大多数芽孢细菌也在此阶段形成芽孢。稳定生长期时活菌数达到最高水平,如果为了获得大量活菌体,就应在此阶段收获。在稳定期,代谢产物的积累开始增多,逐渐趋向高峰。某些产抗生素的微生物,在稳定期后期大量形成抗生素。稳定期的长短与菌种和外界环境条件有关。生产上常常通过补料、调节 pH、调整温度等措施来延长稳定生长期,以积累更多的代谢产物。

(4) 衰亡期:一个达到稳定生长期的微生物群体,由于生长环境的继续恶化和营养物质的短缺,从而引起微生物细胞内的分解代谢大大超过合成代谢,群体中细胞死亡率逐渐上升,以致死亡菌数逐渐超过新生菌数,群体中活菌数下降,曲线下滑。在衰亡期的菌体细胞形状和大小出现异常,呈多形态或畸形,有的胞内多液泡,有的革兰染色结果发生改变等。许多胞内的代谢产物和胞内酶向外释放等。有许多菌在衰亡期后期常产生自溶现象,使工业生产中后处理过滤困难。

微生物的生长曲线,反映一种微生物在一定的生活环境中(如试管、摇瓶、发酵罐)生长繁殖和死亡的规律。它既可作为营养物和环境因素对生长繁殖影响的理论研究指标,也可用为调控微生物生长代谢的依据,以指导微生物生产实践。

2. 微生物的同步培养 在分批培养中,所有的细胞并不是同时分裂,即使培养中的细胞处于同一生长阶段,它们的生理状态和代谢活动也不完全一样。要研究每个细胞所发生的变化是很困难的,为了解决这一问题,就必须设法使微生物群体处于同一发育阶段,使群体和个体行为变得一致,通过机械方法和调控培养条件,使某一群体中的所有微生物个体细胞尽可能处于同一生长和分裂周期中,从而使细胞群体中各个体处于分裂步调一致的生长状态。这种生长状态称为同步生长。

获得同步培养的方法主要有两类:一是通过调整环境条件来诱导同步性,如通过变换温度、光线或对处于稳定期的培养物添加新鲜培养基等来诱导同步;二是选择法(又称机械法),它是利用物理方法从不同步的细菌群体中选择出同步群体,一般可用过滤分离法或梯度离心法来达到。

在选择法中,有代表性的是硝酸纤维素薄膜技术。根据某些细菌会紧紧地黏附在硝酸纤维微孔滤膜上的原理,设计了一个具体的选择方法:将非同步的细菌液体培养物通过微孔滤膜,让细胞吸附于其上;然后将滤膜反置,再以新鲜培养液滤过。这时,一些未粘牢的细胞先被冲洗掉,接着脱落到培养液中的都是那些新分裂形成的细胞,于是就获得了同步生长。

3. 微生物的连续培养 在一个相对独立密闭的系统中,一次性投入培养基对微生物进行接种培养的方式一般称为分批培养。由于它的培养系统的相对密闭性,故分批培养也叫密闭培养。如在微生物研究中用三角瓶作为培养容器进行的微生物培养一般是分批培养。采用这种分批培养方式,随着培养时间的延长,由于系统相对密闭性,被微生物消耗的营养物得不到及时补充,代谢产物未能及时排出培养系统,其他对微生物生长有抑制作用的环境条件得不到及时改善,使微生物细胞生长繁殖所需的营养条件与外部环境逐步恶化,从而使微生物群体生长表现出从细胞对新的环境的适应到逐步进入快速生长,而后较快转入稳定期,最后走向衰亡的、阶段分明的群体生长过程。前面讨论的关于生长曲线的研究所用的方法就是分批培养法。分批培养因生长曲线的重要阶段难能延长,故有批次明显周期短的特点。分批培养由于它的相对简单与操作方便,在微生物学研究与发酵工业生产实践中仍被较为广泛采用。

微生物的连续培养是相对于分批培养而言的。连续培养是指在深入研究分批培养中生长曲线形成的内在机制的基础上,开放培养系统,不断补充营养液、解除抑制因子、优化生长代谢环境的培养方式。由于培养系统的相对开放性,因此连续培养也称为开放培养。连续培养的显著特点与优势是:它可以根据研究者的目的,在一定程度上,人为控制典型生长曲线中的某个时期,使之缩短或延长时间,使某个时期的细胞加速或降低代谢速率,从而大大提高培养过程的人为可控性和效率。连续培养模式应用于发酵工业则称之为连续发酵。

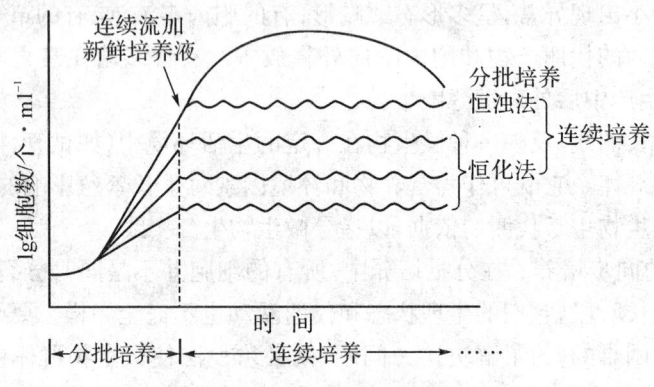

图 3-5 分批培养与连续培养比较

在连续培养过程中,它可以根据研究者的目的与研究对象不同,分别采用不同的连续培养方法。常用的连续培养方法有恒浊法与恒化法两类。

所谓恒浊法是以培养器中微生物细胞的密度为监控对象,用光电控制系统来控制流入培养器的新鲜培养液的流速,同时使培养器中的含有细胞与代谢产物的培养液也以基本恒定的流速流出,从而使培养器中的微生物在保持细胞密度基本恒定的条件下进行培养的一种连续培养方式。用于恒浊培养的培养装置称为恒浊器。用恒浊法连续培养微生物,可控制微生物在最高生长速率与最高细胞密度的水平上生长繁殖,达到高效率培养的目的。目前在发酵工业上有多种微生物菌体的生产就是根据这一原理,用大型恒浊发酵器进行恒浊法连续发酵生产的。与菌体相平衡的微生物代谢产物的生产也可采用恒浊法连续发酵生产。

恒化法是监控对象不同于恒浊法的另一种连续培养方式。恒化法是通过控制培养基中的营养物,主要是生长限制因子的浓度,来调控微生物生长繁殖与代谢速度的连续培养方式。用于恒化培养的装置称为恒化器。恒化连续培养往往控制微生物在低于最高生长速率的条件下生长繁殖。恒化连续培养在研究微生物利用某种底物进行代谢的规律方面被广泛采用,因此,它是微生物营养、生长、繁殖、代谢和基因表达与调控等基础与应用基础研究的重要技术手段。

实际上,分批培养与连续培养的分类是相对的。无论是基础研究还是在发酵工业生产实践中,为了达到某种特殊目的或提高培养效率,常常采取两种方法加以综合的培养方式。如在金霉素、四环素等抗生素发酵生产中,在细胞群体生长进入稳定期,抗生素开始大量合成时进行补料,适当增加发酵液中合成四环类抗生素的底物量和维持细胞生存所需要的低微浓度的营养物,使细胞在非生长繁殖状态下合成抗生素的持续时间延长,从而达到提高单位发酵液中抗生素总量(效价)之目的。在这种细胞生长繁殖与目的产物合成处于阶段分明的不同时期工艺技术,要大幅度地延长目的产物合成期是难以做到的。因为,随着对细胞自身具有一定毒害作用的抗生素在细胞内外环境中浓度的提高,其他对细胞生存不利的代谢产物在环境中的量也在同时增加,会制约细胞长时间维持抗生素合成的高效率。通过补料,适当增加营养,可以延缓了细胞衰老与自溶崩溃,但是应该指出,细胞走向终止代谢与死亡的方向并没有改变,进程并没有阻断。也即通过调控营养物配方与补料方式,不可能达到细胞不衰老而无限延长抗生素高效率合成时间。这与人类求长生不老之术不可能达到同理。因此,基于上述理由,金霉素与四环素发酵生产周期不长,一般在110~150 h。一罐发酵成熟后即行放罐,接着开始另一罐的发酵,批次明显。这种类型的发酵方式,既不是严格意义的分批培养方式,也不是严格意义的连续培养方式,一般称之为补料分批培养或半连续培养,在发酵工业上也称为半连续发酵。这种半连续发酵方式在当代发酵工业上应用最为广泛。

四、影响微生物生长的因素

微生物的生长是微生物与外界环境相互作用的结果。环境条件的改变,在一定的限度内,可使微生物的形态、生理、生长、繁殖等特征引起微生物抵抗或者适应环境条件的某些改变。当环境条件的变化超过一定极限,则会导致微生物的死亡。本节将讨论微生物对环境因子的反应、互作与抗性,以及人类凭借环境因子利用和制约微生物的重要措施及其机理。

微生物的生活环境条件是各种因素的综合,各种因素及其综合效应处于合适的程度时,微生物才能旺盛地生长、发育和繁殖。人们常凭借控制和调节各环境因素,促使某些微生物的生长,发挥它们的有益作用,或抑制和杀死另一些微生物,以消除它们的危害作用。影响微生物生长的环境因素主要是温度、水、pH值和氧气等。

1. 温度 温度是影响微生物生长繁殖最重要的因素之一。微生物在一定的温度下生长,温度最低或高于最高限度时,即停止生长或死亡。就微生物总体而言,其生长温度范围很宽,但各种微生物都有其生长繁殖的最低温度、最适温度、最高温度,称为生长温度三基点。各种微生物也有它们各自的致死温度。就总体而言,微生物生长的温度范围较宽,已知的微生物在$-100 \sim -12\ ℃$均可生长。而每一种微生物只能在一定范围内生长。

(1) 最低生长温度:是指微生物能进行生长繁殖的最低温度界限。处于这种温度条件下的微生物生长速率很低,如果低于此温度则生长可完全停止。不同微生物的最低生长温度不一样,这与它们的原生质物理状态和化学组成有关系,也随环境条件而变。

(2) 最适生长温度:使微生物以最大速率生长繁殖的温度叫最适生长温度。但是,同一微生物,不同的生理生化过程有着不同的最适温度,也就是说,最适生长温度并不等于生长量最高时的培养温度。这里要指出的是,微生物的最适生长温度不一定是一切代谢活动的最佳温度,因此,生产上要根据微生物不同的生理代谢过程温度的特点,采用分段式变温培养或发酵。

(3) 最高生长温度:是指微生物生长繁殖的最高温度界限。在此温度下,微生物细胞易于衰老和死亡。微生物所能适应的最高生长温度与其细胞内酶的性质有关。

表 3-1 不同微生物的三个基本温度

微生物	最低生长温度/℃	最适生长温度/℃	最高生长温度/℃
大肠杆菌	10	37	45
酿酒酵母	1~3	28	40
枯草芽孢杆菌	15	30~37	55
金黄色葡萄球菌	15	37	40
毛霉	21~23	45~50	50~58

(4) 致死温度:若环境温度超过最高温度,便可杀死微生物。这种在一定条件下和一定时间内(例如 10 min)杀死微生物的最低温度称为致死温度。在致死温度时杀死该种微生物所需的时间称为致死时间。在致死温度以上,温度愈高,致死时间愈短。用加压蒸汽灭菌法进行培养基灭菌,足以杀死全部微生物,包括耐热性最强的芽孢。

根据微生物生长温度范围,通常把微生物分为嗜热型、嗜温型和嗜冷型三大类,它们的最低、最适、最高生长温度及其范围见表 3-2。

表 3-2 不同类型微生物的生长温度

微生物类型	最低生长温度/℃	最适生长温度/℃	最高生长温度/℃
嗜冷微生物	<0	15	20
耐冷微生物	0	20~30	35
嗜温微生物	15~20	25~43	40~45
嗜热微生物	45	55~65	80
嗜高热微生物	65	80~90	≫100

嗜热型微生物的最适生长温度在 55~65 ℃。温泉、堆肥、厩肥、秸秆堆和土壤都有高温菌存在,它们参与堆肥、厩肥和秸秆堆高温阶段的有机质分解过程。芽孢杆菌和放线菌中多高温性种类,霉菌通常不能在高温中生长发育。

嗜热型微生物为什么能在如此高的温度下生存和生长,可能是由于菌体内的酶和蛋白质较为抗热,同时高温性微生物的蛋白质合成机构核糖体和其他成分对高温也具有较大的抗性,而且细胞膜中饱和脂肪酸含量较高,从而使膜在高温下能保持较好的稳定性。

嗜温型微生物的最适生长温度在 25~43 ℃,其中腐生性微生物的最适温度为 25~30 ℃,哺乳动物寄生性微生物的最适温度为 37 ℃左右。

嗜冷型微生物又称嗜冷微生物,其最适生长温度在 10~18 ℃,包括水体中的发光细菌、铁细菌及一些常见于寒带冻土、海洋、冷泉、冷水河流、湖泊以及冷藏仓库中的微生物。它们对上述水域中有机质的分解起着重要作用，冷藏食物的腐败往往是这类微生物作用的结果。冷藏食品腐败的原因至少可以认为，嗜冷性微生物细胞内的酶在低温下仍能缓慢而有效地发挥作用，同时细胞膜中不饱和脂肪酸含量较高，可推测为它们在低温下仍保持半流动液晶状态，从而能进行活跃的物质代谢。

微生物在适应温度范围内，随温度逐渐提高，代谢活动加强，生长、增殖加快；超过最适温度后，生长速率逐渐降低，生长周期也延长。

在适应温度界限以外，过高和过低的温度对微生物的影响不同。高于最高温度界限时，引起微生物原生质胶体的变性、蛋白质和酶的损伤、变性，失去生活机能的协调、停止生长或出现异常形态，最终导致死亡。因此，高温对微生物具有致死作用。各种微生物对高温的抵抗力不同，同一种微生物又因发育形态和群体数量、环境条件不同而有不同的抗热性。细菌芽孢和真菌的一些孢子和休眠体，比它们的营养细胞的抗热性强得多。大部分不生芽孢的细菌、真菌的菌丝体和酵母菌的营养细胞在液体中加热至 60 ℃时经数分钟即死亡。但是各种芽孢细菌的芽孢在沸水中数分钟甚至数小时仍能存活。

2. 水分活度与渗透压

(1) 水分活度：一切微生物都离不开水，微生物也不例外，它们从环境中吸取营养物质、分解营养物质、产生能量及合成细胞结构和功能物质等都需要水的存在和参与。但是影响微生物生长的不仅仅是水的含量，更重要的是环境中水的可利用性。水分活度(a_w)是公认最简单明了而实用的表示环境中水的可利用性的一个术语。它表示在天然环境中，微生物可实际利用的自由水或游离水的含量。各种微生物生长繁殖范围的 a_w 值在 0.998～0.6 之间。

表 3-3 不同微生物所要求的 a_w

微生物	a_w	微生物	a_w
一般细菌	0.91	嗜盐真菌	0.76
酵母菌	0.88	嗜盐细菌	0.65
霉菌	0.80	嗜高渗酵母	0.60

知道了各类微生物生长的 a_w 值，不仅有利于设计它们的培养基，而且对防止食物的霉腐也有重要的意义。现将若干食物的 a_w 值列举如下：新鲜水果：0.97～0.99；鲜肉（家畜）：0.97；面包：0.86；蔗糖饱和液：0.76；大米、面粉（含水量 14%）：0.65；奶粉：0.2。

(2) 渗透压：水或其他溶剂经过半透性膜而进行扩散的现象称为渗透。在渗透是溶剂通过半透膜时的压力即渗透压，其大小与溶液浓度成正比。

环境中的渗透压对微生物的生命活动有很大影响。环境中的渗透压与细胞内的渗透压大致相等时，微生物的代谢正常，细胞形状亦不发生改变。如果环境中的渗透压大于微生物微生物细胞内的渗透压时，微生物细胞中的水分将渗透到细胞外。这时，由于细胞失水，原生质浓缩，容积变小，可能造成死亡。若环境中的渗透压小于微生物细胞内的渗透压时，则环境中的水分向细胞内渗透，细胞吸水后膨胀，有时甚至引起细胞壁破裂，细胞内容物溢出而死亡。

生活在海洋、掩护等高渗环境中的微生物必须在含盐2%～3%的溶液中才能生长。这类微生物称为是嗜盐微生物或嗜高渗微生物。微生物对高渗溶液的耐受能力因种类不同而异，一般是霉菌较强，酵母菌次之，细菌较差。

由于高渗透压能抑制甚至杀死微生物，因而可用高浓度的盐类和糖类造成高渗环境来保藏食品。通常糖的浓度(50%～70%)要比食盐(10%～15%)为高，这是因为食盐的分子量比糖小，并能电离，在盐与糖浓度相等的情况下，盐所形成的渗透压要大于糖所形成的渗透压。

引起食品变质的嗜盐微生物、耐盐微生物和耐糖微生物：①高度嗜盐细菌，最适宜在20%～30%食盐浓度的食品中生长；②中度嗜盐细菌，最适宜在5%～18%食盐浓度的食品中生长；③低等嗜盐细菌，最适宜在2%～5%食盐浓度的食品中生长；④耐盐细菌，能在10%以下的食盐浓度的食品中生长；⑤耐糖微生物，能在高度的含糖的食品中生长。

3. pH 微生物的生命活动受环境酸碱度的影响较大。每种微生物都有最适宜的pH值和一定的pH适应范围。大多数细菌、藻类和原生动物的最适宜pH 6.5～7.5，在pH 4.0～10.0之间也能生长。放线菌一般在微碱性，pH 7.5～8.0最适宜。酵母菌和霉菌在pH 5～6的酸性环境中较适宜，但可生长的范围在pH 1.5～10.0之间。有些细菌可在很强的酸性或碱性环境中生活，例如有些硝化细菌则能在pH 11.0的环境中生活，氧化硫硫杆菌能在pH 1.0～2.0的环境中生活。各种微生物处于最适pH范围时酶活性最高，如果其他条件适合，微生物的生长速率也最高。当低于最低pH值或超过最高pH值时，将抑制微生物生长甚至导致死亡。

表3-4 常见微生物生长的pH值范围

微生物	最低pH值	最适pH值	最高pH值
细菌	3～5	6.5～7.5	8～10
酵母菌	2～3	4.5～5.5	7～8
霉菌	1～3	4.5～5.5	7～8

某些微生物生长繁殖的最适生长pH与其合成某种代谢产物的pH值不一致。例如丙酮丁醇梭菌，生长繁殖的最适pH值是5.5～7.0，而大量合成丙酮丁醇的最适pH却为4.3～5.3。

4. 氧气 按照微生物与氧的关系，可把它们分成好氧菌和厌氧菌两个大类，并继续细分为五类。以下就把这五种与氧有关的微生物类型作一比较。

(1) 专性好氧菌：必须在有分子氧的条件下才能生长，有完整的呼吸链，以分子氧作为最终氢受体，细胞含超氧化物歧化酶和过氧化氢酶。绝大多数真菌和许多细菌都是专性好氧菌，例如铜绿假单胞菌和白喉棒杆菌等。

(2) 兼性厌氧菌：在有氧或无氧条件下均能生长，但有氧情况下生长得更好；在有氧时靠呼吸产能，无氧时借发酵或无氧呼吸产能；细胞含SOD和过氧化氢酶。许多酵母菌和许多细菌都是兼性厌氧菌。例如酿酒酵母、肠杆菌科的各种细菌，包括产气肠杆菌或产气杆菌普通变形杆菌等，都是常见的兼性厌氧微生物。

(3) 微好氧菌：只能在较低的氧分压(0.01～0.03)×101 kPa(正常大气中的氧分压

为 0.2×101 kPa)下才能正常生长的微生物。也通过呼吸链并以氧为最终氢受体而产能。例如霍乱弧菌、一些氢单胞菌属、发酵单胞菌属以及少数拟杆菌属的种等。

(4) 耐氧菌：一类可在分子氧存在下进行厌氧生活的厌氧菌，即它们的生长不需要氧，分子氧对它也无毒害。它们不具有呼吸链，仅依靠专性发酵获得能量。细胞内存在 SOD 和过氧化物酶，但缺乏过氧化氢酶。一般的乳酸菌多数是耐氧菌，例如乳链球菌、粪链球菌、乳酸乳杆菌以及肠膜明串珠菌等；乳酸菌以外的耐氧菌如雷氏丁酸杆菌等。

(5) 厌氧菌：厌氧菌有以下几个特点：分子氧对它们有毒，即使短期接触空气，也会抑制其生长甚至致死；在空气或含 10% CO_2 的空气中，它们在固体或半固体培养基的表面上不能生长，只有在其深层的无氧或低氧化还原势的环境下才能生长；其生命活动所需能量是通过发酵、无氧呼吸、循环光合磷酸化或甲烷发酵等提供；细胞内缺乏 SOD 和细胞色素氧化酶，大多数还缺乏过氧化氢酶。常见的厌氧菌有梭菌属、拟杆菌属、梭杆菌属、双歧杆菌属、优杆菌属、消化球菌属、丁酸弧菌属、脱硫弧菌属、韦荣氏球菌属以及各种光合细菌和产甲烷菌等。其中产甲烷菌的绝大多数种都是极端厌氧菌。

第三节 微生物生长的控制

各种各样的环境因素对微生物的生长和繁殖都有影响，另一方面，微生物生长繁殖也会影响和改变环境。研究环境因素与微生物之间的关系，可以通过控制环境条件来利用微生物有益方面，采取措施来杀灭和控制有害微生物。依据环境因素性质的不同，可以把控制微生物的方法分为物理方法、化学方法和生物方法三大类。

一、几个重要的术语

1. 消毒　消毒是指利用某些物理方法杀死物体表面或内部所有对人体或动植物有害的病原菌，而对被消毒的对象基本无害的措施。例如将物体在 100 ℃煮沸 10 min 或 60～70 ℃加热 30 min，就可达到杀死病原菌的营养体，但芽孢杀不死。食品加工厂的厂房和加工工具都要进行定期的消毒。严格地讲，操作人员的手也要进行消毒，具有消毒作用的物质叫做消毒剂，比如 75% 的乙醇。

2. 灭菌　灭菌时指用物理或者化学的方法，使存在于物体中的所有活的微生物，永久性地丧失生活力，包括耐热性极强的芽孢。这是一种彻底的杀菌方法。

3. 商业灭菌　商业灭菌是从商业角度出发，对某些食品所提出的灭菌方法。就是指食品经过杀菌处理后，按照所规定的微生物检验方法，在所检食品中无活的微生物检出，或者仅能检出极少数的非病原微生物，并且它们在食品保藏过程中是不可能进行生长繁殖的。在食品工业中，常常用"杀菌"这个名词包括上述所称的灭菌和消毒，如牛奶的杀菌是指消毒，罐头食品的杀菌是指商业灭菌。

4. 防腐　防腐是利用一些物理化学因素使物体内外的微生物暂时处于不生长繁殖但又未死亡的状态。防腐是一种抑菌措施，防腐的方法主要有低温和干燥保藏、真空保藏、高渗及防腐剂保藏，食品工业中常利用一些防腐剂防止食品变质。酸性食品用苯甲酸钠、山梨酸钾防腐，肉制品用亚硝酸盐防腐。

表3-5 有关方式的杀灭程度

有关术语	杀灭程度	有关术语	杀灭程度
防腐	防止或抑制微生物的生长	灭菌	杀死所有微生物
消毒	杀死病原微生物,不能杀死芽孢	商业灭菌	杀死大部分微生物和所有病原微生物

二、微生物生长的控制

（一）物理方法

1. 高温　食品加工过程中常常利用加热进行消毒和灭菌。高温灭菌法的方法一般有以下几种：

（1）干热灭菌

①灼烧灭菌法：此法在火焰上灼烧,灭菌彻底,迅速简便,但使用范围有限。常用于金属性接种工具、污染物品及实验材料等废弃物的处理。

②干热空气灭菌法：主要在干燥箱中利用热空气进行灭菌。通常160 ℃处理1～2 h便可达到灭菌的目的。如果被处理物品传热性差、体积较大或堆积过挤时,需适当延长时间。此法只适用于玻璃器皿、金属用具等耐热物品的灭菌。其优点是可保持物品干燥。

（2）湿热灭菌

①煮沸消毒法：物品在水中煮沸（100 ℃）15 min 以上,可杀死细菌的所有营养细胞和部分芽孢。如延长煮沸时间,并在水中加入1％碳酸钠或2％～5％石炭酸,则效果更好。这种方法适用于注射器、解剖用具等的消毒。

②高压蒸汽灭菌法：此法为实验室及生产中常用的灭菌方法。常压下水的沸点为100 ℃,如果加压则可提供高于100 ℃的蒸汽,加之热蒸汽穿透力强,可迅速引起蛋白质凝固变性。所以高压蒸汽灭菌在湿热灭菌法中效果最佳,应用较广。它适用于各种耐热物品的灭菌,如一般培养基、生理盐水、各种缓冲液、玻璃器皿、金属用具、工作服等。常采用121 ℃的温度下处理15～30 min,即可达到灭菌的目的。灭菌所需的时间和温度取决于被灭菌物品的性质、体积与容器类型等。对体积大、热传导性差的物品,加热时间应适当延长。

③间歇灭菌法：是用蒸汽反复多次处理的灭菌方法。将待灭菌物品置于阿诺氏灭菌器或蒸锅（蒸笼）及其他灭菌器中,常压下100 ℃处理15～30 min,以杀死其中的营养细胞。冷却后,置于一定温度（28～37 ℃）保温过夜,使其中可能残存的芽孢萌发成营养细胞,再以同样方法加热处理。如此反复三次,可杀灭所有芽孢和营养细胞,以达到灭菌的目的。此法的缺点是灭菌比较费时,一般只用于不耐热的药品、营养物、特殊培养基等的灭菌。在缺乏高压蒸汽灭菌设备时亦可用于一般物品的灭菌。

④巴斯德消毒法：即用较低的温度（如用 62～63 ℃,处理 30 min；若以 71 ℃,则处理15 min）处理牛奶、酒类等饮料,以杀死其中的病原菌如结核杆菌、伤寒杆菌等,但又不损害营养与风味。处理后的物品应迅速冷却至 10 ℃左右即可饮用。这种方法只能杀死大多数腐生菌的营养体而对芽孢无损害。此法是基于结核杆菌的致死温度为 62 ℃ 15 min 而规定的。这种消毒法系巴斯德发明,故称巴斯德消毒法,也称巴氏灭菌。

⑤超高温瞬时灭菌:灭菌温度在135～137 ℃,时间3～5 s,可杀死微生物的营养细胞和耐热性强的芽孢细菌,由于灭菌时间短,尽可能地不破坏和保留了食物中的营养成分。但污染严重的鲜乳需要在142 ℃以上时才能有较好的杀菌效果。超高温瞬时灭菌法现在广泛用于各种果汁、牛乳、酱油等液态食品的灭菌。

2. 低温 低温杀灭微生物的原理是低温能引起微生物细胞中水的结晶,从而导致微生物死亡。

(1) 冷藏法:常采用0～7 ℃环境温度来抑制微生物的生长,此温度下,微生物生长缓慢,常用于蔬菜或菌种短时间的保藏。

(2) 冷冻法:常采用－20～－15 ℃的低温环境来抑制微生物的生长,此温度下,微生物已经基本停止生长。也有在－78 ℃的干冰或－196 ℃液氮中进行冷冻保藏的,常用于冷冻食品和特殊菌种的保藏。

3. 水分活度 通过调节水的活度来控制微生物的方法有干燥和调节渗透压两种。

(1) 干燥:干燥能降低微生物细胞中的水分活度,从而使微生物细胞中盐浓度升高,导致蛋白质变性,引起微生物死亡。不同微生物,对干燥的敏感程度不同。

(2) 调节渗透压:通过增加环境中溶质来降低水活度,提高渗透压,引起微生物细胞失水而死亡。常用于盐腌或糖腌制品。

4. 过滤 过滤是通过将微生物细胞移走的方法来实现对微生物的控制,常用的过滤装置有简单滤板过滤装置、膜滤器和核孔滤器等。常用于发酵工业中热敏感溶液的除菌。

5. 辐射 可通过紫外线、α射线、γ射线或微波来杀灭微生物细胞。其中紫外线穿透力差,常用于空气与表面灭菌;α射线、γ射线穿透力强,常用于塑料制品、医疗设备和药品的灭菌;微波加热均匀,热利用率高,时间短,常用于食品的灭菌。

6. 超声波 超声波常用于实验室研究中的细胞破碎与菌悬液中微生物的杀灭。

(二) 化学方法

某些化学消毒、杀菌剂与化学疗剂对微生物生长有抑制或致死作用。如饮用水的消毒,则杀伤水中的微生物;化学疗剂如各类抗生素对微生物具有强烈的抑菌或杀菌作用。农作物病虫害防治所施用的化学农药,部分残留在土壤中,对于土壤中的许多微生物有毒害作用等。各种化学毒剂、杀菌剂与化学疗剂对微生物的抑制与毒杀作用,因其胞外毒性、进入细胞的透性、作用的靶位和微生物的种类不同而异,同时也受其他环境因素的影响。有些消毒与杀菌剂在高浓度时是杀菌剂,在低浓度时可能被微生物利用作为养料或生长刺激因子。在实践中常用的化学消毒剂、杀菌剂和与微生物关系密切的化学疗剂有:

(1) 氧化剂:高锰酸钾、过氧化氢、漂白粉和氟、氯、溴、碘及其化合物都是氧化剂。通过它们的强烈氧化作用可以杀死微生物。

高锰酸钾是常见的氧化消毒剂。一般以0.1%溶液用于皮肤、水果、饮具、器皿等消毒。但需在应用时配制。

碘具有强穿透力,能杀伤细菌、芽孢和真菌,是强杀菌剂。通常用3%～7%的碘溶于70%～83%的乙醇中配制成碘酊。

氯气可作为饮用水或游泳池水的消毒剂。常用0.2～0.5 μg/L的氯气消毒。氯气在水中生成次氯酸,次氯酸分解成盐酸和初生氧。初生氧具有强氧化力,对微生物起破坏作用。

漂白粉也是常用的杀菌剂。它含次氯酸钙,在水中生成次氯酸并分解成盐酸和初生氧和氯。

初生氧和氯都能强烈氧化菌体细胞物质,以致死亡。5%～20%次氯酸钙的粉剂或溶液常用作食品及餐具、乳酪厂的消毒。

(2) 还原剂:如甲醛是常用的还原性消毒剂,它能与蛋白质的酰基和巯基起反应,引起蛋白质变性。商用福尔马林是含37%～40%的甲醛水溶液,5%的福尔马林常用作动植物标本的防腐剂。福尔马林也用作熏蒸剂,每 m^3 空间用 6～10 ml 福尔马林加热熏蒸就可达到消毒目的,也可在福尔马林中加 1/5～1/10 高锰酸钾使其气化,进行空气消毒。

(3) 表面活性物质:具有降低表面张力效应的物质称为表面活性物质。乙醇、酚、煤酚皂(来苏儿)以及各种强表面活性的洁净消毒剂,如新洁尔灭等都是常用的消毒剂。乙醇只能杀死营养细胞,不能杀死芽孢。70%的乙醇杀菌效果最好,超过 70%以至无水乙醇效果较差。无水乙醇可能与菌体接触后迅速脱水,表面蛋白质凝固形成了保护膜,阻止了乙醇分子进一步渗入胞内。浓度低于 70%时,其渗透压低于菌体内渗透压,也影响乙醇进入胞内,因此这两种情况都会降低杀菌效果。酚(石炭酸)及其衍生物有强杀菌力,它们对细菌的有害作用可能主要是使蛋白质变性,同时又有表面活性剂的作用,破坏细胞膜的透性,使细胞内含物外泄。5%的石炭酸溶液可用作喷雾以消毒空气。微生物学中常以酚作为比较各种消毒剂杀菌力的标准。各种消毒剂和酚的杀菌作用的比较强度,称为消毒剂的"酚价"。甲酚是酚的衍生物,市售消毒剂煤酚皂液就是甲酚与肥皂的混合液,常用 3%～5%的溶液来消毒皮肤、桌面及用具等。新洁尔灭是一种季铵盐,能破坏微生物细胞的渗透性,0.25%的新洁尔灭溶液可以用作皮肤及种子表面消毒。

(4) 重金属盐类:大多数重金属盐类都是有效的杀菌剂或防腐剂。其作用最强的是 Hg、Ag 和 Cu。它们易与细胞蛋白质结合使其变性沉淀,或能与酶的巯基结合而使酶失去活性。

汞的化合物,如氯化汞($HgCl_2$),又名升汞,是强杀菌剂和消毒剂。0.1%的 $HgCl_2$ 溶液对大多数细菌有杀菌作用,用于非金属器皿的消毒。红汞(汞溴红)配成的红药水则用作创伤消毒剂。汞盐对金属有腐蚀作用,对人和动物亦有剧毒。

银盐为较温和的消毒剂。医药上常用 0.1%～1.0%的硝酸银消毒皮肤,用 1%硝酸银滴入新生婴儿眼内,可预防传染性眼炎。

铜的化合物如硫酸铜对真菌和藻类的杀伤力较强。常用硫酸铜与石灰配制的溶液来抑制农业真菌、螨以及防治某些植物病害。

(5) 其他消毒与杀菌剂:如无机酸、碱能引起微生物细胞物质的水解或凝固,因而也有很强的杀菌作用。微生物在 1%氢氧化钾或 1%硫酸溶液中 5～10 min 大部分死亡。毒性物质如二氧化硫、硫化氢、一氧化碳和氰化物等可与细胞原生质中的一些活性基团或辅酶成分特异性结合,使代谢作用中断,从而杀死细胞。染料特别是碱性染料,在低浓度下可抑制细菌生长。结晶紫、碱性复红、亚甲蓝、孔雀绿等都可用作消毒剂,1∶100 000 的结晶紫能抑制枯草杆菌、金黄色葡萄球菌以及其他革兰阳性细菌的生长,但其浓度需达 1∶5 000 时才能抑制大肠杆菌等革兰阴性菌生长。一些常用表面消毒剂的使用浓度和应用范围见表 3-5。

表 3-5　常见的防腐剂与消毒剂

类别		名称	作用范围	作用机理
防腐剂	酸碱类	苯甲酸或苯甲酸钠 山梨酸或山梨酸钾	果酱果汁及其他酸性饮料糕点果 汁及其他非酒精饮料	蛋白质变性 蛋白质变性
	氧化剂	碘液	皮肤	与酪氨酸结合
	有机物	75%乙醇 有机汞 六氯苯(六六六)	皮肤 皮肤 玻璃器皿	脂溶剂和蛋白质变性 与蛋白质巯基结合 破坏细胞质膜
	盐类	0.1%~1%硝酸银	眼睛发炎	蛋白质沉淀
消毒剂	氧化剂	0.1%高锰酸钾 0.05%~0.5%过氧乙酸 臭氧 氯气	皮肤水果餐具等 塑料玻璃制品等 水 水	破坏二硫键 破坏二硫键 破坏二硫键 破坏二硫键
	有机物	37%~40%甲醛 2%~5%石碳酸	厂房和无菌室 器械 地面 排泄物	烷化作用、交联作用 蛋白质变性
	盐类	硫酸铜	游泳池	蛋白质沉淀
	表面活性剂	0.05%~0.1%新洁尔灭 0.05%~0.1%度米芬	皮肤 皮肤 器械 布品 塑料	蛋白质变性 蛋白质变性

（三）生物方法

在微生物的控制上，我们还可以通过各种生物方法来进行控制。比如：可以通过有害微生物与有益微生物、有害微生物与动植物之间的竞争关系来抑制微生物生长，也可以通过它们之间的拮抗关系来抑制或杀灭微生物。

第四节　微生物的代谢

微生物在生长发育和繁殖过程中，需要不断地从外界环境中摄取营养物质，在体内经过一系列的生化反应，转变成能量和构成细胞的物质，并排出不需要的产物。这一系列的生化过程称为新陈代谢。

代谢作用是生物体维持生命活动过程中的一切生化反应的总称。它是生命活动的最基本特征。代谢作用包括分解代谢（异化作用）和合成代谢（同化作用）。微生物细胞把衰老的细胞物质和从外界吸收的营养物质进行分解变成简单物质，并产生一些中间产物作为合成细胞物质的基础原料，最终将不能利用的废物排出体外，一部分能量以热量的形式散发，这便是异化作用。同时，微生物细胞又直接同生活环境接触，微生物不停地从外界环境吸收适当的营养物质，在细胞内合成新的细胞物质和贮藏物质，并储存能量，即同化作用，这是其生长、发育的物质基础。在上述物质代谢的过程中伴随着能量代谢的进行,在物质的分解过程中,伴随着能量的释放,这些能量一部分以热的形式散失,一部分以高能磷酸键的形式贮存在三磷腺苷(ATP)中。这些能量主要用于维持微生物的生理活动或供合成代谢需要。分解代谢为合成代谢提供原料和能量,而合成代谢又为分解代谢提供物质基础,两者相互对立而又统一,在生物体内偶联着进行,使生命繁衍不息。

微生物的代谢作用是由微生物体内一系列有一定次序的、连续性的生物化学反应所组成,这些生化反应在生物体内可以在常温、常压和pH中性条件下极其迅速地进行。这是由于生物体内存在着多种多样的酶和酶系,绝大多数的生化反应是在特定酶催化下进行的。

一、微生物的酶

生物体内的化学反应几乎都要依靠酶的催化才能进行。酶是由生物细胞合成的,以蛋白质为主要成分的生物化学反应催化剂。从化学组成来看,可分为简单蛋白和结合蛋白两种酶。根据酶在细胞中的活动部位,也可将酶分为胞外酶和胞内酶两种。

酶作为生化反应的催化剂,和其他的催化剂一样,能显著改变反应的速度,但不能改变反应的平衡点。酶有以下几个特点:催化反应的效率高、具有高度的专一性、容易失活、活性受调节控制等。

二、微生物的物质代谢

微生物代谢的基本过程可分为两大类,即分解代谢和合成代谢。

(一) 微生物的分解代谢

微生物在生命活动中,能将复杂的大分子物质分解为小分子的可溶性物质,并有能量转变过程,这种物质转变称为分解代谢。大多数微生物都能分解糖和蛋白质,少数微生物能分解脂类。

1. 糖的分解　自然界中微生物赖以生存的主要物质是糖类,人们培养微生物,进行食品加工和工业发酵等也是以糖类为主要的碳源和能源物质。糖类是异养微生物的主要碳素来源和能量来源,包括各种单糖、双糖和多糖。

单糖和双糖被微生物吸收后,立即进入分解途径,被降解成简单的含碳化合物,同时释放能量,供应细胞合成所需的碳源和能源。微生物糖代谢的主要途径有:EMP途径(Embden-Meyerhof-Parnas Pathway),HMP途径(Hexose-Mono PhophatePathway),ED途径(Entner-Doudoroff Pathway),Pk途径(Phosphoketolase pathway)等四种。

多糖必须在细胞外由相应的胞外酶水解,才能被吸收利用。多糖分解的种类很多,如淀粉、纤维素、果胶质的分解。

(1) 淀粉的分解:淀粉是多种微生物用作碳源的原料。它是葡萄糖的多聚物,有直链淀粉和支链淀粉之分。微生物对淀粉的分解是由微生物分泌的淀粉酶催化进行的。目前,微生物产生的淀粉酶已广泛用于粮食加工、食品工业、发酵、纺织、医药、轻工、化工等行业。

(2) 纤维素的分解:纤维素是葡萄糖由 $\beta-1,4$ 糖苷键组成的大分子化合物,广泛存在于自然界,是植物细胞壁的主要组成成分。人和动物均不能消化纤维素。但是很多微生物,例如木霉、青霉、某些放线菌和细菌均能分解利用纤维素,原因是它们能产生纤维素酶。纤维素酶是一类纤维素水解酶的总称。生产纤维素酶的菌种常有绿色木霉、康氏木霉、某些放线菌和细菌。纤维素酶在为开辟食品及发酵工业原料新来源,提高饲料的营养价值,综合利用农村的农副产品方面起着积极的作用,具有重要的经济意义。

(3) 果胶质的分解:果胶是植物细胞的间隙物质,使邻近的细胞壁相连,是半乳糖醛酸以 α-1,4 糖苷键结合成直链状分子化合物。其羧基大部分形成甲基酯,而不含甲基酯的称为果胶酸。果胶在浆果中最丰富。它的一个重要特点是在酸和糖存在下,可以形成果冻。食品厂利用这一性质来制造果浆、果冻等食品,但同时对果汁加工、葡萄酒生产引起榨汁困难,这就需要果胶酶来进行分解。果胶酶主要有果胶酯酶和半乳糖醛酸酶两种,在果胶分解中起着不同的作用。果胶酶广泛存在于植物、霉菌、细菌和酵母中,其中以霉菌产的果胶酶产量高,澄清果汁力强,因此工业上常用的菌种几乎都是霉菌,例如文氏曲霉、黑曲霉等。

2. 蛋白质及氨基酸的分解　蛋白质是由氨基酸组成的分子巨大、结构复杂的化合物。它们不能直接进入细胞。微生物利用蛋白质,首先分泌蛋白酶至体外,将其分解为大小不等的多肽或氨基酸等小分子化合物后再进入细胞。产生蛋白酶的菌种很多,细菌、放线菌、霉菌等中均有。不同的菌种可以产生不同的蛋白酶,例如黑曲霉主要生产酸性蛋白酶。短小芽孢杆菌用于生产碱性蛋白酶。不同的菌种也可生产功能相同的蛋白酶,同一个菌种也可产生多种性质不同的蛋白酶。一般细菌分解蛋白质的酶有两类:一类为蛋白酶,另一类为肽酶。前者为胞外酶,能将蛋白质分解为多肽和二肽,肽类可进入微生物细胞中;肽酶为胞内酶,将进入细胞内的肽水解为游离的氨基酸,供菌体利用。

微生物对氨基酸的分解方式很多,主要为脱氨作用和脱羧基作用。不同细菌水解不同氨基酸除生成新的氨基酸外,还有其他物质产生。如大肠杆菌、枯草杆菌水解含硫氨基酸有 H_2S 产生;大肠杆菌、变形杆菌水解色氨酸,可形成吲哚。有些细菌则不能,因此这些特性可用于细菌的鉴定。

3. 脂肪和脂肪酸的分解

(1) 脂肪的分解:脂肪是脂肪酸和甘油的结合物。某些微生物能产生脂肪酶,将脂肪水解为甘油和脂肪酸。甘油和脂肪酸可被微生物摄入细胞内进行代谢。脂肪酶成分较为复杂,作用对象也不完全一样。不同的微生物产生的脂肪酶作用也不一样。能产生脂肪酶的微生物很多,有根霉、圆柱形假丝酵母、小放线菌、白地霉等。脂肪酶目前主要用于油脂工业、食品工业、纺织工业上,常用作消化剂、乳品增香、制造脂肪酸、绢丝的脱脂等。

(2) 脂肪酸的分解:微生物分解脂肪酸主要是通过β-氧化途径。β-氧化是由于脂肪酸氧化断裂发生在β-碳原子上而得名。在氧化过程中,能产生大量的能量,最终产物是乙酰辅酶 A。而乙酰辅酶 A 是进入三羧酸循环的基本分子单元。

(二) 微生物的合成代谢

微生物的细胞物质主要是由蛋白质、核酸、碳水化合物和类脂等组成。合成这些大分子有机化合物需要大量能量和原料。能量来自营养物质的分解,至于原料,可以是微生物从外界吸收的小分子化合物,但更多的是从营养物质分解中获得。从这里可以看到分解作用与合成作用之间相互依赖的紧密关系,由于它们相互依赖、偶联进行,微生物才能具有旺盛的生命活动和正常的生长繁殖,因而在自然界中得以生存和发展。微生物种类很多,合成途径也比较复杂和多种多样。

三、微生物的能量代谢

所有生物进行生命活动都需要能量,因此,能量代谢成了新陈代谢中的核心问题。自然界中的能量以多种形式存在,但生物只能利用光能或化学能,而光能也必须在一定的生物体(光合生物)内转化成化学能后,才能被生物利用。

一个化学反应只有在一定条件下,当有能量放出时才能自由地进行,即自由能的变化为负值时,反应才能进行,这种反应称为放能反应;如果产物的自由能大于反应物的自由能时,必须供给能量才能进行反应,称为吸能反应。

在生物体内,吸能反应所需要的能量是由放能反应来供给的,两者是偶联进行的。其中的能量载体主要是ATP。ATP是腺嘌呤核苷三磷酸(简称三磷腺苷)的缩写,ATP的生成和利用是微生物能量代谢的核心。当微生物获得能量后,都是先将它们转换成ATP。当需要能量时,ATP分子上的高能键水解,重新释放出能量。这些能量在体内很好地和起催化作用的酶产生作用,既可利用,又可重新贮存。在 pH 为 7.0 的情况下,ATP 的自由能变化 ΔG 是 -3×10^4 J,这种分子既比较稳定,又能比较容易引起反应,是微生物体内理想的能量传递者。此外,细胞对营养物质的吸收、鞭毛菌的运动、发光细菌的发光等所消耗的能量也要由 ATP 供给。组成细胞的物质主要是蛋白质、核酸、脂类和多糖,合成这些物质都需要 ATP。因此 ATP 对于微生物的生命活动具有重大的意义。在生物体内,ATP 主要由 ADP 的磷酸化生成。生成 ATP 的过程需要供应能量,能量来自光能或化学能。

利用光能合成 ATP 的反应,称为光合磷酸化。利用生物氧化过程中释放的能量合成 ATP 的反应,称为氧化磷酸化,生物体内氧化磷酸化是普遍存在的,有机物降解反应和生成物合成反应通过氧化还原而偶联起来,使能量得到产生、保存和释放。微生物的氧化作用可根据最终电子受体的性质不同而分为:有氧呼吸作用、无氧呼吸作用和发酵作用。

四、微生物的代谢产物

微生物在代谢过程中会产生多种多样的代谢产物。根据代谢产物与微生物生长繁殖的关系,可以分为初级代谢产物和次级代谢产物。

(一)初级代谢产物

初级代谢产物是指微生物通过代谢活动所产生的、自身生长和繁殖所必需的物质,如氨基酸、核苷酸、多糖、脂类、维生素等。在不同种类的微生物细胞中,初级代谢产物的种类基本相同。此外,初级代谢产物的合成在不停地进行着,任何一种产物的合成发生障碍都会影响微生物正常的生命活动,甚至导致死亡。

(二)次级代谢产物

次级代谢产物是指微生物生长到一定阶段才产生的化学结构十分复杂、对该微生物无明显生理功能,或并非是微生物生长和繁殖所必需的物质,如抗生素、毒素、激素、色素等。不同种类的微生物所产生的次级代谢产物不同,它们可能积累在细胞内,也可能排到外环境中。其中,抗生素是一类具有特异性抑菌和杀菌作用的有机化合物,种类很多,常用的有链霉素、青霉素、红霉素和四环素等。

五、微生物代谢的调节

微生物在长期的进化过程中,不断地从外界吸收营养物质,然后进行一系列的分解与合成反应,以获得建造自身的物质和能量。在正常情况下,这些反应非常协调地进行,并且具有适应外界环境变化的本领,这一切都是依靠微生物的调节系统来实现的。微生物的这一整套完善的代谢调节系统,保证了各种代谢活动经济而高效地进行。概括来说微生物的代谢调节主要有两种方式:酶合成的调节和酶活性的调节。

（一）酶合成的调节

酶可分为组成酶和诱导酶。组成酶为细胞所固有的酶,在相应的基因控制下合成,不依赖底物或底物类似物而存在,如分解葡萄糖的 EMP 途径中有关酶类;诱导酶是细胞在外来底物或底物类似物诱导下合成的,如 β-半乳糖苷酶和青霉素酶等。诱导降解酶合成的物质称为诱导物(inducer),它常是酶的底物,如诱导 β-半乳糖苷酶或青霉素酶合成的乳糖或青霉素;但在色氨酸分解代谢中,酶的分解产物(如犬尿氨酸)也会诱导酶合成。此外,诱导物也可以是难以代谢的底物类似物,如乳糖的结构类似物硫代甲基半乳糖苷(TMG)和异丙基-β-D-硫代半乳糖苷(IPTG),以及苄基青霉素的结构类似物 2,6-二甲氧基苄基青霉素等。大多数分解代谢酶类是诱导合成的。

诱导有协同诱导与顺序诱导两种。诱导物同时或几乎同时诱导几种酶的合成,称为协同诱导,如乳糖诱导大肠杆菌同时合成 β-半乳糖苷透性酶、β-半乳糖苷酶和半乳糖苷转乙酰酶等与分解乳糖有关的酶。协同诱导使细胞迅速分解底物。顺序诱导是先后诱导合成分解底物的酶和分解其后各中间代谢产物的酶。例如,在由色氨酸降解成为儿茶酚的途径中,犬尿氨酸先协同诱导出色氨酸加氧酶、甲酰胺酶和犬尿氨酸酶,将色氨酸分解成邻氨基苯甲酸,后者再诱导出邻氨基苯甲酸双氧酶,催化邻氨基苯甲酸生成儿茶酚。顺序诱导对底物的转化速度较慢。

诱导酶是微生物需要它们时才产生的酶类,所以诱导的意义在于它为微生物提供了一种只是在需要时才合成酶,以避免浪费能量与原料的调控手段。

酶数量的控制主要是通过对酶合成途径的调控系统来实现。有诱导和阻遏两种调控方式,前者诱发酶的合成,后者阻止酶的合成。

酶合成的阻遏主要有终产物阻遏和分解代谢产物阻遏。

1. 终产物阻遏　催化某一特异产物合成的酶,在培养基中有该产物存在的情况下常常是不合成的,即受阻遏的。这种由于终产物的过量积累而导致的生物合成途径中酶合成的阻遏称为终产物阻遏,它常常发生在氨基酸、嘌呤和嘧啶等这些重要结构元件生物合成的时候。在正常情况下,当微生物细胞中的氨基酸、嘌呤和嘧啶过量时,与这些物质合成有关的许多酶就停止合成。例如过量的精氨酸阻遏了参与生物合成精氨酸的许多酶的合成。终产物阻遏在代谢调节中的意义是显而易见的。它有效地保证了微生物细胞内氨基酸等重要物质维持在适当浓度,不会把有限的能量和养料用于合成那些暂时不需要的酶。微生物通过终产物阻遏,与一种调节酶活力的反馈抑制的完美配合,有效地调节着氨基酸等重要物质的生物合成。

2. 分解代谢产物阻遏　　大肠杆菌在含有能分解的两种底物(如葡萄糖和乳糖)的培养基中生长时,首先分解利用其中的一种底物(葡萄糖),而不分解另一种底物(乳糖)。这是因为葡萄糖的分解代谢产物阻遏了分解利用乳糖的有关酶合成的结果。生长在含葡萄糖和山梨醇或葡萄糖和乙酸的培养基中也有类似的情况。由于葡萄糖常对分解利用其他底物的有关酶的合成有阻遏作用,所以分解代谢产物阻遏又称葡萄糖效应(glucose effect)。分解代谢产物阻遏导致所谓"二次生长",即先是利用葡萄糖生长,待葡萄糖耗尽后,再利用另一种底物生长,两次生长中间隔着一个短暂的停滞期。这是因为葡萄糖耗尽后,它的分解代谢产物阻遏作用解除,经过一个短暂的适应期,β-半乳糖苷酶等分解利用乳糖的酶被诱导合成,这时细菌便利用乳糖进行第二次生长。葡萄糖对氨基酸的分解利用也有类似的阻遏作用。

(二) 酶活性的调节

微生物还能够通过改变已有酶的催化活性来调节代谢的速率。酶活性发生变化的主要原因是代谢过程中产生的物质与酶结合,致使酶的结构产生变化。调节方式有激活和抑制两种。激活作用常见于分解代谢途径中前体对参与后面反应的酶进行激活,促使它们反应速度加快。抑制作用常见于合成代谢的末端产物对合成反应的关键酶进行反馈抑制,以减慢或中止生物合成。比如有研究以苹果果实为材料进行实验发现,果实发育过程中,伴随果糖、葡萄糖和蔗糖的积累,酸性转化酶活性逐渐下降,这就是由于果糖、葡萄糖和蔗糖这些末端产物对酸性转化酶进行了反馈抑制。酶的激活和抑制调节在核苷酸、维生素的合成代谢中也十分普遍。

目前利用代谢调节理论已经用来指导实际工作和进行微生物发酵的生产控制,主要措施有:控制发酵条件和改变微生物菌种的遗传特性等。

六、微生物代谢的人工控制

人工控制微生物代谢的措施包括改变微生物遗传特性、控制生产过程中的各种条件(即发酵条件)等。例如,黄色短杆菌能够利用天冬氨酸合成赖氨酸、苏氨酸和甲硫氨酸。其中,赖氨酸是一种人和高等动物的必需氨基酸,在食品、医药和畜牧业上的需要量很大。在黄色短杆菌的代谢过程中,当赖氨酸和苏氨酸都累计过量时,就会抑制天冬氨酸激酶的活性,使细胞内难以积累赖氨酸;而赖氨酸单独过量就不会出现这种现象。例如,在谷氨酸的生产过程中,可以采取一定的手段改变细胞膜的透性,使谷氨酸能迅速排放到细胞外面,从而解除谷氨酸对谷氨酸脱氢酶的抑制作用,提高谷氨酸的产量。

在生产实际中,人们将通过微生物的培养大量生产各种代谢产物的过程称为发酵。发酵的种类很多。根据培养基的物理状态,可分为固体发酵和液体发酵;根据所生成的产物,可分为抗生素发酵、维生素发酵和氨基酸发酵等;根据发酵过程对氧的需求情况,可分为厌氧发酵(如酒精发酵、乳酸发酵)和需氧发酵(如抗生素发酵、氨基酸发酵)。

微生物发酵生产水平主要取决于菌种本身的遗传特性和培养条件,因而通过人为的设定适宜的条件,通过微生物的作用就可以将原料经过特定的代谢途径转化为人类所需要的产物。发酵工程的应用范围主要有:医药工业、食品工业、能源工业、化学工业、农业、环境保护等方面。下面就食品工业方面的应用举几个实例:

1. 酒类　　包括果酒、啤酒、白酒及其他酒均是利用酿酒酵母,在厌氧条件下进行发酵,将葡萄糖转化为酒精生产的。白酒经过蒸馏,因此酒的主要成分是水和酒精,以及一些加热后易挥发物质,如各种酯类、其他醇类和少量低碳醛酮类化合物。果酒和啤酒是非蒸馏酒,发酵时酵母将果汁中或发酵液中的葡萄糖转化为酒精,而其他营养成分会部分被酵母利用,产生一些代谢产物,如氨基酸、维生素等,也会进入发酵的酒液中。因此,果酒和啤酒营养价值较高。

2. 醋　食品店或超市出售的醋中,除了白醋是由化学合成的食品级醋酸勾兑的外,其他的则是由醋酸菌在好氧条件下发酵,将固体发酵产生的酒精转化为醋酸生产的。由于使用的微生物菌种或曲种的差异,在葡萄糖发酵过程中会产生乳酸或其他有机酸,因而使醋有不同的风味。

3. 酱油　酱油生产以大豆为主要原料,其他有麦麸、小麦、玉米等,将上述原料经粉碎制成固体培养基,在好氧条件下,利用产生蛋白酶的霉菌,如黑曲霉进行发酵。微生物在生长过程中会产生大量的蛋白酶,将培养基中的蛋白质水解成小分子的肽和氨基酸,然后淋洗、调制成酱油产品。酱油富含氨基酸和肽,具有特殊香味。

4. 酸奶　牛奶在厌氧条件下,由乳酸菌发酵,将乳糖分解,并进一步发酵产生乳酸和其他有机酸,以及一些芳香物质和维生素等;同时蛋白质也部分水解。因此,酸奶是营养丰富、易消化,乳糖含量少,适合于有乳糖不适应症者的优良食品。

5. 醪糟　又称酒酿,是大米经蒸煮后,接种根霉,在好氧条件下,发酵生产的含低浓度酒精和不同糖分的食品。根霉在生长时会产生大量的淀粉酶,将大米中的淀粉水解成葡萄糖,同时利用部分葡萄糖发酵产生酒精。由于使用的根霉菌种不同,可以生产不同酒精度、不同甜度和不同香味的醪糟。

6. 面包　面包均是利用活性干酵母(面包酵母)经活化后,与面粉混合发酵,再加入各种添加剂,经烤制生产的。面粉发酵后淀粉结构发生改变,变得易于消化、营养易于吸收。

另外,市场上出售的各类食品均加有各种食品添加剂,其中 70%～80%的食品添加剂是用发酵法或发酵产生的酶加工生产的。因此,发酵工程在食品工业中的应用是极为广泛的。

第五节　微生物菌种的选育及保藏

微生物菌种选育技术在现代生物技术中特别是发酵产业中具有十分重要的地位。通过对微生物菌种的选育,可以有效提高产品产量和质量。在应用微生物加工制造和发酵生产各种食品及其代谢产物时,围绕菌种的工作,主要有四方面的问题需要解决。首先要挑选符合生产要求的菌种,这是选种工作的任务。其次是要改良已有菌种的生产性能,使产品的质和量不断提高,或使它更适应于工艺的要求,这是育种工作的任务。一切生产菌种都要使它避免死亡和生产性能的下降,这是菌种保藏工作的任务。如果发现菌种的生产性能下降,就要设法使它恢复,这便是菌种复壮工作的任务。下面先讨论选种和育种。

微生物育种技术经历了自然选育、诱变育种、杂交育种、代谢控制育种和基因工程育种五个阶段,各个阶段并不孤立存在,而是相互交叉,相互联系。新的育种技术的发展和应用促进了生产的发展。

一、微生物菌种的选育

(一) 自然选育

生产上使用的微生物菌种,最初都是从自然界中筛选出来的。自然界的微生物种类非常多,分布极广。要从自然界找到我们需要的菌种,就必须把它从许许多多不同的杂菌中分离出来,然后根据生产上的要求和菌种的特性,采用各种不同的筛选方法,挑选出性能良好、符合生产要求的纯种。分离筛选菌种的方法主要有采样、增殖培养、纯种分离和性能测定等几个步骤。

1. 采样　采样地点的确定要根据筛选的目的、微生物的分布概况及菌种的主要特征与外界环境关系等,进行综合、具体的分析来决定。如果预先不了解某种生产菌的具体来源,一般可从土壤中分离。采样的方法多是在选好地点后,用小铲去除表土,取离地面5～15 cm处的土壤几十克,盛入预先消毒好的牛皮纸袋或塑料袋中,扎好,记录采样时间、地点、环境情况等,以备考查。一般土壤中芽孢杆菌、放线菌和霉菌的孢子忍耐不良环境的能力较强,不太容易死亡。但是,由于采样后的环境条件与天然条件有着不同程度的差异,一般应尽快分离。对于酵母类或霉菌类微生物,由于它们对碳水化合物的需要量比较多,一般又喜欢偏酸性环境,所以酵母类、霉菌类在植物花朵、瓜果种子及腐殖质含量高的土壤等上面比较多。

2. 增殖培养　收集到的样品,如含目标菌株较多,可直接进行分离。如果样品含目标菌种很少,就要设法增加该菌的数量,进行增殖(富集)培养。所谓增殖培养就是给混合菌群提供一些有利于所需菌株生长或不利于其他菌型生长的条件,以促使目标菌株大量繁殖,从而有利于分离它们。例如筛选纤维素酶产生菌时,以纤维素作为唯一碳源进行增殖培养,使得不能分解纤维素的菌不能生长;筛选脂肪酶产生菌时,以植物油作为唯一碳源进行增殖培养,能更快更准确地将脂肪酶产生菌分离出来。除碳源外,微生物对氮源、维生素及金属离子的要求也是不同的,适当地控制这些营养条件对提高分离效果是有好处的。另外,控制增殖培养基的pH值,有利于排除不需要的、对酸碱敏感的微生物;添加一些专一性的抑制剂,可提高分离效率,例如在分离放线菌时,可先在土壤样品悬液中加10%的酚液数滴,以抑制霉菌和细菌的生长;适当控制增殖培养的温度,也是提高分离效率的一条好途径。

3. 纯种分离　通过增殖培养还不能得到微生物的纯种,因为生产菌在自然条件下通常是与各种菌混杂在一起的,所以有必要进行分离纯化才能获得纯种。常用的纯种分离法有稀释平皿分离法、平皿划线分离法和组织分离法三种。

(1) 稀释分离法:同微生物生长量的测量方法,将样品进行适当稀释,然后将稀释液涂布接种于培养基平板上进行培养,长出独立的单个菌落,进行挑选分离。

(2) 平板划线分离法:首先做好培养基平板,然后用灭菌的接种针(接种环)挑取样品,在平板上划线。划线方法有两种,无论用哪种方法,其基本原则是确保培养出单个菌落。①分步划线法:此法适合于初级实验室工作人员,无论挑取的菌量多少,基本上都能分离出单个菌落。②一次划线法:从涂菌部位起,一次性连续划蛇形线,此法操作快捷,掌握一个原则是将线划得越密越好,但来回线不能重叠。

(3) 组织分离法:主要是用于食用菌菌种的分离,以食用菌的子实体等作为材料进行分离的方法。分离时,首先用10%漂白粉水或75%乙醇对食用菌的子实体进行表面消毒,并用无菌水洗涤数次后,以无菌操作步骤切取一小块组织,移置于固体培养基表面上进行培养,数天后就可以看到从组织块周围长出菌丝,并向外扩展。

为了提高筛选工作效率,在纯种分离时,培养条件对筛选结果影响也很大,可通过控制营养成分、调节培养基pH值、添加抑制剂、改变培养温度和通气条件及热处理等来提高筛选效率。平板分离后挑选单个菌落进行生产能力测定,从中选出优良的菌株。

4. 生产性能的测定　分离到纯种只是筛选的第一步,所得菌种是否具有生产上的使用价值,还需要进行发酵生产性能的测定,而后才能决定取舍。

需要特别指出的是,刚从自然界分离筛选出来的菌种,一般来讲,其发酵生产活力往往还是比较低的,不能够达到生产的要求,因此还必须经过多次重复筛选,结合研究它们在形态和生理上的特点,找出它们生长和发酵生产的最适培养条件,并进行菌种的选育工作,以便满足生产之需要。

(二) 诱变育种

诱变育种就是利用物理或化学诱变处理均匀分散的微生物细胞群,促进其突变率大幅度提高,然后采用简便、快速和高效的筛选方法,从中挑选少数符合育种目的的突变体,以供生产实践和科学实验之用。

诱变育种具有极其重要的实践意义,当今发酵工业所使用的高产菌株,几乎都是通过诱变育种而大大提高了生产性能的突变株。例如青霉素,1943年开始生产时,发酵的效价只有20 U/ml,通过诱变育种和其他措施的配合到1977年已达50 000 U/ml以上,比原来提高两三千倍。

诱变育种和其他方法相比较,人工诱变能提高突变频率和扩大变异谱,具有速度快、方法简便等优点,是当前菌种选育的一种主要方法,在生产中使用得十分普遍。但是诱发突变随机性大,因此诱发突变必须与大规模的筛选工作相配合才能收到良好的效果。如果筛选方法得当,也有可能定向地获得好的变异株。

诱变育种的主要环节是:①以合适的诱变剂处理大量而均匀分散的微生物细胞悬浮液(细胞或孢子),以引起绝大多数细胞致死的同时,使存活个体中DNA碱基变异频率大幅度提高。②用合适的方法淘汰负变异株,选出极少数性能优良的正变异株,以达到培育优良菌株的目的。

1. 诱变育种的工作程序　诱变育种的工作程序如图3-6。
2. 诱变育种的一般步骤和方法

(1) 出发菌株的选择:工业上用来进行诱变处理的菌株称为出发菌株(parent strain)。在许多情况下,微生物的遗传物质具有抗诱变性,这类遗传性质稳定的菌株用来生产是有益的,但作为诱变育种材料是不适宜的。出发菌株通常有三种:①从自然界分离得到的野生型菌株;②通过生产选育,即由自发突变经筛选得到的高产菌株;③已经诱变过的菌株,这类菌株作为出发菌株较为复杂。一般认为诱变获得高产菌株,再诱变易产生负突变,再度提高产量比较困难。采用连续诱变的方法,在每次诱变之后选出3~5株较好的菌株继续诱变,如果遇到高产菌株再诱变进一步提高产量效果不佳时,可以先行杂交,再作为诱变的出发菌株,这样有可能收到比较好的效果。

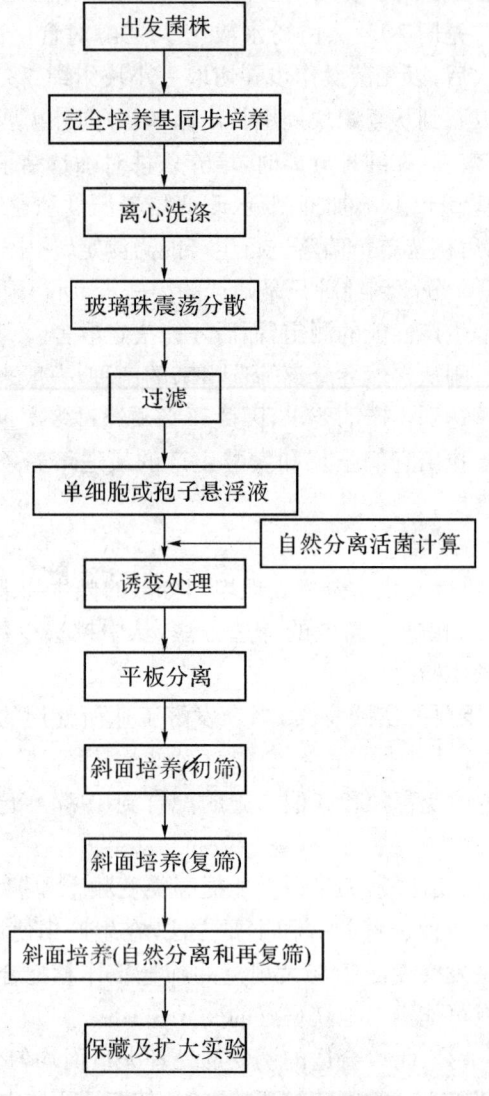

图3-6 诱变育种的程序

(2) 菌悬液的制备:采用生理状态一致(用选择法或诱导法使微生物同步生长)的单细胞或孢子进行诱变处理,这样不但能均匀地接触诱变剂,还可避免长出不纯菌落。处理前,细胞尽可能达到同步生长状态,细胞悬液经玻璃珠振荡打散,并用脱脂棉或滤纸过滤,以达到单细胞状态。

一般处理细菌的营养细胞,采用生长旺盛的对数期,其变异率较高且重现性好。霉菌的菌株一般是多核的,因此对霉菌都用孢子悬浮液进行诱变,对放线菌一般也如此。但孢子生理活性处于休眠状态,诱变时不及营养细胞好,因此最好采用刚刚成熟时的孢子,其变异率高。或在处理前将孢子培养数小时,使其脱离静止状态,则诱变率也会增加。

一般处理真菌的孢子或酵母时,其菌悬液的浓度大约为 10^6 个/ml,细菌和放线菌的孢子的浓度大约为 10^8 个/ml。悬浮液的细胞数可用平板活菌计数,也可用血球计数器或光密度法测定,但以平板活菌计数较为准确。

菌悬液一般可用生理盐水或缓冲液配制,特别是应用化学诱变剂处理的,因化学诱变剂处理后 pH 会变动,必须要用缓冲液。除此之外,还应注意分散度。采用的方法是先用玻璃珠振荡分散,再用脱脂棉或滤纸过滤,经过如此处理,分散度可达 90% 以上,供诱变处理较为合适。

(3) 前培养:诱变处理前,将细胞在添加嘌呤、嘧啶等碱基或酵母膏的培养基中培养 20~60 min,再进行诱变处理,则变异率可大幅度提高。

(4) 诱变:能诱发基因突变并使突变率提高到超过自然突变水平的物理化学因子都称为诱变剂。可分为物理诱变剂和化学诱变剂两大类。

①物理诱变剂:主要为各种射线,如紫外线、X 射线、α 射线、β 射线、γ 射线和超声波等,其中以紫外线应用最广。紫外光谱作用光谱正好与细胞内的核酸的吸收光谱相一致,因此在紫外光的作用下能使 DNA 链断裂、DNA 分子内和分子间发生交联形成嘧啶二聚体,从而导致菌体的遗传性状发生改变。

②化学诱变剂:化学诱变剂的种类较多,常用的有甲基磺酸乙酯(EMS)、亚硝基胍、亚硝酸、氮芥等。它们作用于微生物细胞后,能够特异地与某些基团起作用,即引起物质的原发损伤和细胞代谢方式的改变,失去亲株原有的特性,并建立起新的表型。所谓"表型"是指某一生物个体能够观察到的特殊性状。所谓"基因型(遗传型)"是指某一生物个体所含有的全部遗传因子(即基因组)所携带的遗传信息。

③诱变剂的选择:诱变剂亚硝基胍和甲基磺酸乙酯虽然诱变效果好,但由于多数引起碱基对转换,得到的变异株回变率高。电离辐射、紫外线和吖啶类等诱变剂,能引起缺失、阅读密码组移动等巨大损伤,则不易产生回复突变。诱变处理剂量的选择是一个比较复杂的问题,一般正突变较多出现在偏低剂量中,而负突变则较多地出现于偏高剂量中。对于经过多次诱变而提高了产量的菌株,在较高剂量负突变率更高。因此,目前处理量已从以前采用的死亡率 90%~99% 减低为死亡率 70%~80%。

诱变剂的选择主要是根据已经成功的经验,诱变作用不但决定于诱变剂,还与菌种的种类和出发菌株的遗传背景有关。一般对遗传上不稳定的菌株,可采用温和的诱变剂,或采用已见效果的诱变剂;对于遗传上较稳定的菌株,则采用强烈的、不常用的、诱变谱广的诱变剂。要重视出发菌株的诱变系谱,不应常采用同一种诱变剂反复处理,以防止诱变效应饱和;但也不要频频变换诱变剂,以避免造成菌种的遗传背景复杂,不利于高产菌株的稳定。

选择诱变剂时,还应该考虑诱变剂本身的特点。例如紫外线主要作用于 DNA 分子的嘧啶碱基,而亚硝酸则主要作用于 DNA 分子的嘌呤碱基。紫外线和亚硝酸复合使用,突变谱宽,诱变效果好。

④影响诱变效果的因素:除了出发菌株的遗传特性和诱变剂会影响诱变效果之外,菌种的生理状态、被处理菌株的预培养和后培养条件以及诱变处理时的外界条件等都会影响诱变效果。

菌种的生理状态与诱变效果有密切关系。例如有的碱基类似物、亚硝基胍(NTG)等只对分裂中的 DNA 有效,对静止的或休眠的孢子或细胞无效;而另外一些诱变剂,如紫外线、亚硝酸、烷化剂、电离辐射等能直接与 DNA 起反应,因此对静止的细胞也有诱变效应,但是对分裂中的细胞更有效。因此,放线菌、真菌的孢子诱变前经培养稍加萌发可以提高诱变率。

诱变处理前后的培养条件对诱变效果有明显的影响。可在培养基中添加某些物质(如核酸碱基、咖啡因、氨基酸、氯化锂、重金属离子等等)来影响细胞对DNA损伤的修复作用,使之出现更多的差错,而达到提高诱变率的目的。例如菌种在紫外线处理前,在富有核酸碱基的培养基中培养,能增加其对紫外线的敏感性。相反,如果菌种在进行紫外线处理以前,培养于含有氯霉素(或缺乏色氨酸)的培养基中,则会降低突变率。紫外线诱变处理后,将孢子液分离于富有氨基酸的培养基中,则有利于菌种发生突变。

诱变率还受到其他外界条件,例如温度、氧气、pH值、可见光等的影响。

(5) 变异菌株的初步筛选:近十几年来,人们为了缩短筛选周期,尽量减少不必要的工作量,往往对筛选方法加以简化,以代替大量的摇瓶工作,并将初筛与复筛两个阶段结合在一起进行,其效果甚佳。筛选方法的简化主要从两方面着手:一是利用心态突变体直接淘汰低产变异菌株,二是利用平皿反应直接挑取高产变异菌株。

所谓平皿反应是指每个变异菌落产生的代谢产物与培养基内的指示物在培养皿平板上作用后表现出的生理效应,如变色圈、透明圈、生长圈、抑菌圈等的大小。这些效应的大小表示了变异菌株生产活力的高低,所以可以作为筛选的标志。常用的方法如下:

①变色圈法:对于一些不易产生透明圈产物的产生菌,可在底物平板中加入指示剂或显色剂,使所需微生物能被快速鉴别出来。如筛选果胶酶产生菌时,用含0.2%果胶为唯一碳源的培养基平板,对含微生物样品进行分离,待菌落长成后,加入0.2%刚果红溶液染色4h,具有分解果胶能力的菌落周围便会出现绛红色水解圈。在分离谷氨酸产生菌时,可在培养基中加入溴百里酚蓝,它是一种酸碱指示剂,变色范围在pH 6.2~7.6,当pH在6.2以下时为黄色,pH 7.6以上为蓝色。若平板上出现产酸菌,其菌落周围会变成黄色,可以从这些产酸菌中筛选谷氨酸产生菌。

②透明圈法:在平板培养基中加入溶解性较差的底物,使培养基混浊。能分解底物的微生物便会在菌落周围产生透明圈,圈的大小初步反应该菌株利用底物的能力。该法在分离水解酶产生菌时采用较多,如脂肪酶、淀粉酶、蛋白酶、核酸酶产生菌都会在含有底物的选择性培养基平板上形成肉眼可见的透明圈。

在分离某种产生有机酸的菌株时,也通常采用透明圈法进行初筛。在选择性培养基中加入碳酸钙,使平板成混状,将样品悬浮液涂抹到平板上进行培养,由于产生菌能够把菌落周围的碳酸钙水解,形成清晰的透明圈,可以轻易地鉴别出来。分离乳酸产生菌时,由于乳酸是一种较强的有机酸,因此,在培养基中加入的碳酸钙不仅有鉴别作用,还有酸中和作用。

③生长圈法:生长圈法通常用于分离筛选氨基酸、核苷酸和维生素的产生菌。工具菌是一些相对应的营养缺陷型菌株。将待检菌涂布于含高浓度的工具菌并缺少所需营养物的平板上进行培养,若某菌株能合成平板所需的营养物,在该菌株的菌落周围便会形成一个混浊的生长圈。如嘌呤营养缺陷型大肠杆菌(如 E. coli P264)与不含嘌呤的琼脂混合倒平板上,在其上涂布含菌样品保温培养,周围出现生长圈的菌落即为嘌呤产生菌。

④抑菌圈法:常用于抗生素产生菌的分离筛选,工具菌采用抗生素的敏感菌。若被

检菌能分泌某些抑制菌生长的物质,如抗生素等,便会在该菌落周围形成工具菌不能生长的抑菌圈,很容易被鉴别出来。

（三）杂交育种

微生物杂交育种最主要的目的在于把不同菌株的优良性状集中于重组体中,克服长期使用诱变剂出现的"疲劳效应"。杂交育种选用已知性状的供体菌和受体菌为亲本,在方向性和自觉性上均比诱变育种前进了一大步。

现代微生物遗传学的研究证明,杂交现象广泛存在于微生物界。这种现象是指微生物的有性孢子或无性孢子及其细胞互相连接,接着细胞核融合,随后细胞核进行减数分裂或有丝分裂,将遗传性状按一定的规律性传给子代。从这个观点出发,显然微生物的杂交现象包括有性杂交以及菌体细胞重组两个方面。在杂交过程中,遗传性状会出现分离和重新组合的现象,产生具有各种各样新性状的重组体,为杂交育种提供最有成效的手段。杂交育种包括常规杂交和原生质体融合技术,其中原生质体融合技术近年来发展较为活跃。

但由于杂交育种的方法复杂,工作进度慢,因此还很难像诱变育种那样得到普遍的推广和应用,尤其是在原核微生物领域中,应用转化、转导、接合等重组技术来培育优良高产菌株的例子还不多见。

（四）代谢控制育种

代谢控制育种兴起于20世纪50年代末,以1957年谷氨酸代谢控制发酵成功为标志,并促使发酵工业进入代谢控制发酵时期。代谢控制育种的活力在于以诱变育种为基础,获得各种解除或绕过微生物正常代谢的突变株,从而人为地使有用产物选择性地大量生成积累,打破微生物调节这一障碍。代谢控制育种提供了大量工业发酵生产菌种,导致了氨基酸、核苷酸、抗生素等次级代谢产物产量成倍提高,大大促进了相关产业的发展。

（五）基因工程育种

基因工程是指在基因水平上的遗传工程,它是用人为的方法将所需要的某一供体生物的遗传物质——DNA 大分子提取出来,在离体条件下进行切割后（或用人工合成的基因）,把它和作为载体的 DNA 分子连接起来进行基因重组,然后通过转化或转导手段将这种新的重组 DNA 分子导入某一受体细胞中,以让外来的遗传物质在其中"安家落户",进行正常的复制和表达,从而成为获得新物种的一项崭新的育种技术。基因工程是一种自觉的、能够像工程一样可事先设计和控制的育种新技术,是人工的、离体的、在分子水平上重组 DNA 的新技术,是一种可以完成远亲缘关系的育种新技术,因而必然成为一种最新、最有前途的定向育种新技术。我国已将基因工程列为重点科研项目之一。基因工程的主要方法步骤可概括为以下基本程序：

1. 提取目的基因　用密度梯度离心方法分别从供体细胞中提取所需要的 DNA,即目的基因和作为载体的细菌质粒或噬菌体核酸。目的基因也可通过化学方法人工合成。

2. 处理目的基因　根据基因工程的"设计蓝图"的要求,在从供体细胞中提取出的目的基因中加入专一性很强的限制性核酸内切酶进行处理,从而获得带有特定基因并暴露出黏性末端的 DNA 单链部分。必要时这种黏性末端也可用人工方法合成。

对作为载体的细菌质粒或噬菌体 DNA,可采用与处理目的基因同一种类的限制性核酸内切酶进行处理,使其形成并暴露出与目的基因相应的黏性末端。

3. 体外重组 将上述分别处理过的目的基因和细菌质粒 DNA 片段(或噬菌体核酸)放在试管中,在较低温度(5~6 ℃)下混合"退火"。由于这两种 DNA 是用同一种限制性核酸内切酶进行处理,具有相同的黏性末端,因此相互之间能够形成氢键,这就是所谓"退火"。而相邻的核苷酸,在 DNA 连接酶的作用下也能形成磷酸二酯键,这样就完成了目的基因与质粒 DNA(或噬菌体 DNA)的重组,得到的是一个完整的具有复制能力的环状 DNA 重组体,即"杂种质粒"(或杂种噬菌体)。

4. 载体传递 即通过载体将供体生物中的遗传基因导入到受体细胞内。载体必须具有自我复制的能力。一般可利用质粒的转化作用或噬菌体的转导作用,将供体基因带入受体细胞内。

5. 复制、表达 在理想情况下,进入受体细胞内的杂种质粒(或杂种噬菌体)可通过自我复制到扩增,并使受体细胞表达出作为供体细胞所固有的部分遗传性状,成为"工程菌"。

6. 筛选、繁殖 当前,由于分离纯净的基因功能单位还很困难,所以通过重组后的"杂种质粒"的性状是否都符合原定的"设计蓝图",以及它能否在受体细胞内正常增殖和表达等,都还需要经过仔细检查,以便能在大量个体中设法筛选出所需要性状的个体,然后才可加以繁殖和利用。

二、微生物菌种的保藏和复壮

菌种的保藏和复壮是微生物学的一项重要基础工作。优良菌种被分离选育出来后,必须尽可能保持其原来性状和生活力不变异、不死亡、不被污染。但在自然条件下,菌种的污染、死亡和生产性能的逐渐下降又是不可避免的。为了解决这一矛盾,就必须采取妥善的保藏和复壮方法,以便随时供应优良菌种给生产、科研使用。

(一)菌种的保藏

菌种保藏的方法很多,保藏的原理都大同小异。首先要挑选优良纯种,最好是采用它们的休眠体,如分生孢子、芽孢等;其次要人为地创造一个使微生物代谢处于不活跃,生长繁殖受到抑制而有利于休眠的环境条件,如干燥、低温、缺氧、缺乏营养以及添加保护剂等。

一种好的保藏方法,首先应能长期保持菌种的优良性状和生长性能不变。菌种保藏的具体方法很多,但按其主要原理可以分为以下几类:

1. 低温保藏法 主要利用低温对微生物的生命活动具有抑制作用的原理进行保藏。根据所用温度的高低可分为两类:一类是普通低温保藏法,即将斜面菌种直接放入 0~4 ℃冰箱中保藏,但是保存时间不宜过长,一般为 3~6 个月;另一类是利用超低温保藏法,用−20 ℃以下的超低温冰箱或干冰、液氮(−195 ℃)等进行冻结保藏效果很好。

2. 干燥保藏法 主要是指把菌种接种到适当载体上,在干燥条件下进行保藏。能够作载体的材料很多,如土壤、细沙、硅胶、滤纸片、麸皮等。这种保藏方法主要适合于细菌的芽孢和霉菌的孢子。细菌芽孢用沙土管保藏,霉菌的孢子多用麸皮管保藏。

3. 隔绝空气保藏法 利用好气性微生物无氧不生长繁殖的原理,取灭菌的液体石油,注入菌种斜面后,再用固体石蜡密封试管口以隔绝空气,最后放入低温冰箱中保藏,效果很好。如果不用石蜡,可以在斜面菌种长到最好时采用灭菌的橡皮塞代替原有的棉塞,塞紧试管口,放入冰箱或室温下暗处,同样可以达到保藏菌种的目的。

4. 真空冷冻干燥保藏法　在这类方法中,几乎利用了一切有利于菌种保藏的因素,如低温、缺氧、干燥等,因此是目前最好的一类综合性的保藏方法。虽然保藏期长,但操作过程复杂,要求一定的设备条件。其基本过程是:培养菌种→加菌种保护剂(一般食品工业用菌种多用牛乳作保护剂)→分装、预冻→真空冻干→真空封口。真空冻干菌种可在常温下长期保藏,也可在低温下保藏。

5. 寄主保藏法　适用于一些难于用常规方法保藏的动植物病原菌和病毒。

以上介绍了菌种保藏方法的大体类别,实际上具体方法差不多都是综合性的效果更好。

(二) 菌种的退化与复壮

1. 常见的菌种退化现象　最易觉察到的是菌落形态和细胞形态的改变,如菌落颜色的改变、畸形细胞的出现等。其次是生长变得缓慢,产孢子越来越少,例如放线菌、霉菌在斜面上多次传代后产生"光秃"现象等,从而造成生产上用孢子接种的困难。再次是菌种的代谢活动,代谢产物的生产能力或其对寄主的寄生能力明显下降,例如黑曲霉糖化能力的下降,抗生素产生菌产抗生素的减少,枯草杆菌产淀粉酶能力的衰退等。所有这些都对发酵生产不利。但是在生产实践中,必须将其与培养条件的改变导致菌种形态和生理上的变异区别开来,因为优良菌株的生产性能是和发酵工艺条件紧密相关的。如果培养条件起变化,如培养基中某些元素缺乏,会导致产孢子数量减少,也会引起孢子颜色的改变,温度、pH 的变化也会使产量发生波动等。所有这些,只要条件恢复正常,菌种原有性能就能恢复正常,因此这些原因引起的菌种变化不能称为退化。

2. 菌种退化的原因　菌种退化的主要原因是有关基因的负突变。如果控制产量的基因发生负突变,就会引起产量下降。如果控制孢子生成的基因发生负突变,则使菌种产孢子性能下降,特别是对某一特定基因来讲,突变频率就很低,因此不能认为群体中个体发生生产性能的突变是很容易的。但就一个经常处于旺盛生长状态的细胞而言,发生突变的概率就比处于休眠状态的细胞大得多,尤其是处于一定条件下,群体多次繁殖,可使退化细胞在数量上逐渐占优势,于是退化性状的表现就更加明朗,最终成为一株退化了的菌体。

由此可见,菌种的退化是一个从量变到质变的逐步演变过程。开始时,在群体中只有个别细胞发生负突变,这时如不及时发现并采用有效措施而一味移种传代,就会造成群体中负突变个体的比例逐渐增高,从而使整个群体表现出严重的退化现象。

3. 防止菌种退化的措施

(1) 控制传代次数:即尽量避免不必要的移种和传代,把必要的传代降低到最低水平,以降低自发突发的几率。众所周知,微生物存在着自发突变,而突变都是在繁殖过程中发生而表现出来的。据研究证明,DNA 在复制过程中碱基发生差错的几率低于 5×10^{-4},一般自发突变频率在 $10^{-8} \sim 10^{-9}$ 之间。从这里可以看出,菌种传代次数越多,产生突变的概率就越高,因而菌种发生退化的机会就越多。所以不论在实验室还是在生产实践上,必须严格控制菌种的移种传代次数。

(2) 创造良好的培养条件:在生产实践中,创造和发现一个适合原种生长的条件可以防止菌种退化。例如,有人发现用老苜蓿根汁培养基培养"5406"抗生菌——细黄链霉菌可以防止它的退化。在赤霉素产生菌——藤仓赤霉的培养基中加入糖蜜、天门冬素、谷氨酰胺、5-核苷酸或甘露醇等丰富营养时,具有防止菌种退化的效果。在栖土曲霉 3.942 的培养中,有人曾用改变培养温度的措施(从 20~30 ℃提高到 33~34 ℃)来防止它产孢子能力的退化。

(3) 利用不同类型的细胞进行移种传代:在放线菌和霉菌中,由于其菌丝细胞常含有几个核或甚至是异核体,因此用菌丝接种就会出现不纯和衰退,而孢子一般是单核的,用它接种时就没有这种现象发生。

(4) 采用有效的菌种保藏方法:在发酵生产用的菌种中,主要性状都属于数量性状,而这类性状恰是最容易退化的,即使在较好的保藏条件下,还是存在这种情况。因此,有必要研究和采用更有效的保藏方法,以防止菌种退化。

4. 退化菌种的复壮　退化菌种的复壮可通过纯种分离和性能测定等方法,从退化菌种的群体中找出少数尚未退化的个体,以恢复菌种的原有典型性状,这是一种消极的、狭义的复壮措施。而广义的复壮则应是一项积极措施,即在菌种的生产性能尚未退化前就经常而有意识地进行纯种分离和生产性能的测定工作,以期菌种的生产性能逐步有所提高。所以这实际上是一种利用自发突变不断从生产中进行选种的工作。

技能训练十　干热灭菌及高压蒸汽灭菌

一、目的与要求

了解干热灭菌及高压蒸汽灭菌的操作方法。

二、原理

干热灭菌是利用高温使微生物细胞内的蛋白凝固变性而达到灭菌的目的。细胞内的蛋白质凝固性与其本身的含水量有关,在菌体受热时,当环境和细胞内含水量越大,则蛋白凝固越快,反之含水量越小凝固越慢。因此与湿热灭菌相比,干热灭菌所需温度高(160~170 ℃),时间长(1~2 h)。高压蒸汽灭菌是将待灭菌的物品放入一个密闭的加压灭菌锅内,通过加热,使灭菌锅内水沸腾产生蒸汽,蒸汽急剧地将锅内的冷空气从排气阀中驱尽,然后关闭排气阀,继续加热,此时由于蒸汽不能溢出而增加了灭菌锅内的压力,从而使沸点升高,得到高于 100 ℃的温度,导致菌体蛋白质凝固变性而达到灭菌的目的。

一般培养基用 0.1 MPa、121 ℃、15~30 min 可达到彻底灭菌,灭菌的温度及维持的时间随灭菌物品的性质和容量等具体情况而有所改变。

三、材料与仪器

吸管、培养皿、试管、电热干燥箱,手提试高压蒸汽灭锅,牛肉膏蛋白胨培养基、蒸馏水。

四、操作步骤

(一) 干热灭菌法

适用于空的、干燥的玻璃器皿的灭菌。培养基不适用。

1. 将包好的待灭菌物品(培养皿、试管、吸管等)放入电热干燥箱(注意留有一定的间隙),关好箱门。

2. 接通电源,打开排气孔,使箱内湿空气能逸出,旋动恒温调节器,保持加热升温状态,至箱内达到 100 ℃时关闭排气孔。

3. 当温度升到 160~170 ℃时,借恒温调节器的自动控制,保持此温度 2 h。

4. 切断电源,冷却至 70 ℃时,打开箱门,取出灭菌物品(未降至 70 ℃以前,切勿打开箱门,否则温度骤降导致玻璃器皿炸裂)。

(二) 高压蒸汽灭菌

1. 首先将内层锅取出,再向外层锅内加入适量的水,使水面与三角架相平为宜。

2. 放回内层锅,并装入待灭菌物品(内装培养基或小的三角瓶),不要装得太挤,以免妨碍汽流通影响灭菌效果,三角瓶口不要与桶壁接触,以免冷凝水淋湿包口的纸而透入棉塞。加盖,并将盖上的排气软管插入内层锅的排气槽内,再以两两对称的方式同时旋紧相对的两个棉栓,使螺栓松紧一致,勿使漏气。

3. 用电炉或其他方法加热,并同时打开排气阀,使水沸腾以排除锅内的冷空气,待冷空气排尽后关上排气阀,让锅内的温度随蒸汽压力增加而逐渐上升,当锅内达到所需压力时,控制热源,维持压力至所需时间。

4. 停止加热,待压力表的压力降至零位时,打开排气阀,旋松螺栓,打开盖子,取出灭菌物品。

注意:当压力不为零时,不能开盖取物,否则由于压力突然下降,容器内外压力不平衡而冲出烧瓶口或试管口,造成棉塞沾染而发生污染,甚至灼伤操作者。

5. 高压灭菌锅上的安全阀是保障安全使用的重要机构,不得随意调节。

五、实验报告

(一) 结果

检查灭菌是否彻底。

(二) 思考题

1. 干热灭菌操作过程中应注意哪些问题,为什么?
2. 为什么干热灭菌所需温度要比湿热灭菌高?
3. 高压蒸汽灭菌时,为什么要排尽锅内的空气?

技能训练十一　培养基的配制与灭菌

一、目的与要求

1. 学习制备培养基的基本技术。
2. 制备牛肉膏蛋白琼脂培养基。

二、原理

牛肉膏蛋白培养基是一种应用最广泛和最普通的细菌培养基,这种培养基中含有一般细菌生长繁殖所需要的最基本的营养物质,可供作繁殖之用。制作固体培养基时须加2%琼脂,培养细菌时,应用稀酸或稀碱将pH调至中性或微碱性。

牛肉膏蛋白培养基的配方:

牛肉膏0.5%,蛋白胨1%,NaCl 0.5%,pH 7.4~7.6。

三、材料与仪器

(一) 试剂

牛肉膏,蛋白胨、NaCl、琼脂、1 mol/L NaOH、1 mol/L HCl。

(二) 其他

试管,三角烧瓶、烧杯、量筒、漏斗、乳胶管、弹簧夹、纱布、棉花、牛皮纸或报纸、棉线绳、pH试纸、电炉、天平。

四、操作步骤

（一）称量

根据用量按比例依次称取成分，牛肉膏常用玻棒挑取，放在小烧杯或表面皿中称量，用热水溶化后倒入烧杯，蛋白胨易吸湿，称量时要迅速。

（二）溶解

在烧杯中加入少于所需要的水量，加热，逐一加入各成分，使其溶解，琼脂在溶液煮沸后加入，融化过程需不断搅拌。加热时应注意火力，勿使培养基烧焦或溢出。溶好后，补足所需水分。

（三）调 pH

用 1 mol/L NaOH 或 1 mol/L HCl 把 pH 调至所需范围。

（四）过滤

趁热用滤纸或多层纱布过滤，以利于某些实验结果的观察。如无特殊要求时可省去此步骤。

（五）分装

按实验要求，可将配制的培养基分装入试管内或三角瓶内。分装时注意，勿使培养基沾染在容器口上，以免沾染棉塞引起污染。

1. 液体分装　分装高度以试管高度的 1/4 左右为宜，分装三角瓶的量则根据需要而定，一般以不超过三角瓶容积的 1/2 为宜。

2. 固体分装　分装试管，其装量不超过管高的 1/5，灭菌后制成斜面，斜面长度不超过管长的 1/2。分装三角瓶，以不超过容积的 1/2 为宜。

3. 半固体分装　装置以试管高度的 1/3 为宜，灭菌后垂直待凝。

（六）加棉塞

分装完毕后，在试管口或三角瓶口塞上棉塞（或泡沫塑料塞）及试管帽等，以阻止外界微生物进入培养基而造成污染，并保证有良好的通气性能。

（七）包扎

棉塞头上包一层牛皮纸，扎紧，即可进行灭菌。

（八）保存

灭菌后的培养基放入 37 ℃养箱中培养 24 h，以检验灭菌的效果，无污染方可使用。

五、实验报告

（一）结果

说明你配制培养基过程中的情况。

（二）思考题

1. 培养基配制时应注意什么问题？为什么？
2. 分装培养基时为什么要使用弹簧夹？
3. 培养基配好后为什么要立即灭菌？

技能训练十二　微生物菌种分离纯化及培养技术

一、目的要求

1. 掌握倒平板的方法、划线分离法、稀释平板分离法和菌落（活菌）计数法。
2. 熟练掌握微生物的接种技术，学会微生物的一般培养方法和无菌操作技术。

二、实验原理

从混杂的微生物群体中获得只含有某一种或某一株微生物的过程称为微生物的分离与纯化。

常用的分离方法有：①平板划线分离法；②稀释平板分离法。

在食品发酵工业中，通过微生物的分离、纯化，选育优良的微生物菌种，以提高产品的质量和产量；在食品卫生管理方面，需要进行微生物检测，必须将微生物单一分离出来，加以鉴别和研究。

土壤是微生物生活的大本营，它所含微生物无论是数量还是种类都是极其丰富的，因此土壤是微生物多样性的重要场所，可以从中分离、纯化得到许多有价值的菌株。微生物的分离和接种是微生物学中重要的技术之一，需要严格的无菌操作，否则使得微生物实验毫无意义。

三、实验材料

1. 菌种　葡萄球菌、枯草杆菌、大肠杆菌、酵母菌、毛霉、曲霉、青霉等含菌样品。
2. 培养基　肉汤蛋白胨培养基（斜面、平板）、肉汤蛋白胨液体培养基、蔡氏琼脂培养基（斜面、平板）。
3. 土壤（自带）或其他物品　无菌水，无菌培养基，无菌吸管，无菌三角瓶等。

四、实验内容与步骤

（一）微生物的分离技术

1. 平板划线分离法　借助划线使混杂的微生物在平板的表面分散开，以获得单个菌落，从而达到分离的目的。具体方法如下：

倒制平板→制备含菌样品稀释液→划线→倒置适温培养→观察记录

（1）倒制平板：将固体培养基熔化→冷却至50～55 ℃→注入培养皿内15 ml（无菌操作）→旋匀→静置凝固→即成平板→在皿盖边贴标。

（2）含菌样液制备：样品少许（1～10 g），加入盛有无菌水的试管内，摇匀，制成菌悬液即可。能直接划线的样品（如体液、黏液、污水等）可省去这一操作。

（3）划线：左手持平板，接种环经灼烧灭菌后，以无菌操作取样，迅速将接种环伸入培养皿，轻轻划线（切勿把平板表面划破）。然后将培养皿倒置放入恒温培养箱37 ℃，培养24～48 h，观察平板上出现的现象，注意菌落的形状，并做记录。

2. 稀释平板分离法　采用稀释手段,使样品分散到最低限度,然后吸取一定量注入平皿内,倒入培养基,摇匀静置凝固后培养。这样,被分离的细菌被固定在原处而形成菌落,可作为一种计数方法。

(1) 制备土壤稀释液:(细菌的分离)以无菌操作,称取样品 10 g,加入装有 90 ml 无菌水的锥形瓶中,振荡 10～20 min,使土样与水充分混合,即成 10^{-1} 土壤稀释液,然后在酒精灯火焰旁,用无菌移液管吸取 1 ml 10^{-1} 的稀释液注入 9 ml 无菌水的试管内,制成 10^{-2} 的稀释液。用同样方法再制成 10^{-3}、10^{-4}、10^{-5}、10^{-6} 的稀释液。

稀释完毕后,可用原来的移液管,从菌液浓度最小的 10^{-6} 的稀释液开始吸取 1 ml 的 10^{-6} 稀释液,加到相应编号 10^{-6} 的无菌培养皿内,以相同方法分别吸取 1 ml 的 10^{-5}、10^{-4} 的稀释液加到相应编号为 10^{-5}、10^{-4} 的无菌培养皿内。

注意:①每稀释一个浓度,必须更换一支无菌吸管。②用稀释平板计数时,待测菌稀释度的选择应根据样品确定。样品中所含待测菌的数量多时,稀释度应高,反之则低。测定土壤细菌数量时,采用 10^{-4}、10^{-5}、10^{-6} 稀释度;测定放线菌数量时,采用 10^{-3}、10^{-4}、10^{-5} 稀释度;测定真菌数量时,采用 10^{-2}、10^{-3}、10^{-4} 稀释度。

(2) 平板的制作:将固体培养基融化,待冷却至 45～50 ℃左右,分别倾入已盛有 10^{-4}、10^{-5}、10^{-6} 稀释液的无菌培养皿内,轻轻摇匀,静置凝固。凝固后将平板倒置于 37 ℃恒温箱中,培养 24～48 h,细菌即在所固定的位置长成肉眼能见的菌落。

(二) 微生物的接种方法

将有菌的材料或纯粹的菌种转移到另一无菌的培养基上,这个过程就称为接种。

常用的接种方法如下:

1. 斜面接种　从已长好微生物的菌种管移接到另一斜面管的方法。左手持菌种管和斜面管,使斜面向上,并尽量放平。用右手先将棉塞拧转松动,再拿接种环,灭菌后,接种。此法用于好气性微生物的接种。

2. 液体接种　由斜面菌接种到液体培养基(如试管或三角瓶等)中的方法。在将接种环送入液体培养基中时,使环在液体与管壁接触的地方轻轻摩擦,让菌体分散,然后塞上棉塞,再轻轻摇动均匀,即可培养。如果菌种是培养在液体培养基中时,一般用移液管或滴管接种。

3. 穿刺接种　用接种针挑取菌种后,插入深层固体培养基内(不要刺到底部),再沿原路拔出。此法用于厌气性细菌接种,检查细菌的运动能力。

4. 平板接种　将菌种接至培养皿的方法。平板接种的目的是观察菌落形态、分离纯化菌种,活菌计数以及在平板上进行各种实验。可分为下面几种:

(1) 斜面接平板

①划线法:见平板划线分离法。

②点种法:一般用于观察霉菌和酵母细胞,轻轻点在平板的表面(根霉点一点,曲霉、酵母可点 3～4 点)即可。

(2) 平板接斜面:一般是将经平板分散培养得到的单菌落接种到斜面,以便作鉴定或扩大培养、保存之用。

注意事项:不同种类的微生物,其培养温度、培养时间有所不同。

五、实验报告

1. 观察划线分离的菌落形态。
2. 稀释分离时,为何要将融化的培养基冷却到 50 ℃左右,才倒入装有菌液的培养皿内?

技能训练十三 微生物的平板菌落计数法

一、目的与要求

掌握平板计数法来测定一定数量样品中微生物细胞数目。

二、原理

平板计数法是通过将样品制成一系列不同的稀释液,使样品中微生物个体分散成单个细胞状态,再取一定量的稀释液接种,使其均匀分布于培养皿培养基上,培养后统计菌落数目。一般认为每一个菌落是由一个细胞增殖后形成的,所以可计算出样品的含菌量。

三、仪器和材料

1. 超净工作台、恒温培养箱[(36±1)℃]、均质器、振荡器、吸管(1 ml、10 ml)、平皿、稀释瓶、天平等。
2. 平板计数琼脂、75%乙醇、磷酸盐缓冲稀释液、样品、无菌水。

四、操作步骤

(一)样品制备

1. 以无菌操作取有代表性的样品盛于灭菌容器内。如有包装,则用 75%乙醇在包装开口处擦拭后取样。
2. 制备样品匀液 以无菌操作取 25 g 样品,放入装有 225 ml 稀释剂的灭菌均质杯内,于 8 000 r/min 均质 1~2 min,制成 1∶10 的样品匀液。如样品均质时间超过 2 min,应在均质杯外加冰水冷却。

(二)稀释样品匀液

用 10 ml 灭菌吸管准确吸取 1∶10 的样品匀液 10 ml,放入装有 90 ml 稀释剂的 150 ml 稀释瓶中。迅速振摇,将样品混匀,制成 1∶100 的样品匀液。振摇时,幅度为 30 cm,7 s 内振摇 25 次。从容器中吸取样品匀液和以后的稀释操作中,吸管尖不要碰着瓶口。吸入的液体应先高于所要求的刻度,然后提起吸管使其尖端离开液面并贴在容器内壁,将液体调至所要求的刻度。

(三)平板接种

1. 对于每个样品,选用合适的三个连续稀释度的样品液进行平板计数。

2. 分别用灭菌吸管吸取 1 ml 样品液放入做了适宜标志的平皿内。每个稀释度的样品液用两个平皿。

3. 分别加 12~15 ml 平板计数琼脂(约 45 ℃左右)到平皿内。立即将平皿内的样品液和琼脂培养基充分混合。要防止把混合物溅到平皿壁和盖上。同时将平板计数琼脂倾入加有 1 ml 稀释剂的另一灭菌平皿作空白对照。将样品液加入平皿后应立即倾注琼脂培养基,每个样品从开始稀释到倾注最后一个平皿所用的时间不得超过 20 min。

(四)培养

待琼脂凝固后将平皿翻转,立即放进(36±1)℃的恒温培养箱培养(48±2)h。培养箱应保持一定的湿度,经 48 h 培养的琼脂培养基的失重不得超过 15%。

(五)菌落计数和记录

1. 培养后,立即计数每个平板上的菌落数。25~250 个菌落为合适范围。如不能立即计数,应将平板存放于 0~4 ℃,但不得超过 24 h。

2. 操作者对同一平板复核自己的计数结果,其差异应在 5%之内,而其他人对这一平板重复计数,其差异应在 10%之内。否则,应找出原因,加以校正。

3. 计算和记录数字 适宜稀释度的两个平板的菌落数平均值或两个稀释度的平板菌落数平均值乘以相应稀释度倍数,计算出每克(毫升)样品中平板菌落数。

记录时,只有在换算到每克(毫升)样品中平板菌落数时才能定下两位有效数字,第三位数字采用四舍五入的方法记录。也可将样品的平板菌落数记录为 10 的指数形式。

五、结果

(一)实验记录

报告每克(毫升)样品中平板菌落数或估计的平板菌落数。

(二)思考题

平板计数法的优缺点是什么?

技能训练十四　常用菌种的保藏方法

一、目的与要求

学习和掌握菌种保藏的基本原理,比较几种不同的保藏方法。

二、原理

菌种保藏是根据微生物的生理、生化特性,人为地创造低温、干燥和缺氧等条件,使微生物的代谢活动降到极低程度或处于休眠状态,从而达到使菌种在长期保存中不变异、不污染和不死亡的目的。

三、材料与仪器

1. 斜面试管、冰箱、砂土管、分样筛、真空干燥器。

2. 细菌,酵母,霉菌。

四、操作步骤

（一）斜面低温保藏法

将菌种转接在适宜的固体培养基上,待其充分生长后,用油纸将棉塞部分包扎好（斜面试管用带帽的螺旋试管为宜,这样培养基不易干,且螺旋帽不易长霉）,置于 4 ℃冰箱保藏。保藏时间依微生物的种类而异,霉菌、放线菌及有芽孢的细菌保存 2~4 个月移种一次,普通细菌最好每月移种一次,假单胞菌两周传代一次,酵母菌 2 个月传代一次。

（二）穿刺法

1. 将欲保存菌种进行半固体穿刺接种,置适宜温度下培养。
2. 将培养好的穿刺管盖紧,再用石蜡膜封严,置 4 ℃时放置。
3. 使用时将接种环伸入生长处挑取少许细胞接入适当的培养基中,穿刺管封严后可保留以后再用。此法操作简单,是短期保藏菌种的一种有效方法。

（三）滤纸法

1. 将滤纸剪成 0.5 cm×1.2 cm 的小条装入 0.6 cm×8 cm 的安瓿管中,每管装 1~2 片,用棉花塞上后经 121 ℃灭菌 30 min。
2. 用无菌的脱脂奶 2~3 ml 加入待保存的菌种斜面中,将菌苔刮下,制菌悬液。
3. 用无菌滴管（或吸管）吸取菌悬液 0.5~1 ml,滴在安瓿管中的滤纸条上,塞上棉花。
4. 将安瓿管放入真空干燥器中,用真空泵抽气至干燥。
5. 用火焰将安瓿管封口（距管口约 4 cm）,置 4 ℃或室温存放。
6. 取用时将安瓿管破碎,取出滤纸条,用无菌水溶解干燥物,转入适当的培养基中培养。

（四）砂土管法

1. 将砂土分别用 10% 盐酸浸泡 2~4 h,用水冲洗直至 pH 接近中性,最后一次用蒸馏水冲洗,烘干后砂子过 40 目筛,土过 100 目筛。
2. 将砂与土按 3∶1 比例混合（或其他比例）均匀后,装入 10 mm×100 mm 的小试管中,每管装 1 cm 高,塞上棉塞,灭菌,然后烘干。抽样无菌试验,直至证明无菌后使用。
3. 在欲保存的斜面菌种中注入 2~3 ml 无菌水,用接种环轻轻将菌苔刮下,制成菌悬液。
4. 每支砂土管加入 0.5 ml 菌悬液（刚刚使砂土湿润为宜）,用接种环拌匀。
5. 将装有菌悬液的砂土管放入真空干燥器内（内装干燥剂）,用真空泵抽干水分后火焰封口（也可用橡皮塞或棉塞封住试管口）。
6. 置 4 ℃冰箱或室温干燥处保存。

五、实验报告

（一）结果

菌种保藏记录:

第三章 微生物的营养和培养基

实验表 菌种保藏记录

菌种名称	保藏记录	保藏方法	保藏日期	存放条件	经手人

(二) 思考题
1. 根据你自己的实验,指出1~2种菌种保藏方法的利弊。
2. 你认为有哪些因素影响菌种的存活性?

本章复习题

一、填空题
1. 在营养物质运输中,能逆浓度梯度方向进行营养物质运输的运输方式是_____、_____。
2. 光能自养菌以_____作能源,以_____作碳源。
3. 根据微生物生长所需要的碳源和能源的不同,可把微生物分为_____、_____、_____、_____。
4. 培养基按其制成后的物理状态可分为_____、_____、_____。
5. 半固体培养基多用于检测细菌的_____。
6. 代谢作用包括_____和_____。
7. 根据酶在细胞中的活动部位,可将酶分为_____和_____。
8. 糖类包括_____、_____和_____。
9. 微生物糖代谢的主要途径有_____、_____、_____。
10. 一般细菌分解蛋白质的酶有两类,一类为_____,另一类为_____。
11. 利用光能合成ATP的反应,称为_____。
12. 微生物的氧化作用可根据最终电子受体的性质不同而分为:_____、_____和_____。
13. 概括来说微生物的代谢调节主要有两种方式:_____和_____。
14. 微生物对氨基酸的分解方式很多,主要为_____和_____。
15. 自然选育中分离筛选菌种的方法主要有_____、_____、_____和_____等几个步骤。
16. 常用的纯种分离法有_____、_____和_____三种。
17. 诱变剂分为_____和_____。
18. 基因工程育种的基本程序主要有:提取目的基因、处理目的基因、_____、_____、_____、_____。
19. 菌种保藏的方法有很多,按主要原理可分为以下几类:_____、_____、_____、_____、_____。
20. 菌种退化的主要原因是_____。
21. 生长曲线是以_____为横坐标,以_____为纵坐标。

二、选择题
1. 下列物品中最适合湿热杀菌的是 ( )

A. 培养皿　　　B. 培养基　　　C. 接种针　　　D. 血清

2. 接种环节常用的灭菌方法是　　　　　　　　　　　　　　　　　　　（　　）

A. 火焰灭菌　　　　　　　　B. 干热灭菌

C. 高压蒸汽灭菌　　　　　　D. 间歇灭菌

3. 培养细菌的适合温度是_____ ℃。　　　　　　　　　　　　　　（　　）

A. 17　　　　　B. 4　　　　　C. 27　　　　　D. 37

4. 微生物彻底灭菌是以杀死_____为标准　　　　　　　　　　　　（　　）

A. 荚膜　　　　B. 鞭毛　　　　C. 菌毛　　　　D. 芽孢

5. 杀灭细菌芽孢最有效的方法是　　　　　　　　　　　　　　　　　　（　　）

A. 煮沸法　　　　　　　　　B. 流动蒸气消毒法

C. 加压蒸汽消毒法　　　　　D. 紫外线照射

6. 果汁、牛奶常用的灭菌方法是　　　　　　　　　　　　　　　　　　（　　）

A. 巴氏消毒　　　　　　　　B. 干热灭菌

C. 间歇灭菌　　　　　　　　D. 高压蒸汽灭菌

7. 常用于饮水消毒的消毒剂是　　　　　　　　　　　　　　　　　　　（　　）

A. 石灰　　　　B. $CuSO_4$　　　C. $KMnO_4$　　　D. 漂白粉

8. 干热灭菌法要求的温度和时间是　　　　　　　　　　　　　　　　　（　　）

A. 105 ℃,2 h　　　　　　　B. 121 ℃,30 min

C. 160 ℃,2 h　　　　　　　D. 160 ℃,4 h

9. 常用于消毒的乙醇浓度为　　　　　　　　　　　　　　　　　　　　（　　）

A. 99.8%　　　B. 30%　　　　C. 70%~75%　　　D. 50%

10. 将少量的细菌接种到新鲜培养基后,一般不立即进行繁殖,这是生长曲线的

（　　）

A. 延滞期　　　B. 指数期　　　C. 稳定期　　　D. 衰亡期

11. 实验室进行培养基高压蒸汽灭菌的工艺条件是　　　　　　　　　　（　　）

A. 121 ℃/30 min　　　　　　B. 115 ℃/30 min

C. 130 ℃/30 min　　　　　　D. 121 ℃/60 min

12. 使用手提式灭菌锅灭菌的关键操作有　　　　　　　　　　　　　　（　　）

A. 排冷气彻底　　　　　　　B. 灭菌时间适当

C. 灭菌结束排气不能太快　　C. A~C

13. 一个细菌每 10 min 繁殖一代,经 1 h 将会有_____个细菌。　　（　　）

A. 64　　　　　B. 32　　　　　C. 9　　　　　D. 1

14. 下述哪种时期细菌群体倍增时间最快　　　　　　　　　　　　　　（　　）

A. 延滞期　　　B. 指数期　　　C. 稳定期　　　D. 衰亡期

15. 下面关于微生物最适生长温度的判断,正确的是　　　　　　　　　（　　）

A. 微生物群体生长繁殖速度最快时的温度

B. 发酵的最适温度

C. 累计某一代谢产物的最适温度

D. 无法判断

16. 要将土壤中的自生固氮菌与其他均分离出来,应将它们接种到 （   ）
   A. 加入氮源,加入杀菌剂的培养基上
   B. 不含氮源,含杀菌剂的培养基上
   C. 加入氮源,不加杀菌剂的培养基上
   D. 不含氮源,不含杀菌剂的培养基上

17. 家庭制造泡菜并无刻意的灭菌环节,在发酵过程中,乳酸菌产生的乳酸可以抑制其他微生物的生长。当环境中的乳酸积累到一定浓度时,又会抑制乳酸菌自身的增殖。下面对这些现象的描述不正确的是 （   ）
   A. 在乳酸菌的调整期和对数期,种内关系只要表现为互助
   B. 进入乳酸菌增长的稳定期,由于次级代谢产物的积累,种内斗争趋于激烈
   C. 密闭的发酵环境使乳酸菌在调整期和对数期的种间斗争中占优势
   D. 进入稳定期,泡菜坛内各种生物的抵抗力稳定性维持在较高的水平

18. 下列关于微生物营养物质的叙述中正确的是 （   ）
   A. 同一物质不可能既做碳源又做能源   B. 凡是碳源都能提供能量
   C. 除水以外的无机物仅提供无机盐   D. 无机氮源也可以提供能量

19. 在用微生物发酵法生产味精的过程中,所用的培养基成分中的生长因子是 （   ）
   A. 豆饼水解液   B. 尿液
   C. 玉米浆   D. 生物素

20. 在人工培养基中加入含有 C、O、H、N 四种元素的每种大分子化合物,其作用是 （   ）
   A. 作为异养生物的氮源和能源物质
   B. 作为异养生物的碳源和能源物质
   C. 作为自养生物的氮源、碳源和能源物质
   D. 作为异养生物的氮源、碳源和能源物质

三、判断题

1. ATP 的生成和利用是微生物能量代谢的核心。 （   ）
2. 维生素是次级代谢产物。 （   ）
3. 抗生素是一类具有特异性抑菌和杀菌作用的有机化合物,种类很多,常用的有链霉素、青霉素、红霉素和四环素等。 （   ）
4. 诱导酶是微生物细胞内一直存在的酶,它们的合成只受遗传物质的控制,而组成酶则是在环境中存在某种物质的情况下才能够合成的酶。 （   ）
5. 微生物分解脂肪酸主要是通过 β-氧化途径。 （   ）
6. 多糖可直接被微生物吸收利用。 （   ）
7. 在生物体内,ATP 主要由 ADP 的磷酸化生成。生成 ATP 的过程需要供应能量,能量来自光能或化学能。 （   ）
8. 在培养基中添加咖啡因可以影响细胞对 DNA 损伤的修复作用,使之出现更多的差错而达到提高诱变率的目的。 （   ）
9. 一般诱变处理真菌的孢子或酵母时,其菌悬液的浓度大约为 10^6 个/ml,细菌和放

线菌的孢子的浓度大约为 10^8 个/ml 较好。（　　）

10. 悬浮液的细胞数可用平板活菌计数,也可用血球计数器或光密度法测定,但以光密度法测定较为准确。（　　）

11. 真空冷冻保藏法适用于一些难以用常规方法保藏的动植物病原菌和病毒。（　　）

12. 真空冻干菌种可在常温下长期保藏,也可在低温下保藏。（　　）

13. 干热灭菌较湿热灭菌的效果好,因为干热灭菌的灭菌温度高。（　　）

14. 引起冷藏食品腐败的微生物属于嗜温微生物。（　　）

15. 实验室通常使用血球计数板测微生物的总菌数。（　　）

16. 使用手提灭菌锅灭菌后,为了尽快排除锅内蒸汽,可直接打开排气阀排气。（　　）

17. 紫外线具有很强的杀菌能力,因此可以透过玻璃进行杀菌。（　　）

18. 乙醇是常用的表面杀毒剂,其 100% 浓度消毒效果优于 70% 浓度。（　　）

四、名词解释

1. 异化作用
2. 同化作用
3. 放能反应
4. 吸能反应
5. 初级代谢产物
6. 次级代谢产物
7. 培养基
8. 诱变育种
9. 诱变剂
10. 平皿反应
11. 表型
12. 遗传型

五、简答题

1. 微生物的营养物质有哪几大类？各有什么作用？
2. 什么叫微生物的营养类型？是如何区分的？
3. 简述防止菌种衰退的措施。
4. 简述诱变育种的工作流程。
5. 为什么 70%～75% 的乙醇消毒效果最好？

拓展知识　菌种保藏机构简介

一、国内

ACCC　中国农业微生物菌种保藏管理中心

ISF　中国农业科学院土壤肥料研究所

SH　上海市农业科学院食用菌研究所

CACC　抗菌素菌种保藏管理中心
IA　中国医学科学院抗菌素研究所
SIA　四川抗菌素工业研究所
CGMCC　普通微生物菌种保藏管理中心
AS　中国科学院微生物研究所
AS-Ⅳ　中国科学院武汉病毒研究所
CFCC　林业微生物菌种保藏管理中心
CAF　中国林业科学院菌种保藏管理中心
CICC　工业微生物菌种保藏管理中心
IFFI　轻工业部食品发酵工业科学研究所
CMCC　医学微生物菌种保藏管理中心
ID　中国医学科学院皮肤病研究所
NICPB　卫生部药品生物制品监察所
IV　中国医学科学院病毒研究所
CVCC　兽医微生物菌种保藏管理中心
CIVBP　中国兽医药品监察所
YM　云南省微生物研究所
GIMCC　广东省微生物研究所微生物菌种保藏中心
CCTCC　中国典型培养物保藏中心,武汉大学
CCDM　华中农业大学菌种保藏中心,华中农业大学
CMBGCAS　海洋微生物中心
HKUCC　香港大学保藏中心,香港大学
CUHK　香港中文大学保藏中心,香港中文大学
BCRC　台湾生物资源保藏研究中心,台湾新竹

二、国外

ATCC(American Type Culture Collection)　美国典型菌种保藏中心

ATCC主要从事农业、遗传学、应用微生物、免疫学、细胞生物学、工业微生物学、菌种保藏方法、医学微生物学、分子生物学、植物病理学、普通微生物学、分类学、食品科学等的研究。该中心保藏有藻类111株,细菌和抗生素16 865株,细胞和杂合细胞4 300株,丝状真菌和酵母46 000株,植物组织79株,种子600株,原生动物1 800株,动物病毒、衣原体和病原体2 189株,植物病毒1 563种。另外,该中心还提供菌种的分离、鉴定及保藏服务。该中心保藏的菌种可出售。

NBRC(NITE Biological Resource Center)　日本技术评价研究所生物资源中心

NBRC(IFO)是由日本经济部、商业部、工业部支持的半政府性质菌种保藏中心。主要从事农业、应用微生物、菌种保藏方法、环境保护、工业微生物、普通微生物、分子生物学等的研究。该中心保藏有细菌1 446株,真菌568株,酵母164株。这些菌种主要来自本国的其他菌种保藏中心。该中心保藏的菌种可出售。

NRRL(Agricultural Research Service Culture Collection)　美国农业研究菌种保藏中心

NRRL 是由美国农业部农业研究中心支持的政府性质的菌种保藏中心。主要从事农业、应用微生物、基因工程、工业微生物、菌种保藏方法、环境保护、分子生物学、食品安全、普通微生物、分类学的研究。该中心保藏有细菌 10 500 株,真菌 45 000 株,酵母 14 500 株,放线菌 9 500 株。另外,该中心还提供细菌、真菌、酵母的鉴定服务。

CBS(Centraalbureauvoor Schimmelcultures) 荷兰微生物菌种保藏中心

CBS 是半政府性质的主要保藏真菌、酵母菌种保藏中心。该中心主要从事菌种保藏方法、分类学、分子生物学、医学微生物学等的研究。该中心保藏有真菌 35 000 株、酵母 5 500 株。该中心保藏的菌种可出售。

KCTC(Korean Collection for Type Cultures) 韩国典型菌种保藏中心

KCTC 是由政府科学技术部门支持的半政府性质的菌种保藏中心。主要从事应用微生物、基因工程、工业微生物、菌种保藏、发酵、分子生物学、分类学等的研究。该中心保藏有细菌 5 005 株,真菌 178 株,酵母 225 株,质粒 51 株,动物细胞 98 株,动物杂合细胞 21 株,植物细胞 31 株。该中心保藏的菌种可出售。

DSMZ(Deutsche Sammlung von Mikroorganismen und Zellkulturen) 德国微生物菌种保藏中心

DSMZ 成立于 1969 年,是德国的国家菌种保藏中心。该中心一直致力于细菌、真菌、质粒、抗菌素、人体和动物细胞、植物病毒等的分类、鉴定和保藏工作。该中心是欧洲规模最大的生物资源中心,保藏有细菌 9 400 株,真菌 2 400 株,酵母 500 株,质粒 300 株,动物细胞 500 株,植物细胞 500 株,植物病毒 600 株,细菌病毒 90 株等。该中心保藏的菌种可出售。另外,该中心还提供菌种的分离、鉴定保藏服务。

UKNCC(The United Kingdom National Culture Collection) 英国国家菌种保藏中心

UKNCC 是英国国家菌种的保藏中心。该中心提供菌种和细胞服务,保藏的菌种包括:放线菌、藻类、动物细胞、细菌、丝状真菌、原生动物、支原体和酵母。该中心保藏的菌种可出售。

NCIMB(National Collections of Industrial,Food and Marine Bacterial) 英国食品工业与海洋细菌菌种保藏中心

NCIMB 主要从事分类学、分子生物学的研究和采用冷冻干燥方法保藏菌种。该保藏中心保藏有细菌 8 500 株,抗菌素 70 株。另外该中心提供如下服务:细菌、抗生素、质粒的分离;细菌(非致病细菌)的鉴定;保藏细菌、酵母、质粒等。该中心保藏的菌种可出售。

BCRC(Bioresources Collection and Research Center) 台湾生物资源保存及研究中心(食品工业发展研究所)

BCRC 主要从事农业、应用微生物、细胞生物技术、基因工程、菌种保藏方法、工业微生物、食品科学、发酵、分子生物学等方面的研究。该保藏中心保存有细菌 4 541 株,真菌 3 069 株,酵母 1 564 株,质粒 451 株,动物细胞 356 株,植物细胞 20 株,细菌病毒 180 株,重组 DNA 宿主 217 株。菌种保藏方法主要采用冷冻干燥保藏、冷冻保藏、液氮保藏、移接保藏、硅胶保藏等。该中心保藏的菌种可出售。

第四章 微生物与食物中毒

人类的生活离不开食物,所以食品安全一直是人类重视的问题。食品质量安全状况是一个国家经济发展水平和人民生活质量的重要标志。随着经济的全球化,世界各国之间食品贸易日益增加,食品安全也就成为影响国家农业和食品工业竞争力的关键因素。对食品安全性造成影响的生物因素主要包括微生物污染,对于微生物,人类是"既爱又恨"的感觉,因为微生物既可以给人类带来意想不到的美味,也可以把人类推向死亡的深渊。而这一切,都要看人类如何去利用微生物去改变我们的生活,近三十年来,国内外重大的食品安全问题一直困扰着人们的生活,所以掌握微生物生命活动的规律,并针对性采取有效措施,就能达到预防和控制微生物对食品污染的目的。

第一节 食品的微生物污染

食品生物污染源是含有微生物的土壤、水体、飘浮在空中的尘埃、人和动物的胃肠道、鼻咽和皮肤的排泄物它们或直接污染食品,或经由人、鼠、昆虫、加工设备、用具、容器、运输工具等间接污染食品。如果动、植物感染患病,则以这种动、植物为原料加工制成的食品也会含有大量微生物,这称为原始性污染。当然,原始性污染也是从动、植物最初受到微生物的直接或间接污染而来的。微生物污染食品的方式,取决于它们的生物学性质和在环境中的生存能力。腐生或兼有腐生和寄生特性的微生物,在环境中的生存能力强,能直接或间接污染食品;寄生性微生物在环境中的生存能力弱,只能直接污染食品或以原始污染的方式存留于食品中。食品从原料、生产、加工、贮藏、运输、销售到烹调等各个环节,常常与环境发生各种方式的接触,进而导致微生物的污染。污染食品的微生物来源可分为土壤、空气、水、操作人员、动植物、加工设备、包装材料等方面。

一、食品微生物的来源

(一)土壤

土壤为微生物提供了大量丰富的营养物质,土壤中不但含有大量的碳源和氮源可被微生物利用,还含有大量的硫、磷、钾、钙、镁等无机元素,及硼、钼、锌、锰等微量元素,加之土壤具有一定的保水性、通气性及适宜的酸碱度,土壤温度变化通常在 $10\sim30\,^\circ\!\text{C}$ 之间的范围,满足了微生物生长的条件,而且微生物被表面土壤覆盖,免遭太阳紫外线的危害。所以,土壤是人类利用微生物资源的主要来源,也是食品微生物污染最重要的来源。

1. 土壤中微生物的种类、数量与分布 土壤中的微生物种类十分庞杂,其中以细菌占有比例最大,放线菌和真菌次之,藻类和原生动物则比较少。

(1)种类:土壤中的细菌以形成芽孢的休眠体占优势,营养体以代谢不旺盛的状态存在。与食品有关的细菌主要有嗜热脂肪芽孢杆菌、A型与B型肉毒梭菌、大肠埃希氏菌、假单胞菌属、不动杆菌属、产碱杆菌属、黄杆菌属、节杆菌属、棒状杆菌属、微球菌属等。放线菌有链霉菌属。霉菌大多以孢子形式存在。酵母菌含量较少。

（2）数量与分布：在表层土壤中微生物的数量较深层土壤中多，肥沃土壤较贫瘠土壤中多。土壤不同，其中微生物的种类和数量也千差万别，在地面下3～25 cm是微生物最活跃的场所，肥沃的土壤中微生物的数量和种类较多，果园土壤中酵母的数量较多。

2. 土壤中的病原微生物　一般无芽孢病原菌，如沙门氏菌属生活时间较短，只存活数天至数周；有芽孢病原菌，如炭疽芽孢杆菌、肉毒梭菌存活数年或更长时间。同时土壤中还存在着能够长期生活的土源性病原菌。霉菌及放线菌的孢子在土壤中也能生存较长时间。

（二）水

水是微生物生存的第二个理想环境。由于不同水域中的有机物和无机物种类和含量、温度、酸碱度、含盐量、含氧量及不同深度光照度等的差异，因而各种水域中的微生物种类和数量呈明显差异。江河、湖海、温泉和下水道中均有微生物存在。水是食品重要的微生物污染源。

1. 水中微生物种类、数量与分布

（1）种类：与食品有关的细菌主要有芽孢杆菌属、梭状芽孢杆菌属、假单胞菌属、产碱杆菌属、不动杆菌属、莫拉氏菌属、黄杆菌属、气单胞菌属、棒状杆菌属、大肠埃希氏菌、变形杆菌属、克雷伯氏菌属、微球菌属与粪肠球菌等。

（2）数量与分布：海洋中存在大量的水生微生物，细菌为主要菌群，它们具有嗜盐的特性。近海中多见假单胞菌、黄杆菌、微球菌、芽孢杆菌等，除嗜盐特性以外，一般与陆生微生物特性相似，能造成海产动植物的腐败。矿泉水、深井水微生物含量少，有些甚至无菌。

2. 水中的病原微生物　病原菌主要有伤寒沙门氏菌、志贺氏痢疾杆菌、霍乱弧菌、副溶血性弧菌等。水中还可发现病毒。

（三）空气

空气中营养物质缺乏，且受紫外线照射与干燥的影响，不是微生物生存繁殖的场所。空气中微生物主要来自土壤、水、人和动物。

1. 空气中微生物的种类、数量与分布

（1）种类：空气中存活时间较长的微生物主要是：细菌芽孢、霉菌与酵母的孢子、微球菌属、葡萄球菌属、四联球菌属等细菌。

（2）数量与分布：空气中的为微生物随着地面高度、人口疏密等条件的不同而异。一般越接近地面的空气，微生物含量越多；尘埃越多，细菌数量越多；人口密度越大的地方，微生物越多。

2. 空气中病原微生物　一般病原菌在空气中易死亡，只有结核分枝杆菌、肺炎双球菌、链球菌、葡萄球菌、炭疽芽孢杆菌等可存活一段时间。

（四）动物

动物的皮肤、黏膜、与外界沟通的孔道均有微生物存在。动物是食品重要的微生物污染源。

1. 动物带有微生物的种类、数量与分布　畜禽肠道内细菌的数量每克内含物可达 $10^6 \sim 10^{11}$ 个。兼性氧菌和厌氧菌主要有：大肠埃希氏菌、肠球菌属、乳杆菌属、拟杆菌属等细菌。口腔中含有葡萄球菌属、链球菌属、乳杆菌属等细菌。畜禽屠宰后的胴体因受各种不洁环境的污染，使其肌肉内细菌数量增加。

2. 动物带有的病原微生物　患病时肌肉可能有相应病原菌。患传染病家畜的皮毛上带有炭疽芽孢杆菌、布鲁氏杆菌、结核分枝杆菌、口蹄疫病毒、痘病毒等病原菌。苍蝇和鼠类也是病原菌的重要传播媒介。苍蝇的爪上带有沙门氏菌、志贺氏菌、弧菌、大肠埃希氏菌等大量病原菌。鼠类也是传播沙门氏菌的重要污染源。

（五）人

1. 人体带有微生物的种类、数量与分布

（1）皮肤：手和手臂上的细菌主要有葡萄球菌属、假单胞菌属中的绿脓假单胞菌、产碱杆菌属、棒状杆菌属、芽孢杆菌属等细菌。

（2）衣服：衣服是微生物传播的媒介，主要来自环境中微生物。

（3）肠道：肠道呈碱性，有被消化的食物，适合微生物繁殖。人的肠道内细菌数量每克内容物为 $1\,011 \sim 1\,014$ 个。占优势的厌氧菌和兼性厌氧菌有：拟杆菌属、乳杆菌属、双歧杆菌属、梭状芽孢杆菌属的细菌，以及大肠埃希氏菌、产气肠杆菌、变形杆菌、粪产碱杆菌、绿脓假单胞杆菌、葡萄球菌、粪肠球菌、韦荣氏球菌等。

人吃的食物和抗菌药物对肠道正常微生物区系有明显影响。所谓人体正常微生物区系（或称正常微生物菌群）是指人在正常的生理状态下，人的体表和体腔中存在一定种类和数量的微生物。人体肠道的正常菌群与宿主是互生关系，但在特殊情况下转为寄生关系。

肠道中的正常菌群对人体是有益的，人的肠道如果缺乏这些微生物，就不能维持正常生活。①肠道中的微生物可以合成人体不可缺少的维生素、氨基酸、泛酸、生物素和叶酸等。②正常菌群在小肠下端和大肠壁上定植，可以排斥其他病原菌的侵入和寄生，保护人体增强抵抗病原菌的能力。如果长期服用抗生素，就会抑制或杀死正常菌群，而病原菌趁机侵入体内，引起人的继发感染。

2. 人体带有的病原微生物　人体携带一些条件致病菌，在一定条件下引起人各种疾病。

（六）设备和用具

食品加工机械设备本身无微生物所需的营养物质，但在食品加工过程中，由于食品颗粒或汁液残留于设备、管道、用具中，使微生物生长，菌数升高，成为食品重要污染源之一。

（七）包装材料和容器

包装食品的材料和容器在制造和运输过程中处理不当，会带有有灰尘和微生物，造成食品的重新污染，成为食品微生物的污染源之一。一般一次性包装材料比循环使用的包装材料所带微生物数量少。

（八）原料和辅料

1. 原料　植物在生长期与自然界广泛接触，其体表存在大量的微生物，因此收获的粮食中还含有相当数量的霉菌孢子，主要是曲霉属、青霉属、交链孢霉属、镰刀霉属等，还有酵母菌。植物体表还附着有植物病原菌和来自人畜粪便的肠道微生物及病原菌。蔬菜被粪便中肠道致病菌与寄生虫卵的污染相当严重。水果在收获、运输过程中可被多种微生物甚至肠道致病菌污染,因而果蔬汁中存在大量的微生物,主要为酵母菌,其次是霉菌和极少数的细菌。动物性食品原料的病原菌来源于病畜禽与健康带菌者,还来自加工、贮运、销售环节因不洁环境,造成一定种类和数量的微生物污染。

2. 辅料 辅料虽占食品原料总量的一小部分,但菌数较高。例如,胡椒、花椒、大料、辣椒等的菌数可达 108 个/g,主要有需氧和兼性厌氧的芽孢与大量的霉菌及其他营养体的细菌。

二、食品的污染途径

食品在生产加工、运输、贮藏、销售以及食用过程中都可能遭受到微生物的污染,其污染的途径可分为两大类。

(一) 内源性污染

凡是作为食品原料的动植物体在生活过程中,由于本身带有的微生物而造成食品的污染称为内源性污染,也称第一次污染。如畜禽在生活期间,其消化道、上呼吸道和体表总是存在一定类群和数量的微生物,当受到沙门氏菌、布氏杆菌、炭疽杆菌等病原微生物感染时,畜禽的某些器官和组织内就会有病原微生物的存在。当家禽感染了鸡白痢、鸡伤寒等传染病,病原微生物可通过血液循环侵入卵巢,在蛋黄形成时被病原菌污染,使所产卵中也含有相应的病原菌。

(二) 外源性污染

食品在生产加工、运输、贮藏、销售、食用过程中,通过水、空气、人、动物、机械设备及用具等而使食品发生微生物污染称外源性污染,也称第二次污染,也是食品当中最常见的污染。

1. 通过土壤而污染 水果、蔬菜、谷物、豆类等植物性原料的表面,污染来自园田土壤中的微生物。它们随果实进入食品厂而污染车间的空气、用具,最后对半产品和成品质量产生影响。

2. 通过水而污染 食品加工过程中,用水洗涤食品的原料、生产用具、设备与容器,清洗房间、地面、保持工作人员的个人卫生,用水冷却杀菌后的罐头,用水加工食品,因此水质好坏对食品卫生质量影响较大。水中存在变质菌,特别是嗜冷性假单胞菌在水中能生长。如果水中有病原菌,还可引起食物中毒。

3. 通过空气而污染 空气中的微生物直接或间接带至食品中。食品暴露于空气中的时间越长,污染越严重。因此,加工食品在封闭条件下操作,可减少污染的几率。

4. 通过人和动物而污染 食品从业人员患有某些疾病,接触食品的手又不注意清洗消毒、修剪指甲,很易将病原菌和变质菌带到食品中。老鼠、苍蝇、蟑螂消化道与皮肤带有大量微生物,通过活动传播至食品。畜禽毛皮和粪便中大量的细菌污染肌肉和内脏,成为鲜肉变质菌类。

5. 通过用具与杂物而污染 用于食品的一切用具,如运输工具、生产设备、包装材料或容器等,都可成为媒介,使食品受到微生物污染。所有用具在使用之后未经清洗杀菌,生长一定种类和数量的微生物。它们接触食品,既是盛放食品的容器,又是微生物的接种工具。

(三) 食品中微生物的消长

食品受到微生物的污染后,其中的微生物种类和数量会随着食品所处环境和食品性质的变化而不断地变化。这种变化所表现的主要特征就是食品中微生物出现的数量增多或减少,即称为食品微生物的消长。食品中微生物的消长通常有以下规律及特点。

1. 加工前 食品加工前,无论是动物性原料还是植物性原料都已经不同程度地被微生物污染,加之运输、贮藏等环节,微生物污染食品的机会进一步增加,因而使食品原料中的微生物数量不断增多。虽然有些种类的微生物污染食品后因环境不适而死亡,但是从存活的微生物总数看,一般不表现减少而只有增加。这一微生物消长特点在新鲜鱼肉类和果蔬类食品原料中表现明显,即使食品原料在加工前的运输和贮藏等环节中采取了较严格的卫生措施,但早在原料产地已污染而存在的微生物,如果不经过一定的灭菌处理,它们仍会存在。

2. 加工过程中 在食品加工的整个过程中,有些处理工艺如清洗、加热消毒或灭菌,可使食品中的微生物数量明显下降,甚至可使微生物几乎完全消除。但如果原料中微生物污染严重,则会降低加工过程中微生物的下降率。在食品加工过程中的许多环节也可能发生微生物的二次污染。在生产条件良好和生产工艺合理的情况下,污染较少,故食品中所含有的微生物总数不会明显增多;如果残留在食品中的微生物在加工过程中有繁殖的机会,则食品中的微生物数量就会出现骤然上升的现象。

3. 加工后 经过加工制成的食品,由于其中还残存有微生物或再次被微生物污染,在贮藏过程中如果条件适宜,微生物就会生长繁殖而使食品变质。在这一过程中,微生物的数量会迅速上升,当数量上升到一定程度时不再继续上升,相反活菌数会逐渐下降。这是由于微生物所需营养物质的大量消耗,使变质后的食品不利于该微生物继续生长而逐渐死亡,此时食品不能食用。如果已变质的食品中还有其他种类的微生物存在,并能适应变质食品的基质条件而得到生长繁殖的机会,这时就会出现微生物数量再度升高的现象。加工制成的食品如果不再受污染,同时残存的微生物又处于不适宜生长繁殖的条件,那么随着贮藏日期的延长,微生物数量就会日趋减少。

由于食品的种类繁多,加工工艺及方法和贮藏条件不尽相同,致使微生物在不同食品中呈现的消长情况也不可能完全相同。充分掌握各种食品中微生物消长规律的特点,对于指导食品的生产具有重要的意义。

三、食品中微生物污染的控制

要完全清除食品中微生物引起的人、畜疾患和食物中毒,以及防止食品在贮运中由微生物引起的变质,仅从微生物学的角度来看是完全可以做得到的。例如,利用高温长时间的灭菌就可以使食品中的微生物全部杀灭。然而这样的无菌食品就难于符合人们对食品"希望既能不失去或尽可能少失去原有的食品的营养价值,并能保持食品原有的或应有的色、香、味和好的组织性状"这一要求,故在清除食品中的微生物时,还必须考虑到食品的营养成分和感官性状有无影响的问题。无论什么食品,必须在保证无病原微生物和其他毒害物的前提下,再尽量考虑到人们所希望的、对食品的其他一些要求。虽然少量非病原微生物随食品进入人体后,并不会对人体有什么危害,可是在一定条件下,存在于食品中的少量非病原微生物很容易引起食品腐败变质,不利于保存。若食品中含有大量的杂菌,不仅是难于保存,而且被人摄食了此种食物后,往往会引起食物中毒。从食品卫生角度看,食品中含有大量杂菌是由于遭到严重污染的结果,也就是食品不卫生的标志;同时,含有大量杂菌的食品,也必然会影响到食品消毒、灭菌的效果。综上所述,要控制或排除微生物对食品的污染,必须做好以下几个方面的工作:

1. 控制原料污染　食品原料在栽培、捕捞、屠宰、运输等过程中都有可能被微生物污染,造成原材料的腐败变质,造成加工工艺、消毒灭菌的困难,影响产品的卫生质量。因此,首先要注意原材料的选择与处理,减少微生物的来源。被选用的食品材料应是无病和无寄生虫的物料,同时,应及时洗涤,清洗泥沙、杂质、腐烂变质部分及表面附着的部分微生物。食品生产的水源、用水必须符合国家饮用水的卫生标准;而人口密集和工矿业发达区、医院附近等的水域中,微生物的种类和数量都很多,均必须严格地经过人工净化和消毒处理,而且使用方法也必须得当。

2. 加强环境卫生管理　食品工厂应建在远离重工业区,周围不应有农药厂、化肥工厂、垃圾场、粪场、污水坑及大医院等,以免受到废水、废气、废渣和病原微生物及其他污染物的污染,对食品加工厂本身的污染物也必须进行无害化处理。垃圾和粪便可制成堆肥,通过微生物的发酵作用,产生高温而杀灭病原微生物和寄生虫卵蛹等。生活污水或工业污水应集中通过污水净化设备进行处理,可用化学或生物的方法净化,分解污水中的有机毒物,杀灭病原微生物。

3. 加强食品生产的卫生管理　首先是食品生产的场所应符合卫生要求,易于清洗消毒,空间可采用空气过滤器,创造洁净的生产环境。第二,保持生产车间四周墙壁、天花板和地面等六面清洁。生产设备应该经常清洗消毒,以减少微生物孳生的场所。第三,严格执行各项生产卫生制度。生产中应注意简化工艺,缩短生产流程,做到生产自动化、密闭化和连续化,尽量减少食品在空间暴露的时间,做到不接触或少接触人手和其他未经消毒的物品,这是降低微生物污染食品、提高食品质量的有效措施。第四,加强用水的管理和处理。第五,食品从业人员必须身体健康,并经常对从业人员进行有针对性的体检,以便及时排除患者及病原菌携带者对消费者健康的威胁。从业人员应勤理发、剪指甲、洗手、洗澡,保持个人卫生;工作衣帽、口罩等要经常清洗,保持清洁,特别是操作前双手的清洗和消毒更为重要。

4. 加强食品贮运、销售等过程中的卫生管理　食品在制造过程中,只要认真贯彻卫生管理的有关规定,杜绝微生物污染,生产出符合卫生质量的标准的食品是不太困难的。但食品在储运、销售等环节中,如何保证食品不受或不受微生物的污染,显得非常重要。

首先是注意贮存卫生,杜绝微生物对食品的污染,控制微生物生长发育的各种因素,防止微生物在食品中大量繁殖、引起食品变质。其次是注意食品运输卫生,主要是防止再次污染;故必须专车运输,特别是直接供食用的熟食制品,更应有高度清洁的消毒专用车;肉、鱼、蛋等易腐食品应在具有冷冻设备的条件下运输,以防腐败变质;食品运输时要注意生、熟分装,食品与非食品分装,严格禁止食品与化肥、农药等有毒物质同车装运,防止微生物及有毒物质或异味物质污染食品。再次是必须重视食品的销售卫生,食品在销售环节中被污染的机会甚多,其卫生质量不易得到保证。这一方面是从业人员不遵守卫生制度,不讲究个人卫生所造成,特别是手的清洁更为重要。从业人员在销售食品时,除应注意穿戴好工作衣帽外,还要洗净双手,推行工具售货,避免用手直接接触食品;另一方面是食品滞销积压、储存包装不良,造成食品受外界环境的微生物污染。

5. 加强食品企业自身的卫生管理　各食品企业必须有本企业的食品卫生管理与检验机构,以保证食品卫生管理与检验工作。企业对本单位食品的卫生质量控制,首先是规定有科学根据的生产工艺,保留工艺记录,把每个工段必须完成的卫生措施用表格固定下来,每班填写,卫生管理人员随时抽查,把这项工作作为生产工段的任务。利用检验手段进行监测,对卫生质量控制最有效。一般应对成品逐批检验,较先进的方式则是对生产工艺也利用检验手段进行因素分析。不仅检测成品,还要经常对工具、工人的手、半成品进行微生物学检验。从检验结果中分析出影响食品卫生质量并进一步提高的因素,再反馈到工艺规程中加以改进,如此循环反馈不断提高本企业的食品卫生质量。生产卫生质量有了保证,便能更有利于提高食品的生产力,也可以为发展食品资源、扩大企业食品的花色品种和制订新的卫生标准,提供参考资料。

第二节　微生物与食物中毒

对食品安全性造成影响的生物因素主要包括微生物污染,如细菌、病毒、真菌及其毒素的污染等;寄生虫污染,如旋毛虫、囊虫、弓形虫等;昆虫污染,如蝇、蛆等。在生物性污染中,微生物污染是涉及面最广、影响最大、问题最多的一种污染。在食品加工、生产及经营过程中,若不注意保持卫生,食品原料、半成品或成品就会被微生物污染,在适宜的环境条件下会大量生长、繁殖,使食品发生一系列变化,最终导致食品的腐败变质。

一、食物中毒概述

(一) 食物中毒的概念

《中华人民共和国食品安全法》对食物中毒给予了界定。食物中毒是指食用了被有毒有害物质污染的食品或者食用了含有毒有害物质的食品后出现的非传染性急性、亚急性疾病。

食物中毒属于食源性疾病。食源性疾病指食品中致病因素进入人体引起感染性、中毒性等疾病。可见,食物中毒属食源性疾病的范畴,是食源性疾病中最常见的疾病。食物中毒不包括暴饮暴食而引起的急性胃肠炎,维生素缺乏引起的胃肠障碍,个别人食物过敏,肠道传染病(如伤寒等)和寄生虫病(如旋毛虫病等),慢性中毒也不属于食物中毒。

(二) 食物中毒的分类

根据中华人民共和国国家标准《食物中毒诊断标准及技术处理总则》规定,将中毒食品种类对食物中毒进行分类。

1. 按病原分类

(1) 细菌性食物中毒:指食入细菌性有毒食品引起的急性或亚急性疾病。食物中毒中最常见的是细菌性食物中毒,具有明显的季节性,炎热的季节易发生。发病率虽然高,但死亡率较低。

(2) 真菌性食物中毒:指食入被真菌及其毒素污染的食物而引起的食物中毒。存在一定的地区性,随着季节的不同,真菌发生繁殖、产毒情况也不同。发病率较高,因真菌的种类不同,病死率有所差别。

(3) 动物性食物中毒:指食入动物性有毒食品引起的食物中毒。有一定的地区性,因动物性中毒食品种类不同,发病率和病死率也有所不同。

(4) 植物性食物中毒:指食入植物性有毒食品引起的食物中毒。具有明显的季节性、地区性,发病率、病死率因引起中毒的食品种类不同而有所差异。

(5) 化学性食物中毒:食入化学性有毒食品引起的食物中毒。季节性、地区性均不明显,一般具有较高的发病率、病死率。

2. 按照食物中毒病因分类

(1) 细菌性食物中毒。

(2) 自然毒食物中毒(如动物、植物中毒、霉菌毒素中毒等)。

(3) 化学性食物中毒。

3. 按污染菌分类

(1) 细菌性食物中毒。

(2) 非细菌性食物中毒。

本教材是按照病原分类来论述。

(三) 食物中毒的特点

食物中毒常呈集体性暴发,其种类很多,病因也很复杂,一般具有下列共同点:

1. 潜伏期较短　一般在进食有毒物质后 24 h 或 48 h 内发病,来势急骤。集体暴发性食物中毒时,在短时间内可能有很多人同时发病。

2. 临床表现相似　所有的病人都有相似的临床表现,多为急性肠胃炎症状。

3. 发病和吃某种中毒食物有关　近期内凡进食同样中毒食物的人大都发病,没有进食此类中毒食品的人不发病。发病和食品有明显关系,一旦停止食用这种中毒食品,发病即停止或症状缓解。

4. 发病率高,人与人之间不直接传染或间接传染。一般无传染病流行的余波。

5. 有些种类的食物中毒具有明显的季节性、区域性。霉变的甘蔗多发生在北方,99%的病例发生在 2~4 月份。

二、细菌性食物中毒

(一) 概述

细菌性食物中毒指因食入细菌性有害食品而引起的急性或急性疾病。细菌性食物中毒在食物中毒中最为多见。细菌性食物中毒通常有明显的季节性,多发生于气候炎热的季节,主要是由于细菌在较高的温度下易于生长繁殖或产生毒素;同时由于此时期内人体防御机能较低,易于感染,因此,细菌性食物中毒发病率高,但病死率较低。若及时抢救,一般愈后良好,无任何后遗症状,仅肉毒杆菌毒素中毒例外。

1. 细菌性食物中毒的分类　细菌性食物中毒可按致病菌分类,分为沙门氏菌食物中毒、副溶血性弧菌食物中毒、肉毒梭状芽孢杆菌食物中毒等。

按发病机理可分为三型：

(1) 感染型食物中毒：细菌在食品中大量繁殖，摄取了这种带有大量活菌的食品，肠道黏膜受感染而发病。沙门氏菌、副溶血性弧菌、变形杆菌、致病性大肠杆菌等皆可引起此型。

(2) 毒素型中毒：由细菌在食品中繁殖时产生的毒素引起的中毒，摄入的食品中可以没有原来产毒的活菌。如肉毒中毒、葡萄球菌肠毒素中毒。

(3) 过敏型：由于细菌的作用，食品中产生大量的有毒胺（如组胺）而使人产生过敏样症状的食物中毒，引起此型中毒的食品为不新鲜或腐败的鱼。含组胺较多的鱼为鲭科的鲐鱼，金枪鱼科的金枪鱼、扁舵鲣、鲔鱼和鲱科的沙丁鱼。这些鱼青皮红肉，即鱼皮为黑青色，而肉色较红，因其中血管系统较发达，含血红蛋白较多。引起此型中毒的细菌是含组胺酸脱羧酸酶的细菌，其中酶活性最强的为摩根氏变形杆菌、组胺无色杆菌和溶血性大肠杆菌。

2. 细菌性食物中毒的特征　细菌性食物中毒的特征主要有以下几个方面：

(1) 在集体用膳单位常呈暴发起病，发病者与食入同一污染食物有明显关系。

(2) 潜伏期短，突然发病，临床表现以急性胃肠炎为主，肉毒中毒则以眼肌、咽肌瘫痪为主。

(3) 病程较短，多数在 2～3 日内自愈。

(4) 多发生于夏秋季。根据临床表现的不同，分为胃肠型食物中毒和神经型食物中毒。

3. 病毒来源　因类型而异。一般由活菌引起的感染型细菌性食物中毒多有发热和腹泻，如沙门氏菌食物中毒时，体温可达 38～40 ℃，还有恶心、呕吐、腹痛、无力、全身酸痛、头晕等。粪便可呈水样，有时有脓血、黏液。严重病例可发生抽搐、甚至昏迷。老、幼、体弱者若不及时抢救，可发生死亡。副溶血性弧菌食物中毒，起病急、发热不高、腹痛、腹泻、呕吐、脱水、大便为黄水样或黄糊状，1/4 病例呈血水样或洗肉水样，病程 1～7 日多可恢复。细菌毒素引起的细菌性食物中毒，常无发热。葡萄球菌肠毒素食物中毒的主要症状为恶心、剧烈反复呕吐、上腹痛、腹泻等。肉毒中毒的主要症状为头晕、头痛、视力模糊、眼睑下垂、张目困难、复视，随之出现吞咽困难、声音嘶哑等，最后可因呼吸困难而死亡。患者一般体温正常、意识清楚。

4. 细菌性食物中毒传播途径　均经食物传播。常见的引起中毒的沙门氏菌属食物中毒食品为肉类及内脏，尤其是病死牲畜肉，以及禽类肉、蛋类、水产品等。细菌也常污染熟肉制品而引起中毒。变形杆菌和致病性大肠杆菌食物中毒，也主要由动物性食品引起。由变形杆菌引起的过敏型中毒，多因食青皮红肉鱼而致。

(二) 细菌性食物中毒发生的原因及条件

细菌性食物中毒的发生由三个条件作用而引起的

1. 食物被细菌污染　食物在宰杀或收割、运输、储存、销售等过程中受到病菌的污染。污染的途径主要有：①各种用具受到污染；②生、熟食品的交叉污染；③从业人员卫生习惯不良或本身带菌；④食品生产及贮存环境不卫生。

2. 食品水分含量高且贮存方式不当　水分是微生物生长繁殖的必要条件。被致病菌污染的食物在较高的温度下存放，食品中充足的水分，适宜的 pH 及营养条件使致病菌大量繁殖或产生毒素。

3. 食品在食用前未彻底加热　食品在食用前未烧熟煮透或熟食受到生食交叉污染,导致食物中毒发生。

(三) 常见的细菌性食物中毒及预防

1. 金黄色葡萄球菌食物中毒及预防

(1) 病原菌:金黄色葡萄球菌为革兰阳性球菌。无芽孢,无鞭毛,不能运动,呈葡萄状排列。兼性厌氧菌,对营养要求不高,在普通琼脂培养基上培养 24 h,菌落圆形、边缘整齐、光滑、湿润、不透明,最适生长温度为 30～37 ℃,最适 pH 7.4。此菌对外界的抵抗力是不产芽孢细菌中最强的一种,于加热才能杀死。

(2) 毒素和酶:金黄色葡萄球菌能产生多种毒素和酶,故致病性极强。致病菌株产生的毒素和酶主要有溶血毒素、杀白细胞毒素、肠毒素、凝固酶、溶纤维蛋白酶、透明质酸酶、DNA 酶等。与食物中毒关系密切的主要是毒素。近年来的报道表明,50% 以上的金黄色葡萄球菌菌株在实验室条件下能够产生肠毒素,并且一种菌株能产生两种或两种以上的肠毒素。

(3) 中毒原因及症状:金黄色葡萄球菌食物中毒的原因是产生肠毒素的葡萄球菌污染了食品,在较高的温度下大量繁殖,在适宜的 pH 和合适的条件下产生了肠毒素。吃了这样的食品就可以发生中毒现象,为毒素性食物中毒。

当金黄色葡萄球菌肠毒素进入人体消化系统后被吸收进入血液,毒素刺激中枢神经系统而引起中毒反应。潜伏期一般为 1～5 h,最短为 15 min 左右,最长不超过 8 h。中毒症状有恶心、反复呕吐,多者可达 10 余次,并伴有腹痛、头晕、腹泻、发冷等。儿童对肠毒素比成人敏感。因此儿童发病率较高,病情也比成人重。但金黄色葡萄球菌肠毒素中毒病程较短,1～2 d 内即可恢复,愈后良好,一般不会导致死亡。

(4) 病菌来源:肠毒素的形成与食品污染程度、食品储存温度、食品种类和性质密切相关。一般来说,食品污染越严重,细菌繁殖就越快,越易形成肠毒素,且温度越高,产生肠毒素时间越短。含蛋白质丰富、含水分较多,同时含一定淀粉的食品受葡萄球菌污染后,易产生肠毒素,所以引起金黄色葡萄球菌食物中毒的食品以乳、鱼、肉及其制品、淀粉类食品、剩大米饭等最为常见。近年来由熟鸡、鸭制品引起的食物中毒有所增多。

金黄色葡萄球菌的主要污染来源包括原料和生产操作人员,如患有乳房炎的奶牛、生产操作人员患病等。由于金黄色葡萄球菌耐热性强,一旦食品污染了金黄色葡萄球菌并产生肠毒素,即使食用前重新加热处理,也不能完全消除引起中毒的可能性。

(5) 金黄色葡萄球菌食物中毒的预防措施:预防金黄色葡萄球菌食物中毒包括防止葡萄球菌污染和防止其肠毒素形成两个方面,并应采取以下措施:

①防止带菌人群对食品的污染:定期对食品生产人员、饮食从业人员及保育员等有关人员进行健康检查,患有化脓性感染的人不适于从事任何与食品有关的工作。

②防止葡萄球菌对食品原料的污染:定期对奶牛的乳房进行检查,患有乳癌的奶牛不能使用。同时为了防止葡萄球菌污染,健康奶牛的奶挤出后,应立即冷却于 10 ℃ 以下,以防止在较高的温度下该菌的繁殖和肠毒素的形成。

③防止肠毒素的形成:在低温、通风良好的条件下储存食物,在气温较高的季节,食品放置时间不得超过 6 h,食用前还必须彻底加热。

2. 沙门氏菌食物中毒及预防　沙门氏菌和大肠杆菌、痢疾杆菌同属于肠杆菌群,为革兰阴性杆菌,无芽孢,无荚膜,除鸡伤寒杆菌外,均是周身鞭毛、能运动的需氧或兼性厌氧的短杆菌。到现在已发现沙门氏菌有2 600多种血清型,我国已有200多个血清型。已知的种型对人或动物或两者均有致病性,其中引起食物中毒次数最多的有鼠伤寒沙门氏菌、猪霍乱沙门氏菌、肠炎沙门氏菌。

沙门氏菌最适生长温度为35～37 ℃,最适pH为7.2～7.4。与葡萄球菌不同的是,沙门氏菌不能耐受较高的盐浓度。据报道,盐浓度在9%以上会致死沙门氏菌。沙门氏菌在外界的生活力较强,在水中可活2～3周,在冰或人的粪便中可活12个月,在土壤中可过冬,在咸肉、鸡蛋、鸭蛋及蛋粉中也可存活很久。水经氯处理可将其杀灭。沙门氏菌在100 ℃水中立即死亡,在80 ℃水中2 min死亡,60 ℃水中5 min死亡。5%石炭酸或0.2%升汞在6 min内可将其杀灭。乳及乳制品中的沙门氏菌经巴氏消毒或煮沸后迅速死亡。水煮或油炸大块食物时,食物内温度达不到足以使细菌杀死和毒素破坏的情况下,就会有细菌残留,或有毒素存在。

沙门氏菌有菌毛,对肠黏膜细胞有侵袭力,被人体内吞噬细胞吞噬并杀灭的沙门氏菌可释放内毒素,有些沙门氏菌尚能产生肠毒素。如肠炎沙门氏菌在适合的条件下可在牛乳或肉类中产生达到危险水平的肠毒素。此肠毒素为蛋白质,在50～70 ℃时可耐受8 h,不被胰蛋白酶和其他水解酶所破坏,并对酸碱有抵抗力。

(1) 食物中毒症状及发生原因

①食物中毒症状:沙门氏菌食物中毒有多种多样的中毒表现,一般可分为五种类型:胃肠炎型、类伤寒型、类霍乱型、类感冒型、败血症型。其中以胃肠炎型最为多见,类伤寒型、类感冒型偶可见到,但多数病人还是以不典型的形式出现的。

潜伏期一般为12～36 h,短者6 h,长者48～72 h,大多集中在48 h内,超过72 h者不多。潜伏期短者,病情较重。

中毒中期表现为寒战、头晕、头痛、恶心、食欲缺乏,以后出现呕吐、腹泻、腹痛。腹泻一日数次至十余次,或数十次不等,主要为水样便,少数带有黏液或血;体温升高,为38～40 ℃或更高,一般在发病2～4天体温开始下降。多数病人在2～3天后胃肠炎症状消失。较重者可出现烦躁不安、昏迷、谵语、抽搐等中枢神经系统症状,也可以出现尿少、尿闭、呼吸困难等症状。同时还出现面色苍白、口唇青紫、四肢发凉、血压下降等周围循环衰竭症状,甚至休克,如不及时救治,最后可因循环衰竭而死亡。

②中毒发生的原因:大多数沙门氏菌属食物中毒是沙门氏菌活菌对肠黏膜的侵袭导致的感染性中毒。目前,至少可以肯定某些沙门氏菌如鼠伤寒沙门氏菌、肠炎沙门氏菌除引起感染性中毒外,所产生的肠毒素在导致食物中毒发生中亦起重要作用。因此,沙门氏菌食物中毒可能具有细菌侵入和肠毒素两者混合型中毒特性。

引起食物中毒的必要条件是食物中含有大量的活菌,食入活菌数量越多,发生中毒的机会就越大。由于各种血清型沙门氏菌致病性强弱不同,因此随同食物摄入沙门氏菌出现食物中毒的菌量亦不相同。一般来说,食入致病力强的血清型沙门氏菌2×10^5 cfu/g即可发病。通常认为猪霍乱沙门氏菌致病力最强,鼠伤寒沙门氏菌次之,鸭沙门氏菌致病力最弱。中毒的发生不仅与菌量、菌型、毒力的强弱有关,并且与个体的抵抗力有关。幼儿、体弱老人及其他疾病患者是易感性较高的人群,较少菌量或较弱致病力的菌型仍可引起食物中毒,甚至出现较重的临床症状。

(2) 引起中毒的食品及污染途径:可由鱼类、乳类、蛋类引起,豆制品和糕点有时也会引起沙门氏菌食物中毒,但引起者较少。沙门氏菌污染肉类,可分为生前感染和宰后污染两方面。生前感染指畜禽在宰杀前已感染沙门氏菌。沙门氏菌可在很多动物肠道中繁殖,健康家畜沙门氏菌带菌率为 2%～15%,患病家畜的带菌率较高,患病猪沙门氏菌检出率约为 70%以上。宰后污染时畜禽在屠宰过程中或屠宰后被带沙门氏菌的粪便、容器、污水等污染。肉类食品从畜禽屠宰到销售的各环节中都可受到污染。带菌的人、鼠、蝇、蟑螂等也可成为污染源。

蛋类及其制品感染后污染沙门氏菌的机会较多,尤其是鸭、鹅等水禽及其蛋类带菌率比较高,一般为 30%～40%。家禽及蛋类沙门氏菌除原发和继发感染使卵巢、卵黄、全身带菌外,禽蛋在经泄殖腔排出时,蛋壳表面可在泄殖腔里被沙门氏菌污染,沙门氏菌可通过蛋壳气孔侵入蛋内。蛋制品,如冻全蛋、冻蛋白等亦可在加工过程的各个环节受到污染。

带菌牛产的乳中有时带菌,即使健康乳牛的乳在挤出后亦可受到带菌乳牛粪便或其他污物的污染,所以鲜乳和鲜乳制品如未经彻底消毒,也可引起沙门氏菌食物中毒。

水产品污染沙门氏菌主要是由于水源被污染,淡水鱼虾有时带菌,海产鱼虾一般带菌较少。最近报道,从进口冷冻带鱼中检出沙门氏菌。

上述这些被沙门氏菌污染的食品在适宜的条件下放置较久,在被污染的食品中大量繁殖,最后加热处理不彻底,未能杀死沙门氏菌;或者已制成熟食品,虽然加热彻底,但又被沙门氏菌重复污染,在适宜温度下贮存时间较长,细菌又大量繁殖,食前又未加热处理或加热处理不彻底,则极易引起食物中毒。

(3) 沙门氏菌食物中毒的预防措施:主要有三方面。

①防止食品被沙门氏菌污染:加强对食品生产企业的卫生监督及畜禽宰前和宰后兽医卫生检验,并按有关规定进行处理。屠宰时,要特别注意防止肉尸受到胃肠内容物、皮毛、容器等污染。

食品加工、销售、集体食堂和饮食行业的从业人员,应严格遵守有关卫生制度,特别要防止交叉污染,如熟肉制品被生肉或盛装的容器污染,切生肉和熟食品的刀、案板要分开,并对上述从业人员顶起进行健康和带菌检查,如发现肠道传染病患者及带菌者,应及时调换工作。

②控制食品中沙门氏菌的繁殖:沙门氏菌繁殖的最适温度是 37 ℃,但在 20 ℃以上就能大量繁殖。因此,低温贮存食品是预防食物中毒的一项重要措施。在食品工业、食品销售网点、集体食堂均应有冷藏设备,并按照食品低温保藏的卫生要求贮藏食品。适当浓度的食盐也可控制沙门氏菌的繁殖。肉、鱼等可加食盐保存,以控制沙门氏菌的繁殖。

③彻底杀死沙门氏菌:对沙门氏菌污染的食品进行彻底加热灭菌,是预防沙门氏菌食物中毒的关键措施。加热灭菌的效果取决于许多因素,如加热方法、食品被污染的程度、食品体积的大小。为彻底杀灭肉类中可能存在的各种沙门氏菌、毒素,应使肉块深部的温度达到 80 ℃。为此要求肉块重量应在 1 kg 以下,在敞开的锅煮时,应自水沸起煮 2.5～3 h,否则肉块中心部不能充分加热,尚有残存的活菌,在适宜的条件下繁殖,仍可引

起食物中毒。

3. 副溶血性弧菌食物中毒及预防　副溶血性弧菌曾称为嗜盐菌,在2%～5%食盐环境中生长良好,主要分布于海水和海产品中。生食鱼蟹类可引起本菌食物中毒。水产制品、肉类、家禽、咸蛋、咸菜,以及剩饭等食品都曾引起本菌的食物中毒。

副溶血性弧菌是革兰阴性、无芽孢的兼性厌氧性杆菌,呈多形性。菌体偏端有鞭毛一根,活动活泼。在有盐的情况下生长,在无盐的情况下不能生长,本菌在含盐3%～3.5%的培养基内,pH 7.4～8.2、30～37 ℃时生长最佳。副溶血性弧菌对酸敏感,在普通醋内经5 min即死亡。不耐热,加热至55 ℃时10 min、75 ℃时5 min、90 ℃时1 min即可死亡。对低温抵抗力较弱,0～2 ℃经24～48 h可死亡。在自来水、井水等淡水中存活时间一般不超过2天,而在海水中存活时间可超过47天。该菌繁殖的最小水分活度为0.75。在耐受食盐的特性上来看,0.5%～0.7%的低浓度中也可以生长,食盐浓度再低一些,就不能生长。对食盐的耐受量约在7%左右,但有时从盐腌制食品中分离出的菌种,在含有15%食盐的基质中,也有见到其生长的。在培养基上生长,容易产生扩散菌落,若在培养基中加入胆盐(0.1%),就可形成单独菌落。繁殖速度快的,其增代时间仅8 min左右。

应用最为广泛的检测副溶血性弧菌潜在毒性的体外实验是"神奈川现象"。在所有副溶血性弧菌中,多数毒性菌株为阳性(K^+),多数非毒性菌株为阴性(K^-)。K^+菌株能产生耐热性溶血毒素,其相对分子质量为42 000。毒素耐热,在100 ℃加热10 min仍不被破坏。除具有溶血作用外,还具有细胞毒、心脏毒、肝脏毒以及致腹泻作用。

(1) 食物中毒症状及发生原因

①食物中毒症状:潜伏期一般11～18 h,短者为4～6 h,长者32 h。潜伏期短者病情较重。副溶血性弧菌引起的食物中毒,其前驱症状为上腹部疼痛,亦有少数患者从发热、腹泻、呕吐开始的,继之出现其他症状。腹痛在发病后5～6 h时最重,以后逐渐减轻。腹痛大多持续1～2天,个别患者持续时间更长。2/3病例上腹部压痛比较明显,大多持续1～2天,少数患者可持续1周。绝大多数病人都有腹泻,开始时是水样便,部分患者有血水样便,以后转成脓血便、黏液血便或脓黏液便。部分病人开始即为脓血便、黏液便或脓黏液便。每日腹泻多在10次以内,一般在吐、泻之后感到发冷或部分病人有寒战,继之发热。体温多在37～38 ℃,少数病人可超过39 ℃。

②发生原因:副溶血性弧菌食物中毒可由大量活菌侵入、毒素以及两者混合作用所致。副溶血性弧菌繁殖速度很快,受副溶血性弧菌污染的食物,在较高温度下存放,食前不加热(生吃),或加热不彻底(如海蜇、海蟹、黄泥螺、毛蚶等),或熟制品受到带菌者污染、带菌生长繁殖,当达到一定数量时,即可引起食物中毒。其产生的耐热性溶血毒素也是引起食物中毒的病因。

(2) 副溶血性弧菌污染源及污染途径:副溶血性弧菌广泛存在于海水、海产品和海底沉积物中,因此,海产品鱼、虾贝类易被污染,其次为肉类、家禽和咸蛋等,偶尔也有咸菜、蔬菜和面食被污染。污染途径一方面是海产品的直接污染,另一方面是接触海产的带菌工具、容器不经洗刷消毒而造成的间接污染。此外,生活污水、粪便、苍蝇等也可引起污染。

(3) 副溶血性弧菌食物中毒的预防措施

①预防措施与其他细菌所致者类似。关键在于加强卫生宣传，提高人们的卫生素质。

②加强海产品卫生处理。对海产品清洗、盐渍、冷藏、运输应严格按卫生规定管理。

③防止生熟食物交叉污染，不生吃海产品。做到生菜和熟菜分开，防止交叉感染。对海产品要煮熟炒透。贮存的食品在进食前要重新煮透。不吃生蛏蜥、生梭子蟹、咸烤虾等。如生吃，一定要用醋泡 5 min，杀死病原菌。

④控制食品中细菌生长。通常食品应放在凉爽通风处，或保存在冰箱内。隔餐的剩菜，食前应充分加热。不宜在室温下放置过久。

4. 大肠埃希菌食物中毒及预防　大肠埃希菌属也叫大肠杆菌属。大肠杆菌是人和动物肠道内的正常寄生菌，一般不致病，但有些菌株可以引起人的食物中毒，是一类条件性致病菌。如肠道致病性大肠埃希菌、肠道毒素性大肠埃希菌、肠道侵袭性大肠埃希菌和肠道出血性大肠埃希菌等。

大肠杆菌为革兰阴性菌，是两端钝圆的短杆菌，大多数菌株有周生鞭毛，能运动，有菌毛，无芽孢。某些菌株有荚膜，大多数需氧或碱性厌氧。生长温度范围为 10~50 ℃，最适生长温度为 40 ℃，最适 pH 为 6.0~8.0。在普通琼脂平板培养基培养 24 h 后呈圆形、光滑、湿润、半透明近无色的中等大菌落，其菌落与沙门菌的菌落很相似。大肠杆菌菌落对光观察可见荧光，部分菌落可溶血。

大肠杆菌有中等强度的抵抗力，且各菌型之间有差异。巴氏消毒法可杀死大多数的菌，耐热菌株可存活，但煮沸数分钟后即被杀灭，对一般消毒药水较敏感。

(1) 食物中毒及症状：致病性大肠埃希菌的食物中毒与人体摄入菌量有关。当一定量的致病性大肠埃希菌进入人体消化道后，可在小肠内继续繁殖并产生肠毒素。肠毒素吸附在小肠上皮细胞膜上，激活上皮细胞内腺分泌，导致肠液分泌增加而超过小肠管的在吸收能力，从而出现腹泻。其症状表明为腹痛、腹泻、呕吐、发热、大便呈水样或呈米泔水样，有的伴有脓血样或黏液等。一般轻者可在短时间内治愈，不会危及生命。最严重的是肠道出血性大肠埃希菌引起的食物中毒，其症状不仅表现为腹痛、腹泻、呕吐、发热、大便呈水样，严重脱水，而且大便大量出血，还极易引发出血性尿毒症、肾衰竭等并发症，患者死亡率达 3%~5%。

(2) 病菌来源：致病性大肠埃希菌存在于人和动物的肠道中，随粪便排出而污染水源、土壤。受污染的水、土壤及带菌者的手可污染食品，或被污染的器具等再污染食品，如肉及肉制品、奶及奶制品、水产品、生蔬菜水果等。健康人肠道致病性大肠埃希菌带菌率为 2%~8%，成人肠炎和婴儿腹泻患者的致病性大肠埃希菌带菌率为 29%~52%。一般情况下，器具、餐具污染的带菌率高达 50% 左右，其中致病性大肠埃希菌检出率为 0.5%~1.6%。

(3) 大肠埃希菌的预防措施：大肠埃希菌在食物中毒的预防措施和沙门菌食物中毒基本相同。

①预防第二次被污染：防止动植物性食品被人类带菌者、带菌动物以及污染的水、用具等二次污染。

②预防交叉污染：熟食品低温保藏，防止生、熟食品交叉污染。

③控制食源性感染：在屠宰和加工动物时，为避免粪便污染，动物性食品必须充分加热，以杀死致病性大肠埃希菌。避免吃生或生吃的肉、禽类，不喝未经巴氏消毒的牛奶或果汁等。

5. 变形杆菌食物中毒及预防　变形杆菌为革兰阴性、两端钝圆、无芽孢、多形性的小杆菌，有鞭毛与动力。其抗原结构有菌体（o）及鞭毛（h）抗原两种。依生化反应的不同，可分为普通、奇异、莫根、雷极及不定变形杆菌五种。前三种能引起食物中毒。变形杆菌包括普通变形杆菌、奇异变形杆菌和产黏变形杆菌。引起食物中毒的变形杆菌主要是普通变形杆菌和奇异变形杆菌。变形杆菌食物中毒是细菌食物中毒中比较常见的。变形杆菌不耐热，60 ℃，5～30 min 即可被杀死。变形杆菌可产生肠毒素，此肠毒素为蛋白质和碳水化合物的复合物，具抗原性。

（1）食物中毒原因及症状：变形杆菌食物中毒可能发生在烹调食品过程中，由于处理生熟食品的工具、容器等未严格分开使用，使熟食品受到重复感染，以及操作人员通过不洁的手污染食品。另外，受污染的熟食品在较高温度下存放较长时间，细菌会大量繁殖。摄入大量带有致病的变形杆菌的食物则发生食物中毒现象。

变形杆菌食物中毒可能由于食品中所含菌型的不同、数量多少、代谢产物的不同，而出现不同的症状。常见有胃肠炎型和过敏型，或同一病人两者均有。

①胃肠炎型：潜伏期为 3～20 h，起病急骤、恶心、呕吐、腹痛、腹泻，腹泻为水样、带黏液、恶臭、无脓血，一天数次至十余次。有 1/3～1/2 的患者胃肠道症状之后，发热伴有畏寒，持续数小时后下降。严重者有脱水或休克。

②过敏型：潜伏期为 1/2～2 h，表现为全身充血、颜面潮红、酒醉貌、周身痒感，胃肠症状轻。少数患者可出现荨麻疹。

（2）病菌来源：变形杆菌广泛存在于水、土壤、腐败的有机物及人和家禽、家禽的肠道中。此菌在食物中能产生肠毒素。莫根变形杆菌可使蛋白质中的组氨酸脱羧成组织胺，从而引起过敏反应。致病食物以鱼蟹类为多，尤其以赤身青皮鱼最多见。近年来，变形杆菌食物中毒有相对增多趋势。

（3）变形杆菌的预防：严格做好炊具、食具及食物的清洁卫生；禁食变质食物；食物应充分加热，烹调后不宜放置过久，凉拌菜须严格卫生操作。

6. 肉毒梭菌食物中毒及预防　肉毒梭菌全称为肉毒梭状芽孢杆菌，属于厌氧性梭状芽孢杆菌属，为革兰氏阳性粗大杆菌，两端钝圆，无荚膜，周身有 4～8 根鞭毛，能运动。28～37 ℃生长良好，最适 pH 6～8。在 20～25 ℃形成大于菌体、位于菌体次末端的芽孢。当 pH 低于 4.5 或大于 9.0 时，或当环境温度低于 15 ℃或高于 55 ℃时，肉毒梭菌芽孢不能繁殖，也不产生毒素。肉毒梭菌经 80 ℃、30 min 或 100 ℃、10 min 即可杀死，但其芽孢抵抗力强，需经高压蒸汽 121 ℃、30 min，或干热 180 ℃、5～15 min，或湿热 100 ℃、5 h 才能将其杀死。

肉毒梭菌食物中毒是由肉毒梭菌产生的外毒素即肉毒素引起的。肉毒素是一种强烈的神经毒素，经肠道吸收后作用于中枢神经系统的颅神经核和外周神经，抑制其神经传导递质——乙酰胆碱的释放，导致肌肉麻痹和神经功能不全。根据肉毒毒素的抗原性，肉毒梭菌已有 A、B、D、E、F、G 等型，各种肉毒梭菌分别产生相应型的抗原型毒素。其中 A、B、E、F 四型引起的，B 和 E 型较少。肉毒毒素对消化酶（胃蛋白酶、胰蛋白酶）、酸和低温很稳定,对碱和热则易被破坏失去毒性。如在 pH 8.5 以上或 100 ℃、10～20 min 常被破坏。

(1) 食物中毒症状及发生原因

①食物中毒症状:潜伏期比其他细菌性食物中毒潜伏期长。一般为 12～48 h,短者 5～6h,长者 8～10 天或更长。潜伏期越短,病死率越高;潜伏期长,则病情进展缓慢。

我国肉毒梭菌食物中毒表现出现的顺序具有一定的规律性。最初为头晕、无力,随即出现眼肌麻痹症状,继之张口、伸舌困难,进而发展为吞咽困难,最后出现呼吸肌麻痹等。

前期症状为乏力、头晕、头疼、恶心、呕吐、全身无力等,继有腹胀、腹痛、便秘或腹泻等,不一定发热。前驱症状之后出现神经症状。其主要表现为眼症状、延髓麻痹和分泌障碍。出现视力减弱、视力模糊、眼球震颤、复视、眼睑下垂、斜视、眼球固定、瞳孔散大、对光反射迟钝或消失等。与眼症状出现的时间大致相同或稍后,出现舌肌、咽肌麻痹,言语障碍、声音嘶哑直至失音,唾液分泌减少、咀嚼障碍、颈软、不能抬头,舌运动不灵活或舌硬,吞咽困难,耳鸣、耳聋,继续发展可致呼吸肌麻痹,出现呼吸困难、呼吸衰竭,并因此死亡。死亡者多发生在食后 3～7 天。

②中毒发生的原因:食物中毒梭菌主要来源于带菌土壤、尘埃及粪便,尤其是带菌土壤可污染各类原料食品。受肉毒梭菌芽孢污染的食品原料在家庭自制发酵食罐头食品或其他加工食品时,加热的温度及压力均不能杀死肉毒梭菌的芽孢,继后又在密封厌氧环境中发酵或装罐,适宜的温湿度、不高的渗透压和酸度以及厌氧的条件,提供了使肉毒梭菌芽孢成为繁殖体并产生毒素的条件。食品制成后,一般不经加热而食用,其毒素随食物进入人体,引起中毒的发生。此外,按牧民的饮食习惯,冬季屠宰的牛肉密封越冬至开春,气温的升高为其食品中存在的肉毒梭菌芽孢变成繁殖体及产生毒素提供了条件,生吃污染肉毒梭菌及其毒素的牛肉,极易引起中毒。

肉毒梭菌菌株在真空加工食品中的生长和产生毒素是人们特别关心的问题。食品的真空加工是将食品原料装在严格密封的袋中,并在真空下加热。在这样的条件下,只是多数或所有营养细胞被杀死,而细菌芽孢可以存活下来。这样,真空加工的食品是含有细菌芽孢的食品,而且芽孢处在厌氧和无微生物竞争的环境中。在肉类、家禽和海产品等低酸性食品环境中,肉毒梭菌的芽孢可能发芽、生产并产生毒素。加热温度和时间是两个必须慎重监测的参数,以避免食品产品产生毒素。

(2) 引起中毒的食品及污染途径:中毒食品的种类往往同饮食习惯、膳食组成和制作工艺有关,但绝大多数为家庭自制的低盐浓度并经厌氧条件的加工食品或发酵食品,以及厌氧条件下保存的肉类制品。在我国,多为家庭自制豆或谷类的发酵食品,如臭豆腐、豆瓣酱、豆豉和面酱等。肉类制品或罐头食品引起中毒的较少,主要为越冬密封保存的肉制品。美国发生的肉毒梭菌中毒中,72%为家庭自制的蔬菜、水果罐头、水产品、肉制品、奶制品。在日本,90%以上的肉毒中毒由家庭自制鱼类罐头或其他鱼类制品引起。欧洲各国肉毒梭菌中毒的食物多为火腿、腊肠及保藏的肉类。

肉毒梭菌存在于土壤、江河湖海的淤泥沉积物、尘土和动物粪便中,其中土壤是重要污染源。直接或间接的污染食品包括粮食、蔬菜、水果、肉、鱼等,使其可能带有肉毒梭菌或其芽孢。据调查,我国肉毒中毒多发地区的原料粮、土壤和发酵制品中的肉毒梭菌检出率分别为 12.6%、22.2%、14.9%。

(3) 肉毒梭菌食物中毒的预防措施

①在食品加工过程中,应当使用新鲜的原料,避免泥土的污染;加工前仔细地洗去泥土;加工时应烧熟煮透。

②生产罐头食品等真空食品时,必须严格执行《罐头厂卫生规范》(GB 8950—88),装罐后要彻底灭菌。在贮藏过程中有产气膨胀的罐头时,不能食用。

③加工后的食品应避免再污染和在较高温度下或缺氧条件下存放,应放在通风和凉快的地方保存。

④肉毒梭菌不耐热,对可疑的食品应做加热处理,加热温度一般为 100 ℃,10～20 min 可使各型毒素破坏。

7. 小肠结肠炎耶尔森菌食物中毒及预防　小肠结肠炎耶尔森菌为革兰阴性小杆菌或球杆菌,无芽孢,在 30 ℃以下培养,可形成鞭毛,35 ℃以上培养不产生鞭毛。需氧或兼性厌氧,最适生长温度为 20～28 ℃。其特点是耐低温,在 4 ℃也能生长繁殖。此菌能产生耐热肠毒素,能耐热并能在 4 ℃保存七个月。

(1) 食物中毒原因及症状:小肠结肠炎耶尔森菌食物中毒是由于该菌污染食品后,在适宜的条件下,在食品中大量繁殖,最后由于加热不彻底,未能杀死小肠结肠炎耶尔森菌。人食用了这种污染的食品,在该菌和产生的肠毒素的共同作用下,就会发生食物中毒。

小肠结肠炎耶尔森菌食物中毒以消化道症状为主,如腹痛、发热、腹泻、水样便多,其次有恶心、呕吐、头痛等。病程一般为 1—3 d,儿童发病率比成人高。此外,该菌也可引起结肠炎、肠系统淋巴结炎、关节炎和败血症等。但预后良好。

(2) 病菌来源:小肠结肠炎耶尔森菌在自然界分布很广,动物带菌率较高,引起中毒的食物主要是动物性食物,其次是牛奶、豆腐以及速冻食品。尤其是在低温储存与运输的食品要注意防止小肠结肠炎耶尔森菌污染。此外,污染的水源、鼠类、苍蝇等均可污染食品。

(3) 小肠结肠炎耶尔森菌食物的预防措施

预防措施与沙门菌基本相同,但与大多数病原菌不同的是:该菌能在低温下生长繁殖并产生毒素。除防止食品生产中各个环节被该菌污染外,对冷藏食品尤其是储藏的食品要防止该菌的污染。不能喝在冰箱中储存时间长的牛奶和生吃豆腐。

8. 蜡样芽孢杆菌食物中毒及控制　蜡样芽孢杆菌属于革兰阳性菌,能形成芽孢的需氧或兼性厌氧杆菌。菌体两端较平整,芽孢不大于菌体宽度,位于中央或稍偏一端,多呈链状排列,无荚膜,有周鞭毛。蜡样芽孢杆菌能在厌氧的条件下生长,一般生长 6 h 后就能形成芽孢。其生长温度范围是 10～50 ℃,最适生长温度为 28～35 ℃,10 ℃以下不能繁殖。该菌繁殖体较耐热,加热 100 ℃经 20 min 被杀死;芽孢具有其他嗜温菌典型的耐受性,100 ℃、30 min,干热 120 ℃经 60 min 才能杀死。该菌在 pH 为 6～11 范围内均能生长,pH 为 5 以下对其生长发育则有显著的抑制作用。

蜡样芽孢杆菌有产生肠毒素和不产生肠毒素菌株之分。在产生肠毒素的菌株中,又有产生两种不同肠毒素之别,一种肠毒素引起腹泻,称为腹泻毒素;另一种肠毒素会引起呕吐,称为呕吐毒素。肠毒素还有耐热与不耐热之分,耐热性肠毒素可在米饭中形成,引起呕吐型食物中毒;不耐热性肠毒素可在包括米饭在内的各种食品中产生,引起腹泻型食物中毒。

肠毒素已经得到提纯,是一种蛋白质,对胰蛋白酶、链霉蛋白酶敏感,并可用尿素、重金属盐类、甲醛等灭活,加热56℃经30 min或60℃经5 min可使其被破坏。耐热性肠毒素相对分子质量为5 000,加热110℃毒性仍残存,对胃蛋白酶、胰蛋白酶耐受。蜡样芽孢杆菌食物中毒有明显的季节性,多发生在夏、秋两季,尤其6~10月份比较多。

(1) 食物中毒症状及发生原因

①食物中毒症状:蜡样芽孢杆菌食物中毒的中毒症状因其产生的毒素不同可分为呕吐型和腹泻型两类。

呕吐型:潜伏期一般为1~3 h。短者0.5 h,长者5 h,主要表现为恶心、呕吐、腹痛,腹泻及体温升高者少见。此外,头昏、四肢无力、口干、寒战、结膜充血等症亦有发生,但少见。病程一般为8~10 h。国内报道的本菌食物中毒,多为此型。本型主要是由剩米饭或炒饭引起的。本菌易在米饭中繁殖并产生耐热性肠毒素。本型蜡样芽孢杆菌食物中毒与葡萄球菌食物中毒在潜伏中毒表现方面非常相似,易混淆。

腹泻型:潜伏期比呕吐型长,一般为10~12 h,短者为6 h,长者为16 h。主要表现有腹泻、腹痛、水样便,一般无发热,可有轻度恶心,但呕吐罕见。但亦有报道有发热和胃痉挛等症状。本型主要是由于蜡样芽孢杆菌在各种食品中产生不耐热肠毒素所致。本型在潜伏期和中毒的表现方面都与产气荚膜梭菌食物中毒相似,应注意鉴别。

②中毒发生的原因:蜡样芽孢杆菌食物中毒是由食物中带有大量活菌和该菌产生的肠毒素引起的。食物中的活菌数量越多,产生的肠毒素越多。活菌还有促进中毒发生的作用。因引起中毒的食品中可有大量的蜡样芽孢杆菌,食品中菌量的范围与菌株的型别和毒力、食品类别和摄入量、个体差异等有关。一般在 10^6~10^8 cfu/g 或更多。引起呕吐型需要的细菌数量似乎比引发腹泻型的数量要高。当剩饭、菜等贮存于较高的温度条件下,放置时间较长,使污染食品中的蜡样芽孢杆菌繁殖、产毒,或食品虽经加热但残存的芽孢在适宜的条件下得以发芽繁殖,进食前又未充分加热而引起中毒。诸如剩饭用热水或菜汤泡;油炒饭;剩饭未经任何加热处理直接掺入新饭中;新饭即将做好时,将剩饭倒在新饭上面或埋在其中等,都不能使剩饭充分加热,未能杀死蜡样芽孢杆菌,以致食后引起中毒。

(2) 引起中毒的食品及污染途径:国外引起中毒的食品范围相当广泛,包括乳及乳制品、禽畜肉类制品、蔬菜、菜汤、马铃薯、豆芽、甜点心、调味汁、色拉、米饭和油炒饭,以及偶见于酱、鱼、冰淇淋等。国内主要是剩饭,特别是大米饭,因本菌极易在大米饭中繁殖;其次有小米饭、高粱米饭等剩饭;个别还有米粉、甜酒酿、月饼等。

引起蜡样芽孢杆菌食物中毒的食品大多无腐败变质现象,除米饭有时微有发黏、入口不爽或稍带异味外,大多数食品的感官性状正常。

蜡样芽孢杆菌广泛分布于土壤、尘埃、植物和空气中,并从多种市售的食品中检出,肉及肉制品带菌率为14%~26%,乳及乳制品23%~77%,饼干为12%,生米为67.7%~91%。米饭为10%,炒饭为24%,豆腐为54%,蔬菜水果为52%。食品被本菌污染的来源主要是因食品在加工、运输、贮存及销售过程中不注意卫生而受到污染。该菌的主要污染源是泥土、灰尘,也可经被苍蝇、蟑螂等昆虫污染的不洁容器和用具而传播。

(3) 蜡样芽孢杆菌食品中毒的预防措施：土壤、灰尘常带有蜡样芽孢杆菌，可由鼠类、苍蝇和不洁的烹调用具、容器传播。为防止食品受其污染，食堂、食品企业必须严格执行食品卫生操作规范，做好防蝇、防鼠、防尘等各项卫生工作。因蜡样芽孢杆菌在 16～50 ℃ 均可生长繁殖并产生毒素，乳类、肉类及米饭等食品只能在低温下短时间存放，剩饭及其他熟食品在食用前须彻底加热，一般应在 100 ℃ 加热 20 分钟。

三、真菌性食物中毒

(一) 概述

真菌性食物中毒主要是指真菌毒素的食物中毒，其中产毒素的真菌以霉菌为主。霉菌在自然界分布很广，同时由于其可形成各种微小的孢子，因而很容易通过空气及其他途径污染食品。霉菌污染食品后不仅可造成腐败变质，而且有些霉菌还可产生毒素，造成人畜误食，导致霉菌毒素中毒，并产生各种中毒症状。霉菌毒素通常具有耐高温、无抗原性、主要侵害实质器官的特性，而且霉菌毒素多数还具有致癌作用。因此，粮食及食品霉变不仅会造成经济损失，有些还会造成人畜急性或慢性中毒，甚至导致癌症。

1. 霉菌中毒类型

(1) 一次性污染：花生、玉米等在田间栽种时，就开始有黄曲霉侵入；同样，在麦子出穗时，就会由于禾谷镰刀菌蔓延而受到很大的危害。这些霉菌在田间、土壤中就污染到植物上称为一次性污染。

(2) 二次型污染：农作物收割、加工、干燥、贮藏后，附着在植物上的病原性霉菌仍然具有一定的含量，一旦在温度、湿度、氧气适宜时，这些霉菌便会产生霉素而造成二次污染。

2. 霉菌产毒的条件　无论是一次性污染还是二次污染，食物中如带有霉菌毒素，便会随着食物进入人体，造成食物中毒。霉菌产生毒素也需要一定条件，主要是基质（食品）、水分、湿度、温度及空气流通情况。霉菌产毒的先决条件是在污染食品上繁殖，其次霉菌在食品上繁殖与食品种类、环境等多方面的因素有关。通常霉菌在天然食品上更易繁殖，食品不同，容易污染和繁殖的霉菌种类也有所不同。例如花生、玉米的黄曲霉及毒素的检出率就很高，小麦、玉米以镰刀菌及其毒素污染为主，青霉及其毒素主要在大米中出现。

3. 中毒症状　霉菌毒素通常耐高温，无抗原性，它们使人体的不同部位发生急性中毒，主要表现为急性肠胃炎症状，有时伴有麻痹、肌肉痉挛、发热、视力障碍等症，而且某些毒素具有致癌、致畸作用，重者可导致死亡。

4. 主要的产毒菌属

(1) 曲霉属：曲霉在自然界分布极为广泛，对有机质分解能力很强。曲霉属中有些种，如黑曲霉等，被广泛用于食品工业。同时，曲霉也是重要的食品污染霉菌，可导致食品发生腐败变质，有些种还产生毒素。曲霉属中可产生毒素的种有黄曲霉、赭曲霉、杂色曲霉、烟曲霉、构巢曲霉和寄生曲霉等。

(2) 青霉属：青霉分布广泛，种类很多，经常存在于土壤、粮食及果蔬上。有些种具有很高的经济价值，能产生多种酶及有机酸。但是青霉也可引起水果、蔬菜、谷物及食品的腐败变质，有些种及菌株同时还可产生毒素，如岛青霉、橘青霉、黄绿青霉、红色青霉、展开青霉、斜卧青霉等。

(3) 镰刀菌属：镰刀菌属包括的种很多，其中大部分是植物的病原菌，并能产生毒素，如禾谷镰刀菌、三线镰刀菌、玉米赤霉、梨孢镰刀菌、无孢镰刀菌、雪腐镰刀菌、串珠镰刀菌、拟枝孢镰刀菌、木贼镰刀菌、茄属镰刀菌、粉红镰刀菌等。

(4) 交链孢霉属：交链孢霉菌丝有横隔，匍匐生长，分生孢子梗较短，单生或成丛，大多不分支。分生孢子梗顶端生长分生孢子，其形状大小不定，形态为桑葚状，也有椭圆形和卵圆形，其上有纵横隔膜，顶端延长成喙状，多细胞。孢子褐色，常数个连接成链。尚未发现有性世代。交链孢霉广泛分布于土壤和空气中，有些是植物病原菌，可引起果蔬的腐败变质而产生毒素。

(5) 其他菌属：引起霉菌食物中毒的还有粉红单端孢霉、木霉属、漆斑菌属、黑色葡萄穗霉等。

(二) 常见的霉菌毒素食物中毒

1. 黄曲霉毒素　黄曲霉毒素是黄曲霉和寄生曲霉中产毒菌株的代谢产物。寄生曲霉的所有菌株都能产生黄曲霉毒素，但我国寄生曲霉罕见。黄曲霉是我国粮食和饲料中常见的真菌，由于黄曲霉毒素的致癌力强，因而受到重视，但并非所有的黄曲霉都是产毒菌株，即使是产毒菌株，也必须在适合产毒的环境条件下才能产毒。这些霉菌无处不有，对食品和饲料污染的可能性广泛存在。黄曲霉毒素污染的发生和程度随地理和季节因素以及作物生长、收获、贮存的条件不同而不同。南方系沿海湿热地区，更有利于霉菌毒素的产生。黄曲霉毒素污染可以在多种食品中发生，如粮食、油料、水果、干果、肉制品、调味品及乳制品等。其中在花生、玉米及棉籽油中污染最严重，其次为小麦、大麦、豆类等。

(1) 黄曲霉毒素的毒性：黄曲霉毒素是一类结构相似的化合物，基本结构都与二呋喃环和香豆素（氧杂萘邻酮），现已分离出 B_1、B_2、G_1、G_2 等十几种。黄曲霉毒素是对人和动物有剧毒的毒物，但不同种类的黄曲霉毒素毒性相差很大。以鸭雏对不同黄曲霉毒素的半数致死量（LD_{50}）为例，其中 B_1 毒性最强，它的毒性比氰化钾大 100 倍，仅次于肉毒毒素，是真菌肉毒素中最强的。

黄曲霉毒素是目前最强的化学致癌物质，主要是诱发肝癌的发生，致癌作用比已知的化学致癌物都强，比二甲基亚硝胺强 75 倍。

(2) 黄曲霉毒素的性质：黄曲霉毒素具有耐热的特点，裂解温度为 280 ℃，因此，一般的加工烹调方法不能把它消除。其在水中的溶解度很低，但能溶于油脂和多种有机溶剂。在长波紫外线照射下，毒素可显示荧光，低浓度的纯毒素易被紫外线破坏。另外，加碱也能破坏一些毒素。若遇 5% 的次氯酸钠，该毒素瞬间即可破坏。

(3) 黄曲霉毒素中毒症状：黄曲霉毒素是一种强烈的肝脏毒，对肝脏有特殊亲和性并有致癌作用。它主要强烈抑制肝脏细胞中 RNA 的合成，破坏 DNA 的模板作用，阻止和影响蛋白质、脂肪、线粒体、酶等的合成与代谢，干扰动物的肝脏功能，导致突变、癌症及肝细胞坏死。同时，饲料中的毒素可以蓄积在动物的肝脏、肾脏和肌肉组织中，人食入后可引起慢性中毒。

中毒症状分为三种类型：

① 急性和亚急性中毒：短时间摄入黄曲霉毒素量较大，迅速造成肝细胞变性、坏死、

出血以及胆管增生,在几天或几十天死亡。

②慢性中毒:持续摄入一定量的黄曲霉毒素,使肝脏出现慢性损伤,生长缓慢、体重减轻,肝功能降低,出现肝硬化,在几周或几十周后死亡。

③致癌性:试验证明许多动物小剂量反复摄入皆能引起致癌,主要是肝癌。

从肝癌的流行病调查发现,凡食物中黄曲霉毒素污染严重和人体实际摄入量较高的地区,肝癌的发病率也高。

黄曲霉主要产生 B_1 和 B_2 两种毒素,测定黄曲霉毒素的含量多以 B_1 为代表。鉴于黄曲霉毒素的毒性大、致癌力强、分布广、对人畜危害极大,为防止黄曲霉对人体的危害,世界各国都制定了各种食品和饲料中黄曲霉毒素的允许量标准。

由于黄曲霉毒素使多种动物致癌,人类与黄曲霉毒素接触水平与人类的原发性肝癌发病率之间成正相关,人类摄入的黄曲霉毒素的数量在可能范围内越低越好。不论哪个国家制定的食品和饲料中的允许量标准,都应看做是管理标准而不是确保健康的限量。

2. 黄变米毒素　黄变米是 20 世纪 40 年代日本在大米中发现的。这种米由于被真菌污染而呈黄色,故称黄变米。可以导致大米黄变的真菌主要是青霉属中的一些种,这些菌株侵染大米后产生毒性代谢产物,统称黄变米毒素。黄变米毒素可分为三大类:

①岛青霉毒素:岛青霉污染大米后形成岛青霉黄变米,米粒呈黄褐色溃疡性病斑,同时含有岛青霉产生的毒素,包括黄天精、环氯肽、岛青霉素、红天精。前两种毒素都是肝脏毒,急性中毒可造成动物发生肝萎缩现象,慢性中毒发生肝纤维化、肝硬化或肝肿瘤,可导致大白鼠肝癌。

②黄绿青霉毒素:大米感染黄绿青霉,在 12~14 ℃便可形成黄变米,米粒上有淡黄色病斑,同时产生黄绿青霉毒素。该毒素不溶于水,加热至 270 ℃失去毒性;为神经毒,毒性强,中毒特征为中枢神经麻痹,进而心脏及全身麻痹,最后呼吸停止而死亡。

③橘青霉毒素:橘青霉污染大米后形成橘青霉黄变米,米粒呈黄绿色。精白米易污染橘青霉形成该种黄变米。橘青霉可产生橘青霉毒素,暗蓝青霉、黄绿青霉、扩展青霉、点青霉、变灰青霉、土曲霉等霉菌也能产生这种毒素。该毒素难溶于水,为一种肾脏毒,可导致实验动物肾脏肿大、肾小管扩张和上皮细胞变性坏死。

3. 镰刀菌毒素　根据联合国粮农组织(FAO)和世界卫生组织(WHO)联合召开的第三次食品添加剂和污染会议资料,镰刀菌毒素问题如同黄曲霉毒素一样被看做是自然发生的最危险的食品污染物。镰刀菌毒素是由镰刀菌产生的。镰刀菌在自然界广泛分布,浸染多种作物。有多种镰刀菌可产生对人畜健康威胁极大的镰刀菌毒素。镰刀菌毒素已发现有十几种,按其化学结构可分为以下三大类,即单端孢霉烯族化合物、玉米赤霉烯酮和丁烯酸内酯。

(1) 单端孢霉烯族化合物:单端孢霉烯族化合物是由雪腐镰刀菌、禾谷镰刀菌、梨孢镰刀菌、拟枝孢镰刀菌等多种镰刀菌产生的一类毒素。它是引起人畜中毒最常见的一类镰刀菌毒素。

在单端孢霉烯族化合物中,我国粮食和饲料中常见的是脱氧雪腐镰刀菌烯醇(DON)。DON 主要存在于麦类赤霉病的麦粒中,在玉米、稻谷、蚕豆等作物中也能感染赤霉病而含有 DON。赤霉病的病原菌赤霉菌,其无性阶段是禾谷镰刀霉。这种病原菌适合在阴雨绵绵、湿度高、气温低的气候条件下生长繁殖。如在麦粒形成乳熟期感染,则随后成熟的麦粒皱缩、干瘪,有灰白色和粉红色霉状物。如在麦粒形成乳熟期感染,麦粒尚且饱满,但胚部呈粉红色。DON 又称致吐毒素,易溶于水,热稳定性高。烘焙温度 120 ℃、油煎温度 140 ℃或煮沸,只能破坏 50%。

人食用含 DON 的赤霉病麦(含 10%病麦的面粉 250 g)后,多在 1 h 内出现恶心、眩晕、腹痛、呕吐、全身乏力等症状。少数伴有腹泻、颜面潮红、头痛等症状。以病麦喂猪,猪的体重增加缓慢,宰后脂肪呈土黄色、肝脏发黄、胆囊出血。DON 对狗经口的致吐剂量为 0.1 mg/kg(体重)。

(2) 丁烯酸内酯:丁烯酸内酯在自然界发现于牧草中,牛饲喂带毒牧草导致烂蹄病。哈尔滨医科大学大骨节病研究室报道:在黑龙江和陕西的大骨节病区所产的玉米中发现有丁烯酸内酯存在。丁烯酸内酯是三线镰刀菌、雪腐镰刀菌、拟枝孢镰刀菌和梨孢镰刀菌产生的,易溶于水,在碱性水溶液中极易水解。

(3) 玉米赤霉烯酮:玉米赤霉烯酮具有雌激素作用,主要作用于生殖系统,可使家畜、家禽和实验小鼠产生雌性激素亢进症。动物吃了含有这种毒素的饲料,就会出现雌性发情综合症状。妊娠期的动物(包括人)食用含玉米赤霉烯酮的食物可引起流产、死胎和畸胎。食用含赤霉病麦面粉制作的各种面食也可引起中枢神经系统的中毒症状,如恶心、发冷、头痛、神志抑郁和共济失调等。

玉米赤霉烯酮不溶于水,溶于碱性水溶液。禾谷镰刀菌接种在玉米培养基上,在 25~28 ℃培养 2 周后,再在 12 ℃下培养 8 周,可获得大量的玉米赤霉烯酮。赤霉病麦中有时可能同时含有 DON 和玉米赤霉烯酮。饲料中含有玉米赤霉烯酮在 1~5 mg/kg 体重时才出现症状,500 mg/kg 体重含量时出现明显症状。玉米中也可检测出玉米赤霉烯酮。

4. 杂色曲霉毒素   杂色曲霉素(sterigmatocystin)是一类结构类似的化合物,它主要由杂色曲霉和构巢曲霉等真菌产生。杂色曲霉毒素目前已确定结构的有十几种,其基本结构为一个双呋喃环和一个氧杂蒽酮,与黄曲霉毒素结构相似。杂色曲霉主要污染玉米、花生、大米和小麦等谷物,但污染范围和程度不如黄曲霉毒素。不过在肝癌高发区居民所食用的食物中,杂色曲霉素污染较为严重;在食管癌的高发地区居民喜食的霉变食品中也较为普遍。杂色曲霉素的急性毒性不强,对小鼠的经口 LD_{50} 为 800 mg/kg 体重以上。杂色曲霉素的慢性毒性主要表现为肝和肾中毒,但该物质有较强的致癌性,致癌性仅次于黄曲霉毒素。由于杂色曲霉和构巢曲霉经常污染粮食和食品,而且有 80%以上的菌株产毒,所以杂色曲霉毒素在肝癌病因学研究上很重要。糙米中易污染杂色曲霉毒素,糙米经加工成粳米后,毒素含量可以减少 90%。

5. 棕曲霉毒素   棕曲霉毒素是由棕曲霉、纯绿青霉、圆弧青霉和产黄青霉等产生的。现已确认的有棕曲霉毒素 A 和棕曲酶毒素 B 两类。它们易溶于碱性溶液,可导致多种动物肝、肾等内脏器官的病变,故称为肝毒素或肾毒素,此外还可导致肺部病变。

棕曲霉产毒的适宜基质是玉米、大米和小麦。产毒适宜温度为 20~30 ℃,a_w 值为 0.997~0.953。在粮食和饲料中有时可检出棕曲美毒素 A。

6. 麦角毒素   麦角是麦角菌侵入谷壳内形成的黑色和轻微弯曲的菌核,菌核是麦角菌的休眠体。在收获季节如碰到潮湿和温暖的天气,谷物很容易受到麦角菌的侵染。人类的麦角中毒可分为两类,即坏疽性麦角中毒和痉挛型麦角中毒。坏疽性麦角中毒的症状包括剧烈疼痛、肢端感染和肢体出现灼焦和发黑等坏疽症状,严重时可出现断肢。痉挛性麦角中毒的症状是神经失调,出现麻木、失明、瘫痪和痉挛等症状。

坏疽性麦角中毒的原因是麦角毒素具有强烈收缩动脉血管的作用,从而导致肢体坏死。麦角毒素可无需通过神经递质,直接作用于平滑肌而收缩动脉。麦角毒素的这一作用很早就被人认识和利用。麦角毒素的成分目前经常用于处理怀孕和生产期出现的各种突发性事件:低剂量的麦角毒素常用于中止产后出血;麦角毒素还可促进子宫收缩,故具有催产的作用。目前,人们对痉挛型麦角中毒的生理基础了解得甚少,可能与中毒个体对麦角毒素的易感性及麦角真菌生物合成的变异性有关,其机理需要更进一步的研究。

7. 青霉酸 青霉酸是由软毛青霉、圆弧青霉、棕曲霉等多种霉菌产生的,极易溶于热水、乙醇,以 0.1 mg 青霉酸给大鼠皮下注射,每周 2 次,64～67 周后,在注射局部发生纤维瘤,对小白鼠实验证明有致突变作用。

在玉米、大麦、豆类、小麦、高粱、大米苹果上均检出过青霉酸。青霉酸是在 20 ℃以下形成的,所以低温储藏食品霉变可能污染青霉酸。

8. 霉变甘蔗 霉变甘蔗中毒的病原菌为串珠镰刀霉菌和节菱孢霉菌,其所产生的毒素可以刺激胃肠道黏膜,损害颅脑神经,潜伏期 15 min 至 7 h,多数在食后 2～5 h 内发病,首发症状有恶心、呕吐、腹痛、腹泻、出汗,继而出现头痛、头晕、狂躁、惊厥、昏迷、谵妄、失语等,主要体征有眼球震颤,双眼向上凝视,颈抵抗,腱反射亢进,病理反射阳性,脑脊液常规及生化无异常。急性期后少数患儿留有后遗症,以椎体外系神经损害为主要表现。

霉变甘蔗中毒多发生在每年的 2～4 月份,大部分发生在北方某些省份,如河北、河南省最多,其次是山东、辽宁、山西等地。由于甘蔗自从南方运往北方后,贮存于仓库、地窖,或在庭院堆放过冬,翌年春季陆续销售。春季温度升高,霉菌大量繁殖引起甘蔗霉变并产生毒素。有的甘蔗收获时未完全成熟,含糖量低,则更有利于节菱孢霉菌的生长、繁殖和产毒。一般节菱孢霉菌污染甘蔗在 2～3 周内即可产生毒素。

(三) 真菌性食物中毒的预防及控制

真菌性食物中毒的预防及控制主要是指预防和控制霉菌造成的危害,要从清除污染源(防止霉菌生长与产毒)和去除霉菌毒素两个方面工作着手。

1. 防霉 霉菌产毒需要一定的条件,如产毒菌株、基质、水分、温度和通风情况等。在自然条件下,要想完全杜绝霉菌污染是不可能的,关键是要防止和减少霉菌的污染。最重要的防霉措施有以下几方面:

①降低食品(原料)中的水分(控制合适的 Aw)和控制空气相对湿度:控制水分和湿度,保持食品和贮藏场所干燥,做好食品贮藏地的防湿、防潮,要求相对湿度不超过 65%～70%,控制温差,防止结露,粮食及食品可在阳光下晾晒、风干、烘干或密封。

②减少食品表面环境的氧浓度,即气调防霉:控制气体成分以防止霉菌生长和毒素产生,通常采取除 O_2 或加入 CO_2、N_2 等气体,运用密封技术控制和调节贮藏环境中的气体成分,在食品贮藏工作中已广泛应用。

③降低食品贮存温度,即低温防霉:把食品贮藏温度控制在霉菌生长的适宜温度下,从而抑菌防霉。冷藏食品的温度界限应在 4 ℃以下方为安全。

④采用防霉剂,即化学防霉:使用防霉化学药剂,有熏蒸剂如溴甲烷、二氯乙烯、环氧乙烷,有拌和剂如有机酸、漂白粉、多氧霉素。环氯乙烷熏蒸用于粮食防霉效果很好。食品中加入0.1%的山梨酸,防霉效果很好。

2. 去毒　目前的除毒方法有两大类:一类包括用物理筛选法、溶剂提取法、吸附法和生物法去除毒素,称为去除法。另一类用物理或化学药物的方法使毒素的活性破坏,称为灭活法。用灭活法时,应注意所用的化学药物等不能在原食品中有残留或破坏原有食品的营养毒等。

(1) 去除法

①人工或机械拣出毒粒:用于花生或颗粒大者效果较好,因为一般毒素较集中在霉烂破损、皱皮或变色的花生仁粒中,如黄曲霉毒素。拣出花生霉粒后,毒素 B_1 可达允许量标准以下。

②溶剂提取:80%的异丙醇和90%的丙酮可将花生中的黄曲霉毒素全部提出来。按玉米量的4倍加入甲醇去除黄曲霉毒素可达满意的效果。

③吸附去毒:应用活性炭、酸性白土等吸附剂处理含有黄曲霉毒素的油品效果较好。如果加入1%的酸性白土搅拌30 min澄清分离,去毒效果可达96%~98%。

⑤微生物去毒:应用微生物发酵除毒,如对污染黄曲霉毒素的高水分玉米进行乳酸发酵,在酸催化下,高毒性的黄曲霉毒素 B_1 可转变为黄曲霉毒素 B_2,此法适用于饲料的处理。假丝酵母可在20天内降解80%的黄曲霉毒素 B_1;根霉也能降解黄曲霉毒素;橙色黄杆菌可使粮食食品中的黄曲霉毒素完全去毒

(2) 灭活法

①加热处理法:干热或湿热都可以除去部分毒素,花生在150 ℃以下炒0.5 h约可除去70%的黄曲霉毒素。

②射线处理:用紫外线照射含毒花生油可使含毒量降低95%或更多,此操作简便、成本低廉,我国济南灯泡厂已制成专门的紫外光灯。日光暴晒也可降低粮种的黄曲霉毒素含量。

③醛类处理:用2%的甲醛处理含水量为30%的带毒粮食和食品,对黄曲霉毒素的去毒效果很好。

④氧化剂处理:5%的次氯酸钠在几秒钟内便可破坏花生中黄曲霉毒素,经24~72 h可以去毒。

⑤酸碱处理:对含有黄曲霉毒素的油品可用氢氧化钠水洗,也可用碱炼法,它是油脂精加工方法之一,同时可去毒,因碱可水解黄曲霉毒素的内酯环,形成邻位香豆素钠,香豆素可溶于水,故可用水洗去。具体做法是:毛油经过20~65 ℃预热,然后加入1%的烧碱搅拌30 min,保温静置沉淀8~10 h分离出毛脚,水洗、过滤、吹风、除水即得净油。

此外用3%的石灰乳或10%的稀盐酸处理黄曲霉毒素污染的粮食也可以去毒。

总之,预防真菌性食物中毒主要是预防霉菌及其毒素对食品的污染,其根本措施是防霉,去毒只是污染后为防止人类受危害的补救方法。

霉菌及其毒素污染食品不仅造成对人体健康的威胁,而且霉菌污染食品还可使食品和食用价值降低,甚至完全不能食用。霉菌引起的食品变质,不仅可以使食品呈现异样颜色、产生霉味等异味,而且还可使食品原料的加工工艺品质下降,如出粉率、出米率、黏

度等降低。所以,即使是一些非产毒霉菌污染食品也应该加以重视,特别是对粮食的污染。粮食类及其制品被霉菌污染而造成的损失最为严重,根据粗略估计,每年全世界平均至少2%的粮食因污染霉菌发生霉变而不能食用。

霉菌污染食品的情况及被污染食品质量的评定,可以从两方面入手:一方面,以单位重量、容积的食品霉菌总数表示食品中污染霉菌的情况;另一方面,可检查食品污染霉菌的种类,即对污染食品的菌相构成进行分析。

四、病毒介导的食源性感染及危害

在食品安全方面,与细菌和真菌相比,过去对食品中病毒的了解还相对甚少,这有几方面的原因:

第一,就已发现的大规模食品介导感染或食物中毒频率而言,病毒不如细菌或真菌等重要,因此人们对其重视不够。

第二,由于病毒不能在食品中繁殖(但可在食品中生存),可检出数量较低,且检验方法复杂、费时,一般食品检验室难以有效地检测。

第三,有些食品介导的病毒感染还难以用现有技术培养分离。近几十年来,随着病毒学研究的迅速发展,有关食品污染病毒的报道也越来越多,与食品有关的病毒对食品安全性带来的影响已引起人们的普遍关注,并从污染食品中已经发现了多种病毒,如肝炎病毒、脊髓灰质炎病毒、流感病毒、肠道病毒等。

(一) 常见的病毒

病毒通过食品传播的主要途径是粪-口传播模式。尽管食品中可能存在任何病毒,但由于病毒对组织具有亲和性,所以真正能起到传播载体功能的食品也只能是针对人类肠道的病毒。能引起腹泻或胃肠炎的病毒包括轮状病毒、诺沃克病毒、肠道腺病毒、嵌杯病毒、冠状病毒等。引起消化道以外器官损伤的病毒有脊髓灰质炎病毒、柯萨奇病毒、埃克病毒、甲型肝炎病毒、呼肠孤病毒和肠道病毒等。

1. 肝炎病毒　人类的肝炎病毒可导致传染性肝炎。目前引起病毒性肝炎的病毒认为有八种,即甲、乙、丙、丁、戊、己、庚型及非甲非乙型肝炎病毒,主要是引起肝脏病变,危害性极大。对人类健康危害最大的是甲型和乙型肝炎病毒。

与食品相关的人的肝炎病毒有甲型肝炎病毒、非甲非乙肝炎病毒(E 型肝炎病毒)。

(1) 甲型肝炎病毒(HAV):该病毒为肠道病毒72型,直径72 nm,电镜下呈球形和二十面立体对称,单股RNA,由4种多肽组成。100 ℃加热5 min 即可灭活,4 ℃、−20 ℃和−70 ℃不改变形态,不失去传染性。HAV的传播源主要是甲型肝炎患者。感染肝炎病毒后的潜伏期为15~45天,在潜伏期后期及急性期,HAV 大量复制,活性也最高。此时,患者血液和粪便均有很高的传染性。甲型肝炎主要以粪-口途径传播。患者直接接触食品或以其粪便污染食品、水源,可造成更多的健康者感染HAV。在感染后一般能获终身免疫力。

病毒污染水生贝壳类,如牡蛎、贻贝、蚶贝等。甲型肝炎病毒可在牡蛎中存活2个月以上。美国在1973、1974、1975年分别发生了5、6和3起感染事件,其感染人数为425、282和173人,色拉、三明治和挂糖衣面包圈是原因食品。上海市1988年初暴发的30余万人的甲型肝炎,是由毛蚶引起的。英国约25%的甲型肝炎与吃贝壳类动物有关。德国

19%的传染性肝炎是由食用了污染的软体动物引起的。甲型肝炎涉及食品包括凉拌菜、水果及水果汁、乳及乳制品、冰淇淋饮料、水生贝壳类食品等。生的或未煮透的来源于污染水域的水生贝壳类食品是最常见的载毒食品。

(2) 非甲非乙型肝炎病毒：也称 E 型肝炎病毒，该病毒与甲型、乙型肝炎病毒无血清学关系，属嵌杯病毒科，常规细胞培养无法分离。27～34 nm 病毒样颗粒，单股 RNA，7.5 kb 长，在氯化铯分离的高盐液中稳定。基因主要分三部分功能区，5′端最大区-ORF1，3′端的 ORF2 和 ORF3 表达的蛋白具有较强的免疫原性，可用于血清学诊断。E 型肝炎病毒病的临床表现类似于甲型肝炎，临床症状不十分明显，但黄疸性肝炎是该病特征。其传播途径主要是通过水、食品造成的。水是主要途径之一，常发生于卫生条件不好的热带、亚热带地区，水生贝壳类食品是主要涉及的食品，如意大利曾发生的 E 型肝炎病毒感染。

对于肝炎病毒的检验，甲型肝炎可用核酸杂交、放射免疫斑点试验来检测，对 E 型肝炎目前无特异血清诊断，主要用排除诊断法，在病的末期，从人的粪便中检出 27～34 nm 的病毒样颗粒。

2. 轮状病毒　轮状病毒属于呼肠孤病毒科、轮状病毒属，能引起人的急性病毒性胃肠炎，是人胃肠炎常见的原因之一。病毒颗粒直径 65～70 nm，由三层构成，因在电镜下呈车轮状而得名。病毒核酸由 11 个双股 RNA 阶段构成，每一节段编码具有不同功能。有 6 个血清型，其中 A 型、B 型和 C 型可感染人类。

传播途径主要由水源和食品经口传染。轮状病毒主要存在于肠道内，通过粪便排到外界环境，污染土壤、食品和水源，经消化道途径传染给其他人群。在人群生活密集的地方，轮状病毒主要是通过带毒者的手造成食品污染而传播的，在儿童及老年人病房、幼儿园和家庭中均可暴发。感染剂量为 10～100 个感染性病毒颗粒。据报道，患者在每毫升粪便中可排出 108～1 010 个病毒颗粒，因此，通过病毒污染的手、物品和餐具完全可以使食品中的轮状病毒达到感染剂量。据统计，医院中 5 岁以下儿童腹泻有 1/3 是由轮状病毒引起的。1981 年，美国科罗拉多州发生一起饮用水感染，128 人中有 44% 患病，其中多数为成年人，美国对人粪便检出调查证明，轮状病毒阳性率为 20%。

人轮状病毒引起的腹泻传染性强，主要见于婴幼儿。主要症状为水样腹泻，伴有发热，粪便中可排出大量病毒，耐酸、碱。

3. 禽流感病毒　禽流感病毒是由 A 型流感病毒引起的一种禽类的急性、高度接触性、烈性传染病。该病毒在分类上属于正黏病毒科，A 型流感病毒属。正黏病毒科有 4 个属：A 型流感病毒属及托高土病毒属。A 型流感病毒是马、猪、貂、海豹、鲸、禽及人的病原，B 型流感病毒仅感染人，C 型流感病毒感染人、犬与猪，但极少引致严重的疾病。

病毒颗粒多形性，其形状呈球状、杆状或长丝状，但新分离的禽流感病毒对为丝状。颗粒的最小直径 80～120 nm，有囊膜和纤突。核衣壳螺旋形对称。基因组为线状负股单股 RNA 大小 10～13.6 kb。纤突糖蛋白有两种：一种为棒状的血凝素蛋白（H），由同源三聚体组成；另一种为蘑菇状的神经氨酸酶蛋白（N），由同源四聚体组成。流感病毒的血凝素（H）及神经氨酸酶（N）是两个最为重要的分类指标，基于血凝素（H）和神经氨酸酶（N）表面抗原的差异，禽流感病毒可分为 15 个 H 型及 9 个 N 型。不同的亚型，其对热的稳定性及各自适宜的 pH 存在差异，其传染性、致病力也存在差异。H 及 H 亚型的某些毒株,如 H5N1、H7N2、H7N7、H7N1 等毒力较强。禽流感病毒能感染人,某些毒株甚至可不经过猪体混合重配再传染的过程,直接感染人。

与所有有囊膜的病毒一样,禽流感病毒抵抗力不强,对热、脂溶剂敏感,在外环境中极不稳定。56 ℃,30 min,60 ℃,10 min 或 65～70 ℃,数分钟即可使之失活。在阳光直射下,40～48 h 灭活。去氧胆酸钠、羟胺、十二烷基磺酸钠和铵离子可迅速破坏病毒,使之丧失传染性。但低温冻干或甘油保存可使病毒存活 1 年以上。

1997 年 8 月,我国香港一名 3 岁的男童因禽流感而死亡,这也是全球首宗人类感染 H5N1 的个案。在随后的几个月中,共有 18 个人感染禽流感病毒,其中 6 人死亡。对此次流行株进行的基因分析表明,人的毒株保留了禽毒株的全部基因,首次证明这种对禽高致病力毒株能感染人。2003 年,荷兰发生 H7N7 引致的高致病性禽流感,造成一名兽医死亡,83 人感染患结膜炎和其他轻度疾病。2004 年 1 月,HPAI 在东南亚暴发流行,日本、韩国、我国台湾及大陆也有发生。在东南亚发现由禽传染人的病例,越南最为严重。2004 年 10 月至 2005 年 1 月的禽流感至少造成 12 人死亡。禽流感病毒能由禽直接传染给人的这一特点令人关注。

禽流感的传染源主要是鸡、鸭,特别是感染了 H5N1 病毒的鸡,目前已有证据显示,病人也可以成为传染源。在自然条件下,存在于口腔和粪便的禽流感病毒由于受到有机物的保护具有极大的抵抗力,特别是在凉爽和潮湿、温和的条件下可存活很长时间,人类直接接触受 H5N1 病毒感染的家禽及其粪便或直接接触 H5N1 病毒,都会受到感染。此外,飞沫及呼吸道分泌物也是传播途径。

人类患上禽流感后,潜伏期一般在 7 天以内,早期症状与其他流感非常相似,主要表现为发热、流涕、鼻塞、咳嗽、咽痛、头痛、全身不适,部分患者可有恶心、腹痛、腹泻、稀水样便等消化道症状,有些患者可见眼结膜炎,体温大多持续在 39 ℃以上。一些患者进行胸透,还会显示单侧或双侧肺炎,少数患者伴胸腔积液。大多数患者预后良好,病程短,恢复快,且不留后遗症,但少数患者特别是年龄较大、治疗过迟的患者,病情会迅速发展成进行性肺炎、急性呼吸窘迫综合征、肺出血、胸腔积液、全血细胞减少、肾衰竭、败血症、休克等。

发现疫情时,应尽量避免与禽类接触,对鸡肉等食物应彻底煮熟;保持室内空气流通,尽量少去空气不流通的场所;注意个人卫生,打喷嚏或咳嗽时掩住口鼻。

4. 疯牛病　疯牛病是牛海绵状脑病的俗称,属慢性进行性致死神经疾病,以大脑灰质出现海绵状病变为主要特征。自 1986 年英国首次确认"疯牛病"以来,20 世纪 90 年代它已蔓延到整个欧洲,最近又侵入亚洲。目前已有多个国家和地区成为"疯牛病"疫区或高危区,如英国、爱尔兰、瑞士、法国、比利时、卢森堡、荷兰、德国、葡萄牙、丹麦、意大利、西班牙、列支敦士登、阿曼、日本、斯洛伐克、芬兰、奥地利、希腊、捷克等。2000 年 10 月,新一轮疯牛病危机在欧洲暴发。1996 年 3 月,英国公布一项专家研究报告,提出疯牛病可能通过食物传染人,使人患一种新型变异型克雅病,引起了全人类对疯牛病的关注。

BSE 的组织病理学变化和临床症状与人的 vCJD 相似,这类疾病被认为与朊病毒有关,因此被统称为朊病毒,是一种具有传染性的蛋白质颗粒。朊病毒对热、酸、碱、紫外线、离子辐射、乙醇、福尔马林、戊二醛、超声波、非离子型去污剂、蛋白酶等能使普通病毒或细菌灭活的理化因子具有较强的抗性。高温(134～138 ℃)18 min 不能使其完全灭活;

在 pH 2.1～10.5 范围内稳定；37 ℃下 200 ml/L 的福尔马林中可存活 28 个月，病牛脑组织经常规福尔马林固定，不能使其完全灭活。十二烷基磺酸钠（SDS）、尿素、苯酚等蛋白质变性剂能使之灭活，含 2%有效氯的次氯酸钠 1 h 或 90%的石炭酸 24 h 处理可使之灭活。动物组织中的病原，经过油脂提炼后仍有部分存活，病原在土壤中可存活 3 年。

目前疯牛病的传播被认为是通过给牛喂养动物肉骨粉传播的。

疯牛病病程一般为 14～90 天，潜伏期长达 4～6 年。主要症状为：初期步态不稳，活动失去平衡，行为异常，共济失调，运动迟缓，卧地不起；继而四肢伸展发僵，体重减轻，产乳量下降，触觉与听觉过敏，离群站立，惊恐，精神错乱，乱冲围栏，冲击人、牛，最后死亡。病程为数天或 3～4 个月不等。病理解剖，脑灰白质出现海绵状空泡病变。

引起疯牛病的朊病毒主要存在于被感染动物的眼睛、脊髓和脑神经里，通过食品渠道传染人类。如果人吃了带有疯牛病病原体的牛肉，特别是从脊髓剔下的肉（一般德国牛肉香肠都是用这种肉制成），就有感染上病原体的危险，使人患"疯牛病"（变异型克雅氏症）。在与人们生活关系密切的制品中，含有牛、羊动物性原料成分的远不止牛、羊肉制作的食品。例如，制作化妆品、药物胶囊需要用牛骨胶；一些预防毒性疾病的疫苗，在生产过程中需要使用牛血清、牛肉汤或牛骨等；有的美容保健食品是以羊的胎盘为原料制成的；有些补钙保健食品中含有牛骨粉，甚至孩子们爱吃的果冻里含有牛肉或牛筋制作的凝胶。

人类一旦感染朊病毒后，其潜伏期很长，一般为 10～20 年或更长，可达 30 年，早期主要表现为精神异常，包括焦虑、抑郁、孤僻、萎靡、记忆力减退、肢体及面部感觉障碍等，随着病情的发展，出现严重进行性智力衰退、痴呆或精神错乱、运动平衡障碍、肌肉收缩和不随意运动，个别病例可出现以癫痫发作为首发症状。患者在出现临床症状后 1～2 年内死亡，尸检所见与疯牛病类似。由于疯牛病的潜伏期过长，不易被察觉，特别是目前无特异性的诊断法和药物的治疗，也无疫苗的免疫，一旦染病其结局必然是死亡。

为了防止疯牛病的发生，任何出现疯牛病症状的牛都不应被用于制作人类的食品或动物饲料。同时，对于病牛应全部予以安全处理掉，应禁止用牛、羊等反刍动物的机体组织加工饲料。

5. 柯萨奇病毒　柯萨奇病毒具有小 RNA 病毒的基本性状，病毒呈球形，多为 28 nm，一般为 17～30 nm，病毒核衣壳呈二十面立体对称，无包膜，由 60 个蛋白质亚单位构成，每个亚单位由 Vp_1、Vp_2、Vp_3 和 Vp_{44} 条多肽形成。单股 RNA 可分成 A、B 两组，A 组病毒大约为 24 个血清型，B 组为 6 个血清型。牡蛎中见有柯萨奇病毒 B_4、B_3、B_3、A_{18}、A_{13}、A_3，蚝中为柯萨奇病毒 A_{18}。

柯萨奇病毒通过粪-口途径感染后，多数人不呈明显症状，呈隐性感染，只有极少数人发病。对热敏感，50 ℃能迅速灭活病毒，低温可较长期存活，对环境的抵抗力较强。1983 年在天津发生的由柯萨奇病毒 A16 引起的手足口病，5 个月发生了 7 000 余例；1986 年又暴发，感染者粪中可排出大量的病毒。在自来水中可存活 2～168 天，土壤中可存活 2～130 天，在牡蛎中超过 90 天。水也是常见传播途径之一，有报道，柯萨奇病毒 B_2 污染水源导致疾病流行。

6. 诺沃克病毒　诺沃克病毒也称为小圆结构化病毒，最早于 1986 年美国俄亥俄州诺沃克市的一家学校的食物中毒事件中被分离出来而命名。病毒大小为 28～38 nm，特性与动物微小 DNA 病毒相似,无囊膜,二十面体对称,衣壳由 32 个长 3～4 nm 的壳粒构成,单股线状 DNA。对外界具有强大抵抗力,能耐受脂溶剂和较高温度的处理,而不丧失其感染性。

诺沃克病毒主要感染大龄儿童和成人,美国的成人中有 67% 的人体中有血清抗体。污染的水源和食品是该病毒的来源之一。病毒性胃肠炎患者粪便及其他排泄物污染水源后,可被贝壳类、蔬菜等食品吸收,进而成为常见的污染食品。因此,水是诺沃克病毒暴发流行的主要污染源,主要引起人的急性肠炎,但恢复较快。病毒感染的潜伏期为 2～38 天。1976 年,英国因食用海扇而引起 33 起中毒事件,患病人数 797 人;1978 年,澳大利亚因食用牡蛎涉及 2 000 余人感染;1982 年,美国一名厨师患病后带此病毒,所以食品被污染,凉拌菜等被食用,导致 383 人近一半感染,类似的事件还有因糕饼引起 3 000 多人被感染;1987 年,美国费城有 200 名大学生吃了冰块冷饮而感染;1991 年,加拿大魁北克省有 200 多人吃牡蛎而感染。诺沃克病毒的感染主要涉及食品为水生贝壳类、凉拌菜、莴苣和水果等。诺沃克病毒可在冰冻食品中存活很长时间。

7. 赤痢　包括细菌性赤痢和阿米巴赤痢。前者由志贺氏菌属的细菌引起,通过被污染的食品、饮用水等经口传入,潜伏期通常为 2～3 天。主要症状为里急后重,腹泻频繁、腹泻初期为水样便,继之混有黏液、血液和脓,小儿痢疾引起高烧和痉挛等脑神经症状。阿米巴赤痢则由阿米巴赤痢原虫引起,通过取食被污染的、生的或未经充分煮熟的蔬菜和饮用水感染。潜伏期一般 3～4 个月,引起带有黏血便腹泻症状。

8. 伤寒及副伤寒　病原菌为沙门氏菌属的伤寒杆菌和副伤寒杆菌等。从患者、带菌者的粪便、尿液排出后,直接或间接污染食品和饮用水,取食者经口传入。潜伏期为 1～2 周。主要症状为:初期头痛、全身倦怠、发热,随后出现持续高烧、食欲缺乏、腹胀、肝脾肿大、白细胞减少。重者引起肠出血。

9. 霍乱、副霍乱　病原菌为霍乱弧菌、EI-Tor 弧菌,从患者、带菌者的呕吐物、粪便排出,污染水域、用具和食品(特别是鱼贝类),经口感染。潜伏期为几小时至 5 天。主要症状为严重腹泻(洗米水样)、呕吐,导致脱水、体温下降,陷入虚脱乃至死亡。

(二)食物传播病毒性疾病的机制及影响因素

病毒是专性寄生微生物,只能在寄生的活细胞中复制,不能在人工培养基上繁殖。但是,任何食品都可以作为病毒的运载工具,许多病毒病的发生都是食源性的。当人和动物摄入带有病毒的食品后,即可引起病毒性传染病。

1. 食品中病毒来源　一般情况下,病毒只能在活的细胞中复制,不能在人工培养基上繁殖,因此,人和动物是病毒复制、传播的主要来源。

(1) 病人和病原携带者:对大多数病毒来说,病人是重要的传播源,尤其在临床症状表现明显的时期,其病毒传播能力最强。此外,有些病毒携带者,多数处于传染病的潜伏期,在一定条件下可向外排毒,由于没有明显的临床症状,因而具有更大的隐蔽性。

(2) 受病毒感染的动物:在畜牧业快速发展的今天,一些人畜共患性病毒不仅给养殖业造成了巨大损失,而且可通过各种途径传播给人,其中大多数是通过污染的动物性食品感染给人的。如偶蹄动物的口蹄疫病毒、禽流感病毒等。

(3) 环境与水产品中的病毒:有些病毒粒子可在土壤、水、空气中存活相当长时期,可造成水产品、谷物、蔬菜等食品污染,如水生贝壳类动物对病毒能起到过滤浓缩作用,病毒会存活较长时间,这对病毒具有保护作用。当食用这些贝类时,如果加热不彻底,就会引起食源性病毒。在污水和饮用水均发现有病毒存在。饮用水即使经过灭菌处理,有些肠道病毒仍能存活,如脊髓灰质病毒、柯萨奇病毒、轮状病毒。海产品带毒率相对较高,在礁石、岛屿少的海洋中的水生贝壳类动物带毒率为9%～40%,而且有较多礁石的海洋中的水生贝壳类动物带毒率为13%～40%。

2. 食物传播病毒性疾病的机制　食物传播病毒性疾病的机制尚未完全清楚,目前有如下传染机制:

(1) 病毒在食品上残存:有些病毒可在蔬菜等食物中存在相当长的时间。如用含脊髓灰质炎病毒的污水灌溉的莴苣、小萝卜中,发现脊髓灰质炎病毒可存留10～14天,通过染毒的蔬菜可导致小儿患小儿麻痹症。无论何种病毒污染食品,一旦被适宜的寄生摄入,即可大量复制,继而引起相应的病毒病,对机体产生各种各样的危害。

(2) 食用未熟透海洋生物:一些海洋生物在肠道病毒污染的水中生活时,可将病毒粒子吸收乳体内并浓缩肠道病毒。如食用未彻底清除病毒的贝类,极容易引起病毒感染。实际上,食用毛蚶、牡蛎、蛏子、蛤蜊等水生动物时,一般的处理方法往往不能彻底杀灭病毒。含有病毒的毛蚶虽经煮沸后食用,但仍不能确保这类食品是安全的。流行病研究结果表明,进食煮沸过的不洁毛蚶,仍有11.9%的人发生腹泻,6.05%的人发生甲肝。实验进一步证实,积聚于贝类体内的病毒比游离在体外的病毒对热具有更大的耐受性,因此,当某地区已有病毒病发生时,食用附近水域的贝类是不安全的。

(3) 病毒在水中存活较长时间:一些病毒在水等自然环境和其他生物体中不生长繁殖,但是可以较长时间生存。如果饮用受病毒污染的水,此病毒就有机会达到其寄生(人类)体内,可在很短时间内大量繁殖,引起寄生相应的病毒病。

(4) 健康动物性食品带毒:当患病的动物或携带病毒的动物与健康动物相互接触后,使健康动物染毒,导致动物性食品污染,如牛羊肉污染的口蹄疫病毒、禽肉和禽蛋中污染的禽流感病毒、果子狸肉污染的SARS病毒。一旦人们接触或食入这些食物,就有可能感染相应的病毒性疾病。

(5) 病死动物性食品带毒:病毒性疾病引起动物死亡后,其肉类制品就带有致病性的病毒。如果病死的动物没有采取安全有效的方法进行处理,而人们接触或食用这样的肉类产品,就可能感染病毒性疾病。

3. 影响食物传播病毒性疾病的因素　影响食物传播病毒性疾病的因素很多,概括为两方面:自然因素影响;社会因素影响。

(1) 自然因素影响:自然因素包括生活环境中的气候、土壤、水、动物等。这些因素对病毒性疾病传染源、食物传播病毒性疾病的途径及人们受感染的机会都有不同程度的影响。如随着季节、气候的变化,带禽流感病毒的候鸟迁徙,导致病毒传播。受污染的海水中生活的毛蚶,有1/3携带有甲肝病毒。狂犬病病毒在土壤表层0～8℃时可存活2个月,可在牧草上存活24 h,腐败尸体中最长可活90天。夏季过多吃生冷、不洁净的瓜果及饮用未洁净的水等,会造成肠道病毒性疾病的高发。

(2) 社会因素影响:人类的一切社会活动都可能影响食物传播病毒性疾病的流行,如生活条件、居住环境、医疗卫生状况、文化水平、卫生习惯、人口移动、社会动荡、宗教信仰等。其中,一些社会因素可以扩大病毒性传染病的流行,如战争、灾害、贫穷等;而另一些因素可以防止病毒性传染病的发生,如捕杀传染源、隔离传染源、消毒传染病疫区、加强食品流通环节法制管理、加强对健康动物的检疫、加强环境保护、加强污染水的无公害处理等。

四、食品安全微生物指标

《中华人民共和国食品安全法》第二十二条规定:"国务院卫生行政部门应当对现行的食用农产品质量安全标准、食品卫生指标、食品质量标准和有关食品的行业标准中强执行的标准予以整合,统一公布为食品安全国家标准。本法规定的食品安全国家标准公布前,食品生产经营者应当按照现行食用农产品质量安全标准、食品卫生标准、食品质量标准和有关食品的行业标准生产经营食品。"所以,在现行的食用农产品质量安全标准、食品卫生标准、食品质量标准和有关食品的行业标准中强制执行的标准还没有予以整合前,还是用食品卫生学指标作为衡量食品安全的指标。

目前,我国食品卫生标准中的微生物指标一般是指细菌总数、大肠菌群、致病菌、霉菌和酵母菌5项,这些项目也都有国家标准检验方法。在不同的国家食品卫生标准中的微生物指标含义、表示方法及检测方法不尽相同,应区别对待,并按规定方法检验。

1. 菌落总数与食品安全评定 食品可能被多种类群的微生物所污染,每种微生物都有它一定的生物学特性,培养时应选择不同的营养条件及生理条件(如培养基、温度、培养时间、pH、需氧条件等)去满足其要求,因此,在实际工作中对其中所有微生物都进行检验是不可能的,也是没有必要的。一般只用一种常用的方法去培养,以判定食品被污染的程度。也就是说,目前我国的食品卫生标准中规定的细菌总数并不表示食品中实际的细菌总数,而是指在严格规定的条件下培养长出的活菌菌落总数。

国家卫生标准中的菌落总数,是指食品检样经过处理,在一定条件下培养后(如培养基成分、培养温度和时间、pH需氧性质等),所得1 ml(或1 g)检样中形成菌落的总数。在国家卫生标准中规定的培养条件下所得结果,只包括一群在平板计数琼脂上生长发育的嗜中温需氧菌或兼性厌氧菌的菌落总数。培养长出的菌落总数,一般以1 g食品或1 ml食品或1 cm^2食品表面积上所含的菌落形成单位来表示。它们作为细菌总数已得到公认,许多国家的食品卫生标准都采用这项指标,规定了各类食品菌落总数的最高允许限量。

检测食品中细菌总数的食品安全学意义在于:第一,它可以作为食品被污染程度的标志。一般来讲,食品中细菌总数越多,则表明该食品污染程度越重、腐败变质速度加快。第二,它可以用来预测食品存放的期限程度。例如,据有人报道,在0 ℃条件下,细菌总数约为105 cfu/cm^2的鱼只能保存6天;如果细菌总数为103 cfu/cm^2,就可延至12天。第三,食品中的细菌总数能够反映出食品的新鲜程度、是否变质以及生产过程的一般卫生状况等,但细菌总数指标只有和其他一些指标配合起来,才能对食品安全作出比较正确的判断。例如冰冻食品的细菌总数的多少,反映了食品在产、贮、销过程中的卫生质量和管理情况,不能说明其变质与否。

对于鱼类、贝类等冷冻食品或其他食品的细菌计数,有时需计数低温菌或高温菌总数,这时可采用其他培养条件。一般嗜冷菌检验采用20~25 ℃、5~7 天或5~10 ℃、10~14 天;嗜热菌检验采用45~55 ℃、2~3 天。我国对水产品的培养温度,由于其生活环境水温较低,故采用(30±1)℃培养(72±3)h。有些国家检测嗜温菌时,为提前报告检验结果,采用(36±1)℃培养(24±2)h。

2. 大肠菌群与食品安全评定　大肠菌群系指一群在36℃条件下培养48 h能分解乳糖、产酸产气的需氧和兼性厌氧革兰阴性无芽孢杆菌。它包括肠杆菌科的埃希氏菌属、柠檬酸杆菌属、克雷伯氏菌属、产气杆菌属等。其中以埃希氏菌属为主,称为典型大肠杆菌,其他三属习惯上称为非典型大肠杆菌。目前,大肠菌群已被许多国家(包括我国)用作食品安全评价的指标菌。

一般认为,大肠菌群都是直接或间接来自于人与温血动物的粪便。

检测大肠菌群的食品安全意义在于：第一,它可作为粪便污染食品的指示菌,大肠菌群数的高低,表明了食品被粪便污染的程度和对人体健康危害性的大小。如食品有典型大肠杆菌存在,即说明受到粪便近期污染,这主要是由于典型大肠杆菌经长存在于排出不久的粪便中；非典型大肠杆菌主要存在于陈旧粪便中。第二,它可以作为肠道致病菌污染食品的指示菌。食品安全性的主要威胁是肠道致病菌,如沙门氏菌、志贺氏菌等。肠道病患者或带菌者的粪便中,有一般细菌,也有肠道致病菌存在,若对食品逐批或经常检验肠道致病菌有一定困难,而大肠菌群容易检测,且与肠道致病菌有相同来源,一般条件下在外界环境中生存时间也与主要肠道致病菌相近,故常用其作为肠道致病菌污染食品的指示菌。当食品中检出大肠菌群数量越多,肠道致病菌存在的可能性就越大。当然,这两者之间的存在并非一定并行。

大肠菌群检验结果,在我国采用每毫升(克)样品中大肠菌群最近似数来表示,简称为大肠菌群MPN。大肠菌群的检验在我国是采用样品3个稀释度各3管的月桂基硫酸盐胰蛋白胨(LST)肉汤初发酵、煌绿乳糖胆盐(BGLB)肉汤复发酵的方法,根据大肠菌群阳性管数MPN检索表,报告每毫升(克)样品中大肠菌群MPN值。具体检测方法请参阅中华人民共和国国家标准(GB/T 4789.2—2008)。

在一些国家也有以粪大肠菌群或大肠杆菌数量作为某些食品被粪便污染指示菌。粪大肠菌群检测原理、方法与大肠菌群相似,指示培养采用(44±1)℃的温度条件。

3. 致病菌与食品安全评定　食品中不允许有致病性病原菌存在,所以在食品卫生标准中规定,所有食品均不得检出致病菌。病原菌种类繁多,在国家食品卫生标准中要求检验的病原菌至少有15种,因此一般食品卫生检验只能根据不同食品可能污染情况进行有针对性的重点检查,并以此来判断某种食品中有无致病菌的存在。例如禽蛋、肉类食品必须做沙门氏菌的检查；低酸性罐头必须做肉毒梭菌及其毒素的检查；发生食物中毒时要结合流行病学,对食品进行有关病原菌的检查,如沙门氏菌、志贺氏菌、变形杆菌、肠道出血性大肠杆菌、金黄色葡萄球菌、溶血性链球菌、副溶血性弧菌等。

另外,细菌毒素也是检测致病菌的重要方面,因为许多食品经加热、辐射等方法杀菌处理后,其中的致病菌被杀死,但细菌性毒素、内毒素等抗性较强,并未完全破坏,由此而致的食物中毒事件屡屡发生。

4. 食品中的细菌菌相与食品安全　不同食品中的细菌菌相不同。所谓细菌菌相指共存于食品中的细菌种类及其相对数量的构成,其中相对数量较大的细菌称为优势菌种(属、株)。食品在细菌作用下所发生的变化程度和特征,尤其是变化特征,主要决定于菌相,特别是优势菌种。菌相可因细菌污染来源、食品理化性质、所处环境条件和细菌间共生与抗生等因素的影响而不同。所以,通过食品性质及其所处条件的调查常可预测食品菌相,而检测食品菌相又可对食品变化的程度和特征作出估计。

一般来说,常温下放置的肉类,随着存放时间的延长,其菌相发生变化。早期常以需氧的芽孢杆菌属、微球菌属和假单胞菌属为主。随着腐败进程的发展,肠杆菌科各属陆续增多,中后期变形杆菌类各属可能占较大比例。由于具体条件不同,还可能存在其他各种细菌与霉菌。冷冻食品解冻早期多为嗜冷菌,如假单胞菌属、黄杆菌属和嗜冷微球菌等,然后肠杆菌科各属和葡萄球菌属逐渐增殖。鲜鱼等水产品则常以水中细菌和嗜低温菌为主,如弧菌属、假单胞菌属、微球菌属、黄杆菌属等。各种盐制食品中按含盐量的不同,其菌相可发生改变,含食盐 1.5%～5.0% 的食品可能存在假单胞菌属、黄杆菌和弧菌属等微嗜盐菌;含食盐 10% 以下的食品主要存在芽孢杆菌属、葡萄球菌属等耐盐菌;含盐 10%～30% 的食品主要含八叠球菌属和盐杆菌属等高度嗜盐菌。

由于食品菌相及其优势菌种不同,食品的腐败变质变化也具有相应的特征。如分解蛋白质的细菌主要有需氧的芽孢杆菌属、假单胞菌属、变形杆菌属、厌氧的梭菌属、酸性下分解蛋白质的微球菌属等;分解脂肪的细菌主要有产碱杆菌等;分解淀粉和纤维素类的有芽孢杆菌菌属、梭菌属、八叠球菌属。产生色素的细菌可使其污染的食品带有特异颜色,例如黏质沙雷氏菌、粉红微球菌等细菌可使食品带有红色;微球菌属、黄杆菌属、葡萄球菌属、荧光假单胞菌、八叠球菌属和乳杆菌属等细菌可使食品带有黄色与黄绿色;黑梭菌属、变形菌属、假单胞菌属等细菌可使食品带有黑色。有些细菌可使食品变黏或使食品发荧光或磷光,如食品的变黏主要由芽孢杆菌属、柠檬酸杆菌属、克雷伯氏菌属和微球菌属等引起;荧光主要来自假单胞菌属(绿、黄、红、白各色荧光)、产碱杆菌属(混合荧光)和黄杆菌属等;磷光则来自磷光发光菌、白色弧菌等。

技能训练十五　食品中菌落总数的测定技术

一、试验目的

1. 掌握显微镜直接计数的原理和方法。
2. 掌握食品中细菌总数测定计数。
3. 进一步熟悉无菌操作。

二、试验仪器及材料

1. 菌种和样品　酿酒酵母、自来水、池水、待测氧品、生乳。
2. 培养基　普通营养琼脂培养基。
3. 用具　盖玻片、无菌毛细滴管、接种环、酒精灯、无菌吸管、培养皿、无菌水试管及三角瓶、记号笔。
4. 器材　显微镜、血球计数器、恒温培养箱、超净工作台、水浴锅、天平等。
5. 试剂　美蓝溶液、70％酒精、95％酒精、无菌生理盐水。

三、试验原理及内容

(一) 显微镜直接计数法

1. 基本原理　平皿菌落计数法是将待测样品制成均匀的、一系列不同稀释倍数的稀释液，并尽量使样品中的微生物细胞分散开来，使之呈单个细胞存在，再取一定稀释度、一定量的稀释液接种到平皿中，使其均匀分布于平皿中的培养基内。经培养后，由单个细胞生长繁殖形成肉眼可见的菌落，即一个单菌落代表原样品中的一个单细胞。统计菌落数目，即可计算出样品中所含的菌数。平皿菌落计数法操作较繁琐，结果需要培养一段时间才能取得，而且结果易受多种因素的影响，但得到的是样品中的活菌数。

在试剂操作中，由于待测样品往往不易完全分散成单个细胞，长成的一个单菌落也可能来自样品中的多个细胞，因此平皿菌落计数的结果往往偏低。为了清楚地阐述平皿计数的结果，现在一般使用菌落形成单位而不以绝对菌数来表示样品中的活菌数量。

细菌总数是指 1 g 或 1 ml 被检测样品中所含细菌菌落的总数。它是判定食品及水源被污染程度的一项重要指标，我国规定 1 ml 自来水的总菌数不得超过 100 个。由于每种细菌对温度、pH、氧等不同的要求，要想真正测定样品中全部细菌的总数，必须采用不同的培养条件。但在实际工作中，一般都只用一种常用的方法去测定细菌菌落总数，所得结果只包括一群能在普通营养琼脂培养基上生长的中温型需氧菌的菌落总数。

2. 细菌总数检验的操作步骤

(1) 样品采集

①水样的采集

a. 自来水样：先将水龙头用酒精棉擦拭，火焰灼烧水龙头出水口进行灭菌，然后打开水龙头，放水 15 min，关闭水龙头，再用无菌三角瓶接取适量的水样。注意取样过程的无菌操作。

b. 池水、河水等其他水样：应取距离水面 10~15 cm 的深层水样。先将无菌带玻璃塞的小口瓶的口向下浸入水中，然后翻转过来，除去玻璃塞，水即流入瓶中，盛满后将瓶塞盖好，再从水中取出。最好立即检查，否则需放入冰箱中保存。

②待检食品的样品采集：将待检食品样品 25 g（或 25 ml）剪碎，放入无菌乳钵内研磨，磨碎后转入含 225 ml 无菌水的三角瓶，充分振荡，制成 10^{-1} 稀释液。

(2) 检样稀释：自来水不用稀释，其他水样和待检食品样用 10 ml 无菌吸管吸取水样 10 ml，注入 90 ml 无菌水（装有玻璃珠）中，充分摇匀 5 min，制成 1∶10 的稀释液。用 1 ml 无菌吸管吸取 1∶10 的稀释液 1 ml，注入标有 10^{-2} 试管的 9 ml 无菌生理盐水（沿管壁慢慢注入），然后另取 1 支 1 ml 无菌吸管注入 10^{-2} 试管中反复吹吸菌悬液 3 次，充分混合均匀，制成 1∶100 的稀释液。再从 1∶100 的稀释液吸取 1 ml，注入标有 10^{-3} 试管的 9 ml 无菌生理盐水，制成 1∶1 000 的稀释液。按此方法一次稀释至所需要的浓度。稀释倍数根据食品卫生标准要求或对标本污染情况的估计，以培养后每个平皿上菌落数在 30~300 个之间的稀释度最为合适。若 3 个稀释度的菌落数均多到无法计数或无菌落出现，应加大或减少稀释倍数。

(3) 加样：自最后 3 个稀释度的试管中各吸取 1 ml 稀释液加入空的无菌平皿内，每个稀释度做 2~3 个平皿。

(4) 倾注平皿：将冷却至 45 ℃左右的普通营养琼脂培养基注入平皿约 15 ml，并转动平皿使其混合均匀。另取一空的无菌平皿注入 15 ml 培养基作空白对照。

(5) 培养：待琼脂凝固后，翻转平皿，置于(36±1)℃恒温箱内，培养(24±2)h（肉、水产品、乳和蛋制品为 48 h）。

(6) 菌落计数：做平皿菌落计数时可用肉眼观察，必要时用放大镜检查，以防遗漏。在记下各平皿的菌落数后，求出同稀释度的各平皿平均菌落数。

3. 菌落计数的报告

(1) 平皿菌落的选择：选取菌落数在 30~300 之间的平皿作为菌落总数测定标准，取同一稀释度的 2~3 个平皿的平均数。

(2) 稀释度的选择

①首先选择平均菌落数在 30~300 之间的稀释度。

②若有两个稀释度，其生长的菌落数均在 30~300 之间，则视两者之比值来决定。若其比值小于 2，应报告其平均数；若大于 2，则报告其中较小的菌数。

③若所有稀释度的平均菌落数均大于 300，则应按照稀释度最高的平均菌落数乘以稀释倍数报告之。

④若所有稀释度的平均菌数均小于 30，则应按照稀释度最低的平均菌落数乘以稀释倍数报告之。

⑤若所有稀释度的平均菌数均不在 30~300 之间，其中一部分大于 300 或小于 30 时，则以最接近 30 或 300 的平均菌落数乘以稀释倍数报告之。

⑥若所有稀释度的平均菌数均无菌落生长，则以小于 1 乘以最低稀释倍数报告之。

(3) 菌落数的报告：菌落数在 100 以内时，按其实有数报告；大于 100 时，采用两位有效数字，在两位有效数字后面的数值，以四舍五入方法计算。为了缩短数字后面的零数，也可以用 10 的指数来表示。

（三）还原试验

1. 原理　美蓝还原酶试验是用于乳品质量的一种定性检测法，操作简单，不需要特殊设备。美蓝是一种氧化还原作用指示剂，在厌氧环境中，它被还原成无色。如果乳品中有细菌生长繁殖，必将造成其中溶解氧的减少。通过加入其中的美蓝颜色变化的速度，可鉴定该乳品的质量。

2. 操作方法

（1）用无菌吸管吸取 10 ml 被检生牛乳于无菌试管中，水浴加入到 38～40 ℃恒温箱中，记录放入的开始时间。

（2）经过 20 min、2 h、5.5 h 各观察 1 次，同时将试管倒置振摇 1 次。

（3）根据美蓝褪色时间可将被检乳分为下述 4 个等级（见下表）。

美蓝褪色时间	相当于个/ml	乳品质量	乳品等级
大于 5.5 h	少于 50 万	良好	一级品
2～5.5 h	50 万～400 万	合格	二级品
20 min～2 h	400 万～2 000 万	差	三级品
小于 20 min	多于 2 000 万	很差	四级品

技能训练十六　食品中大肠菌群的测定技术

一、试验目的

1. 学习和掌握食品中大肠杆菌群 MPN 检测方法。
2. 了解测定过程中 MPN 的基本原理及操作程序。

二、实验原理与方法

大肠杆菌群是指在 37 ℃培养 24 h 能发酵乳糖产酸、产气的需氧及兼性厌氧的革兰阴性无芽孢杆菌的总称，主要由肠杆菌科中的四个属内的细菌组成，即埃希氏杆菌、柠檬酸杆菌属、克雷伯氏菌属和肠杆菌属。该菌群主要来自于人畜粪便，作为粪便污染指标来评价食品的卫生质量，推断食品中是否存在污染肠道致病菌的可能。

MPN 法又称为多管发酵法，是对样品中活菌浓度的一种估计值。

本试验以检测水中大肠菌群为例。国家饮用水标准规定，饮用水中大肠杆菌群数每升中不超过 3 个。

三、试验材料与仪器

1. 样品　自来水或瓶装饮用水或食品生产用水。
2. 培养基　单料和双料乳糖胆盐发酵培养基、亮绿乳糖胆盐液体培养基（BGB）、牛肉膏蛋白胨琼脂培养基。

3. 试剂　90 ml 无菌生理盐水(带有玻璃珠),9 ml 无菌生理盐水。

四、方法与步骤

1. 培养基的制备

(1) 乳糖胆盐发酵培养基的制备:分别将单料、双料乳糖胆盐培养基的成分混合溶解,调 pH 值至 7.1。将 1%溴甲酚紫乙醇 2 ml 加到单料乳糖胆盐培养基中,将 1%溴甲酚紫乙醇 4 ml 加到双料乳糖胆盐培养基中。分别将配好的以上两种培养基分装到装有倒置小试管的试管中,每管 10 ml。再将这两种培养基于 110 ℃灭菌 15 min。

(2) 亮绿乳糖胆盐液体培养基的制备:除亮绿外,将亮绿乳糖胆盐液体培养基的其他成分溶于蒸馏水中,调 pH 值 7.2,再加入亮绿,混匀。分装到装有倒置小试管的试管中,每管 10 ml。于 110 ℃灭菌 15 min。

2. 样品采集　如取自来水时,先将水龙头用酒精棉擦拭,火焰灼烧水龙头出水口进行灭菌,然后打开水龙头,放水 15 min,关闭水龙头,再用无菌三角瓶接取适量的水样。注意取样过程的无菌操作。

3. 假定性检验

(1) 样品的稀释

①将样品进行 10 倍系列稀释:用 10 ml 无菌吸管吸取水样 10 ml,注入 90 ml 无菌水(装有玻璃珠)中,充分摇匀 5 min,制成 1∶10 的稀释液。用 1 ml 无菌吸管吸取 1∶10 的稀释液 1 ml,注入标有 10^{-2} 试管的 9 ml 无菌生理盐水(沿管壁慢慢注入),然后另取 1 支 1 ml 无菌吸管注入 10^{-2} 试管中反复吹吸菌悬液 3 次,充分混合均匀,制成 1∶100 的稀释液。再从 1∶100 的稀释液吸取 1 ml,注入标有 10^{-3} 试管的 9 ml 无菌生理盐水,制成 1∶1 000 的稀释液。按此方法一次稀释至所需要的浓度。

②注意事项:每递增稀释 1 次,更换 1 次无菌吸管,否则稀释不准确。每次移液前,需将菌液来回吹吸 3 次后吸取;吹吸菌液时不能过猛过快;吸时将吸管插入管底,吹时将吸管提到接近液面以下,避免将吸管中的过滤棉花浸湿或吸管内液体外溢。在将菌液注入无菌生理盐水中时,吸管尖不能碰到液面。

(2) 接种:选择适当的三个稀释度,每个稀释度接种 3 管。接种量在 1 ml 以上者,用双料乳糖胆盐培养基;接种量在 1 ml 及 1 ml 以下者,用单料乳糖胆盐培养基。

接种无菌操作进行。自来水和瓶装水一般可选择 10^1、10^0、10^{-1} 三个稀释度,即取 10 ml 水样接种到盛有 10 ml 双料乳糖胆盐培养基的试管中,另取 1 ml 水样接种到盛有 10 ml 单料乳糖胆盐培养基的试管中,轻摇试管,使液体充分混合。深井水,可选择 10^0、10^{-1}、10^{-2} 三个稀释度;比较清洁的水源水如河水等,可选择 10^{-1}、10^{-2}、10^{-3} 三个稀释度;污染水,可选择 10^{-2}、10^{-3}、10^{-4} 三个稀释度。

(3) 培养:将接种后的试管培养基置于(36±1)℃恒温箱内,培养(24±2)h。

(4) 假定性阳性判断:观察每管是否产气,如果有气体产生,该管即为假定检验阳性。如果没有产生气体,继续培养 24 h;仍无气体产生;则为大肠菌群阴性;如有气体产生,仍算作假定性检验阳性。

4. 证实性检验

(1) 接种培养:从假定性检验阳性试管中取 1 环培养液,接种到亮绿乳糖胆盐液体培养基试管中,置于 37 ℃恒温箱中 48 h。

(2) 阳性判断:培养观察 BGB 试管中的产气情况。如有气体产生,就可确定大肠菌群阳性;如无气体产生,则为大肠菌群阴性。记下 BGB 试管中产气的阳性试管数。

5. 结果报告　根据证实大肠菌群的阳性试管数,查大肠菌群 MPN 检索表,即可得出水样中大肠菌群的 MPN 值,报告 100 ml 样品大肠菌群的最可能数,即 MPN 值。

本章复习题

一、名词解释

1. 感染型食物中毒
2. 毒素型食物中毒
3. 黄变米
4. 细菌总数
5. 食物中毒

二、判断题

1. 巴氏消毒法可杀死全部致病性大肠杆菌。　　　　　　　　　　　　　(　　)
2. 目前,金黄色葡萄球菌根据抗原性的不同,发现有 6 种肠毒素,既 A、B、C、D、E、F 型。　　　　　　　　　　　　　　　　　　　　　　　　　　　　　　　　　(　　)
3. 志贺氏菌食物中毒初期的主要症状为突然发生剧烈的腹痛,伴有多次水样腹痛。(　　)
4. 黄曲霉毒的毒性按照其临床症状可分为三型:急性和亚急性中毒、慢性中毒、致癌性中毒。　　　　　　　　　　　　　　　　　　　　　　　　　　　　　　(　　)

三、选择题

1. 致病性大肠杆菌食物中毒与人体摄入的菌量有关,一般认为摄入食品含有＿＿＿＿＿＿个活菌可使人致病　　　　　　　　　　　　　　　　　　　　　　　(　　)

    A. 10^4　　　　　B. 10^6　　　　　C. 10^8　　　　　D. 10^{10}

2. 致病性大肠杆菌食物中毒的潜伏期较短,通常在摄入后＿＿＿＿＿＿突然发病(　　)

    A. 1～2 h　　　　B. 2～4 h　　　　C. 4～10 h　　　　D. 10 h 以后

3. 肉毒梭菌食物中毒的致病率一般为　　　　　　　　　　　　　　　　(　　)

    A. 20%～40%　　B. 30%～40%　　C. 10%～20%　　D. 40%～60%

4. 以下不是物理防霉措施的是　　　　　　　　　　　　　　　　　　　(　　)

    A. 干燥防潮　　　　　　　　　　　B. 低温防潮
    C. 气调防潮　　　　　　　　　　　D. 用环氧乙烷熏蒸防潮

四、填空题

1. 食物中毒类型多种多样,按食物中毒的病因分成＿＿＿＿＿＿、＿＿＿＿＿＿、＿＿＿＿＿＿,其中＿＿＿＿＿＿中毒最常见。
2. 根据引起食物中毒的微生物类群不同,微生物性食物中毒主要分为＿＿＿＿＿＿和＿＿＿＿＿＿两大类。
3. 真菌毒素根据其作用部分,一般分为＿＿＿＿＿＿毒、＿＿＿＿＿＿毒、＿＿＿＿＿＿毒和＿＿＿＿

____毒四大类型。

4. 黄变米毒素包括以下三类：_____毒素类、_____毒素类、_____毒素类。

5. 炭疽杆菌有四种抗原,分别是_____抗原、_____抗原、_____抗原和_____抗原。

五、简述题

1. 什么是食物中毒,食物中毒有哪些类型？
2. 怎么预防沙门氏菌食物中毒？
3. 怎么预防炭疽杆菌疾病？
4. 怎么预防金黄色葡萄糖菌食物中毒？
5. 简述霉菌毒素引起食物中毒的特点。
6. 食物安全标准中的微生物指标主要有哪些？这些检验指标有何实际意义？
7. 简述食品中致病微生物的限量检出范围和检测方法。
8. 检测食品评、饮用水中的大肠菌群有何重要意义？

六、技能题

到医院了解一例食物中毒病例,在医生的指导下,分析引起中毒的食品及微生物,并向病人提出防止类似食物中毒的方法。

拓展知识 食品保藏的栅栏技术

1976年,德国肉类食品专家Leistner博士提出"栅栏技术"。栅栏技术是多种技术的科学结合,这些技术协同作用,阻止食品品质的劣变,将食品的危害性以及在加工和商业销售过程中品质的恶化降低到最低程度,它是食品保藏的根本所在。Leistner把食品防腐的方法或原理归结为：高温处理、低温冷藏、降低水分活度、酸化、氧化还原电势、防腐剂、竞争性菌群及辐照等几种因子的作用。这些因子单独或相互作用,形成特殊的防止食品腐败变质的栅栏,决定着食品微生物的稳定性,抑制引起食品氧化变质的酶类的活性,即栅栏效应。水分活度、酸度、温度、防腐剂等栅栏因子相互影响对食品的联合防腐保持作用,我们将其命名为栅栏技术。

栅栏因子(Hurdles)：阻止残留微生物生长繁殖的因素。栅栏技术(Hurdle Technology,HT)：利用栅栏因子间的协同效应控制微生物的生长,即栅栏技术。

1. 栅栏技术基本原理 在食品防腐保藏中的一个重要现象是微生物的内平衡(Homeostasis),内平衡是微生物维持一个稳定平衡内部环境的固有趋势。具有防腐功能的栅栏因子扰乱了一个或更多的内平衡机制,因而阻止了微生物的繁殖,导致其失去活性甚至死亡。

几乎所有的食品保藏都是几种保藏方法的结合,例如：加热、冷却、干燥、腌渍或熏制、蜜饯、酸化、除氧、发酵、加防腐剂等等,这些方法及其内在原理已经被人们以经验为依据广泛应用了许多年。栅栏技术囊括了这些方法,并从其作用机理上予以研究；而这些方法即所谓栅栏因子。栅栏因子控制微生物稳定性所发挥的栅栏作用不仅与栅栏因子种类、强度有关,而且受其作用次序影响,两个或两个以上因子的作用强于这些因子单独作用的累加。某种栅栏因子的组合应用还可大大降低另一种栅栏因子的使用强度,或不采用另一种栅栏因子而达到同样的保存效果,即所谓的"魔方"原理。

2. 常用栅栏因子　在提出"栅栏"这个专业术语之前,许多的食品科学家和技术专家实际上已经开始应用"栅栏因子"来进行食品的防腐与保藏,比如在肉类的加工中使用的腌、熏、加香料、加热、冷冻等措施。到目前为止,食品保藏中已经得到应用和有潜在应用价值的栅栏因子的数量已经超过100个,其中已用于食品保藏的大约50个。当然在这些栅栏因子中最重要和最常用的是:温度、pH、水分活度(a_w),以及高压、光效应、透气和不透气的限制空气的包装、可食性外包装、美拉德效应、竞争性菌群等等。这些栅栏因子不仅对食品的防腐保藏有效,而且还有其他方面的潜在利用价值。

3. 常用的引起食品腐败的微生物(细菌类)

革兰阳性菌(G^+)		革兰阴性菌(G^-)	
名称	类型	名称	类型
索丝菌	嗜冷(温)兼性厌氧	假单胞菌	嗜冷(1)
蜡状芽孢杆菌	嗜温(热)	气单胞菌	嗜冷(2)
梭状芽孢杆菌	嗜热	莫拉氏菌	嗜冷(3)
葡萄球菌	嗜温	肠杆菌	嗜温

4. 栅栏效应　研究表明,肉制品中各栅栏因子之间具有协同作用(即"魔方"原理,Leistner,1985)。当肉制品中有两个或两个以上的栅栏因子共同作用时,其作用效果强于这些因子单独作用的叠加。这主要是因为不同栅栏因子进攻微生物细胞的不同部位,如细胞壁、DNA、酶系统等,改变细胞内的pH值、a_w、氧化还原电位,使微生物体内的动平衡被破坏,即"多靶保藏"效应(Leistner,1979)。但是对于某一个单独的栅栏因子来说,其作用强度的轻微增加即可对肉制品的货架稳定性产生显著的影响(即"天平"原理)。

5. 栅栏技术在保鲜肉中的应用　长久以来,鲜肉保鲜常用冷冻法,能较好地解决鲜肉在贮运、加工、销售过程中微生物污染、腐败变质的问题,但冷冻法不仅成本高,且影响了鲜肉的品质。故目前通过使用低耗能、无污染、抑菌效果好的栅栏因子,达到在非冷冻条件下保藏鲜肉成为了研究热点。茶多酚是肉品保鲜中常用的栅栏因子,是一种很好的天然防腐剂和抗氧化剂,具有供氢、抑制脂肪氧化变质的性能。0.6%的茶多酚溶液浸泡鲜鱼肉,贮存期可长达2个月之久,对猪肉更有良好的保鲜效果。

6. 栅栏技术在肉制品加工中的应用　在肉制品方面,如发酵香肠,其栅栏因子包括a_w(降低水分活度值)、pH(发酵酸化)和Eh(降低氧还原值)。利用这些不同栅栏因子的抑菌作用,在发酵香肠不同的加工阶段使用相应的栅栏因子,从而保证产品的稳定、安全。在欧美各国,备受儿童青睐的迷你色拉米发酵香肠,就是采用栅栏因子的协同作用而保质防腐,可以说是应用栅栏技术的典范。

7. 栅栏技术应用于水产品保鲜技术开发　如"新含气调理杀菌技术"利用食品原材料调味烹饪的减菌化处理、多阶段快速升温和两阶段急速冷却的温和式杀菌(高温域较窄)、充氮包装等栅栏因子,控制其低强度协同作用,在常温下可保存水产品达6个月以上,且较好地保存了水产品原有的风味和口感。"真空冷却红外线脱水技术"利用食用酒精减菌、抽真空脱水、气体置换包装、冷藏等因子的协同作用,使水产品可冷藏保鲜1个月左右。

第五章 食品卫生微生物学检验技术

食品是人类赖以生存和发展的物质基础,食品安全问题是关系到人身健康和经济社会发展的重要问题。食品不同于其他工业产品的显著特点之一,就在于食品与微生物有着密切的关系。一方面,很多食物的制作、风味、贮存需要微生物发挥作用;另一方面,一些致病菌如痢疾杆菌使食物变质给人类带来了巨大的痛苦和灾难。食品是人类生存的第一要素,同时也是微生物与人类接触的重要途径。"病从口入",主要就是指食用微生物含量超标的食品引起疾病。在认识到微生物是食品腐败变质的关键所在以及许多疾病是由特定的微生物引起之后,对食品中微生物的研究一直方兴未艾,尤其在食品卫生微生物检测方面,随着相关学科的发展和新型设备的出现,食品微生物检测技术获得了长足的进步,使检测更快速、准确且成本低。因而,要很好地掌握食品卫生微生物检验各方面的知识。

第一节 食品卫生微生物学检验室

根据 ISO/IEC17025 标准,实验室分为第一方实验室、第二方实验室和第三方实验室。第一方实验室是组织内的实验室,检测/校准自己生产的产品,数据为我所用,目的是提高和控制自己生产的产品质量。一般使用企业标准,服务于企业生产。第二方实验室也是组织内的实验室,检测/校准供方提供的产品,数据为我所用,目的是提高和控制供方产品质量。一般使用约定标准,服务于销售方。第三方则是独立于第一方和第二方、为社会提供检测/校准服务的实验室,数据为社会所用,目的是提高和控制社会产品质量。一般使用国家标准或国际标准。需要通过 CNAS 认证才具有出具报告的权利,出具的报告才具有法律效力。三种类型的实验室可以相互转化,第三方可以变成第一、二方,而第一方也可以同时是第二方。例如,如果实验室是某机构中从事检测或校准的一个部门,且只为本机构提供内部服务,则该实验室就是一个典型的第一方实验室。现阶段第三方实验室由于自身特点,与供需双方在行政能力上没有隶属关系,在经济技术上没有利害关系且获得官方认可,能独立开展监测工作,使其越来越受人们的关注,促进其发展。

通常食品卫生检验实验室按照检验的对象,又分为食品理化检验实验室和食品卫生微生物学检验实验室。这里主要介绍食品卫生微生物学检验室。根据对所操作因子采取的防护措施,将实验室生物安全防护水平分为一级、二级、三级和四级。依据国家相关规定,一级实验室适用于操作在通常情况下不会引起人类或动物疾病的微生物;二级实验室适用于操作能够引起人类或动物疾病的微生物,但一般情况下对人、动物或环境不构成严重危害,传播风险有限,实验感染后很少引起严重疾病,并且具备有效治疗和预防措施的微生物;三级实验室适用于操作能够引起人类或动物严重疾病的微生物,比较容易直接或者间接在人与人、动物与人、动物与动物间传播的微生物;四级实验室适用于操作能够引起人类或动物非常严重疾病的微生物,以及我国尚未发现或者已经宣布消灭的微生物。根据实验室所处理感染性食品致病微生物的生物危害程度,可把实验室分为与致病微生物的生物危险程度相对应的食品卫生微生物学检验实验室,其中一级对生物安全要求隔离最低,四级最高。不同级别食品微生物实验室的规划建设和配套环境设施不同,食品卫生微生物学检验实验室所检验微生物的生物危害等级大部分为生物安全二级,少数为生物安全三级和四级(如霍乱弧菌、鼠疫耶尔森氏菌等)。

一、食品卫生微生物学实验室的设计与管理

（一）实验室的设计

1. 选址　食品卫生微生物学检验实验室的选址要充分考虑环境条件对卫生检验带来的直接或者间接的影响。实验室的选址往往考虑到环境洁净度的情况,注重各方面的要求。

（1）最好选择在工厂的上风口处,远离生活区、污水处理区和卫生间,周围卫生状况相对良好,噪音相对较少的环境。

（2）检验室所处的环境,光线充足,空气流动畅通;按照标准,总体考虑送风、排风系统。

（3）选址还要考虑方便取样的原则。毗邻车间,但与生产车间有一定的距离,或中间存在缓冲间距。

2. 实验室结构与布局　食品卫生微生物学检验室应单独设置,要求实验室的结构、布局要合理,操作区与办公区应分开,避免污染。房屋要求足够宽敞、通风,有良好的照明,主要工作区域的温度设在 10～27 ℃,相对湿度应为 30%～60%。房间内墙面及地面等应采用易于清洁的材料,仪器设备的安排应得当,这不仅决定了实验室的功能区分,而且可以提高工作效率。一般情况下,食品卫生微生物学检验室要求一定的洁净度;主要包括办公室、操作间、培养室(真菌、细菌培养室要分开)、观察室、无菌室、样品储存室等。根据实验室生物安全认可的准则以及工厂的具体要求,食品卫生微生物学检验室至少具有无菌室,无菌室应有良好的通风条件,如安装空调设备及过滤设备,无菌室内空气测试应基本达到无菌,避免检验操作中"二次污染"的发生。

（二）实验室的管理

1. 实验室人员的管理　实验室人员结构要合理,专业要相对对口,必须具有严肃、认真的工作态度,具有较强的工作责任感,观察事物要细致,有发现问题、解决问题的能力,身体健康,无不良的卫生习惯。上岗前及工作过程中要经过培训和考核,并不断更新知识。实验室人员的分工要合理,包括管理人员、技术人员、质量监督人员等。相应岗位的人员应具备相应的技术能力和技术能力证明(相关的职业资格证书)。实验室每个人必须对自己所工作的环境有清楚的了解,以便于应对意外情况的发生和处置。

实验室要建立相关的人员档案管理与考核制度。

2. 实验室管理制度

（1）实验室应制定仪器配备管理、使用制度,药品管理、使用制度,玻璃器皿管理、使

用制度,并根据安全制度和环境条件的要求,本室工作人员应严格掌握,认真执行。

(2) 进入实验室必须穿工作服,进入无菌室换无菌衣、帽、鞋,戴好口罩,非实验室人员不得进入实验室,严格执行安全操作规程。

(3) 实验室内物品摆放整齐,试剂定期检查并有明晰标签,仪器定期检查、保养、检修,严禁在冰箱内存放和加工私人食品。

(4) 各种器材应建立请领消耗记录,贵重仪器有使用记录,破损遗失应填写报告;药品、器材、菌种不经批准不得擅自外借和转让,更不得私自拿出,应严格执行《菌种保管制度》。

(5) 禁止在实验室内吸烟、进餐、会客、喧哗,实验室内不得带入私人物品,离开实验室前认真检查水、电、暖气、门窗,对于有毒、有害、易燃、污染、腐蚀的物品和废弃物品应按有关要求执行。

(6) 科、室负责人督促本制度严格执行,根据情况给予奖惩,出现问题立即报告,造成病原扩散等责任事故者,应视情节直至追究法律责任。

3. 仪器配备、管理使用制度

(1) 食品微生物实验室应具备下列仪器:培养箱、高压锅、普通冰箱、低温冰箱、厌氧培养设备、显微镜、离心机、超净台、振荡器、普通天平、千分之一天平、烤箱、冷冻干燥设备、匀质器、恒温水浴箱、菌落计数器、生化培养箱,电位 pH 计、高速离心机。

(2) 实验室所使用的仪器、容器应符合标准要求,保证准确可靠,凡计量器具须经计量部门检定合格方能使用。

(3) 实验室仪器安放合理,贵重仪器有专人保管,建立仪器档案,并备有操作方法、保养、维修、说明书及使用登记本,做到经常维护、保养和检查,精密仪器不得随意移动,若有损坏需要修理时,不得私自拆动,应写出报告、通知管理人员,经科室负责人同意填报修理申请,送仪器维修部门。

(4) 各种仪器(冰箱、温箱除外)使用完毕后要立即切断电源,旋钮复原归位,待仔细检查后方可离去。

(5) 一切仪器设备未经设备管理人员同意不得外借,使用后按登记本的内容进行登记。

(6) 仪器设备应保持清洁,一般应有仪器套罩。

(7) 使用仪器时,应严格按操作规程进行,对违反操作规程的因管理不善致使仪器械损坏,要追究当事者责任。

4. 药品管理、使用制度

(1) 依据本室检测任务,制订各种药品试剂采购计划,写清品名、单位、数量、纯度、包装规格、出厂日期等,领回后建立账目,专人管理,每半年做出消耗表,并清点剩余药品。

(2) 药品试剂陈列整齐,放置有序、避光、防潮、通风干燥,瓶签完整,剧毒药品加锁存放,易燃、挥发、腐蚀品种单独贮存。

(3) 领用药品试剂,需填写请领单,由使用人和室负责人签字,任何人无权私自出借或馈送药品试剂,本单位科、室间或外单位互借时需经科室负责人签字。

(4) 称取药品试剂应按操作规范进行,用后盖好,必要时可封口或黑纸包裹,不使用过期或变质药品。

5. 玻璃器皿管理、使用制度

（1）根据测试项目的要求，申报玻璃仪器的采购计划，详细注明规格、产地、数量、要求，硬质中性玻璃仪器应经计量验证合格。

（2）大型器皿建立账目，每年清查一次，一般低值易耗器皿损坏后随时填写损耗登记清单。

（3）玻璃器皿使用前应除去污垢，并用清洁液或2%稀盐酸溶液浸泡24 h后，用清水冲洗干净备用。

（4）器皿使用后随时清洗，染菌后应严格高压灭菌，不得乱弃乱扔。

6. 安全制度

（1）进入实验室，工作衣、帽、鞋必须穿戴整齐。

（2）在进行高压、干烤、消毒等工作时，工作人员不得擅自离现场，认真观察温度、时间。蒸馏易挥发、易燃液体时，不准直接加热，应置水浴锅上进行。试验过程中如产生毒气时应在避毒柜内操作。

（3）严禁用口直接吸取药品和菌液，按无菌操作进行，如发生菌液、病原体溅出容器外时，应立即用有效消毒剂进行彻底消毒，安全处理后方有离开现场。

（4）工作完毕，两手用清水肥皂洗净，必要时可用新洁尔灭、过氧乙酸泡手，然后用水冲洗，工作服应经常清洗，保持整洁，必要时高压消毒。

（5）实验完毕，及时清理现场和实验用具，对染菌带毒物品进行消毒灭菌处理。

（6）每日下班，尤其节假日前后认真检查水、暖气、电和正在使用的仪器设备，关好门窗后方可离去。

二、食品卫生微生物学实验室技术操作要求

食品微生物实验室工作人员必须有严格的无菌观念，许多试验要求在无菌条件下进行，主要原因：一是防止试验操作中人为污染样品；二是保证工作人员安全，防止检出的致病菌由于操作不当造成个人污染。

（一）无菌操作要求

1. 接种细菌时必须穿工作服、戴工作帽。

2. 进行接种食品样品时，必须穿专用的工作服、帽及拖鞋，应放在无菌室缓冲间，工作前经紫外线消毒后使用。

3. 接种食品样品时，应在进无菌室前用肥皂洗手，然后用75%乙醇棉球将手擦干净。

4. 进行接种所用的吸管、平皿及培养基等必须经消毒灭菌，打开包装未使用完的器皿，不能放置后再使用，金属用具应高压灭菌或用95%乙醇点燃烧灼三次后使用。

5. 从包装中取出吸管时，吸管尖部不能触及外露部位，使用吸管接种于试管或平皿时，吸管尖不得触及试管或平皿边。

6. 接种样品、转种细菌必须在酒精灯前操作，接种细菌或样品时，吸管从包装中取出后及打开试管塞都要通过火焰消毒。

7. 接种环和针在接种细菌前应经火焰烧灼全部金属丝，必要时还要烧到环和针与杆的连接处，接种结核菌和烈性菌的接种环应在沸水中煮沸5 min，再经火焰烧灼。

8. 吸管吸取菌液或样品时,应用相应的橡皮头吸取,不得直接用口吸。

（二）无菌间使用要求

1. 无菌间通向外面的窗户应为双层玻璃,并要密封,不得随意打开,并设有与无菌间大小相应的缓冲间及推拉门,另设有 $0.5\sim0.7\ m^2$ 的小窗,以备进入无菌间后传递物品。

2. 无菌间内应保持清洁,工作后用 2‰～3‰ 煤酚皂溶液消毒,擦拭工作台面,不得存放与实验无关的物品。

3. 无菌间使用前后应将门关紧,打开紫外灯,如采用室内悬吊紫外灯消毒时,需 30 W 紫外灯,距离在 1.0 m 处,照射时间不少于 30 min,使用紫外灯,应注意不得直接在紫外线下操作,以免引起损伤,灯管每隔两周需用酒精棉球轻轻擦拭,除去上面灰尘和油垢,以减少紫外线穿透的影响。

4. 根据无菌间的净化情况和空气中含有的杂菌种类,可采用不同的化学消毒剂。如霉菌较多时,先用 5% 的石炭酸全面喷洒室内,再用氧化熏蒸;如细菌过多采用甲醛与乳酸交替熏蒸。

5. 无菌间无菌程度检验,测定无菌间无菌程度一般采用平板计数法。

（三）消毒灭菌要求

微生物检测用的玻璃器皿、金属用具及培养基、被污染和接种的培养物等,必须经灭菌后方能使用。

1. 干热和湿热高压蒸气锅灭菌方法

（1）灭菌前准备

①所有需要灭菌的物品首先应清洗晾干,玻璃器皿如吸管、平皿用纸包装严密,如用金属筒应将上面通气孔打开。

②装培养基的三角瓶塞,用纸包好,试管盖好盖,注射器须将管芯抽出,用纱布包好。

（2）装放

①干热灭菌器:装放物品不可过挤,且不能接触箱的四壁。

②大型高压蒸气锅:放置灭菌物品分别包扎好,直接放入消毒筒内,物品之间不能过挤。

（3）设备检查

①检查门的开关是否灵活,橡皮圈有无损坏,是否平整。

②检查压力表蒸气排尽时是否停留在零位,关好门和盖,通蒸气或加热后,观察是否漏气,压力表与温度计所标示的状况是否吻合,管道有无堵塞。

③对有自动电子程序控制装置的灭菌器,使用前应检查规定的程序,是否符合于进行灭菌处理的要求。

（4）灭菌处理

1）干热灭菌法:此法适用于在干热情况下不损坏、不变质、不蒸发的物品,较常用于玻璃器皿、金属制品、陶瓷制品等的灭菌。

①器械、器皿应清洗后再干烤,以防附着在表面的污物炭化。

②灭菌时安放物品不能过挤,不要直接接触底和箱壁,物品之间留有空隙。

③灭菌时将箱门关紧,接上电源,先将排气孔打开约 30 min,排除灭菌器中的冷空气,温度升至 160 ℃ 调节指示灯,维持 1.5～2 h。

④灭菌完毕后或温度升温过程中,须在 60 ℃以下才能打开箱门。

2) 手提式高压锅或立式压力蒸气灭菌器的使用应按下列步骤进行:

①手提式高压锅在主体内加入 3 L 清水,立式高压锅加水 16 L(重复使用时应将水量补足,水变混浊需更换)。

②手提式压力锅将顶盖上的排气管插入消毒桶内壁的方管中(无软管或软管锈蚀破裂的灭菌器不得使用)。

③盖好顶盖拧紧,勿使漏气;置灭菌器于火源上加热,立式压力锅通上电源,并打开顶盖上的排气阀放了冷气(水沸腾后排气 10~15 min)。

④关闭排气阀,使蒸气压上升到规定要求,并维持规定时间(按灭菌物品性质与有关情况而定)。

⑤达到规定时间后,对需干燥的物品,立即打开排气阀排出蒸气,待压力恢复到零时,自然冷却至 60 ℃后开盖取物。如为液体物品,不要打开排气阀,而应立即将锅去除热源,待自然冷却,压力恢复至零,温度降到 60 ℃以下再开盖取物,以防突然减压液体剧烈沸腾或容器爆破。

3) 卧式压力锅蒸气灭菌器的使用按下列步骤进行:

①关紧锅门,打开进气阀,将蒸气引入夹层进行预热,夹层内冷空气经阻气器自动排出。

②夹层达到预定温度后,打开锅室进气阀,将蒸气引入锅室,锅室内冷空气经锅室阻气器自动排出。

③待锅室达到规定的压力与温度时,调节进气阀,使保持恒定至规定时间。

④自然或人工降温至 60 ℃再开门取物,不得使用快速排出蒸气法,以防突然降压,液体剧烈沸腾或容器爆破。

⑤使用自动程序控制式压力蒸气灭菌器,在放好物品关紧门后,应根据物品类别按动相应开关,以便按要求程序自动进行灭菌,灭菌时必须利用附设仪表记录温度与时间以备查,操作要求应严格按照厂家说明书进行。

(5) 灭菌温度与时间

①干热灭菌器灭菌温度 160 ℃,1.5~2 h。

②压力蒸气灭菌锅灭菌温度与时间

2. 间歇灭菌方法

(1) 灭菌方法系利用不加压力的蒸气灭菌,某些物质经高压蒸气灭菌容易破坏,可用此法灭菌。

①将欲灭菌物品置于锅内,盖上顶盖,打开排水口,使器内余水排尽。

②关闭排水口,打开进气门,根据需要消毒 10~20 min。

③灭菌完毕关闭进气门,取出物品待冷至室温温度,放入 37 ℃温箱过夜,次日仍按上述方法消毒,如此三次,即可达到灭菌目的。

(2) 血清凝固器使用方法,培养基中含有血清或鸡蛋特殊成分时,因高热会破坏其营养成分,故用低温,可使血清凝固,又可达到灭菌目的。

①在使用该法灭菌的血清等分装时,需严格遵守无菌操作,试管、平皿也经灭菌后使用。

②将培养基按要求使成斜面或高层,加足水后,接上电源,升温 75～90 ℃ 1 h 灭菌,放 37 ℃ 温箱过夜,再如此灭菌三次。

(3) 煮沸消毒:可用煮锅或煮沸消毒器,水沸腾后再煮 5～15 min;也可在水中加入 2% 石炭酸煮沸 5 min 或加入 0.02% 甲醛,80 ℃煮 60 min,均可达到灭菌目的。但选用煮沸消毒的增消剂时,应注意对物品的腐蚀性。

(4) 灭菌处理:灭菌后物品,按正常情况已属无菌,从灭菌器中取出应仔细检查放置,以免再度污染。

①物品取出,随即检查包装的完整性,若有破坏或棉塞脱掉,不可作为无菌物品使用。

②取出的物品,如为包装有明显的水浸者,不可作为无菌物品使用。

③培养基或试剂等,应检查是否符合达到灭菌后的色泽或状态,未达到者应废弃。

④启闭式容器,在取出时应将筛孔关闭。

⑤取出的物品掉落在地上或误放不洁之处,或沾有水液,均视为受到污染,不可作为无菌物品使用。

⑥取出的合格灭菌物品,应存放于贮藏室或防尘柜内,严禁与未灭菌物品混放。

⑦凡属合格物品,应标有灭菌日期及有效期限。

⑧每批灭菌处理完成后,记录灭菌品名、数量、温度、时间、操作者。

(四) 有毒有菌污物处理要求

微生物实验所用实验器材、培养物等未经消毒处理,一律不得带出实验室。

1. 经培养的污染材料及废弃物应放在严密的容器或铁丝筐内,并集中存放在指定地点,待统一进行高压灭菌。

2. 经微生物污染的培养物,必须经 121 ℃、30 min 高压灭菌。

3. 染菌后的吸管,使用后放入 5% 煤酚皂溶液或石炭酸液中,最少浸泡 24 h(消毒液体不得低于浸泡的高度),再经 121 ℃、30 min 高压灭菌。

4. 涂片染色冲洗片的液体,一般可直接冲入下水道。烈性菌的冲洗液必须冲在烧杯中,经高压灭菌后方可倒入下水道。染色的玻片放入 5% 煤酚皂溶液中浸泡 24 h 后,煮沸洗涤。做凝集试验用的玻片或平皿,必须高压灭菌后洗涤。

5. 打碎的培养物,立即用 5% 煤酚皂溶液或石炭酸液喷洒和浸泡被污染部位,浸泡半小时后再擦拭干净。

6. 污染的工作服或进行烈性试验所穿的工作服、帽、口罩等,应放入专用消毒袋内,经高压灭菌后方能洗涤。

(五) 培养基制备要求

培养基制备的质量将直接影响微生物生长,因为各种微生物对其营养要求不完全相同,培养目的也不同。各种培养基制备要求如下:

1. 根据培养基配方的成分按量称取,然后溶于蒸馏水中,在使用前对应用的试剂药品应进行质量检验。

2. pH 测定及调节 pH 测定要在培养基冷至室温时进行,因在热或冷的情况下,其 pH 有一定差异。当测定好时,按计算量加入碱或酸混匀后,应再测试一次。培养基 pH 值一定要准确,否则会影响微生物的生长或影响结果的观察。但需注意因高压灭菌可影响一些培养基的 pH 降低或升高,故不宜灭菌压力过高或次数太多,以免影响培养基的质量,指示剂、去氧胆酸钠、琼脂等一般在调完 pH 后再加入。

3. 培养基需保持澄清,便于观察细菌的生长情况,培养基加热煮沸后,可用脱脂棉花或绒布过滤,以除去沉淀物,必要时可用鸡蛋白澄清处理,所用琼脂条要预先洗净晾干后使用,避免因琼脂含杂质而影响透明度。

4. 盛装培养基不宜用铁、铜等容器,使用洗净的中性硬质玻璃容器为好。

5. 培养基的灭菌既要达到完全灭菌的目的,又要注意不因加热而降低其营养价值,一般 121 ℃、15 min 即可,如为含有不耐高热物质的培养基如糖类、血清、明胶等,则应采用低温灭菌或间歇法灭菌,一些不能加热的试剂如亚碲酸钾、卵黄、TTC、抗生素等,待基础琼脂高压灭菌后凉至 50 ℃左右再加入。

6. 每批培养基制备好后,应做无菌生长试验及所检菌株生长试验。如果是生化培养基,使用标准菌株接种培养,观察生化反应结果,应呈正常反应,培养基不应贮存过久,必要时可置 4 ℃冰箱存放。

7. 目前各种干燥培养基较多,每批需用标准菌株进行生长试验或生化反应观察,各种培养基用相应菌株生长试验良好后方可应用,新购进的或存放过久的干燥培养基,在配制时也应测 pH,使用时需根据产品说明书用量和方法进行。

8. 每批制备的培养基所用化学试剂、灭菌情况及菌株生长试验结果、制作人员等,均应做好记录,以备查询。

(六) 样品采集及处理要求

1. 样品采集 微生物学检验的第一步是样品的采集,采样前必须了解样品的来源、加工、贮藏、包装、运输等情况。采样时必须做到无菌,即使用的器皿及容积必须灭菌,严格进行无菌操作,防止变质、损坏、丢失;不得添加防腐剂、固定剂等;采集的样品必须有代表性,液体样品应搅拌均匀后才能采样;固体样品应在不同部位分别采样混匀。样品种类可分为大样、中样、小样三种。大样系指一整批,中样是从样品各部分取得的混合样品,小样系指做分析用,称为检样。检样一般以 25 g 为准,中样以 200 g 为准。样品采集和现场测定必须有两人以上参加。

取样后及时送检,最多不能超过 4 h,不能及时送检时要冷藏。常见样品采集方法如下。

(1) 固体样品:大块整体食品如袋、瓶和罐装者,应取完整、未开封的。如果样品为大块整体食品,用无菌刀具和镊子从不同的部位割取,并要兼顾样品的表面和深度,注意其代表性;如果样品为小块大包装食品,应从不同部位的小块上切取样品,放入无菌容器;样品是固体粉末,应边取边混合;如果样品是冷冻食品,应保持在冷冻状态(可放在冰内、冰箱的冰盒内或低温冰箱内保存),包装小块冷冻食品按小块个体采取;大块冷冻食品可用无菌刀从不同部位削取或用无菌手锯从冻块上锯取样品,放入无菌容器。(注:固体样品和冷冻食品取样还应注意检验目的,如需检验食品污染程度,可取表层样品;如需检验样品品质,则需取深部样品。)

(2) 液体样品

①原包装样品:酒精棉球消毒瓶口,再用经来苏尔或石炭酸消毒液消过毒的纱布将瓶口盖严,用消过毒的开罐器开启,摇匀后用无菌吸管吸取。

②含有二氧化碳的液体样品:按上述方法开启样品后,将样品倒入无菌磨口瓶中,盖上消毒纱布,将瓶盖开一条缝,轻轻摇动,使气体溢出后再进行检验。

③冷冻食品:将冷冻食品放入无菌容器中,融化后再检验。

(3) 罐头:根据厂别、商标、品种来源、生产时间分类进行采样,视具体情况确定采样数量。检验前,先用酒精棉擦去罐上的油污,然后用点燃的酒精棉球消毒开口一端,消毒纱布盖上,再用灭菌的开罐器打开罐盖,除去表层,用灭菌勺子从几个部位挖取样品,放入无菌容器。

(4) 生产工序监测采样

①车间用水:从车间各龙头采样。

②车间台面、用具及加工售货员手的卫生监测:用 5 cm^2 孔无菌采样板和 5 支无菌棉签擦拭 25 cm^2 面积,擦拭后立即用无菌剪刀将棉签头剪入无菌容器中。

③车间空气采样:将 5 个直径 90 mm 的普通琼脂平板分别置于车间的四角和中部,打开平皿盖 5 min,然后盖盖送检。

(5) 标签内容:编号、样品名称、生产单位、生产日期、产品批号、产品数量、存放条件、采样时间、采样人姓名、现场情况。

2. 送检 采样后,在检样送检过程中,要尽可能保持检样原有的物理和微生物状态,不要因送检过程而引起微生物的减少或增多。为此可采取如下措施:

无菌采样后,所盛样品的容器要无菌,装样后尽可能密封,以防止环境中的微生物进一步污染及散漏。

进行微生物学检验的样品要尽快送到实验室,一般不要超过 3 h。如路途遥远,可将不需要冷冻的样品保持在 1～5 ℃环境中送检,一般采用冰桶装置。如需要保持在冷冻状态(已冻结的样品),可采用泡沫塑料隔热箱内装干冰,使温度保持在 0 ℃下,或采用其他冷藏设备。

送检样品不得添加任何防腐剂。

对于一些容易死亡的病原菌检验的样品,在运送时刻采用培养基保菌。

在送检时除注意以上事项外,还要适当标记并填写微生物学检验特殊要求的送检申请单。其内容包括:样品名称,采样者姓名,制造者的名称和地址,经营者和供应者,采样的日期、时间和地点,采样时的温度和湿度及采样的原因。这些内容可以供检验人员参考。

3. 样品的处理

由于食品检样种类繁多,来源复杂,各种样品并不能拿来直接检验,要根据食品种类的不同形状,经过处理制备成稀释液才能进行各项检验。

(1) 液体样品:液体样品一般指黏度低于牛乳的非黏性食品。可以直接用无菌吸管准确吸取 25 ml 检样,加入 225 ml 生理盐水或蒸馏水中,制成 1∶10 稀释液。吸取前先将样品充分混匀,打开样品容器时,要做到表面消毒,无菌操作。

①瓶装液体样品的处理:用点燃的酒精棉球灼烧瓶口灭菌,接着用石炭酸或来苏尔消毒后的纱布盖好,再用灭菌开瓶器将盖启开;含有二氧化碳的样品可倒入 500 ml 磨口瓶内,口勿盖紧,覆盖一灭菌纱布,轻轻摇荡,待气体全部逸出后,取样 25 ml 检验。

②盒装或软塑料包装样品的处理:将其开口处用 75% 乙醇棉擦拭消毒,用灭菌剪子

剪开包装,覆盖上灭菌纱布或浸有消毒液的纱布在剪开部分,直接吸取样品 25 ml,或倾入另一灭菌容器中再取样 25 ml 检验。

（2）固体或黏性液体食品:此类样品无法用吸管吸取,可用灭菌容器称取检验 25 g,加到预热 45 ℃的灭菌生理盐水或蒸馏水 225 ml,振荡溶解,尽快检验。从样品稀释到接种培养,一般不超过 15 min。

1) 固体食品的处理:固体食品的处理相对比较复杂,处理方法有以下几种:

①捣碎均质法:将中样(≥100 g)剪碎或搅拌混匀,从中取 25 g 放入带 225 ml 稀释液的无菌均质杯中,8 000～10 000 r/min 均质 1～2 min 即可。这是对大部分食品样品都适合的方法。

②剪碎振摇法:将中样(≥100 g)剪碎或搅拌混匀,从中取 25 g 检样进一步剪碎,放入带 225 ml 稀释液和直径 5 mm 左右玻璃珠的稀释瓶中,盖紧瓶盖,用力快速振摇 50 次,振幅要大于 40 cm。

③研磨法:将中样(≥100 g)剪碎或搅拌混匀,从中取 25 g 检样放入无菌乳钵中充分研磨后,再放入带有 225 ml 无菌稀释液的稀释瓶中,盖紧盖后充分摇匀。

④整粒振摇法:直接称取 25 g 整粒样品置于带有 225 ml 稀释液和直径 5 mm 左右玻璃珠的稀释瓶中,盖紧瓶盖,用力快速振摇 50 次,振幅要大于 40 cm。

2) 冷冻样品的处理:冷冻样品,先将中样在 0～4 ℃下解冻,时间不能超过 18 h,或在 45 ℃下解冻,时间不能超过 15 min。再取检样 25 g,置于 225 ml 无菌稀释液中,制备成均匀的 1∶10 的混悬液。

3) 颗粒状及粉末状样品处理:先用灭菌勺或其他适用工具把样品搅匀,无菌操作称取 25 g,置于 225 ml 灭菌生理盐水中,充分混匀,制成 1∶10 的稀释液。

（七）样品检验、记录和报告的要求

1. 检验室收到样品后,首先进行外观检验,及时按照国家标准检验方法进行检验,检验过程中要认真、负责,严格进行无菌操作,避免环境中微生物污染。

2. 样品检验过程中所用方法、出现的现象和结果等均要用文字写出试验记录,以作为对结果分析、判定的依据,记录要求详细、清楚、真实、客观,不得涂改和伪造。

三、实验室的认证认可

（一）认可与认证

认可(accreditation)的定义是"权威机构对某一机构或某个人有能力执行特定任务的正式承认"。引申到实验室认可,其定义则是"权威机构对实验室有能力进行规定类型的检测和(或)校准所给予的一种正式承认"。实验室认可的实质是对实验室开展的特定的检测/校准项目的认可,并非实验室的所有业务活动。认证(certification)的定义则是"第三方认证机构依据程序对产品、过程或服务符合规定的要求给予书面保证(合格证书)"。

实验室通过质量体系认证,只说明实验室的质量管理体系符合 ISO 9000 的要求,绝不证明其具有可靠的技术能力,特别是正确可靠地出具检测或校准结果数据能力。所以实验室必须获得认可资格,证明机构的质量体系运行有效,技术能力满足要求,出具的测试结果是可靠的。国家实验室认可准则 ISO 17025 的前言中明确表明"依据 ISO 9001 和

ISO 9002进行的认证,并不证明实验室具有出具技术上有效数据的能力"。因此,对于检测/校准实验室而言,应选择 ISO/IEC 17025 实验室认可。

(二) 实验室认可原则

根据 CNAS 制定的《实验室认可管理办法》中4.2的规定:CNAS 基于如下原则对实验室进行认可:

1. 自愿申请　这是指在我国,实验室认可完全是实验室自身自愿的行为,不像在美国,按照法律的要求,某些实验室必须参加实验室认可,取得注册登记后,方可进行工作。

2. 非歧视原则　是指任何实验室,不论其隶属关系、级别高低、规模大小、所有制形式,只要能满足认可准则的要求,均可获得认可。

3. 专家评审　是指为保证认可的客观公正性和科学性,由训练有素的技术专家(主要是由 CNAS 聘用的注册评审员和技术专家)担任评审,而非由政府官员来完成。

4. 国家认可　在我国,实验室认可只能由 CNAS 代表国家进行,没有任何其他机构可以进行此项工作。认可是正式表明检测和校准实验室具备实施特定检测和校准工作能力的第三方证明。实验室认可是对实验室有能力进行指定类型的检测所做的一种正式承认。实验室获得认可不仅证明自己的检测技术能力,而且能够实现实验室自身的改进和完善,不断提高检测技术能力,适应检测市场不断提出的新要求,为产品实现"一次检测、全球承认"的目标奠定了基础。获得认可的实验室,意味其技术能力和所出的数据均得到国家的承认。通过认可意味着某一方面的能力得到正式承认,认证意味着特定的事项符合特定的依据。

(三) 实验室认可体系

我国的实验室认可体系由下列五个要素组成:

1. 权威认可机构　中国合格评定国家认可委员会(CNAS),根据《中华人民共和国认证认可条例》的规定,由国家认证认可监督管理委员会批准设立并授权的国家认可机构,统一负责对认证机构、实验室和检查机构等相关机构的认可工作。中国合格评定国家认可委员会于 2006 年 3 月 31 日正式成立,是在原中国认证机构国家认可委员会(CNAB)和原中国实验室国家认可委员会(CNAL)基础上整合而成。详细情况请查阅中国合格评定国家认可委员会官方网站(http://www.cnas.org.cn/)。

2. 规范的认可文件　CNAS 秘书处依据国际通行的有关认可文件及其运作规范,颁布了一系列文件,任何实验室都可以从 CNAS 得到,在很大程度上方便了实验室的申请认可工作。

3. 明确的认可标准　我国实验室认可遵循 ISO 制定的准则或标准,目前大多使用 ISO 17025—1999。它源自 ISO/CERTICO 导则 25—1078,1982 年进行了第一次修改,由于国际电工委员会(IEC)的参加,形成了 ISO/IEC 导则 25—1982 文件,补充了很多内容,引入了"质量体系"新概念。检测和校准实验室通过 ISO/IEC 17025 标准认可,是我国检测和校准机构的发展趋势,也是和国际接轨的必然要求。目前,ISO/IEC 17025:1999 已更新为 ISO/IEC 17025:2005 版。

4. 完善的认可程序　我国实验室的整个认可程序包结三个阶段,即:①申请阶段,它包括申请实验室向 CNAS 询问,了解情况,索取有关文件,提交申请资料等事项;②评审阶段,包括选派评审员,文件资料初审和实验室现场评审等工作;③认可批准阶段,由专家组成的评定工作组对评审工作进评定,合格者办理批准认可的相关手续。

5. 合格的评审员 进行认可的评审员,由 CNAS 评审员部统一管理。成为评审员的人员,首先完成实验室评审员培训课程,并通过考试,获得培训合格证书。其次,培训合格人员在满足《实验室评审员注册准则》中的申请条件要求的情况下,自愿申请注册实验室初级评审员。经 CNAS 进行技术评价,合格通过后予以批准注册,才可进行实验室评审工作。

CNAS 还对评审员进行称之为"专业发展"的持续教育活动,分层举办各种类型的培训,要求每一位评审员每年至少参加一次培训,这是保持评审员资格的必要条件之一。这是保证有合格评审员从事实验室认可评审工作的有效措施。

(四)实验室认可的条件

我国为确保人民群众的健康和安全、保护消费者利益等需要,对于部分实验室实施强制认可。CNAS 仅对申请方申请的认可范围,依据有关认可准则等要求,实施评审并作出认可决定。申请方必须满足下列条件方可获得认可:①具有明确的法律地位,具备承担法律责任的能力。②符合 CNAS 颁布的认可准则。③质量管理体系运行至少六个月,在申请后三个月内可接受 CNAS 的现场评审。④具有申请认可范围内的检测/校准能力,并在可能时至少参加过一次 CNAS 或其承认的能力验证活动。⑤遵守 CNAS 认可规则、认可政策的有关规定,履行相关义务。

微生物检测是 CNAS 对实验室的认可领域之一,根据 CNAS 的实验室认可规则对微生物检测实验室认可具有较多要求。企业在申请、接受 CNAS 认可时,需要根据其要求和规则认真的准备、接受认可。

1. 实验室认可对食品微生物检测实验室的要求 实验室的管理要有组织、有规则,具有运行良好的质量检测、监管体系,保留相应的抽样、检测、检验记录。实验室人员自身适合微生物检测工作,自身条件不得具有影响检测结果的不足,例如颜色视觉障碍等,熟知生物安全知识和消毒知识。

2. 实验室设施和环境条件 实验室设施以能获得可靠的生物检测结果为重要依据,实验室总体布局和各部位的安排应减少潜在的对样本的污染和对人员的危害;无菌条件下工作的区域应予以明确标识并能有效地控制监测和记录;应有妥善处理废弃样品和有害废弃物的设施和制度。实验室除具有常规微生物检测设备、仪器外,对无菌工器具和器皿应正确实施灭菌措施,无菌工器具和器皿应有明显标识,以与非无菌工器具和器皿加以区别。

3. 测量溯源性 为满足测量溯源性要求,实验室必须保存有满足试验需要的标准菌种或参照标本,并且必须符合认可的要求。

4. 物品的处置要求 样品贮存设备应足够保存所有的实验样本,并具备保持样本完整性和不会改变其性状的条件。实验样本需要低温保存时,冷冻冷藏设备必须有足够的容量和满足样本保存所要求的条件。

5. 检测结果质量的保证 实验室应建立和保持有效的培养基质量控制程序,对自备的和商业提供的培养基都需要评估,实验室不得使用不符合要求的培养基,对所有自备培养基的配制须有记录。

（五）认可程序

实验室认可程序见图 5-1。

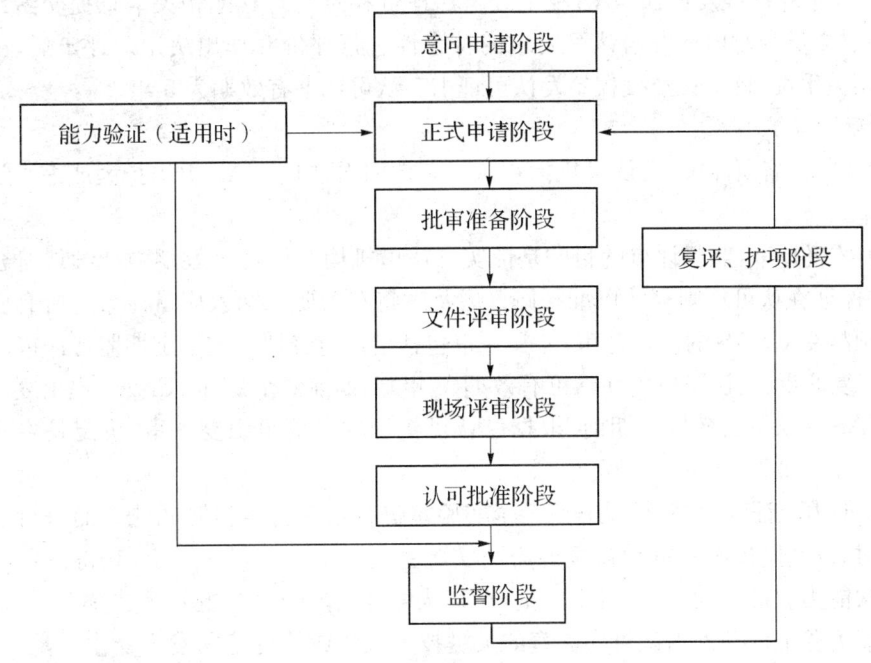

图 5-1　实验室认可流程

1. 初次评审

（1）意向申请：申请方可以用任何方式向 CNAS 秘书处表示认可意向，CNAS 秘书处向申请方提供最新版本的认可规则和其他有关文件。

（2）正式申请：申请方按 CNAS 秘书处的要求，正确填写申请书内容，提交申请书上所要求的全部所需的资料，以及质量手册及程序文件各一套，交纳申请费用。

（3）受理申请：CNAS 秘书处审查申请方正式提交的申请资料。若提交资料齐全、填写清楚、正确，对 CNAS 的相关要求基本了解，质量管理体系正式运行超过 6 个月，且进行了完整的内审和管理评审，申请方的质量管理体系和技术活动运作处于稳定运行状态，可予以正式受理，并在 3 个月内安排现场评审（申请方造成延误除外）。否则，应进一步了解情况，需要时，征得申请方同意后可进行初访，以确定申请方是否具备在 3 个月内接受评审的条件。如申请方不能在 3 个月内接受评审，则应暂缓正式受理申请。当申请方的申请得到正式受理后，只要可能，将要求申请方必须参加适宜的能力验证计划。

（4）能力验证和实验室之间比对：实验室的能力可以通过两种人为方式进行评定。一是由认可机构派出评审员按照 ISO/IEC 17025 标准的要求对实验室进行现场评审；二是通过能力验证活动来评价实验室的运作。两者结合，互相补充，以确保实验室认可工作的可信度和有效性。

（5）安排现场评审：CNAS 秘书处指定评审组并征得申请方同意，秘书处根据评审组长的提议，认为需要时，可与申请方协商进行预评审。文件审查通过后，评审组长与申请方商定现场评审具体时间安排和评审计划，报 CNAS 秘书处批准后实施。

评审组依据 CNAS 的认可准则、规则和政策及有关技术标准，对申请方申请范围内的技术能力和质量管理进行现场评审。在对申请方的检测、校准能力进行现场评审时，应利用参与能力验证活动的情况及结果，必要时安排测量审核。

（6）评定并批准发证：CNAS秘书处将评审资料及所有其他相关信息提交给评定委员会，评定委员会对申请方与认可要求的符合性进行评价并作出决定。评定后，由秘书处办理相关手续，秘书长经授权签发认可证书。认可证书有效期为5年。

2. 复评与扩项

（1）扩项/缩项评审：已认可机构在认可有效期内，向CNAS提出扩大或缩小认可范围的申请。

（2）监督评审：监督评审的目的是证实已认可机构在认可有效期内持续地符合认可要求，并保证在认可规则和认可准则修订后及时将有关要求纳入质量体系。所有已认可机构均须接受CNAS的监督评审，监督评审包括定期监督评审和不定期监督评审。

（3）复评审：已认可机构在认可有效期（5年）到期前6个月，向CNAS提出复评审申请。CNAS在认可有效期到期前，根据已认可机构的申请组织复评审，决定是否延续认可至下一个有效期。

（4）能力验证：能力验证是确定某个实验室进行某项特定检测的能力而进行的实验室间比对，以及监控实验室的持续能力的实验室间比对。CNAS规定，获得认可前需要参加一次能力验证活动；已认可实验室，在其认可范围内的每个主要领域，每4年至少参加一次能力验证活动。当认可实验室的关键技术人员或认可范围发生变化时，认可委员会将缩短实验室参加能力验证的时间间隔。

3. 实验室认可的作用和意义　实验室获得了CNAS的认可，标志其已经依据国际标准建立了一套质量管理体系，只要严格依据该体系开展工作，则实验室的技术能力就有了保障，实验室为顾客所提供的检测/校准服务，是符合国际标准要求的。实验室认可所带来的好处有以下5点：

（1）表明实验室具备了按有关国际认可准则开展校准/检测的技术能力。

（2）增强实验室校准/检测市场的竞争能力，提高实验室知名度，获得政府部门和社会的信任。

（3）可以参与国际间实验室认可双边、多边合作，得到更广泛的承认。

（4）有利于统一管理实验室认可工作，规范我国的实验室认可体系。

（5）在认可项目范围内使用认可标志，使实验室获得的正当权益受到保障。

第二节　食品微生物检验技术

食品微生物检验是衡量食品卫生质量的重要指标之一，也是判定被检食品能否食用的科学依据之一；通过食品微生物检验，可以判断食品加工环境及食品卫生环境，能够对食品被细菌污染的程度做出正确的评价，为各项卫生管理工作提供科学依据。食品微生物检验是以贯彻"预防为主"的卫生方针，可以有效地防止或者减少食物中毒，保障人民的身体健康；同时，它对提高产品质量、避免经济损失、保证出口等方面具有政治上和经济上的重要意义。

食品微生物检验包括生产环境的检验(车间用水、空气、地面、墙壁等);原辅料检验(包括食用动物、谷物、添加剂等);食品加工、储藏、销售诸环节的检验(食品从业人员的卫生状况检验、加工工具、运输车辆、包装材料等);食品的检验(出厂食品、可疑食品及食物中毒食品等)。因此,食品微生物检验的范围广,杂菌数量多,要检出的菌少,必须对其增菌、抑制杂菌。

我国卫生部颁布的食品微生物指标有菌落总数、大肠菌群和致病菌三项。微生物检验还有一个重要指标就是霉菌、酵母的计数。下面就主要从这三方面进行讨论。

一、细菌学检验技术

菌落是指许多单个细菌在固体培养基上生长繁殖而形成的肉眼可见的活菌群。样品被稀释到一定程度,与培养基混合做平板,在恒温条件下培养,就长成了许多细菌聚集在一起的菌落。菌落总数是指食品检样经过处理,并在一定条件下培养后,所得 1 g(或 1 ml)检样中所含细菌菌落的总数。本方法规定的培养条件下所得结果,只包括一群在营养琼脂上生长发育的所有嗜中温的、需氧和兼性厌氧的细菌菌落总数,是活的细胞总数。

检测食品中的细菌菌落总数的食品卫生学意义在于:第一,它可以作为食品被污染程度的标志。一般来讲,食品中细菌菌落总数越多,则表明该食品污染程度越重,腐败变质速度加快。第二,它可以用来预测食品存放的期限程度。例如,有人研究表明,在 0 ℃条件下,细菌总数约为 10^5 cfu/cm^2 的鱼只能保存 6 天;如果细菌总数为 10^3 cfu/cm^2,就可延至 12 天。许多实验结果表明,食品中的细菌总数能够反映出食品的新鲜程度、是否变质以及生产过程的一般卫生状况等,但细菌总数指标只有和其他一些指标配合起来,才能对食品卫生质量作出比较正确的判断。例如,冰冻食品的细菌总数的多少,反映了食品在产、储、销过程中的卫生质量和管理情况,不能说明其变质与否。

每种细菌都有它一定的生理特性,培养时应用不同的培养条件(如培养温度、培养时间、pH、需氧性质等)满足其要求,才能分别将各种细菌培养出来。但在实际工作中,细菌菌落总数的测定一般都只用一种常用的方法去做,即国际标准规定的平板计数法,标准检验方法多用倾注培养法,但依据情况和需要也可选用平板表面涂布法及平板表面点滴法。平板表面涂布法较倾注法的优点是菌落生长在平板表面,便于观察和识别,同时检样中的细菌不致因倾注融化的热琼脂遭受损伤,从而降低菌落数;但此法使用的样品量仅为倾注法的 1/10~1/5,使代表性受到一定影响。平板表面点滴法与涂布法相似,只是用标定好的微量滴管(每滴相当于 0.025 ml),按滴将检样稀释液滴加于琼脂平板表面划定的区域内,仅需培养 6~8 h 即可计数,具有快速、节省人力、物力的优点。但因所用检样量少,同样影响到代表性,故含菌量少的样品不易采用此法。采用平板计数的倾注法,所得结果只包括一群能在营养琼脂上生长的嗜中温需氧菌的菌落总数,并不表示样品中实际存在的所有细菌菌落总数。此外,菌落总数并不能区分细菌的种类,所以有时被称为杂菌数或需氧菌数等。

(一)菌落总数的标准平板培养技术法

1. 菌落总数检验的原理及常用器材

(1)原理:平板菌落计数是通过将样品制成一系列不同的稀释液,使样品中的微生物个体分散成单个细胞状态,再取一定量的稀释度接种,使其均匀分布于培养皿中的培养基上。培养后统计菌落数目,一般认为每个菌落是由一个细菌增殖后形成的,这样就可以计算出样品中的含菌数。

(2) 器具及其他用品:1 ml 和 10 ml 无菌吸管;无菌空试管;恒温水浴锅[(46±1)℃];恒温培养箱[(36±1)℃];冰箱(0~4 ℃);天平;三角瓶(500 ml);高压灭菌锅;均质器或灭菌乳钵;可调式电炉;平皿(皿底直径 9 cm);玻璃珠;无菌刀试管架;酒精灯;菌落计数器或放大镜;无菌镊子。

(3) 培养基与试剂:无菌生理盐水(取氯化钠 8.5 g,用 100 ml 蒸馏水溶解分装后高压灭菌);75%乙醇;营养琼脂培养基;磷酸盐缓冲稀释液。

2. 检验程序 见图 5-2。

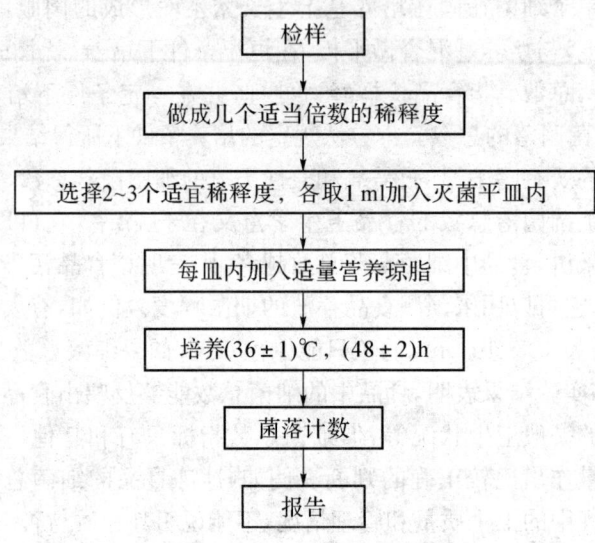

图 5-2 菌落总数的检验程序

3. 操作步骤

(1) 检样稀释及培养

①以无菌操作取检样 25 ml(g),放于 225 ml 灭菌生理盐水的灭菌玻璃瓶内(瓶内预置适量的玻璃珠)或灭菌乳钵内,经充分振摇或研磨,制成 1∶10 的均匀稀释液。固体检样在加入稀释液后,置灭菌均质器中以 8 000~10 000 r/min 的速度处理 1 min,制成 1∶10 的均匀稀释液。

②用 1 ml 灭菌吸管吸取 1∶10 稀释液 1 ml,沿管壁徐徐注入含有 9 ml 灭菌生理盐水的试管内,振摇试管混合均匀,制成 1∶100 的稀释液。

③另取 1 ml 灭菌吸管,按以上项操作顺序,制成 10 倍递增稀释液,如此每递增稀释一次即换用 1 支 1 ml 吸管。

④根据食品卫生标准要求或对标本污染情况的估计,选择 2~3 个适宜的稀释度,分别在制作 10 倍递增稀释液的同时,用吸取该稀释液的吸管移取 1 ml 稀释液于灭菌平皿中。每个稀释度做 2 个平皿。

⑤稀释液移入平皿后,将凉至 46 ℃的营养琼脂培养基[可放置于(46±1)℃水浴保温]注入平皿约 15 ml,并转动平皿,混合均匀,同时将琼脂培养基倾入加有 1 ml 稀释液(不含样品)的灭菌平皿内作空白对照。

⑥待琼脂培养基凝固后翻转平板,置(36±1)℃温箱中培养(48±2)h,取出,计算平板内菌落总数,乘以稀释倍数,即得1 ml(g)样品所含菌落总数。

(2) 菌落计数方法:培养后,做平皿菌落计数时,可用肉眼观察(也可用计数器计数),必要时用放大镜检查,以防遗漏。在记下各平皿的菌落总数后,求出同稀释度的各平皿平均菌落总数,再乘以稀释倍数,即为每克或每毫升样品所含菌落数。到达规定培养时间,应立即计数。如果不能立即计数,应将平板放置于0~4℃,但不要超过24 h。

(3) 菌落计数的报告

①平板菌落数的选择:选取菌落数在30~300 CFU之间的平板作为菌落总数测定的标准。一个稀释度应采用2个或3个平板的平均数,其中一个平板有较大片状菌落生长时,则不宜采用,而应以无片状菌落生长的平板作为该稀释度的菌落数;若片状菌落不到平板的一半,而其余一半中菌落分布又很均匀,即可计算半个平板后乘2,代表一个平板菌落数。平板内出现菌落间无明显界线的链状生长时,则应将每条单链作为一个菌落计数。

②稀释度的选择:应选择平均菌落数在30~300之间的稀释度,乘以稀释倍数报告(见表5-1中例1)。如有两个稀释度,其生长的菌落数均在30~300之间,则视两者之比如何来决定。如其比值小于或等于2,应报告其平均数;如大于2则报告其中较小的数字(见表5-1中例2和例3)。

若所有稀释度的平均菌落数均大于300,则应按稀释度最高的平均菌落数乘以稀释倍数报告(见表5-1中例4)

若所用稀释度的平均菌落数都小于30,则应按稀释度最低的平均菌落数乘以稀释倍数报告(见表5-1中例5)

若所用稀释度的平均菌落数均无菌落生长,就以小于1乘以最低倍数报告(见表5-1中例6)。

若所有稀释度的平均菌落数均不在30~300之间,其中一部分大于300或小于30时,则以最接近300或30的平均菌落数乘以稀释倍数报告(见表5-1中例7)。

表5-1 稀释度选择及菌落数报告方式

例次	稀释液及菌落数			两稀释液之比	菌落总数/(个/g或个/ml)	报告方式/(个/g或个/ml)
	10^{-1}	10^{-2}	10^{-3}			
1	多不可计	164	20		16 400	16 000 或 $1.6×10^4$
2	多不可计	295	46	1.6	37 750	38 000 或 $3.8×10^4$
3	多不可计	271	60	2.2	27 100	27 000 或 $2.7×10^4$
4	多不可计	多不可计	313		31 300	31 000 或 $3.1×10^4$
5	27	27	5		270	270 或 $2.7×10^2$
6	0	0	0		$<1×10$	>10
7	多不可计	多不可计	12		30 500	31 000 或 $3.1×10^4$

③菌落计数报告：

菌落数>100时，按实有数报告。

菌落数≤100时，采用两位有效数子，在两位有效数字后的数值，以四舍五入计算，为了报告方便，也可用10的指数来表示（如表5-1稀释度选择及菌落数报告方式）。

4. 注意事项　为了正确地反映出各种需氧菌和兼性厌氧菌存在的情况，检验时必须遵守以下要求和规定：

（1）检验中所需玻璃仪器必须是完全灭菌的，并在灭菌前彻底清洗干净，不得残留有抑制物。用作样品稀释的液体，每批都要有空白对照，如果在琼脂对照平板上出现几个菌落时，要追加对照平板，以判定是空白稀释液用于倾注平板培养基，还是平皿、吸管或空气可能存在的污染。营养琼脂底部带有沉淀的部分应弃去。

（2）检样的稀释液虽可用灭菌盐水或蒸馏水，但蛋白胨水（1 g/L）最为合适，因蛋白胨水对细菌细胞有更好的保护作用，不会因稀释过程使食品检样中原已受损伤的细菌细胞死亡。如果对含盐量较高的食品（如酱品）进行稀释，则宜采用蒸馏水。

（3）注意每递增稀释一次，必须另换1支1 ml灭菌吸管，这样所得检样的稀释倍数才准确。吸管在进出装有稀释液的玻璃瓶或试管时，不要触及瓶口或试管的外侧部分，因为这些地方都有可能接触过手或其他沾污物。在做10倍递增稀释液时，吸管插入检样稀释液内不能低于液面2.5 cm；吸入液体时，应先高于吸管刻度，然后提起吸管尖端离开液面，将尖端贴于玻璃瓶或试管的内壁使吸管内的液体调至所要求的刻度，这样取样准确，而且在吸管从稀释液内取出时不会有多余的液体黏附在管外。当用吸管将检样稀释液加至另一装有9 ml空白稀释液的管内时，应小心沿管壁加入，不要触及管内稀释液，以防吸管尖端外侧部分黏附的检液也混入其中。

（4）为防止细菌增殖产生片装菌落，在检液加入平皿后，应在20 min内倾入琼脂，并立即使之与琼脂混合均匀。检样与琼脂混合时，可将平皿底在平面上先前后左右摇动，然后按顺时针方向和逆时针方向旋转，以使之充分混匀。混合过程中应小心，不要使混合物溅到皿边的上方。皿内琼脂凝固后，将平皿翻转，倒置于培养箱进行培养，避免菌落蔓延生长，防止冷凝水落到培养基表面影响菌落形成。

（5）为了控制和了解污染，在取样进行检验的同时，于工作台上打开一块琼脂平板，其暴露的时间应与该检样从制备、稀释到加入平皿时所暴露的时间相当，然后与加有检样的平皿一起培养，以了解检样在检验操作过程中有无受到来自空气的污染。

（6）培养温度应根据食品种类而定。肉、乳、蛋类食品用37 ℃培养，水产品用30 ℃培养，培养时间为46～50 h。其他食品，如清凉饮料、调味品、糖果、糕点、果脯、酒类（主要为发酵酒）、豆制品和酱腌菜均系用37 ℃培养22～26 h。培养时间和温度之所以有所不同是因为在制定这些食品卫生标准中关于菌落总数的规定时，分别采用了不同的培养温度和时间所取得的数据之故。水产品因来自淡水或海水，水底温度较低，因而制定水产品细菌方面的卫生标准时，采用30 ℃作为培养温度。

（7）加入平皿内的检样稀释液（特别是10^{-1}的稀释液），有时带有检样颗粒，在这种情况下，为了避免与细菌菌落发生混淆，可做一检样稀释液与琼脂混合的平皿，不经培养，于4 ℃环境中放置，以便在记数检样菌落时用作对照。如果稀释度大的平板上菌落数比稀释度小的平板上菌落数高，是检验工作中发生的过错，属实验事故。也可能因抑制剂混入样品中所致,均不可用做检验计数报告的依据。如果平板上出现链状菌落,菌落之间没有明显的界线,这是在琼脂与检样混合时,一个细菌块被分散所致。进行平板计数时,不要把链上生长的菌落分开来数,以一条链作为一个菌落计。如有来源不同的几条链,每条链作为一个菌落计。此外,如皿内琼脂凝固后未及时进行培养而遭受昆虫侵入,在昆虫爬过的地方也会出现链状菌落,也不应分开来数。

(8) 检样如系微生物类制剂(如酸乳、乳酒),则平板计数中应相应地将有关微生物排除,不可并入检样的菌落总数中做报告。一般在校正检样的pH至7.6后,再进行稀释和培养,此类嗜酸性微生物往往不易生长,并可以用革兰染色法染色鉴别。染色鉴别时,要用不校正pH的检样做成相同倍数的稀释液进行培养,所生成的菌落涂片染色做对照,以此辨别。乳酸菌于普通营养琼脂平板上在有氧条件下培养,24 h内通常是不生长的。酵母菌呈卵圆形,远比细菌大,革兰染色呈阳性。

(9) 平板培养计数法,只能检出生长的活菌,不能检出样品中全部的细菌数,计数总是比食品中实际存在的细菌数要少,这是因为食品中存在多种细菌,它们的生活特性各异,不可能在统一培养条件下全部生长出来。但是,仍能借此评定整个食品被细菌污染的程度,所以目前一般食品的卫生检验中都普遍采用这种方法。

平板菌落计数主要用于测定食品,特别是已属于直接供食用的加工食品中的菌落总数,因为对这些食品的卫生要求,是严格防止消化道传染病病原菌和食物中毒病原菌污染。由于这些病原菌都属于嗜温性菌,因而测定细菌数时,采用中温培养是比较合理的。

(二) 其他方法

1. 涂布平板法 将营养琼脂制成平板,经50 ℃恒温干燥1~2 h后,在平板上滴加检验稀释液0.2 ml,用"L"形玻璃棒涂布整个平板表面,放置片刻,将平板翻转,放入(36±1)℃恒温箱内培养(24±2) h后,取出进行菌落计数,再乘以5换算为1 ml,最后乘以稀释倍数,即为每克或每毫升检样所含菌落数。此法比倾注法更方便识别菌落,但本法取样量少,代表性会受到一定影响。

2. 点滴平板法 与涂布法相似,只是点滴法接种时用标定好的微量吸管(0.025 ml/滴)或注射器针头将检样稀释液滴加于琼脂平板上固定的区域,每个区域第一滴,每个稀释度滴两个区域,滴加后将平板放片刻,然后翻转平板,放入(36±1)℃恒温箱内培养6~8 h,然后进行计数,所得菌落数乘以40后再乘以样品稀释倍数,即为每克或每毫升检样所含菌落数。

(三) 大肠菌群、粪大肠菌群和大肠杆菌的检验与分析

大肠菌群是指在37 ℃、24 h培养,能分解乳糖产酸产气,需氧及兼性厌氧革兰阴性无芽孢杆菌的统称。该菌群细菌一般可包括大肠埃希氏菌、柠檬酸杆菌、产气克雷白氏菌和坂崎肠杆菌等。大肠菌群并非细菌学分类命名,而是卫生细菌领域的用语,它不代表某一个或某一属细菌,而指的是具有某些特性的一组与粪便污染有关的细菌。这些细菌在生化及血清学方面并非完全一致。

1. 卫生学意义 一般认为,大肠菌群都是直接或间接来自人与温血动物的粪便。检测大肠菌群的食品卫生意义在于:第一,它可作为粪便污染食品的指示菌,大肠菌群数的高低,表明了食品被粪便污染的程度和对人体健康危害性的大小。如食品有典型大肠杆菌存在,即说明受到粪便近期污染。这主要是由于典型大肠杆菌常存在于排出不久的

粪便中；非典型大肠杆菌主要存在于陈旧粪便中。第二，它可以作为肠道致病菌污染食品的指示菌。食品安全性的主要威胁是肠道致病菌，如沙门氏菌属、志贺氏菌等。肠道病患者或带菌者的粪便中，有一般细菌，也有肠道致病菌存在，若对食品逐批或经常检验肠道致病菌有一定困难；而大肠菌群则容易检测，且与肠道致病菌有相同来源。一般条件下，在外界环境中生存时间也与主要肠道致病菌相近，故常用大肠菌群作为肠道致病菌污染食品的指示菌。当食品中检出的大肠菌群数量多，肠道致病菌存在的可能性就愈大。当然，这两者之间的存在并非一定平行。

大肠菌群是评价食品卫生质量的重要指标之一，目前已被国内外广泛应用于食品微生物检测中。食品中大肠菌群数是以每 100 ml(g) 检样内大肠菌群最近似数(Themostprobablenumber，简称 MPN)。

目前，大肠菌群的测定方法很多，但常用的是乳糖发酵法，现具体介绍这种检验方法。

2. 设备和材料

(1) 器具及其他用品：载玻片；接种针；玻璃珠；温度计；恒温箱[(36±1)℃]；水浴锅[(45±0.5)℃]；酒精灯；天平；显微镜；均质器或乳钵；广口瓶或三角瓶(500 ml)；试管及试管架；无菌培养皿(直径为 90 mm)；无菌吸管(0.1 ml、1 ml、10 ml)。

(2) 培养基与试剂：单料乳糖胆盐发酵管；双料乳糖胆盐发酵管；乳糖复发酵管；伊红美兰琼脂(EMB)；EC 肉汤；磷酸盐缓冲溶液；0.85％生理盐水；革兰染色液。

3. 检验程序 见图 5-3。

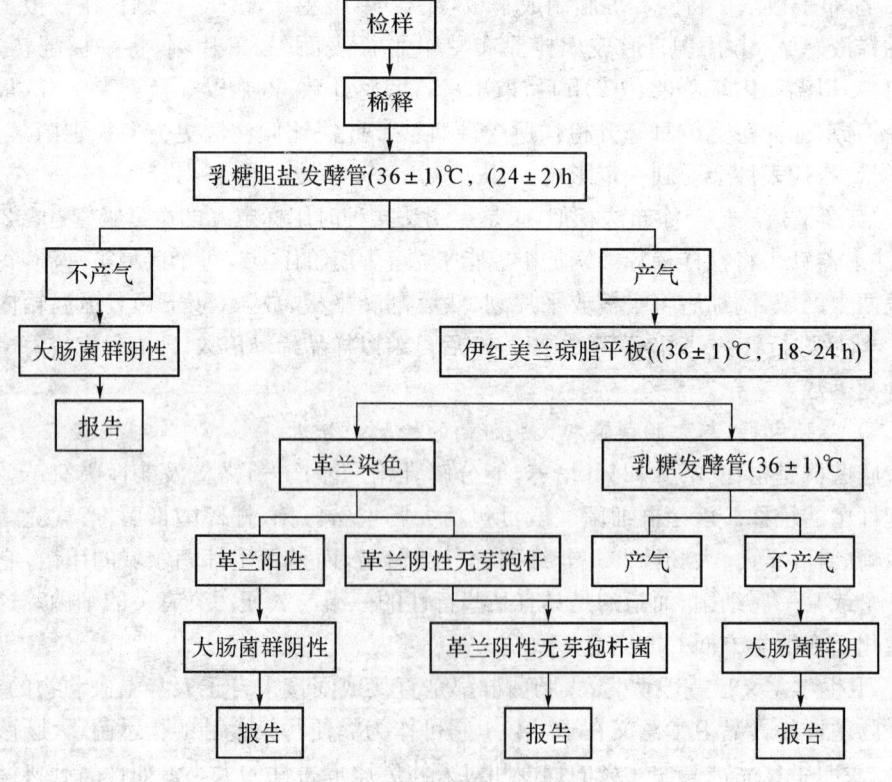

图 5-3 大肠菌群的检验程序

4. 操作步骤

(1) 检测样品稀释

①以无菌操作取检样 25 ml(g),放于 225 ml 灭菌生理盐水灭菌玻璃瓶内(瓶内预置适量的玻璃珠)或灭菌乳钵内,经充分振摇或研磨制成 1∶10 的均匀稀释液。固体检样在加入稀释液后,最好置灭菌均质器中以 8 000～10 000 r/min 的速度处理 1 min,制成 1∶10 的均匀稀释液。

②用 1 ml 灭菌吸管吸取 1∶10 稀释液 1 ml,沿管壁徐徐注入含有 9 ml 灭菌生理盐水的试管内,振摇试管混合均匀,制成 1∶100 的稀释液。

③另取 1 ml 灭菌吸管,按上项操作顺序,制成 10 倍递增稀释液,如此每递增稀释一次即换用 1 支 10 ml 吸管。

(2) 乳糖发酵试验:根据食品卫生标准要求或对检样污染程度的估计,选择 3 个稀释度,每个稀释度接种三管乳糖胆盐发酵管。接种量在 1 ml 以上者,用双料乳糖胆盐发酵管;1 ml 及 1 ml 以下者,用单料乳糖胆盐发酵管。每一稀释度接种 3 管,放置(36±1)℃恒温箱内,培养(24±2)h。如所有乳糖胆盐发酵管都不产气,则可报告为大肠菌群阴性。如有产气者,则按下列程序进行。

(3) 分离培养:将产气的发酵管分别转种在伊红美兰琼脂(EMB 琼脂)平板上划线分离。然后,置于(36±1)℃恒温箱内,培养 18～24 h 后取出,观察菌落形态,并做革兰染色和证实试验。

大肠菌群可疑菌落的特点:①深紫黑色,具有金属光泽的菌落。②紫黑色,不带或略带金属光泽的菌落。③淡紫黑色,中心色较深的菌落。④证实实验(复发酵试验)

在上述平板上,挑取可疑大肠菌群菌落 1～2 个进行革兰染色。镜检为革兰阴性无芽孢杆菌时,挑取该菌落的另一部分,接种乳糖发酵管,置(36±1)℃恒温箱内,培养(24±2)h,观察产气情况。凡乳糖管产酸产气,证实有大肠菌群存在,即可报告为大肠菌群阳性。

5. 实验结果报告

(1) 详细记录试验现象:根据自己的试验情况,仔细观察试验现象并详细记录试验结果。

(2) 报告:根据证实大肠菌群的阳性管数,查 MPN 检索表,报告每 100 g(ml)样品大肠菌群的最可能数,即 MPN 值。

(2) 大肠杆菌绘制试验结果表:见表 5-2。

表 5-2 大肠杆菌绘制试验结果表

接种量	管号	发酵反应结果	有无典型菌落	革兰氏染色结果	证实反应结果	最后结论
	1					
1 ml	2					
	3					

续表

接种量	管号	发酵反应结果	有无典型菌落	革兰氏染色结果	证实反应结果	最后结论
0.1 ml	1					
	2					
	3					
0.01 ml	1					
	2					
	3					

6. 注意事项

(1) 程序：大肠菌群的国际检验法采用三步法（乳糖发酵、分离培养和证实实验）。第一步乳糖发酵实验是样品的发酵结果，不是纯菌的发酵实验，所以初发酵阳性管，经过后两步，有可能成为阴性。大量检验数据证明，食品中大肠菌群检验程序的符合率，初发酵与证实实验相差很大，不同食品三步法的符合情况也不一致。一般来说，如果平板上有较多典型大肠菌群菌落，革兰染色为阴性杆菌，即可作出判定。如果平板上典型菌落甚少或均不够典型，则应多挑菌落做证实实验，以免出现假阴性。只做一步初发酵，对某些食品来说误差是比较大的，这样做，会有相当部分的合格样品被作为不合格样品处理，应予注意。

(2) 挑取菌落：大肠菌群是一群肠道杆菌的总称，大肠菌群菌落的色泽、形态等复杂多样，而且与大肠菌群的检出率密切相关。在实际工作中，为了提高大肠菌群的检出率，应当熟悉其菌落的形态和色泽。在检验方法中我们选用伊红美蓝平板为分离培养基，在该平板上，大肠菌群菌落大多数呈紫黑色有金属光泽，菌落形态的其他方面（如菌落的大小、光滑与粗糙、边缘完整情况、隆起情况、湿润与干燥等）虽也应注意，但不如色泽方面更为重要。

挑取菌落数与大肠菌群的检出率也有密切的关系。在实际工作中由于工作量大，通常只挑取一个菌落，但影响大肠菌群检出率因素很多，如食品种类、菌落色泽和形态、细菌种类等，只挑取一个菌落。由于几率问题，很难避免假阴性的出现，尤其当菌落不典型时。所以，挑取菌要挑取典型菌落，如无典型菌落，则应当多挑取几个，以免出现假阴性。

(3) 产气量：在糖发酵试验中经常可以看到，在发酵套管内存在极微小的气泡（有时比小米粒还小），类似这种情况能否算作产气阳性，这是许多人经常遇到的问题。大肠菌群的产气量，多者可以使发酵套管充满气体，少者产生比小米粒还小的气泡。一般来说，产气量与大肠菌群检出率呈正相关，但随样品种类而有不同，有米粒大小气泡也有阳性检出。另外，对未产气的乳糖发酵管是否均应做阴性处理。根据大量实践工作经验来看，对这种情况应慎重考虑，有时会遇到在初发酵时产酸无气，但复发酵却证实为大肠菌群阳性。有时套管内虽无气体，但在液面及管壁可以看到缓缓上升的小气泡。所以对未产气的发酵管有疑问时,可以用手轻轻敲动或摇动试管,如有气泡沿管壁上浮,即应考虑有气体产生,做进一步试验观察。这种情况的阳性检出率可达半数以上。

(4) MPN 检索表:最大可能数(MPN)是表示样品中活菌密度的估测。MPN 检索表是采用三个稀释度九管法,稀释度的选择是基于对样品中菌数的估测,较理想的结果应是最低稀释度 3 管为阳性,而最高稀释度 3 管为阴性。如果无法估测样品中的菌数,则应做一定范围的稀释度。

在查阅 MPN 检索表时,应注意以下问题:

①MPN 检索表中只提供了 3 个稀释度,即 1,0.1,0.01 ml(g),若改用 10,1,0.1 ml(g)时,则表内数字应相应降低或增加 10 倍。其余可类推。

②在 MPN 检索表第一栏阳性管数下面列出的 ml(g)是指原样品(包括液体和固体)的量,并非稀释后的量,对固体样品更应注意。如固体样品 1 g 经 10 倍稀释后,虽加入 1 ml 量,但实际其中只含有 0.1 g 样品,故应按 0.1 g 计。

二、食品中真菌(霉菌、酵母菌)的检验与分析

(一) 霉菌和酵母菌介绍

霉菌和酵母广泛分布于自然界并可作为食品中正常菌相的一部分。长期以来,人们利用某些霉菌和酵母加工一些食品,如用霉菌加工干酪和肉,使其味道鲜美;还可利用霉菌和酵母酿酒、制酱;食品、化学、医药等工业都少不了霉菌和酵母。但在某些情况下,霉菌和酵母也可造成食物腐败变质。由于它们生长缓慢和竞争能力不强,故常常在不适于细菌生长的食品中出现,这些食品是 pH 低、湿度低、含盐和含糖高的食品、低温贮藏的食品,含有抗生素的食品等。由于霉菌和酵母能抵抗热、冷冻,以及抗生素和辐照等贮藏及保藏技术,它们能转换某些不利于细菌的物质,而促进致病细菌的生长;有些霉菌能够合成有毒代谢产物——霉菌毒素。霉菌和酵母往往使食品表面失去色、香、味。例如,酵母在新鲜的和加工的食品中繁殖,可使食品发生难闻的异味,它还可以使液体发生混浊,产生气泡,形成薄膜,改变颜色及散发不正常的气味等。因此霉菌和酵母也作为评价食品卫生质量的指示菌,并以霉菌和酵母计数来制定食品被污染的程度。目前已有若干个国家制订了某些食品的霉菌和酵母限量标准。我国已制定了一些食品中霉菌和酵母的限量标准。

(二) 检验程序

检验程序见图 5-4。

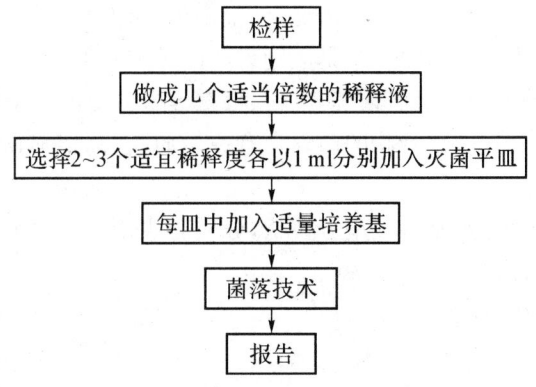

图 5-4 霉菌和酵母菌的检验程序

（三）操作步骤

1. 采样　取样特别注意样品的代表性，采样时避免污染。首先准备好灭菌容器和采样工具，如灭菌牛皮带、广口瓶、金属勺或刀等。在卫生学调查基础上，采取有代表性的样品。样品采集后应尽快检验，否则应将样品放在低温干燥处。

为了准确测定霉菌和酵母数，真实反映被检食品的卫生质量，首先应注意样品的代表性。对大的固体食品样品，要用灭菌刀或镊子从不同部位采取试验材料，再混合磨碎。如样品不太大，最好把全部样品放到灭菌均质器杯内搅拌 2 min。液体或半固体样品可用迅速颠倒容器 25 次来混匀。

2. 样品处理

①以无菌操作称取检样 25 g（或 25 ml），放入含有 225 ml 灭菌水的具塞三角瓶中，振摇 30 min，即为 1∶10 稀释液。

②以灭菌吸管吸取 1∶10 稀释液 10 ml，注入试管中，另用带橡皮乳头的灭菌吸管反复吹吸 50 次，使霉菌孢子冲分散开。

③取稀释液 10 ml 注入含有 9 ml 灭菌水的试管中，另换一只灭菌吸管吹吸 5 次，此液为 1∶100 稀释液。

④按上述操作顺序做 10 倍递增稀释液，每稀释一次，换用一支 1 ml 灭菌吸管。

为了减少稀释倍数的误差，在连续递增稀释时，每一稀释度应更换一根吸管。在稀释过程中，为了使霉菌的孢子充分散开，需用灭菌吸管反复吹吸 50 次。

3. 接种培养　每个样品应选择三个适宜的稀释度，每个稀释度倾注 2 个平皿。培养基熔化后冷却至 45 ℃，立即倾注并旋转混匀，先向一个方向旋转，再转向相反方向，充分混合均匀。培养基凝固后，把平皿翻过来放温箱培养。大多数霉菌和酵母在 25～30 ℃的情况下生长良好，因此培养温度 25～28 ℃。培养 3 天后开始观察菌落生长情况，共培养 5 天观察记录结果。

4. 计算方法　通常选取菌落数 10～150 之间的平板进行计数。一个稀释度使用 2 个平板，取 2 个平板菌落数的平均值，乘以稀释倍数报告。固体检样以 g 为单位报告，液体检样以 ml 单位报告。关于稀释倍数的选择可参考细菌菌落总数测定。

可以报告每克或每毫升食品所含霉菌和酵母菌数，以个/g(ml)表示。

5. 霉菌直接镜检计数法　对霉菌计数，可以采用直接镜检的方法进行计数。

在显微镜下，霉菌菌丝具有如下特征：

①平行壁：霉菌菌丝呈管状，多数情况下，整个菌丝的直径是一致的。因此在显微镜下菌丝壁看起来像两条平行的线。这是区别霉菌菌丝和其他纤维时最有用的特征之一。

②横隔：许多霉菌的菌丝具有横隔，毛霉、根霉等少数霉菌的菌丝没有横隔。

③菌丝内呈粒状：薄壁、呈管状的菌丝含有原生质，在高倍显微镜下透过细胞壁可见其呈粒状或点状。

④分枝：如菌丝不太短，则多数呈分枝状，分枝与主干的直径几乎相同。有分枝是鉴定霉菌得出可靠的特征之一。

⑤菌丝的顶端：常呈钝圆形。

⑥无折射现象。

凡有以上特征之一的丝状均可判定为霉菌菌丝。

观察视野中有无菌丝,凡符合下列情况之一者为阳性视野。

①一根菌丝长度超过视野直径 1/6;
②一根菌丝长度加上分枝的长度超过视野直径 1/6;
③两根菌丝总长度超过视野直径 1/6;
④三根菌丝总长度超过视野直径 1/6;
⑤一丛菌丝可视为一个菌丝,所有菌丝(包括分枝)总长度超过视野直径 1/6。

(四)结果报告

根据对所有视野的观察结果,计算阳性视野所占比例,并以阳性视野百分数(%)报告结果。

计算公式:

$$每件样品阳性视野(\%)=(阳性视野数/观察视野数)\times 100$$

三、致病菌的检测

食品首先是应考虑其安全性,其次才是可食性和其他。食品中一旦含有致病性微生物,其安全性就随之丧失,当然其食用性也不复存在了。各国的卫生部门对致病性微生物都作了严格的规定,把它作为食品卫生质量的最重要的指标。

食品生产是一个时间长、环节多的复杂过程,与食品有直接和间接关系的致病菌都可能污染食品。能引起人类疾病和食物中毒的致病菌有沙门氏菌、葡萄球菌、链球菌、副溶血性弧菌、口蹄疫病毒等。对其检验都按照国家统一的方法进行。在加工食品中能够存活下来的致病菌往往受到了某种程度的损伤,它们会受到增菌液中抑制剂的影响而不能被检测出来。因此,需要进行前增菌,以帮助致病菌恢复到正常状态。前增菌的适宜方法和使用的培养基则因食品的理化性质、加工方法不同而异。先对典型的致病菌进行简述。

(一)沙门氏菌属的检测与分析

沙门氏菌属(Salmonella)属肠杆菌科,是一群寄生于人和动物肠道的革兰氏阴性杆菌。它包括2 000个血清型。在普通显微镜下或普通营养培养基中不能与大肠杆菌区分,沙门氏菌食物中毒来源于食用了含有大量含毒菌株的食品。世界各地的食物中毒中,沙门氏菌食物中毒占首位或第二位。沙门菌常作为进出口食物和其他食物的致病菌指标。因此,因此检验食品中的沙门菌有极为重要的意义。

1. 生物学特性

(1) 形态与染色:为革兰阴性两端钝圆的短杆菌(图5-5),大小为$(1\sim3)\mu m\times(0.4\sim0.9)\mu m$,无荚膜和无芽孢,除鸡白痢和鸡伤寒沙门氏菌外,均有周鞭毛,能运动。

(2) 培养特性:为需氧或兼性厌氧菌,在10~42 ℃时均生长,最适生长温度为37 ℃,生长的最适pH为7.2~7.4。在普通营养培养基上均生长良好,培养18~24 h后,形成中等大小、圆形、表面光滑、无色半透明、边缘整齐的菌落。从污水或食品中分离的沙门氏菌有一些呈粗糙型菌落。在肉

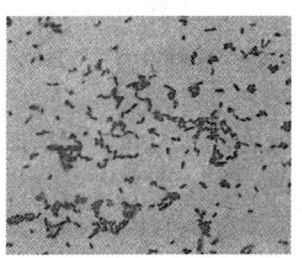

图 5-5 沙门氏染色照片

汤培养基内呈均匀浑浊生长。但猪伤寒、羊流产、鸡白痢沙门氏菌在普通营养培养基上生长欠佳。

（3）生化特性：本菌属的生化特性比较一致，但也有个别菌株的个别特性有差异。本菌属可发酵葡萄糖、麦芽糖、甘露醇和山梨醇产酸、产气；不发酵乳糖、肝糖和侧金盏花醇；吲哚实验和VP反应阴性；不水解尿素和对苯丙氨酸，不脱氨，触酶阳性，氧化酶阴性，还原硝酸盐。伤寒、鸡伤寒及部分鸡白痢沙门菌不发酵麦芽糖。除鸡白痢、猪伤寒、甲型副伤寒、伤寒和仙台等沙门菌属外，均能利用枸橼酸盐。除牛流产等少数沙门菌外，凡第一亚属的菌型都不能液化明胶。

（4）抵抗力：本菌对热、消毒药及外界环境的抵抗力不强，在60℃时，20～30 min即被杀死。在粪便中可存活1～2个月；在冰雪中可存活3～4个月；在水、乳及肉类中能存活几个月，例如，在含盐10%～15%的腌肉中可存活2～3个月，在冻肉中可存活6个月左右。当油炸或水煮大块鱼、肉、香肠等，若食品内部温度达不到足以使细菌杀死和毒素破坏的情况下，就会有活菌残留或毒素存在。

（5）抗原结构：本菌具有复杂的抗原结构，一般沙门氏菌可具有菌体（O）抗原、鞭毛（H）抗原、表面（K）抗原以及菌毛抗原。

2. 食品污染　沙门氏菌属可以存在于多类食品中，包括生肉、禽、奶制品和蛋、鱼、虾和田鸡腿、酵母、椰子、酱油和沙拉调料、蛋糕粉、奶油夹心甜点、顶端配料、干明胶、花生露、橙汁、可可和巧克力。

3. 致病性　沙门氏菌侵染人体后，往往导致四类综合征：沙门氏菌病、伤寒、非伤寒型沙门氏菌败血症和无症状带菌者。沙门氏菌胃肠炎是由除伤寒沙门氏菌外任何一型沙门氏菌而所致，通常表现为轻度，持久性腹泻。伤寒实际上是由伤寒沙门氏菌所致。未接受过治疗的病人，致死率可超过10%，而对经过适当医疗的病人，其致死率低于1%。幸存者可变成慢性无症状沙门氏菌携带者，这些无症状携带者不显示发病症状仍能将微生物传染给其他人（传统的例子就是玛丽伤寒）。

非伤寒型沙门氏菌败血症可由各型沙门氏菌感染所致，能影响所有器官，有时还引起死亡。幸存者可变成慢性无症状沙门氏菌携带者。

4. 沙门菌数检验流程　见图5-6。

5. 操作方法

（1）器具及其他用品：天平；均质器或乳钵；恒温箱；显微镜；灭菌广口瓶（500 ml）；灭菌三角瓶（500 ml，250 ml）；灭菌吸管（10 ml）；灭菌平皿（90 mm×15 mm）；灭菌小玻管（内径3 mm，长5 cm）；灭菌毛细吸管及橡皮乳头；载玻片；酒精灯；灭菌金属匙或玻璃棒；接种棒；镍铬丝；试管架及试管等。

（2）培养基与试剂：缓冲蛋白胨水（BPW）；氯化镁孔雀绿（MM）增菌液；四硫酸钠煌绿（TTB）增菌液；亚硒酸盐胱氨酸（SC）增菌液；亚硫酸铋琼脂（BS）；胆硫乳（DHL）琼脂；WS琼脂；HE琼脂；SS琼脂；三糖铁（TSI）琼脂；蛋白胨水、靛基质试剂；尿素琼脂（pH7.2）；氰化钾（KCN）培养基；氨基酸脱羧酶试验培养基；ONPG培养基；半固体琼脂；丙二酸钠培养基；革兰氏染色液；沙门氏菌因子；血清。

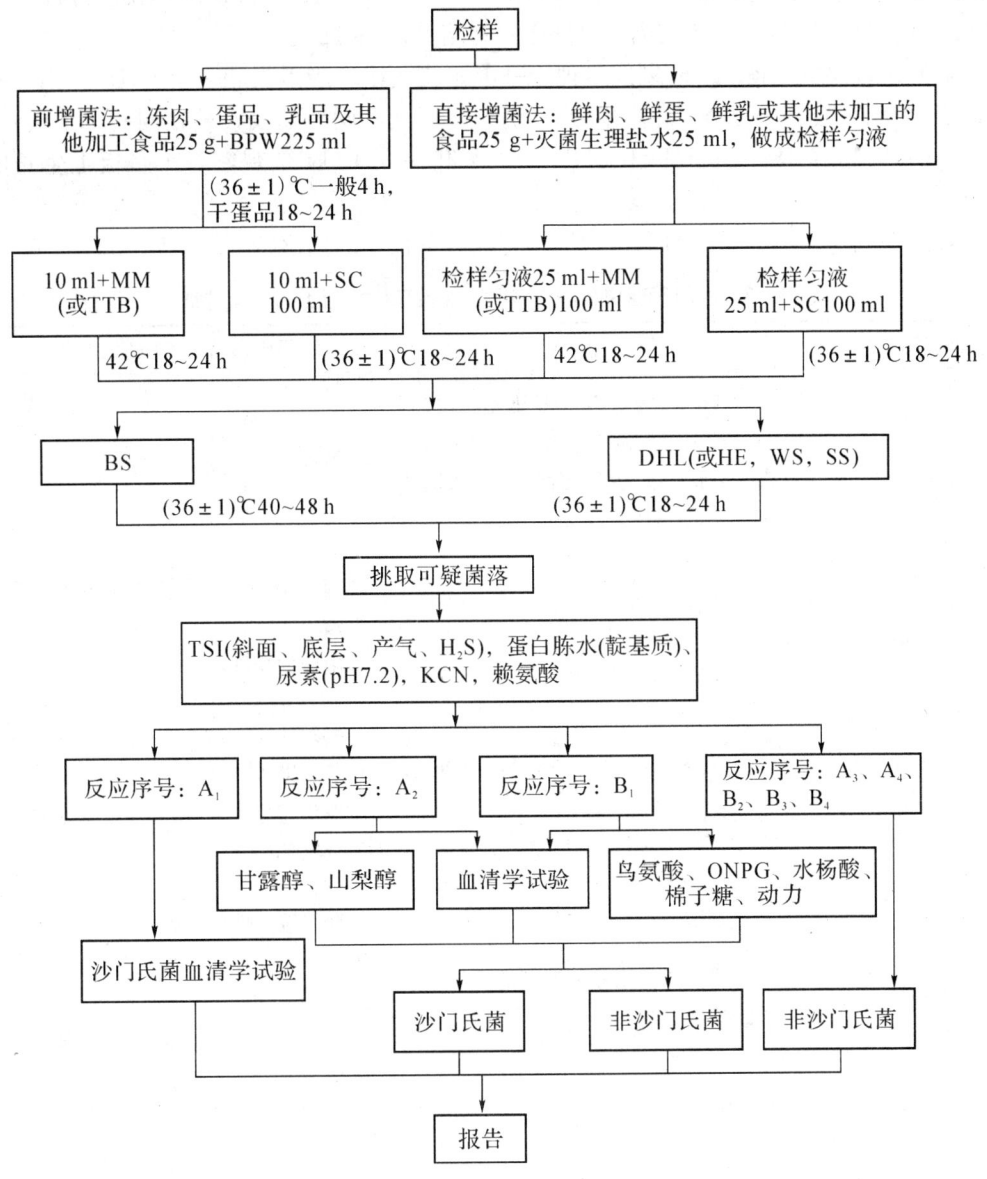

图 5-6 沙门氏菌的检验流程

6. 操作步骤

(1) 前增菌和增菌：冻肉、蛋品、乳品及其加工食品均应经过前增菌。称取检样 25 g，加在装有 225 ml 缓冲蛋白胨水的 500 ml 广口瓶内。固体食品可先用均质器以 8 000～10 000 r/min 打碎 1 min，或用乳钵加灭菌砂研磨，粉状食品用灭菌匙或玻棒研磨使乳化，于 (36 ± 1) ℃培养 4 h（干蛋品培养 18～24 h）。移取 10 ml 增菌培养物转种于 100 ml 氯化镁孔雀绿增菌液或四硫磺酸钠煌绿增菌液内，于 42 ℃培养 18～24 h。同时，另取 10 ml 增菌培养物转种于 100 ml 亚硒酸盐胱氨酸增菌液内，于 (36 ± 1) ℃培养 18～24 h。

鲜肉、鲜蛋、鲜乳或其他未加工的食品不必经过前增菌。各取 25 g（或 25 ml）加入灭菌生理盐水 25 ml，按前法做成检样匀液，取 25 ml 接种于 100 ml 氯化镁孔雀绿增菌液或四硫磺酸钠煌绿增菌液内,于42℃培养24 h。同时,另取25 ml 增菌培养物转种于100 ml 亚硒酸盐胱氨酸增菌液内,于(36±1)℃培养18～24 h。

(2) 分离:取增菌液1环,划线接种于一个亚硫酸铋琼脂平板和一个DHL琼脂平板(或HE琼脂平板、WS或SS琼脂平板)。两种增菌液可同时划线接种在同一个平板上,于(36±1)℃培养18～24 h(DHL、HE、SS)或40～48 h(BS),观察各个平板上生长的菌落。

沙门氏菌Ⅰ,Ⅱ,Ⅳ,Ⅴ,Ⅵ和沙门氏菌Ⅲ在各平板上的菌落特征见表5-3。

表5-3 沙门氏菌属各群在各种选择性琼脂平板上的菌落特征

选择性琼脂平板	沙门氏菌Ⅰ,Ⅱ,Ⅳ,Ⅴ,Ⅵ	沙门氏菌Ⅲ(即亚利桑那菌)
亚硫酸铋琼脂(BS)	产硫化氢菌落,为黑色有金属光泽,棕褐色或灰色,菌落周围培养基可呈黑色或棕色;有些菌株不产生硫化氢,形成灰绿色的菌落。周围培养基不变	黑色有金属光泽
胆硫乳琼脂(DHL)	无色半透明,产硫化氢菌落中心带黑色或几乎全黑色	乳糖迟缓阳性或阴性的菌株与沙门氏菌Ⅰ、Ⅱ、Ⅳ、Ⅴ、Ⅵ相同;乳糖阳性的菌株为粉红色,中心带黑色
HE琼脂 WS琼脂	蓝绿色或蓝色,多数菌株产硫化氢,菌落中心黑色或几乎黑色	乳糖阳性的菌株为黄色,中心黑色或几乎全黑色;乳糖迟缓阳性或阴性的菌株为蓝绿色或蓝色,中心黑色或几乎全黑色
SS琼脂	无色半透明,产硫化氢菌株有的菌落中心带黑色,但不如以上培养基明显	乳糖迟缓阳性或阴性的菌株,与沙门氏菌Ⅰ、Ⅱ、Ⅳ、Ⅴ、Ⅵ相同;乳糖阳性的菌株为粉红色,中心黑色,但中心无黑色形成与大肠埃希氏菌不能区别

(3) 生化试验

1) 三糖铁高层琼脂初步鉴定:自选择性琼脂平板上直接挑取数个可疑菌落,分别接种三糖铁琼脂。在三糖铁琼脂内,肠杆菌科常见属种的反应结果见表5-4。

表5-4 肠杆菌科各属在三糖铁琼脂内的反应结果

斜面	底层	产气	硫化氢	可能的菌属和种
−	+	±	+	沙门氏菌属、弗劳地氏柠檬酸杆菌属、变形杆菌属、缓慢爱德华氏菌属
+	+	±	+	沙门氏菌亚属Ⅲ、弗劳地氏柠檬酸杆菌属、普通变形杆菌属

续表

斜面	底层	产气	硫化氢	可能的菌属和种
－	＋	＋	－	沙门氏菌属、大肠埃希氏菌属、蜂窝哈夫尼亚菌属、摩根氏菌属、普罗菲登斯菌属
－	＋	－	－	伤寒沙门氏菌、鸡沙门氏菌、志贺氏菌属、大肠埃希氏菌属、蜂窝哈夫尼亚菌属、摩根氏菌属、普罗菲登斯菌属
＋	＋	±	－	大肠埃希氏菌属、肠杆菌属、克雷伯氏菌属、沙雷氏菌属、弗劳地氏柠檬酸杆菌属

注："＋"阳性；"－"阴性；"±"多数阳性，少数阴性

由上表说明，在三糖铁琼脂内只有斜面产酸同时硫化氢（H_2S）阴性的菌株可以排除，其他的反应结果均有沙门氏菌的可能，同时也均有不是沙门氏菌的可能，因此都需要做几项最低限度的生化试验。必要时做抹片染色镜检应为革兰阴性短小杆菌，做氧化酶试验应为阴性。

2）其他生化试验：在接种三糖铁琼脂的同时，再接种蛋白胨水（供做靛基质试验）、尿素琼脂（pH 7.2）、氰化钾（KCN）培养基和赖氨酸脱羧酶试验培养基及对照培养基各一管，于（36±1）℃培养 18～24 h，必要时可延长至 48 h，按表 5-5 判定结果。按反应序号分类，沙门氏菌属的结果应属于 A1、A2 和 B1，其他五种反应结果均可以排除。

表5-5 肠杆菌科各属生化反应初步鉴别表

反应序号	硫化氢（H2S）	靛基质	尿素 pH7.2	氰化钾（KCN）	赖氨酸脱羧酶	判定菌属
A1	＋	－	－	－	＋	沙门氏菌属
A2	＋	＋	－	－	＋	沙门氏菌属（少见）、缓慢爱德华氏菌属
A3	＋	－	＋	＋	－	弗劳地氏柠檬酸杆菌属、奇异变形杆菌属
A4	＋	＋	＋	＋	－	普通变形杆菌
B1	－	－	－	－	＋	沙门氏菌属、大肠埃希氏菌属、甲型副伤寒沙门氏菌、志贺氏菌属
B2	－	＋	－	－	＋	大肠埃希氏菌属、志贺氏菌属
	－	＋	－	－	－	
B3	－	－	±	＋	＋	克雷伯氏菌族各属阴沟肠杆菌、弗劳地氏柠檬酸杆菌属
B4	－	＋	±	＋	－	摩根氏菌、普罗菲登斯菌属

注：①三糖铁琼脂底层均产酸；不产酸者可排除；斜面产酸与产气与否均不限。
②氰化钾和赖氨酸可选用其中一项，但不能判定结果时，仍需补做另一项。
③＋表示阳性；－表示阴性；±表示多数阳性，少数阴性。

①反应序号 A1:典型反应判定为沙门氏菌属。如尿素酶、氰化钾和赖氨酸三项中有一项异常,按表5-6可判定为沙门氏菌。如有两项异常,则按 A3 判定为弗劳地氏柠檬酸杆菌属。

表5-6 沙门氏菌生化鉴别表

pH 7.2尿素酶	氰化钾	赖氨酸	判定结果
-	-	-	甲型副伤寒沙门氏菌(要求血清学鉴定结果)
-	+	+	沙门氏菌Ⅳ或Ⅴ(要求符合本群生化特性)
+	-	+	沙门氏菌个别变体(要求血清学鉴定结果)

注:+表示阳性;-表示阴性

②反应序号 A2:补做甘露醇和山梨醇试验,按表5-7判定结果。

表5-7 甘露醇和山梨醇试验结果

甘露醇	山梨醇	判定结果
+	+	沙门氏菌靛基质阳性变体(要求血清学鉴定结果)
-	-	缓慢爱德华氏菌

注:+表示阳性;-表示阴性

③反应序号 B1:三糖铁高层斜面产酸的菌株可予以排除,不产酸的应补做鸟氨酸、ONPG、水杨苷、棉子糖和半动力实验。按表5-8判断结果。

表5-8 沙门氏菌属各生化群的鉴别

赖氨酸	鸟氨酸	ONPG	水杨苷	棉子糖	半固体动力	定结果
+	+	-	-	-	+	门氏菌
-	-	-	-	-	-	贺氏菌属
-	+	+	-	-	-	内志贺氏菌属
d	d	d	d	d	d	希氏菌属

注:+表示阳性;-表示阴性;d 表示有不同反应

④必要时按表5-9进行沙门氏菌生化群的鉴别。

表5-9 沙门氏菌亚属各生化群的鉴别

项目	Ⅰ	Ⅱ	Ⅲ	Ⅳ	Ⅴ	Ⅵ
卫矛醇	+	+	-	-	+	-
山梨醇	+	+	+	+	-	+
水杨苷	-	-	-	+	-	-
ONPG	-	-	+	-	-	-
丙二酸盐	-	+	+	-	-	-
氰化钾	-	-	+	+	-	-

注:+表示阳性;-表示阴性

(4)血清学反应:血清学实验用于进一步的鉴定培养物的菌型。具体见第三章血清学试验技术及第七章沙门氏菌行标检测方法。

(5)结果报告:综合以上生化试验和血清学分型鉴定的结果,按照 GB 的沙门氏菌抗原表判定菌型,并报告结果。

7. 注意事项

(1)前增菌、增菌和分离:细菌受冷冻、加热、干燥、高渗、酸碱、辐射等的影响,可导致亚致死性的损伤,如给予适当的营养和温度,很快即能恢复,故经过冷冻或加工的食品,一般要经过非选择性的前增菌。经过前增菌再进行选择后的增菌,一般比直接增菌有更高的阳性检出率。

未经加工的生食品或污染严重的食品,直接选用选择性增菌。

(2)生化鉴定:五项生化试验项目即硫化氢、靛基质、pH 7.2 尿素酶、氰化钾和赖氨酸脱羧酶,对于硫化氢阳性的细菌,已足以判定为沙门氏菌和柠檬酸杆菌属;对于硫化氢阴性的细菌,查表到 B1 时,实际上只要补做 ONPG 试验,即可判定为沙门氏菌属和埃希氏菌属。这是沙门氏菌属生化学鉴定的最简单的、也是最佳的方案。

(二)金黄色葡萄球菌的检验与分析

葡萄球菌属(Staphylococcus)可引起毒素型细菌性食物中毒,在食物中毒中占很大的比例,是一个世界性问题,在我国也是一种较为常见的食物中毒病原菌。

葡萄球菌属的分类方法很多,根据生化性状和色素的不同,分为金黄色葡萄球菌(S. aureus)、表皮葡萄球菌(S. epidermidis)和腐生葡萄球菌(S. saprophyticus)等。其中,金黄色葡萄球菌致病力最强,可引起人和动物感染发生化脓病,也是引起食物中毒的主要菌种。

1. 葡萄球菌的生物学特性

(1)形态与染色:球形或呈椭圆形(如图 5-7,图 5-8),直径 0.5~1.5 μm,无芽孢、无鞭毛、无荚膜,呈单个、成双或葡萄状的革兰氏阳性球菌,衰老、死亡和被吞噬后常呈阴性。

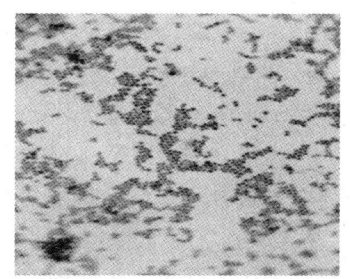

图 5-7 金黄色葡萄球菌的显微照片

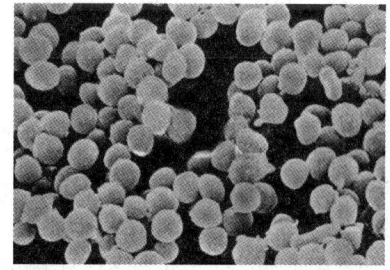

图 5-8 金黄色葡萄球菌电镜照片

(2)培养特性:大多数葡萄球菌为需氧或兼性厌氧菌,但在 20% CO_2 的环境中有利于毒素的产生。对营养要求不高,在普通培养基上生长良好,最适生长温度为 37 ℃,最适 pH 为 7.2~7.4,pH 为 4.2~9.8 时亦可生长,某些菌株耐盐性强,在 10%~15% NaCl 培养基上生长。

在普通琼脂平板上,经 18~24 h 培养后,形成圆形隆起、边缘整齐、表面光滑、湿润、不透明的菌落,直径为 1~2 mm,不同菌株可产生不同色素,出现金黄色、白色、柠檬色。

(3) 生化特性：葡萄球菌的生化活性强，一般为 MR 阳性，V－P 为弱阳性，靛基质试验阴性，还原硝酸盐，分解尿素产氨，凝固牛乳或被陈化、能产生氨和少量 H_2S，致病菌株可产生凝血浆酶。

(4) 抵抗力：葡萄球菌是抵抗力最强的不产芽孢细菌，耐干燥可达数月，加热 80 ℃，30 min 或 50 g/L 的石炭酸、1 g/L 的升汞溶液中 15 min 便会死亡，10 万～20 万龙胆紫能抑制其生长。在干燥的脓汁和血液中可存活数月，能耐冷冻环境，耐盐性很强。

(5) 抗原结构：一般具有蛋白质和多糖类两种抗原。蛋白质抗原存在于菌体表面，称为葡萄球菌 A 蛋白(SPA)，为完全抗原，具有种属特异性，无型特异性。多糖类抗原为半抗原，具有型特异性。

(6) 毒素和酶：葡萄球菌可产生溶血素、杀白细胞素、肠毒素、凝血浆酶、DNA 酶、溶纤维蛋白酶、透明质酸酶和脂酶等与本菌致病性有关的毒素和酶，它们均可增强葡萄球菌的毒力和侵袭力。

2. 食品污染情况　金黄色葡萄球菌在自然界中广泛存在，空气、水、灰尘及人和动物的排泄物中都可能滋生。故食品受其污染的机会很多。金黄色葡萄球菌肠毒素是个世界性卫生问题，在美国，由金黄色葡萄球菌肠毒素引起的食物中毒占整个细菌性食物中毒的 33%，加拿大则更多，占 45%，我国每年发生的此类中毒事件也非常多。

金黄色葡萄球菌污染的食品种类主要有：奶、肉、蛋、鱼及其制品；剩饭、油煎蛋、糯米糕及凉粉等引起的中毒事件也有报道。蛋白质含量丰富，水分多，同时含一定量淀粉的食物，肠毒素易生成；存放温度在 37 ℃内，通风不良，氧分压低易形成肠毒素；温度越高，产毒时间越短。

金黄色葡萄球菌是人类化脓感染中最常见的病原菌，可引起局部化脓感染，也可引起肺炎、伪膜性肠炎、心包炎等，甚至败血症、脓毒症等全身感染。金黄色葡萄球菌的致病力强弱主要取决于其产生的毒素和侵袭性酶：①溶血毒素：外毒素，分 α、β、γ、δ 四种，能损伤血小板，破坏溶酶体，引起肌体局部缺血和坏死；②杀白细胞素：可破坏人的白细胞和巨噬细胞；③血浆凝固酶：当金黄色葡萄球菌侵入人体时，该酶使血液或血浆中的纤维蛋白沉积于菌体表面或凝固，阻碍吞噬细胞的吞噬作用。葡萄球菌形成的感染易局部化与此酶有关；④脱氧核糖核酸酶：金黄色葡萄球菌产生的脱氧核糖核酸酶能耐受高温，可用来作为依据鉴定金黄色葡萄球菌；⑤肠毒素：金黄色葡萄球菌能产生数种引起急性胃肠炎的蛋白质性肠毒素，分为 A、B、C、D、E 及 F 五种血清型。肠毒素可耐受 100 ℃煮沸 30 min 而不被破坏。它引起的食物中毒症状是呕吐和腹泻。此外，金黄色葡萄球菌还产生溶表皮素、明胶酶、蛋白酶、脂肪酶、肽酶等。

3. 方法原理　金黄色葡萄球菌耐盐性强，在 100～150 g/L 的氯化钠培养基中能生长，适宜生长的盐浓度为 5%～7.5%，可以利用这个特性对金黄色葡萄球菌增菌，抑制杂菌。金黄色葡萄球菌可产生溶血素，在血平板上生长，菌落周围有透明的溶血环，可产生卵磷脂酶，分解卵磷脂，产生甘油酯和可溶性磷酸胆碱，所以在 Baird－Parker(含卵黄和亚碲酸钾)平板上生长，菌落为黑色，周围有一混浊带，在其外层有一透明圈，利用此特性可分离金黄色葡萄球菌。金黄色葡萄球菌还可产生凝固酶，凝固酶可使血浆中的血浆蛋白酶原变成血浆蛋白酶，使血浆凝固，这是鉴定致病性金黄色葡萄球菌的重要指标。是不是致病的金黄色葡萄球菌主要看它是否产生凝固酶。

金黄色葡萄球菌数量的测定采用稀释平板法中的涂菌法,采用 Baird-Parker 培养基,1 ml 样品稀释液分成 0.3 ml、0.3 ml、0.4 ml,分别接入三个平板中,然后用 L 型棒涂匀倒置培养。注意不能像混菌法那样一个平板接种 1 ml,因为琼脂吸收不了 1 ml 样品稀释液,倒置培养时,样品稀释液会流出来。在平板上,随机挑取五个可疑为金黄色葡萄球菌的菌落,做证实试验,计算出平板上金黄色葡萄球菌的比例数,最后计算出每 g(ml)样品中的金黄色葡萄球菌数。

4. 材料

(1) 器具及其他用品:显微镜;恒温箱;离心机;灭菌吸管;灭菌试管;均质器;载玻片;L 型涂布棒;接种环等。

(2) 培养基与试剂:7.5%氯化钠肉汤;Baird-Parker 琼脂平板;肉浸液肉汤;0.85%灭菌盐水;兔血浆;胰酪胨大豆肉汤;血琼脂平板。

5. 检验程序

(1) 增菌培养法

1) 检样处理:称取 25 g 固体样品或吸取 25 ml 液体样品,加入 225 ml 灭菌生理盐水,固体样品研磨或置均质器中制成混悬液。

2) 增菌及分离培养:吸取 5 ml 上述混悬液,接种于 7.5%氯化钠肉汤或胰酪胨大豆肉汤 50 ml 培养基内,置(36±1)℃恒温箱培养 24 h。75 g/L 氯化钠肉汤经增菌后转种血平板和 Baird-Parker 平板,(36±1)℃培养 24 h。挑取金黄色葡萄球菌可疑菌落进行革兰氏染色镜检及血浆凝固酶试验。

3) 形态:本菌为革兰阳性球菌,葡萄状排列,无芽孢,无荚膜。致病性葡萄球菌菌体较小,直径约为 0.5~1 μm。

4) 液体培养性状和菌落特征:本菌在肉汤中呈混浊生长,在胰酪胨大豆肉汤内有时液体澄清,菌量多时呈混浊生长。在血平板上菌落呈金黄色,也有时呈白色,大而凸起、圆形、不透明、表面光滑,周围有溶血圈。在 Baird-Parker 平板上的菌落见图 5-9。用接种针接触菌落似有奶油树胶的硬度,偶然会遇到非脂肪溶解的类似菌落,但无混浊带及透明圈。长期保存的冷冻或干燥食品中所分离的菌落比典型菌落所产生的黑色较淡些,外观可能粗糙并干燥。

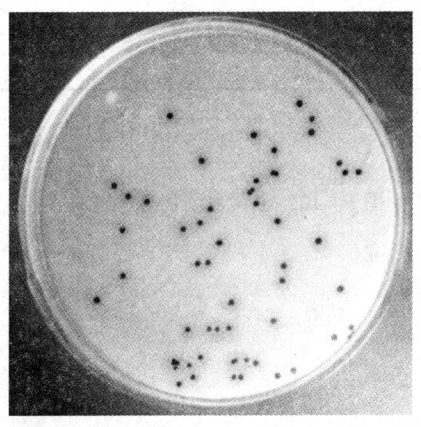

图 5-9　金黄色葡萄球菌在 Baird-Parker 平板上的菌落形态

(2) 血浆凝固酶试验：吸取1∶4新鲜兔血浆0.5 ml，放入小试管中，再加入培养24 h的金黄色葡萄球菌肉汤培养基0.5 ml，振荡摇匀。放在(36±1)℃恒温箱中或水浴内，每0.5 h观察一次，观察6 h。如呈现凝固，即将试管倾斜或倒置时呈现凝块者，被认为是阳性结果。同时以已知阳性和阴性葡萄球菌株及肉汤作为对照。

(3) 直接计数法

①吸取上述1∶10混悬液，进行10倍递次稀释，根据样品污染情况，选择不同浓度的稀释液各1 ml，分别加入3块Baird-parker平板，每个平板接种量分别为0.3 ml、0.3 ml、0.4 ml，然后用灭菌L型涂布棒涂布整个平板。如水分吸收不多，可将平板放在(36±1)℃温箱1 h，等水分蒸发后反转平皿置(36±1)℃温箱培养。

②在3个平板上点数周围有浑浊带的黑色菌落，并从中任选5个菌落，分别接种血平板，(36±1)℃培养24 h后进行染色镜检、血浆凝固酶试验，步骤同增菌培养法。

(4) 结果报告：血浆凝固酶试验阳性，在血平板上菌落周围有透明的溶血环，形态符合金黄色葡萄球菌特点的菌株被鉴定为金黄色葡萄球菌。

菌落计数：将3个平板中疑似金黄色葡萄球菌黑色菌落数相加，乘以血浆凝固酶阳性数，除以5，再乘以稀释倍数，即可求出每g(ml)样品中金黄色葡萄球菌数。

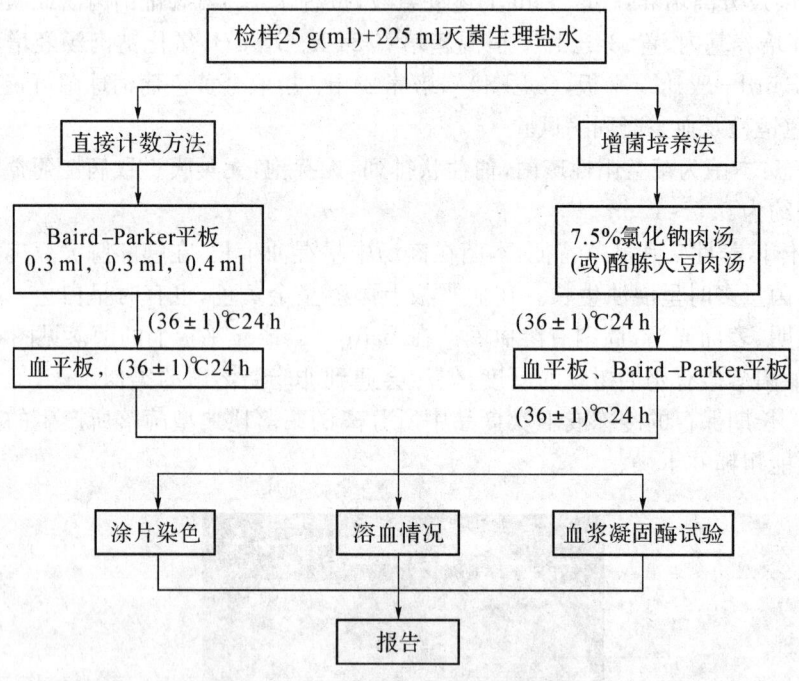

图5-10 金黄色葡萄球检验程序

技能训练十七　罐头食品中平酸菌的检测

一、平酸菌简介

引起罐头食品酸败变质而又不胖听（即产酸不产气）的微生物在罐头工业上称为平酸菌。它是需氧芽孢杆菌科中的一群高温型,具有嗜热、耐热的特点,其适宜生长温度为45～60 ℃,最适生长温度为50～55 ℃,在37 ℃生长缓慢,多数菌种在pH 6.8～7.2生长良好,少数菌种能在pH 5.0生长,广泛分布于土壤,灰尘和各种变质食品中。造成罐头食品酸败的细菌,从微生物学分类来分,主要有两种:通常是嗜热脂肪芽孢杆菌和凝结芽孢杆菌。嗜热脂肪牙孢杆菌（*Bacillus stearothermophilus*）革兰阳性菌,能运动,周生鞭毛。芽孢椭圆形,亚端生或端生,通常使孢囊膨大,最高生长温度为65～75 ℃。能够葡萄糖产酸,水解淀粉。凝结芽胞菌（*Bacillus Coagulans*）革兰阳性,能运动,周生鞭毛。芽孢椭圆形或柱状,一次端生或端生,偶尔中生,有些菌株孢囊膨大不明显,有些菌株的孢囊大。最高生长温度为55～60 ℃,最低生长温度为15～25 ℃。接触酶阳性,葡萄糖产酸。

1. 试样制备　罐头样品预先经55 ℃保温一周,然后按正常方法进行开罐,吸取内容物液体1 ml,如为固体内容物则取1克,以无菌手续接种于3♯培养基中,每罐接种2支。

2. 增菌培养　接种试样的3♯培养基试管,于55 ℃培养48小时。如发现指示剂由紫变黄,即判断为阳性,同时进行涂片镜检为芽孢杆菌（有时不易检到芽孢）。如阴性,需继续培养48 h。

3. 纯分离培养　将阳性培养基试管划线接种于3♯培养基琼脂平板55 ℃培养48 h,检查有无可疑菌落（菌落黄色,周围有黄色环,中心色深不透明）。如有可疑菌落,则接种于普通琼脂斜面和芽孢培养基斜面,55 ℃培养24 h,涂片镜检观察有无芽孢,以及芽孢的形状及位置,并同时以普通琼脂斜面培养物进行生化试验。

4. 鉴别

菌体形态:为革兰阳性芽孢杆菌。

生化反应:取上项斜面培养物按表5-10所示项目进行鉴别。

表5-10　平酸菌生化反应鉴别表

菌别	60 ℃培养	硝酸盐	葡萄糖	靛基质	V-P反应	7% NaCl肉汤	柠檬酸盐	酸性胰胨
嗜热脂肪芽孢杆菌	生长	d+	+	—	—	—	—	不生长
凝结芽孢杆菌	不定	d−	—	—	+	—	b	生长

注:+为产酸或阳性;—为阴性;d+:50%～85%的阳性;d−:15%～49%的阳性;b:25%～49%的阳性。45～55 ℃培养三天后无反应报告为阴性

5. 培养基的配方

①3#葡萄糖肉汤培养：蛋白胨 5 g，葡萄糖 5 g，酵母浸膏 1 g，牛肉膏 5 g，可溶性淀粉 1 g，黄豆浸出液 50 ml，水 1 000 ml 0.4% 溴甲酚紫 4 ml，pH 7.0~7.2，115 ℃ 高压灭菌 15 min。

②3#培养基琼脂：3#葡萄糖肉汤 1 000 ml，琼脂 18~20 克，pH 7.2~7.4，121 ℃ 高压灭菌 15 min。

③酸性胰胨琼脂：葡萄糖 5 克，K_2HPO_4 4 g，水 1 000 ml 琼脂 18~22 g(15~20 g)，琼脂粉 12 g，pH 5.0，121 ℃ 高压灭菌 15 min。

④7% NaCL 肉汤：蛋白胨 5 g 牛肉膏 3 g，NaCl 70 g 水 1 000 ml，pH 7.0，121 ℃ 高压灭菌 15 min。

⑤芽孢培养基：牛肉膏 10 g 蛋白胨 10 g，NaCl 5 g K_2HPO_4 3 g，($K_2HPO_4 3H_2O$ 3.9 g)，$MnSO_4$ 0.03 g 琼脂 25 g，pH 7.2 121 ℃ 高压灭菌 15 min。

⑥V-P 培养基：蛋白胨 5 g 葡萄糖 5 g，K_2HPO_4 5 g 蒸馏水 1 000 ml，pH 7.2，121 ℃ 高压灭菌 15 min。

⑦西蒙氏枸橼酸盐琼脂（柠檬酸盐）：NaCl 5 g 硫酸镁 0.2 g，磷酸铵（$NH_4H_2PO_4$）1 g，磷酸氢二钾（K_2HPO_4）1 g，枸橼酸钠 5 g，琼脂 20 g 蒸馏水 1 000 ml，0.2% 溴麝香草酚蓝酒精溶液 40 ml，pH 6.8 121 ℃ 高压灭菌 15 min。

⑧童汉氏蛋白胨水：蛋白胨 10 g NaCl 5 g，蒸馏水 1 000 ml pH 7.4，121 ℃ 高压灭菌 15 min。

⑨硝酸盐肉汤：牛肉膏 3 g 蛋白胨 5 g，硝酸钾 1 g，蒸馏水 1 000 ml，pH 7.0，121 ℃ 高压灭菌 20 min(15 min)。

技能训练十八　番茄酱中霉菌检测

霉菌的危害除了直接引发患病外，更主要的是产生隐形杀手——霉菌毒素。微生物危害是食品安全中最大的安全隐患，近些年来，经常暴发食物中毒等恶性事件，所以就其现实危害而言，微生物的危害要远远大于化学危害。番茄酱是一种番茄制品，在原料的收购过程中，往往会把一些腐烂变质的番茄混入其中，在产品的生产过程中需要经过巴氏消毒，将其中的霉菌灭活，所以说在实验中我们检测的霉菌是死霉菌。

目前我实验室所使用的霉菌检测方法为显微镜直接镜检。

1. 材料　奥林巴斯显微镜，郝氏计测玻片（具有标准计测室的特制玻片），盖玻片。

2. 操作步骤

（1）检样的制备

①取 10 g 待检样，加 33 ml 蒸馏水稀释，随后加入两滴四甲基蓝溶液进行染色备用。

②将显微镜按放大率 90~125 倍调节标准视野，使其直径为 1.382 mm。

③洗净郝氏计测玻片，将制好的标准液，用玻璃棒均匀的摊布于计测室，以备观察。

④将载玻片放于显微镜标准视野下进行霉菌观测，一般每一检样观察 50 个视野。

3. 计数　在标准视野下，发现有霉菌菌丝其长度超过标准视野（1.382 mm）的 1/6

或三根菌丝总长度超过标准视野的 1/6 时即为阳性(＋)，否则为阴性(－)。按 100 个视野计，其中发现有霉菌菌丝体存在的视野数，即为霉菌的视野百分数。

按照国家标准，番茄酱罐头中，霉菌含量不能超过 50% 的视野，目前，我们检测的过程中，番茄酱霉菌是一个常规检测项目。

4. 结论　本方法用于番茄酱中霉菌的检测，方法准确、快速，能够很好地服务于生产生活，有极大的应用价值。

本章复习题

一、名词解释
食品微生物检验

平酸腐败

取样

检样

二、填空题
1. 食品微生物检验的特点是：研究范围广、涉及科学多、_____、_____。
2. 我国卫生部颁布的食品微生物检验指标有_____、致病菌、真菌毒素等。
3. 微生物污染食品有两大途径，即_____与_____。
4. 食品中大肠菌群 MPN 的表示方法是：_____。
5. 革兰阳性菌呈_____色，革兰阴性菌呈红色。
6. 沙门氏菌检测中前增菌的目的是_____。

三、选择题
1. 耐酸性染色法是　　　　　　　　　　　　　　　　　　　　　　　　　　　(　)
   A. 单染色法　　　　　　　　　　　B. 复染色法
   C. 荧光染色法　　　　　　　　　　D. 特殊结构的染色法
2. 革兰氏染色的关键步骤是　　　　　　　　　　　　　　　　　　　　　　　(　)
   A. 脱色　　　　　　　　　　　　　B. 媒染
   C. 复染　　　　　　　　　　　　　D. 固定
3. 活菌计数法检测细菌总数应选择平均菌落数在_____的稀释度，乘以稀释倍数报告之　　　　　　　　　　　　　　　　　　　　　　　　　　　　　　(　)
   A. 10～20 之间　　　　　　　　　　B. 200～500 之间
   C. 30～300 之间　　　　　　　　　D. 5～10 之间
4. 血球计数板 25 格×16 格　　　　　　　　　　　　　　　　　　　　　　　(　)
   A. 大方格内分为 16 中格，每一中格又分为 25 小格
   B. 方格内分为 25 中格，每一中格又分为 16 小格
   C. 大方格的长和宽
   D. 小方格的长和宽
5. 乳糖初发酵试验通常在_____检测中用到　　　　　　　　　　　　　　　(　)
   A. 乳酸菌　　　　　　　　　　　　B. 酵母菌

C. 细菌总数　　　　　　　　　　D. 大肠杆菌

四、判断题

1. 许多食品卫生质量的指标包括菌落总数、大肠杆菌和致病菌。（　）
2. 食品的腐败与温度有关,温度越低,腐败得越慢,食品的保藏效果好。（　）
3. 以无菌操作挤出的牛奶是无菌的,可以直接饮用。（　）
4. 评价食品车间空气质量的微生物指标是菌落总数和大肠菌群数。（　）
5. 随机取样就是随意取样。（　）
6. 食品微生物检验采集的样品,检验后可以随时处理剩余样品。（　）
7. 采集食品中毒样品送检时,应注意冷藏,必要时可以加防腐剂。（　）
8. 菌落总数就是细菌总数。（　）

五、简答题

1. 菌落总数的定义和卫生学意义。
2. 简述菌落总数检验程序。
3. 简述大肠菌群的定义和卫生学意义。
4. 简述样品的种类,采样的要求。
5. 样品采集的无菌操作应如何进行?
6. 食品微生物检验范围有哪些?
7. 微生物检验室的基本条件有哪些?
8. 简述无菌室的相关技术指标。
9. 简述食品微生物检验室常用检测设备的使用方法及注意事项。
10. 简述菌落总数、大肠菌群、致病菌三项微生物检验指标的卫生学意义。
11. 简述食品中沙门氏菌的检验方法及步骤。
12. 简述常见食品微生物快速检验法。

六、综合题

1. 采用活菌计数法测定食品中细菌总数的测定,以无菌操作,将检样 25 g(或 25 ml)剪碎以后,放于含有 225 ml 灭菌生理盐水或其他稀释液的灭菌玻璃瓶内(瓶内预先置适当数量的玻璃珠)或灭菌乳钵内,经充分振摇或研磨做成 1∶10 的均匀稀释液。(1) 后面的操作步骤是什么? (2) 结果如何报告?

2. 进行大肠杆菌检测时经乳糖初发酵实验结果有乳糖胆盐发酵管都产气,(1) 说明什么问题? 接下来应该如何进行分析? (2) 革兰染色在何时进行? 有什么意义?

拓展知识　食品微生物快速检测技术

　　食品和水与空气一样,是人类生活的必需品,是人类生命的能源。然而,在食品生产、加工、储存、运输和销售的各个环节中,微生物的大量繁殖会引起食品腐败变质,导致食源性感染或食物中毒。随着近年来环境污染的不断加剧,病原微生物对人类所造成的威胁越来越大,尤其是近年来世界各国相继发生的重大食品安全事件,给食品安全敲响了警钟。发展简易、快速的食品微生物检验方法对于食品质量控制和监管非常重要。食品微生物检测就是应用微生物学的理论与方法,研究外界环境和食品中微生物的种类、数量、性质、活动规律及其对人和动物健康的影响。目前人们已经开发出了多种食品微生物检测技术。作为微生物分类和鉴定的重要依据之一,传统的形态学和生理生化方法操作繁琐、需要时间较长、准备和收尾工作繁重,且需要大量专业技术人员参与。近几年,国内外的许多机构和学者都致力于快速检测技术和方法的研究,已改进和开发了一些快速的检测技术和方法,微生物检测技术已由培养水平逐步向分子水平迈进。特别是近年来随着分子生物学、微电子技术及生物技术的发展,食品微生物快速检验技术也有了很大的进展。下面我们介绍一下比较广泛应用的微生物检测方法的新进展。

一、"干片"法

"干片"法是利用无毒的高分子材料作培养基载体,将特定的培养基和显色物质附着在上面,通过微生物在培养基上面的生长特征和显色反应来测定食品中微生物的方法。这是一种快速、定性和定量检测试纸和胶片的食品微生物检测方法,集现代化学、高分子科学、微生物学于一体,已经达到作为定量常规法的水平。对有些项目的测定,几乎可与标准方法相媲美。近年来以滤纸和美国 3M 公司开发的 Petrifilm 为载体的测试片已被广泛使用,检测的微生物种类有细菌总数、大肠菌群、大肠杆菌、金黄色葡萄球菌和真菌等。由于其准确度和精确度高,可测定少量检品,不需要配制试剂,操作简便快速,易于消毒保存,便于运输,携带方便,价格低廉,可随时进行;加之除"干片"外无其他任何废液废物,大大减少或消除对环境的污染,故适用于实验室、生产现场和野外环境工作,可以使防疫工作人员随时取样检查,减轻劳动强度,提高检验质量。

二、应用实例(3M Petrifilm TM 大肠菌群测试片法)

1. 测试程序 大肠菌群的检验程序见图 5-11。

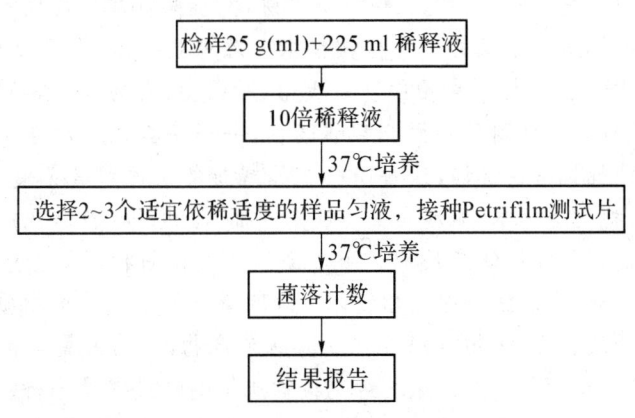

图 5-11 大肠杆菌检测程序

2. 操作方法

(1) 样品准备

①称取或吸取食物样品,置于适宜的无菌容器内;

②加入适当的无菌稀释液;

③搅拌或均质样品。

(2) 接种、培养:接种、培养过程如图 5-12。

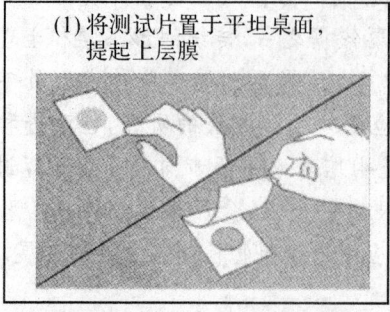
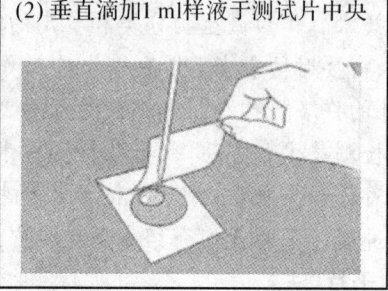
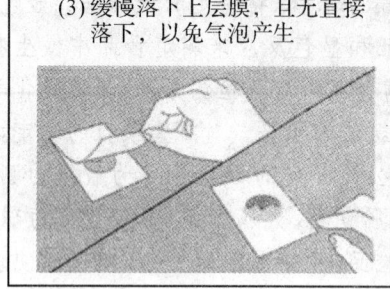
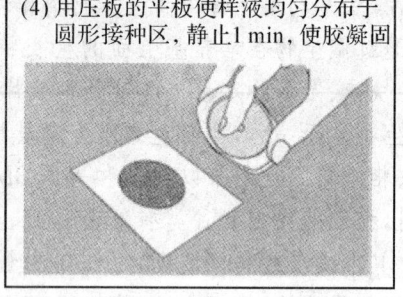

图 5-12　3M 测试片的接种方法

3. 检测结果的判读和计算菌落数方法　大肠菌群菌落在 Petrifilm 测试片上生长产酸，pH 指示剂使培养基颜色变深。在红色菌落周围有气泡者，为大肠菌群。

三、酶联免疫(ELISA)法

酶联免疫吸附法是一种固相酶免疫分析方法，把抗原抗体免疫反应的特异性和酶的高效催化作用有机地结合起来的一种检测技术。既可测抗原，也可测抗体，可进行定性和定量测定。ELISA 法可检测食品中沙门氏菌、军团菌、大肠杆菌等微生物。其基本原理是：①使抗原或抗体结合到某种固相载体表面，并保持其免疫活性。②使抗原或抗体与某种酶连接成酶标抗原或抗体，这种酶标抗原或抗体既保留其免疫活性，又保留酶的活性。在测定时，把受检标本(测定其中的抗体或抗原)和酶标抗原或抗体按不同的步骤与固相载体表面的抗原或抗体起反应。用洗涤的方法使固相载体上形成的抗原抗体复合物与其他物质分开，最后结合在固相载体上的酶量与标本中受检物质的量成一定的比例。加入酶反应的底物后，底物被酶催化变为有色产物，产物的量与标本中受检物质的量直接相关，故可根据颜色反应的深浅给受检物质做定性或定量分析。由于酶的催化频率很高，故可极大地放大反应效果，从而使测定方法达到很高的敏感度。用单克隆抗体制备试剂盒检测沙门氏菌，最低检测量可达 500 cfu/g，需 22 h。

(一) mini-VIDAS 快速分析测试技术

mini-VIDAS 应用 VIDAS 技术，被测物质抗原(细菌、病毒)的检测是应用一种夹心技术(即抗体-抗原-抗体)，包被针内侧制造时已用抗体包被，实验所需生化试剂均封闭在试剂条上。每个试剂条有 10 个孔，第一孔是标本孔，第 2~9 孔是试剂孔，其中第 6 孔含抗体-碱性磷酸酶，第 10 孔含荧光底物(4-甲基香豆素-磷酸酯)，是用于荧光测定的光学比色环。其余孔是洗涤液。操作时将灭活过的样品增菌液 0.5 ml 加于第一孔，样品在包被针内自动定时循环，样品中的抗原与包被针内侧抗体结合，未结合的样本则在第 2~

5孔中被洗去。试剂第6孔中的抗体-碱性磷酸酶复合物又与抗原结合,没被结合的碱性磷酸酶复合物在第7~9孔中被洗去。酶将荧光底物分解为荧光产物(4-甲基伞形酮),光扫描仪自动测定荧光强度,所测荧光与样品中抗原的含量成正比,样品荧光与标准荧光比值小于标准值时,结果为阴性,反之为阳性。

(二)应用实例(沙门菌快速检测)

1. 设备和材料 均质器和乳钵;显微镜;灭菌广口瓶(500 ml);灭菌三角烧瓶(250 ml);灭菌吸管;灭菌平皿;(直径9 cm);带盖灭菌小试管;接种棒;镍铬丝;试管架;恒温培养箱(36±1)℃、42 ℃;100 ℃水浴锅;mini-VIDAS全自动酶联免疫荧光仪(见图5-13)。

2. 培养基和试剂 缓冲蛋白胨水;Rappaport Vassiliadis 肉汤;亚硒酸盐胱氨酸肉汤;M肉汤;HE平板;VIDAS SLM测试条;API20E测试条。

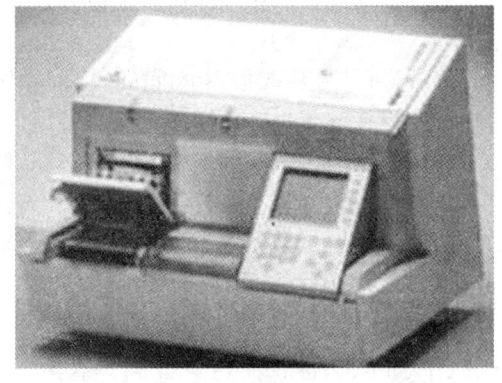

图5-13 mini-VIDAS(全自动酶联免疫荧光仪)

3. 检验程序 见图5-14。

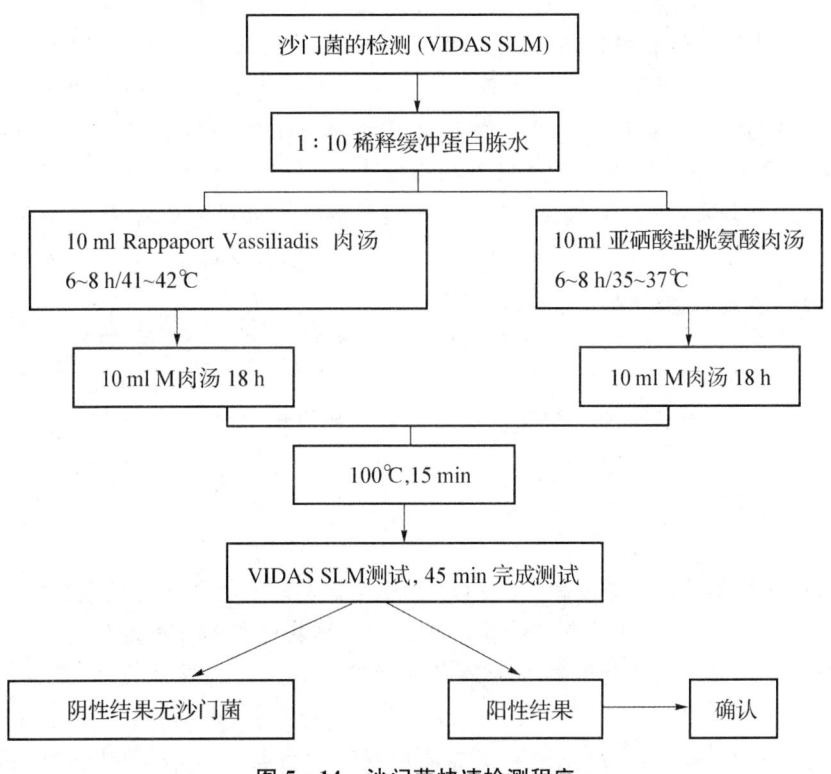

图5-14 沙门菌快速检测程序

4. 操作方法

(1) 样品制备:采集可疑食品或可疑带菌者的新鲜粪便进行检验。样品若不能及时检验,应将样品放入保存液中,置4 ℃的冰箱内保存。

(2) 增菌培养

前增菌：冻肉，蛋品，乳品等其他样品，以无菌操作取 25 g(ml)加入装有 225 ml 缓冲蛋白胨水的容器内，制成 1∶10 的均匀稀释液，固体样品可先应用均质器以 8 000～10 000 r/min 打碎 1 min，或用乳体加灭菌砂磨碎，于 35～37 ℃培养 18～24 h。

选择性增菌：移取上述增菌体液 0.1 ml 接种于 10ml Rappaport Vassiliadis 汤，于 41～42 ℃培养 6～8 h；同时移取 1 ml 上述增菌液接种于 10 ml 亚硒酸盐-胱氨酸汤中，于 35～37 ℃培养 6～8 h。

后增菌：从培养过的 Rappaport Vassiliadis 肉汤和亚硒酸盐-胱氨酸肉汤中取 1 ml 增菌液分别接种于 10 ml M 肉汤中。于 41～42 ℃培养 18 h。

(3) 检测：从培养过的 M 肉汤中分别取 1 ml 增菌液放入无菌试管中，并将试管封口，避免肉汤蒸发，经 100 ℃水浴 15 min 灭活后，取 0.5 ml 加入 SLM 沙门菌测试条 mini-VIDAS 自动酶联免疫荧光仪检测。结果若为阴性，检验结束；若为阳性，根据相关检验方法进行确定。

(4) 确定：若检验结果为阳性，则需要进一步确定，取增菌液一环，划线接种在 HE 平板上，于 35～37 ℃培养 18～24 h，观察平板上生长的菌落。挑取可疑菌落，采用 API 20E 进行确认。

(三) 聚合酶链反应(PCR)技术

PCR 是体外选择性扩增 DNA 或 RNA 的技术。它以待扩增的两条核苷酸链为模板，由人工合成的寡核苷酸介导，通过核酸聚合酶促反应快速扩增核酸序列。它具有快速、灵敏、简单和特异等特点，该技术能在短时间内对特定 DNA 序列作百万倍扩增。所以，PCR 于 1985 年问世以来，以惊人的速度广泛应用于生物科学的各个领域。PCR 方法首先在于根据待测 DNA 片段两端的核苷酸序列，化学合成两个不同的寡聚核苷酸引物，它们分别与 DNA 的两条链互补，然后将过量的引物与 4 种脱氧核糖核酸(dNTP)、DNA 聚合酶以及含有待扩增片段的 DNA 分子混合，经过高温变性(DNA 双链解开)、低温退火(引物与模板结合)和中温延伸(合成新的 DNA 片断)三个阶段的循环周期，对 DNA 分子进行扩增。由于新合成的 DNA 双链能够作为下一循环的模板，所以，模板 DNA 的信息以几何级数扩增，一般经过 30～35 次扩增循环，可使目的基因 DNA 片段放大数百万倍。PCR 技术在食品卫生微生物检验中的应用很广泛，可直接检测标本中的大肠杆菌，检测痢疾杆菌、金葡菌、各种毒素、小肠结肠炎耶尔森氏菌、肉毒梭菌、乳酸杆菌等食品中常见的微生物。

(四) 电阻电导测定法

其原理是当细菌生产繁殖时，将蛋白质、糖类等大分子物质分解成氨基酸、有机酸等带电荷的小分子物质，改变培养液的导电度，这样，测量电阻和导电度的变化就可推算出样品原来的含菌数。该法具有高度的敏感性、快速反应性、特异性强、重复性好的优点，能够迅速检测食品中的微生物。Bactometer 是利用电阻抗、电容抗或总阻抗等三种参数的自动微生物监测系统，它能快速测定样品中细菌的污染程度，从而快速提供品质控制的信息。另外，该仪器能通过测定代谢物产生的速度将菌体的数量与其活动相结合，使检验结果达到预测保藏质量和卫生安全的作用。

附 录

附录Ⅰ 《食品安全国家标准食品微生物学检验总则》（GB 4789.1—2010）

前言

本标准代替 GB/T 4789.1—2008《食品卫生微生物学检验总则》。

本标准与 GB/T 4789.1—2008 相比，主要修改如下：

——修改了标准的中英文名称；

——修改了检验方法的选择。

GB 4789.1—2010 所代替标准的历年版本发布情况为：

——GB 4789.1—1984、GB 4789.1—1994、GB/T 4789.1—2003、GB/T 4789.1—2008

食品安全国家标准

食品微生物学检验总则

1 范围

本标准规定了食品微生物学检验基本原则和要求。

本标准适用于食品微生物学检验。

2 规范性引用文件

本标准中引用的文件对于本标准的应用是必不可少的。凡是注日期的引用文件，仅所注日期的版本适用于本标准。凡是不注日期的引用文件，其最新版本（包括所有的修改单）适用于本标准。

3 实验室基本要求

3.1 环境

3.1.1 实验室环境不应影响检验结果的准确性。

3.1.2 实验室的工作区域应与办公室区域明显分开。

3.1.3 实验室工作面积和总体布局应能满足从事检验工作的需要，实验室布局应采用单方向工作流程，避免交叉污染。

3.1.4 实验室内环境的温度、湿度、照度、噪声和洁净度等应符合工作要求。

3.1.5 一般样品检验应在洁净区域（包括超净工作台或洁净实验室）进行，洁净区域应有明显的标示。

3.1.6 病原微生物分离鉴定工作应在二级生物安全实验室（Biosafety level 2, BSL‑2）进行。

3.2 人员

3.2.1 检验人员应具有相应的教育、微生物专业培训经历,具备相应的资质,能够理解并正确实施检验。

3.2.2 检验人员应掌握实验室生物检验安全操作知识和消毒知识。

3.2.3 检验人员应在检验过程中保持个人整洁与卫生,防止人为污染样品。

3.2.4 检验人员应在检验过程中遵守相关预防措施的规定,保证自身安全。

3.2.5 有颜色视觉障碍的人员不能执行涉及辨色的实验。

3.3 设备

3.3.1 实验设备应满足检验工作的需要。

3.3.2 实验设备应放置于适宜的环境条件下,便于维护、清洁、消毒与校准,并保持整洁与良好的工作状态。

3.3.3 实验设备应定期进行检查、检定(加贴标识)、维护和保养,以确保工作性能和操作安全。

3.3.4 实验设备应有日常性监控记录和使用记录。

3.4 检验用品

3.4.1 常规检验用品主要有接种环(针)、酒精灯、镊子、剪刀、药匙、消毒棉球、硅胶(棉)塞、微量移液器、吸管、吸球、试管、平皿、微孔板、广口瓶、量筒、玻棒及L形玻棒等。

3.4.2 检验用品在使用前应保持清洁和/或无菌。常用的灭菌方法包括湿热法、干热法、化学法等。

3.4.3 需要灭菌的检验用品应放置在特定容器内或用合适的材料(如专用包装纸、铝箔纸等)包裹或加塞,应保证灭菌效果。

3.4.4 可选择适用于微生物检验的一次性用品来替代反复使用的物品与材料(如培养皿、吸管、吸头、试管、接种环等)。

3.4.5 检验用品的储存环境应保持干燥和清洁,已灭菌与未灭菌的用品应分开存放并明确标识。

3.4.6 灭菌检验用品应记录灭菌/消毒的温度与持续时间。

3.5 培养基和试剂

3.5.1 培养基

培养基的制备和质量控制按照 GB/T 4789.28 的规定执行。

3.5.2 试剂

检验试剂的质量及配制应适用于相关检验。对检验结果有重要影响的关键试剂应进行适用性验证。

3.6 菌株

3.6.1 应使用微生物菌种保藏专门机构或同行认可机构保存的、可溯源的标准或参考菌株。

3.6.2 应对从食品、环境或人体分离、纯化、鉴定的,未在微生物菌种保藏专门机构登记注册的原始分离菌株(野生菌株)进行系统、完整的菌株信息记录,包括分离时间、来源、表型及分子鉴定的主要特征等。

3.6.3 实验室应保存能满足实验需要的标准或参考菌株,在购入和传代保藏过程中,应进行验证试验,并进行文件化管理。

4 样品的采集

4.1 采样原则

4.1.1 根据检验目的、食品特点、批量、检验方法、微生物的危害程度等确定采样方案。

4.1.2 应采用随机原则进行采样,确保所采集的样品具有代表性。

4.1.3 采样过程遵循无菌操作程序,防止一切可能的外来污染。

4.1.4 样品在保存和运输的过程中,应采取必要的措施防止样品中原有微生物的数量变化,保持样品的原有状态。

4.2 采样方案

4.2.1 类型

采样方案分为二级和三级采样方案。二级采样方案设有 n、c 和 m 值,三级采样方案设有 n、c、m 和 M 值。

n:同一批次产品应采集的样品件数;

c:最大可允许超出 m 值的样品数;

m:微生物指标可接受水平的限量值;

M:微生物指标的最高安全限量值。

注1:按照二级采样方案设定的指标,在 n 个样品中,允许有 c 个样品其相应微生物指标检验值大于 m 值。

注2:按照三级采样方案设定的指标,在 n 个样品中,允许全部样品中相应微生物指标检验值小于或等于 m 值;允许有 c 个样品其相应微生物指标检验值在 m 值和 M 值之间;不允许有样品相应微生物指标检验值大于 M 值。

例如:$n=5,c=2,m=100$ CFU/g,$M=1\ 000$ CFU/g。含义是从一批产品中采集 5 个样品,若 5 个样品的检验结果均小于或等于 m 值($\leqslant 100$ CFU/g),则这种情况是允许的;若 2 个样品的结果(X)位于 m 值和 M 值之间(100 CFU/g$<X\leqslant 1\ 000$ CFU/g),则这种情况也是允许的;若有 3 个及以上样品的检验结果位于 m 值和 M 值之间,则这种情况是不允许的;若有任一样品的检验结果大于 M 值($>1\ 000$ CFU/g),则这种情况也是不允许的。

4.2.2 各类食品的采样方案

按相应产品标准中的规定执行。

4.2.3 食源性疾病及食品安全事件中食品样品的采集

4.2.3.1 由工业化批量生产加工的食品污染导致的食源性疾病或食品安全事件,食品样品的采集和判定原则按 4.2.1 和 4.2.2 执行。同时,确保采集现场剩余食品样品。

4.2.3.2 由餐饮单位或家庭烹调加工的食品导致的食源性疾病或食品安全事件,食品样品的采集按 GB 14938 中卫生学检验的要求,以满足食源性疾病或食品安全事件病因判定和病原确证的要求。

4.3 各类食品的采样方法

采样应遵循无菌操作程序,采样工具和容器应无菌、干燥、防漏,形状及大小适宜。

4.3.1 即食类预包装食品

取相同批次的最小零售原包装,检验前要保持包装的完整,避免污染。

4.3.2 非即食类预包装食品

原包装小于 500 g 的固态食品或小于 500 ml 的液态食品,取相同批次的最小零售原包装;大于 500 ml 的液态食品,应在采样前摇动或用无菌棒搅拌液体,使其达到均质后分别从相同批次的 n 个容器中采集 5 倍或以上检验单位的样品;大于 500 g 的固态食品,应用无菌采样器从同一包装的几个不同部位分别采取适量样品,放入同一个无菌采样容器内,采样总量应满足微生物指标检验的要求。

4.3.3 散装食品或现场制作食品

根据不同食品的种类和状态及相应检验方法中规定的检验单位,用无菌采样器现场采集 5 倍或以上检验单位的样品,放入无菌采样容器内,采样总量应满足微生物指标检验的要求。

4.3.4 食源性疾病及食品安全事件的食品样品

采样量应满足食源性疾病诊断和食品安全事件病因判定的检验要求。

4.4 采集样品的标记

应对采集的样品进行及时、准确的记录和标记,采样人应清晰填写采样单(包括采样人、采样地点、时间、样品名称、来源、批号、数量、保存条件等信息)。

4.5 采集样品的贮存和运输

采样后,应将样品在接近原有贮存温度条件下尽快送往实验室检验。运输时应保持样品完整。如不能及时运送,应在接近原有贮存温度条件下贮存。

5 样品检验

5.1 样品处理

5.1.1 实验室接到送检样品后应认真核对登记,确保样品的相关信息完整并符合检验要求。

5.1.2 实验室应按要求尽快检验。若不能及时检验,应采取必要的措施保持样品的原有状态,防止样品中目标微生物因客观条件的干扰而发生变化。

5.1.3 冷冻食品应在 45 ℃以下不超过 15 min,或 2～5 ℃不超过 18 h 解冻后进行检验。

5.2 检验方法的选择

5.2.1 应选择现行有效的国家标准方法。

5.2.2 食品微生物检验方法标准中对同一检验项目有两个及两个以上定性检验方法时,应以常规培养方法为基准方法。

5.2.3 食品微生物检验方法标准中对同一检验项目有两个及两个以上定量检验方法时,应以平板计数法为基准方法。

6 生物安全与质量控制

6.1 实验室生物安全要求

应符合 GB 19489 的规定。

6.2 质量控制

6.2.1 实验室应定期对实验用菌株、培养基、试剂等设置阳性对照、阴性对照和空白对照。

6.2.2 实验室应对重要的检验设备(特别是自动化检验仪器)设置仪器比对。

6.2.3 实验室应定期对实验人员进行技术考核和人员比对。

7 记录与报告

7.1 记录

检验过程中应即时、准确地记录观察到的现象、结果和数据等信息。

7.2 报告

实验室应按照检验方法中规定的要求,准确、客观地报告每一项检验结果。

8 检验后样品的处理

8.1 检验结果报告后,被检样品方能处理。检出致病菌的样品要经过无害化处理。

8.2 检验结果报告后,剩余样品或同批样品不进行微生物项目的复检。

附录Ⅱ 食品微生物检验的常用试剂及培养基配制

一、常用染色液

1. 革兰染色液

(1) 结晶紫溶液 A 液:结晶紫 20 g,95%乙醇 20 ml;B 液:草酸铵 0.8 g,蒸馏水 80 ml。染色前 24 h 将 A 液、B 液混合,过滤后装入试剂瓶内备用。

(2) 碘液:碘 1 g,碘化钾 2 g,蒸馏水 300 ml。

将碘与碘化钾混合并研磨,加入几毫升蒸馏水,使其逐渐溶解,然后研磨,继续加入少量蒸馏水至碘、碘化钾完全溶解。最后补足水量。也可用少量蒸馏水将碘化钾完全溶解,再加入碘片,待完全溶解后,加水至 300 ml。

(3) 脱色液:95%乙醇。

(4) 复染液:沙黄 2.5 g,95%乙醇 100 ml 为贮存液,取贮存液 10 ml,加蒸馏水 90 ml 为应用液。

2. 抗酸染色液

(1) 碱性复红染色液:①萋纳石炭酸复红溶液:碱性复红乙醇饱和溶液 10 ml,5%石炭酸溶液 90 ml。②脱色液:浓盐酸 3 ml,95%乙醇 97 ml。③复染液(吕弗勒美蓝液):美蓝乙醇饱和溶液 30 ml,100 g/L 氢氧化钾溶液 0.1 ml,蒸馏水 100 ml。

(2) 金胺 O-罗丹明 B 染色液:①罗丹明 B 液:罗丹明 B 0.1 g 加蒸馏水 100 ml。②1 g/L 金胺 O 液:金胺 O 液 0.1 g 加蒸馏水 95 ml,再加入纯石炭酸 5 ml,混匀。③3%盐酸乙醇。④稀释美蓝液:吕弗勒美蓝液 100 ml,加蒸馏水 90 ml,混匀。

(3) 鞭毛染色液(改良 Ryu 法)

A 液:5%石炭酸 10 ml,鞣酸 2 g,饱和硫酸铝钾溶液 10 ml;B 液:结晶紫乙醇饱和液。应用液 A 液 10 份,B 液 1 份,混合,室温存放备用。

(4) 异染颗粒染色液

甲液:甲苯胺蓝 0.15 g,孔雀绿 2 g/L,95%乙醇 2.0 ml,蒸馏水 100 ml。乙液:碘 2 g,碘化钾 3 g,蒸馏水 300 ml。

先将碘化钾加入少许蒸馏水(约 2 ml),充分振摇,待完全溶解,再加入碘,使完全溶解后,加蒸馏水至 300 ml。

(5) 荚膜染色液

①印度墨汁或 50 g/L 黑色素水溶液。

②5 g/L 苯胺蓝水溶液。

二、基础培养基

(一) 液体基础培养基

1. 蛋白胨水

[用途] 用于细菌靛基质试验;一般细菌培养和传代。

[配法]蛋白胨(或胰蛋白胨)10 g,氯化钠 5 g,蒸馏水 1 L。

将上述成分溶于水中,校正 pH 至 7.2,分装试管,每管 2~3 ml,置 121 ℃灭菌 15 min 备用。

[质量控制]大肠埃希菌生长良好,靛基质阳性;伤寒沙门菌生长良好,靛基质阴性。

2. 营养肉汤

[用途]一般细菌的增菌培养,加入 1%的琼脂粉亦可作营养琼脂。

[配法]蛋白胨 10 g,牛肉膏 3 g,氯化钠 5 g,蒸馏水 1 L。

将上述成分称量混合溶解于水中,校正 pH 至 7.4,按用途不同分装于烧瓶或试管内。经 121 ℃灭菌 15 min,作无菌试验后冷藏备用。

[质量控制]金黄色葡萄球菌、伤寒沙门菌、化脓性链球菌生长良。

3. 牛肉浸液培养基

[用途]细菌培养最基础的培养基,除用于一般细菌的培养外,又可以作营养琼脂及其他培养基的基础。

[配法]新鲜除脂牛肉 500 g,氯化钠 5 g,蛋白胨 10 g,蒸馏水 1 L。

先将牛肉清洗,除脂肪、肌腱,切块绞碎。称取 500 g 置容器加入蒸馏水 1 L,搅匀后置冰箱过夜,次日煮沸加热 30 min,并用玻棒不时搅拌用绒布或麻布进行粗过滤,再用脱脂棉过滤即成。在过滤中加入蛋白胨 10 g,氯化钠 5 g 溶解后,用氢氧化钠溶液校正 pH 至 7.6~7.8,并加热煮沸 10 min,补充蒸馏水至 1 L,最后用滤纸过滤,呈清晰透明、淡黄色液体,经 121 ℃ 15 min 灭菌备用。

[用法]根据用途不同可以制成营养肉汤,以此为基础制成其他培养基。如制作固体培养基,加入琼脂 15~20 g/L 即可。

[质量控制]金黄色葡萄球菌、大肠埃希菌、伤寒沙门菌、痢疾志贺菌等均生长良好。

[保存]置 4 ℃冰箱内可以使用较长时间。

注:商品牛肉浸膏粉,一般使用量为 3~5 g/L。

(二)固体基础培养基

1. 营养琼脂

[用途]一般细菌和菌株的纯化及传种。

[配法]蛋白胨 10 g,牛肉膏 3 g,氯化钠 5 g,琼脂粉(优质)12 g,蒸馏水 1 L。

将上述成分(除琼脂外)溶于水中,校正 pH 7.2~7.4 后加入琼脂,煮沸溶解,根据用途不同进行分装,经 121 ℃灭菌 15 min,倾注平板或制成斜面,冷藏备用。

[质量控制]金黄色葡萄球菌菌落呈浅黄色;痢疾志贺菌菌落无色;铜绿假单胞菌菌落无色或浅绿色。

[保存]置 4 ℃冰箱保存,2 周内用完。

2. 血琼脂培养基

[用途]一般病原菌的分离培养和溶血性鉴别及保存菌种。

[配法]pH 7.4~7.6 牛肉浸液琼脂 100 ml,脱纤维羊血(或兔血)5~10 ml。

[质量控制]化脓性链球菌 ATCC 19615 生长良好,β-溶血;肺炎链球菌 ATCC 6303 生长良好,α-溶血;表皮葡萄球菌 ATCC 12228 生长良好,不溶血。

[保存] 置 4 ℃冰箱,1 周内用完。

3. 巧克力琼脂培养基

[用途] 主要用于嗜血杆菌的分离培养,亦可用于奈瑟菌的增殖培养。

[配法] 鲜牛肉浸出液 1L,蛋白胨 10 g,氯化钠 5 g,琼脂粉 12 g,无菌脱纤维羊血或兔血 100 ml。

将上述成分(除兔血外)加热溶解,调 pH 至 7.2,置 121 ℃ 15 min 高压灭菌,待冷至约 85 ℃,以无菌方式加入兔血,摇匀后置 85 ℃水浴中,维持该温度 10 min,使之成巧克力色。取出置室温冷至约 50 ℃,倾注平板或制成斜面备用。

[质量控制] 流感嗜血杆菌 ATCC 10211、肺炎链球菌 ATCC 6305 生长良好,菌落典型。

[保存] 置 4 ℃冰箱,1 周内用完。

4. 胱氨酸胰化酪蛋白琼脂

[用途] 常用于测定脑膜炎奈瑟菌和淋病奈瑟菌以及营养要求较高细菌的糖发酵试验。

[配法] 氨酸 0.5 g,胰化酪蛋白 20 g,氯化钠 5 g,亚硫酸钠 0.3 g,琼脂 3.5 g,酚红 0.0175 g,蒸馏水 1 L。

将上述成分(酚红除外)混合溶解,调 pH 至 7.2,加入酚红指示剂。分装试管,115 ℃灭菌 15 min。

[用法] 用于测定糖发酵时,按需要加入各种糖溶液,将待检标本直接种于培养基管内,置 35 ℃孵箱,18~24 h 观察结果。培养基由红色变为黄色为阳性,不变色为阴性。

三、保存和增菌培养基

(一) 菌种保存培养基

[配法] 蛋白胨 10 g,牛肉膏 5 g,氯化钠 3 g,磷酸氢二钠 2 g,琼脂粉 4.5 g,蒸馏水 1 L。

将上述成分混合于水中,加热溶解,调 pH 至 7.4~7.6,分装试管 2/3 左右高度,121 ℃高压灭菌 15 min,成为半固体培养基,备用。

[质量控制] 培养基呈淡黄色半固体状。大肠埃希菌(ATCC 25922)生长良好,动力阳性;福氏志贺菌(ATCC 12022)生长良好,动力阴性;金黄色葡萄球菌(ATCC 25923)生长良好,动力阴性。

(二) 增菌培养基

1. 葡萄糖肉汤

[用途] 用于血液增菌。

[配法] 蛋白胨 10 g,氯化钠 5 g,肉浸液(或心浸液)1 L,葡萄糖 3 g,枸橼酸钠 3 g,5 g/L 对氨基苯甲酸水溶液 10 ml,1 mol/L 硫酸镁溶液 20 ml,青霉素酶 1 000 U。

将蛋白胨、氯化钠混合于肉浸液中加热溶解,再加入葡萄糖、枸橼酸钠、对氨苯甲酸及硫酸镁,继续煮沸 5 min,并补足失水,调整 pH 至 7.8。

过滤分装,每瓶 50 ml,高压灭菌 115 ℃,20 min 后,每瓶加入青霉素酶 50 U,经无菌试验合格后,冷却备用。

[用法] 将采取的血液标本,以无菌手续注入培养瓶中(血液 1 ml,培养液 10 ml),置 35 ℃培养箱内,每天 1 次取出观察结果。如有细菌生长,可出现数种不同的表现,应随时作分离培养,可选用血琼脂、伊红美蓝琼脂及巧克力琼脂平板等。无细菌生长表现的培养瓶,需连续观察 7 天,仍无细菌生长方可弃去。在观察的过程中,至少应作两次分离培养。

注:(1) 枸橼酸钠为抗凝剂,可使血液加入培养基中不凝固。

(2) 对氨基苯甲酸主要中和血液中磺胺类药物的抑菌作用。

(3) 硫酸镁主要抑制血液中存在的四环素、金霉素、新霉素、多粘菌素及链霉素的抑菌作用。

(4) 本培养基近年来有许多改良配方,如加入 0.3%～0.5%酵母浸膏以增加营养;加 0.2%核酸刺激细菌生长;加 0.1%黏液素能被覆于细菌的表面,保护细菌免受抗体破坏;加入聚茴香脑磺酸钠(SPS)能中和补体的抗药作用,从而提高检出率。

2. 血液增菌培养基

[用途] 血液和骨髓液病原菌的增菌培养。

[配法] 蛋白胨 10 g,氯化钠 5 g,牛肉膏 3 g,葡萄糖 1 g,酵母膏粉 3 g,枸橼酸钠 3 g,磷酸氢二钾 2 g,5 g/L 对氨基苯甲酸溶液 5 ml,1mol/L 硫酸镁溶液 20 ml,4 g/L 酚红溶液 6 ml,青霉素酶 50 U,聚茴香脑磺酸钠(SPS)0.3 g,蒸馏水 1 L。

将上述成分(除酚红指示剂、青霉素酶外)混合加热溶解,校正 pH 至 7.4,再加酚红,过滤分装每瓶 30～50 ml,经 121 ℃灭菌 15 min 和 35 ℃ 24 h 无菌试验备用。临用时每瓶加入 1.5～2.5 U 青霉素酶。

[质量控制] 伤寒沙门菌 ATCC 50096、白色念珠菌 ATCC 10231、化脓性链球菌 ATCC 19615、肺炎链球菌 ATCC 6305、金黄色葡萄球菌 ATCC 25923、铜绿假单胞菌 ATCC 27853 均生长良好。

3. 亚硒酸盐增菌培养基

[用途] 沙门菌增菌培养。

[配法] 蛋白胨 5 g,乳糖 4 g,磷酸氢二钠 4.5 g,磷酸二氢钠 5.5 g,亚硒酸氢钠 4 g,蒸馏水 1 L。

先将亚硒酸盐加到 200 ml 蒸馏水中,充分摇匀溶解。其他成分称量混合,加入蒸馏水 800 ml,加热溶解,待冷却后两液混合,充分摇匀,校正 pH 7.0～7.1(通过调整磷酸盐缓冲对的比例来校正 pH 值)。最后分装于 15 mm×150 mm 的试管内,每管 10 ml。置水浴隔水煮沸 10～15 min,立即冷却,置 4 ℃冰箱保存备用。

[用法] 取新鲜标本 1 g 或棉拭子采样直接种于该培养管内。摇动后置 35 ℃培养过夜。如发现均匀混浊,管底有红色沉淀物,表示细菌生长。然后取培养物分离在选择性培养基上,如 SS 琼脂、麦康凯琼脂平板等,进行培养。

[质量控制] 培养基应呈淡黄色或无色,透明无沉淀物。增菌灵敏度:伤寒沙门菌 $1×10^{-5}$,鼠伤寒及副伤寒沙门菌 $1×10^{-7}$。

[保存] 4 ℃保存,1 周内用完。

注:(1) 亚硒酸盐,包括亚硒酸钠、亚硒酸氢钠均可使用,但以亚硒酸氢钠效果为好。

(2) 磷酸盐缓冲对中,两者的用量比例与亚硒酸盐及蛋白胨的品种有关。制备前应进行调试,其总量为 10 g/L。

(3) 在制备过程中,亚硒酸盐不能直接加热。隔水煮沸时间亦不能超过规定时间,否则亚硒酸盐会变质,生成红色沉淀物。

(4) 培养基应呈淡黄色,有红色沉淀物出现时不可再用。

4. SS 增菌液

[用途] 用于沙门、志贺菌的增菌。

[配法] 胨胨 2 g,蛋白胨 8 g,牛肉膏 3.5 g,酵母膏 2 g,葡萄糖 2 g,枸橼酸铁 10 g,硫代硫酸钠 10 g,亚硫酸钠 0.7 g,胆盐 5.5 g,磷酸氢二钠 4 g,磷酸二氢钾 0.1 g,去氧胆酸钠(进口)1.5 g,煌绿 0.005 g,蒸馏水 1 L。

将上述成分加热溶于水中,调 pH 至 7.1,分装试管(15×150 mm),每管 5～7 ml,隔水煮沸 5 min 备用。

[用法] 取粪便标本 1 g 直接种于增菌液内,35 ℃ 16～18 h 培养,取出转种于分离培养基即可。

[质量控制] 培养基应呈淡黄色或略呈淡绿色。伤寒沙门菌 ATCC 50096、福氏志贺菌 ATCC 12022 生长良好;大肠埃希菌 ATCC 25922 生长抑制。

注:(1) 切勿高压,隔水煮沸时间不超过 5 min。

(2) 煌绿用量应根据不同产品批号酌情增减。

5. 碱性蛋白胨水

[用途] 霍乱弧菌增菌培养。

[配法] 蛋白胨 20 g,氯化钠 5 g,蒸馏水 100 ml。

将上述成分溶解于水中,校正 pH 至 8.6,分装于试管 8～10 ml,经 121 ℃ 灭菌 15 min 备用。

[用法] 将待检标本接种到碱性胨水中,置 35 ℃ 培养 6～8 h,霍乱弧菌呈均匀混浊生长,表面有菌膜出现。取表面菌液一白金环移种到碱性琼脂、庆大琼脂或 TCBS 琼脂平板上。必要时做第二次增菌。

[质量控制] 有条件的实验室可用标准菌株,一般临床实验室可用非 01 群弧菌,培养后生长良好者方可使用。霍乱弧菌 EI-Tor 生物型和副溶血弧菌生长良好(6 h);大肠埃希菌 ATCC 25922 不生长(6 h)。

[保存] 置 4 ℃ 冰箱,2 周内用完。

注:若在每升碱性胨水中加入 1% 亚碲酸钾溶液 0.5～1.0 ml,则成为亚碲酸钾碱性胨水,其增菌效果更为理想。

四、分离培养基

(一) 革兰阳性杆菌分离培养基

1. 罗-琴改良培养基

[用途] 用于结核分枝杆菌培养。

[配法] 磷酸二氢钾 2.4 g,硫酸镁 0.24 g,枸橼酸镁(或枸橼酸钠)0.6 g,天门冬素 3.6 g,甘油 12 ml,蒸馏水 600 ml,马铃薯淀粉 30 g,新鲜鸡卵液 1L,2% 孔雀绿水溶液

20 ml。

先将磷酸盐、硫酸镁、枸橼酸镁、天门冬素及甘油,加热溶解于 600 ml 蒸馏水中。再添放马铃薯粉,边放边搅,并继续置沸水中加热 30 min,待冷却至 60 ℃左右时,加入鸡卵液 1L 及孔雀绿溶液 20 ml,充分混匀后,用无菌操作分装于灭菌试管,每支 5～6 ml,塞紧橡皮塞(最好是翻口塞),置于血清凝固器内制成斜面,经 85 ℃ 1 h 间歇灭菌 2 次(或高压灭菌 115 ℃ 20 min),待凝固后经无菌试验,4 ℃冷藏备用。

[用法] 取晨咳痰或其他体液标本,经消化处理和离心沉淀的浓缩液 0.1 ml(约 2 滴)滴种于培养基的斜面上,尽量摇晃,置 35 ℃ 5%～10%二氧化碳温箱内培养 1～4 周,观察结果。凡在 1 周内发现生长的菌落,一般不可能是结核分枝杆菌;在 2 周后生长的菌落,奶油状,略呈黄色,粗糙突起,不透明,即取菌进行涂片染色镜检及鉴定。

[质量控制] 用结核分枝杆菌菌株做阳性培养试验。

[保存] 置 4 ℃冰箱内 2～4 周有效。

注:(1) 本培养基由 Lowenstein-Jenden 设计的基础上改良。

(2) 本培养基 pH 约为 6.0 左右,一般无需校正。

(3) 间歇灭菌的温度不宜超过 90 ℃。

2. 血清斜面培养基(吕氏血清斜面)

[用途] 用于白喉棒状杆菌培养。

[配法] 1%葡萄糖肉汤(pH 7.6)100 ml,无菌动物血清(牛、羊、猪、兔)300 ml。

将上述成分混合后,分装于试管内,每管约 4～5 ml。斜插在血清凝固器内(或蒸笼)加热 80～85 ℃ 30 min,使血清凝固成斜面,冷却后放 4 ℃冰箱内。取出后采用间歇灭菌法,85 ℃灭菌 30 min,连续 3 天,经无菌试验证明无杂菌生长即可应用。

[用法] 将喉拭子直接接种于上述斜面上,置 35 ℃培养 16～24 h。白喉杆菌在上述培养基上,菌落呈圆形,表面光滑、完整,9 g/L 氯化钠溶液中易乳化,用阿尔培脱染色,两极异染颗粒明显。

注:(1) 所用血清不能含有防腐剂。

(2) 该培养基不能高热灭菌,以防破坏其中营养成分。

(3) 配制时所有器皿、棉塞等均应高压灭菌。

3. 亚碲酸钾血琼脂

[用途] 用于分离白喉杆菌。

[配法] 蛋白胨 10 g,氯化钠 5 g,牛肉浸膏 3 g,葡萄糖 2 g,胱氨酸 0.05 g,1%亚碲酸钾 45 ml,脱纤维羊血 100 ml,琼脂 2 g,蒸馏水 900 ml。

先将蛋白胨、氯化钠、牛肉浸膏、葡萄糖和胱氨酸加水加热溶解,调 pH 至 7.6,加入琼脂,高压灭菌 115 ℃ 15 min 备用。待冷至 50 ℃左右,用无菌操作加入已灭菌的亚碲酸钾溶液及羊血,混匀倾注平板。

[用法] 将标本直接接种于亚碲酸钾平板上。置 35 ℃孵箱,经 24～48 h 培养,观察结果。白喉杆菌能使亚碲酸钾还原成金属碲而形成黑色和灰黑色的菌落。

注:(1) 本培养基由 Lowenstein-Jenden 设计的基础上改良。

(2) 本培养基 pH 约为 6.0 左右,一般无需校正。

(3) 间歇灭菌的温度不宜超过 90 ℃。

2. 血清斜面培养基(吕氏血清斜面)

［用途］用于白喉棒状杆菌培养。

［配法］1％葡萄糖肉汤(pH 7.6)100 ml,无菌动物血清(牛、羊、猪、兔)300 ml。

将上述成分混合后,分装于试管内,每管约 4～5 ml。斜插在血清凝固器内(或蒸笼)加热 80～85 ℃ 30 min,使血清凝固成斜面,冷却后放 4 ℃冰箱内。取出后采用间歇灭菌法,85 ℃灭菌 30 min,连续 3 天,经无菌试验证明无杂菌生长即可应用。

［用法］将喉拭子直接接种于上述斜面上,置 35 ℃培养 16～24 h。白喉杆菌在上述培养基上,菌落呈圆形,表面光滑、完整,9 g/L 氯化钠溶液中易乳化,用阿尔培脱染色,两极异染颗粒明显。

注:(1) 所用血清不能含有防腐剂。

(2) 该培养基不能高热灭菌,以防破坏其中营养成分。

(3) 配制时所有器皿、棉塞等均应高压灭菌。

3. 亚碲酸钾血琼脂

［用途］用于分离白喉杆菌。

［配法］蛋白胨 10 g,氯化钠 5 g,牛肉浸膏 3 g,葡萄糖 2 g,胱氨酸 0.05 g,1％亚碲酸钾 45 ml,脱纤维羊血 100 ml,琼脂 2 g,蒸馏水 900 ml。

先将蛋白胨、氯化钠、牛肉浸膏、葡萄糖和胱氨酸加水加热溶解,调 pH 至 7.6,加入琼脂,高压灭菌 115 ℃15 min 备用。待冷至 50 ℃左右,用无菌操作加入已灭菌的亚碲酸钾溶液及羊血,混匀倾注平板。

［用法］将标本直接接种于亚碲酸钾平板上。置 35 ℃孵箱,经 24～48 h 培养,观察结果。白喉杆菌能使亚碲酸钾还原成金属碲而形成黑色和灰黑色的菌落。

五、革兰阴性杆菌分离培养基

(一)弧菌分离培养基

1. 碱性琼脂

［用途］用于霍乱弧菌分离培养。

［配法］蛋白胨 10 g,氯化钠 5 g,牛肉膏 3 g,琼脂 20 g,蒸馏水 1 L。

将前 4 种成分混合于水中,加热溶解,校正 pH 至 8.4,分装后 121 ℃灭菌 15 min,倾注平板。

［用法］凡急性患有水样便标本做增菌培养的同时,应直接取标本接种到碱性琼脂平板或亚碲酸钾琼脂平板上。置 35 ℃培养 12～16 h,观察结果。霍乱弧菌生长较快,菌落大而扁平,呈青灰色,半透明,光滑湿润。在亚碲酸钾琼脂上菌落呈灰黑色。

［质量控制］各实验室凡自配培养基或商品培养基,在使用前可用标准菌株生长对照,临床实验室可送防疫部门所设立的专门检验机构进行目的菌监测,质量可靠者方可使用。

EL-Tor 弧菌生长良好;大肠埃希菌 ATCC 25922 生长抑制。

［保存］置 4 ℃冰箱,1 周内用完。

2. 碱性胆盐琼脂

［用途］用于霍乱弧菌分离培养。

[配法] 蛋白胨 10 g,牛肉膏 5 g,氯化钠 5 g～10 g,琼脂 20 g,胆盐(牛、猪)2.5 g,蒸馏水 1 L。

将上述成分称量混合于水中加热溶解,校正 pH 至 8.4,分装 121 ℃灭菌 15 min,倾注平板。

[用法] 取粪便标本或增菌培养物 1 接种环接种平板,置 35 ℃温箱培养 16～18 h。霍乱弧菌迅速生长,其他细菌生长较缓慢。在 16～18 h 后,霍乱弧菌的菌落,直径可达 2 mm 左右,呈扁平,青灰色,半透明,光滑湿润,易挑起。其他细菌菌落小而凸起,不透明,或有色素。

[质量控制] 同碱性琼脂。

[保存] 置冰箱,1 周内用完。

3. 庆大霉素琼脂

[用途] 用于霍乱弧菌分离培养。

[配法] 蛋白胨 10 g,牛肉浸膏 3 g,氯化钠 5 g,枸橼酸钠 10 g,无水亚硫酸钠 3 g,蔗糖(或白糖)10 g,琼脂 15～20 g,庆大霉素、多黏菌素 B"双抗液"2 ml,蒸馏水 1 L。

将上述成分(除"双抗液"外)称量混合于水中,加热溶解,校正 pH 至 8.4,分装灭菌 121 ℃,15 min,待冷却至 50 ℃后,每 100 ml 内加"双抗液"0.2 ml,另加 5 g/L 亚碲酸钾溶液 0.1 ml,再倾注平板。最后每毫升培养基内含有庆大霉素 0.5 U,多黏菌素 B 6 U。

[用法] 将粪便标本或增菌培养物划线接种到该平板上,置 35 ℃培养 16～18 h。

[质量控制] 各实验室凡自配培养基或商品培养基,在使用前可用标准菌株生长对照,临床实验室可送防疫部门所设立的专门检验机构进行目的菌监测,质量可靠者方可使用。

EL-Tor 弧菌生长良好;大肠埃希菌 ATCC 25922 生长抑制。

[质量控制] 霍乱弧菌(小川、稻叶)生长良好,培养 18～24 h 菌落直径 2.5～3.0 mm;大肠埃希菌和变形杆菌生长抑制。

[保存] 置 4 ℃冰箱内,1 周内用完。

注:(1) 该培养基国内有商品出售,多数产品已加入庆大霉素,使用时,应详阅说明书。

(2) "双抗液"配制:98 ml 灭菌蒸馏水中加庆大霉素(25 000 U/ml)1 ml,多粘菌 B 或抗敌 E(300 000 U/ml)1 ml。4 ℃冰箱保存,1 月用完。

4. 四号琼脂

[用途] 用于霍乱弧菌分离培养。

[配法] 蛋白胨 10 g,氯化钠 5 g,牛肉浸膏 3 g,亚硫酸钠(无水)3 g,枸橼酸钠 10 g,猪胆汁粉 5 g,十二烷硫酸钠 20 g,利凡诺(雷佛奴尔)3 g,琼脂粉 12 g,庆大霉素亚碲酸钾混合液 1 ml,蒸馏水 1 L。

将前 8 种成分放入玻璃或搪瓷容器内(严禁用铝制容器等金属容器),加入蒸馏水,加热溶解混合后,调整至 pH8.0,然后按 1.2%加入琼脂,煮沸至琼脂溶化后,冷至 60 ℃左右,按每 100 ml 琼脂加入庆大霉素亚碲酸钾混合液(1 ml 40 000 U 庆大霉素加 79 ml 蒸馏水混合后,加入 0.8 g 亚碲酸钾溶解混合即成,每毫升含 500 U 庆大霉素和 10 g/L 亚碲酸钾)0.1 ml,摇匀,倾注平板。

［用法］取待检标本划线接种平板,置 35 ℃培养过夜。

8 h 后即可初步观察结果。24 h 培养后,霍乱弧菌呈中心黑色、较大而扁平的菌落。

［质量控制］配成的培养基呈亮黄色透明;EL‑Tor 弧菌稻叶型生长良好;EL‑Tor 弧菌小川型生长良好;大肠埃希菌 ATCC25922 抑制生长。

注:(1) 庆大和亚碲酸钾混合液应新鲜配制并置冰箱保存。

(2) 雷佛奴尔应避光保存,而且每批均应预试后方可使用。成品培养基应避光保存。

(二) 肠杆菌分离培养基

1. 中国蓝琼脂

［用途］分离肠道菌的弱选择性培养基。

［配法］肉膏汤琼脂(pH 7.4)1 L,10 g/L 中国蓝溶液(灭菌)10 ml,乳糖 10 g,10 g/L 蔷薇红酸乙醇溶液 10 ml。取乳糖 10 g 置于已灭菌的肉膏汤琼脂瓶内,加热溶解琼脂并混匀。待冷却至 50 ℃左右,加入中国蓝、蔷薇红酸乙醇溶液混匀,立即倾注平板,凝固后备用。

［用法］将标本接种平板,置 35 ℃ 18～24 h。分解乳糖产酸的细菌,其菌落呈蓝色;不分解乳糖的细菌,菌落为淡红色的透明菌落。

［质量控制］大肠埃希菌 ATCC 25922 菌落呈蓝色;痢疾志贺菌 I 型 ATCC 13313 和鼠伤寒沙门菌 ATCC 13311 菌落呈淡红色。

［保存］4 ℃冰箱保存,1 周内用完。

注:(1) 中国蓝溶液需煮沸或 115 ℃灭菌 15 min 后应用。蔷薇红酸乙醇溶液无需灭菌,但加热时应避开火焰。

(2) 蔷薇红酸能抑制革兰阳性细菌生长,但对大肠埃希菌没有抑制作用,标本接种量不宜太多。

(3) 此培养基 pH 7.4,应呈淡红色。若过碱呈鲜红色,过酸则呈蓝色,均不适用。

2. 木糖、赖氨酸、去氧胆酸盐(XLD)培养基

［用途］为肠道菌选择性培养基。

［配法］酵母浸膏 3 g,L‑赖氨酸 5 g,氯化钠 5 g,D‑木糖 3.75 g,乳糖 7.5 g,蔗糖 7.5 g,去氧胆酸钠 2.5 g,硫代硫酸钠 6.8 g,枸橼酸铁铵 0.8 g,琼脂 13.5 g,1%酚红溶液 8 ml,蒸馏水 1 L。

将上述成分(酚红除外)混合,加热溶解,校正 pH 至 7.2,再加入酚红溶液混匀。121 ℃高压灭菌 15 min,倾注平板备用。

［用法］将标本划线接种平板,置 35 ℃培养 18～24 h。大肠埃希菌、肠杆菌属、克雷伯菌属、枸橼酸杆菌属细菌可形成黄色、不透明菌落;大多数沙门菌属细菌因不利用糖类,为半透明红色或无色菌落。

［质量控制］大肠埃希菌呈黄色菌落;宋内志贺菌呈无色菌落;伤寒沙门菌呈红色菌落有黑心;金黄色葡萄球菌抑制生长。

［保存］贮存于 4 ℃有效期 5 天。

3. SS 琼脂

［用途］沙门菌属和志贺菌属(Salmonella‑Shigella)的分离培养。

［配法］胨胨 5 g,牛肉膏 5 g,乳糖 10 g,琼脂 15～20 g,胆盐(No.3)3.5 g,枸橼酸钠

8.5 g,硫代硫酸钠 8.5 g,枸橼酸铁 1 g,1%中性红溶液 2.5 ml,0.1%煌绿溶液 0.33 ml,蒸馏水 1 L。

将上述成分(除中性红、煌绿外)混合于水中,加热煮沸溶解,校正 pH 至 7.0～7.1,然后加入中性红和煌绿溶液,充分混匀冷却至 50 ℃时倾注平板。

[用法]将标本接种平板,置 35 ℃培养 18～24 h。沙门菌属菌落呈无色半透明,产生硫化氢者菌落中心呈黑色;志贺菌属的菌落呈无色半透明;大肠菌属呈红色浑浊;宋内志贺菌能延缓发酵乳糖,培养 24 h 后可以出现红色菌落。肠道致病菌的菌落直径均可达 1.5 mm 以上

[质量控制]大肠埃希菌菌落呈红色;痢疾志贺Ⅰ型、福氏志贺菌和伤寒沙门菌生长良好,菌落无色;肠炎或猪霍乱沙门菌菌落呈黑色;粪肠球菌、金黄色葡萄球菌不生长。

[保存]避光,3 天内用完。

注:煌绿要新配,中性红要优质。

[用法]将标本接种平板,置 35 ℃培养 18～24 h。沙门菌属菌落呈无色半透明,产生硫化氢者菌落中心呈黑色;志贺菌属的菌落呈无色半透明;大肠菌属呈红色浑浊;宋内志贺菌能延缓发酵乳糖,培养 24 h 后可以出现红色菌落。肠道致病菌的菌落直径均可达 1.5 mm 以上。

4. 麦康凯琼脂

[用途]麦康凯琼脂(Maconkey agar)用于肠道致病菌的分离培养和非发酵细菌鉴别。

[配法]蛋白胨 20 g,氯化钠 5 g,胆盐(猪、牛、羊)5 g,乳糖 10 g,琼脂 15～20 g,1%中性红溶液 5 ml,蒸馏水 1 L。

将上述成分(除中性红外)称量加入水中,加热溶解,校正 pH 至 7.2,加入中性红溶液,分装灭菌 115 ℃ 20 min,冷却至 50 ℃左右时倾注平板。

[用法]取标本或增菌培养物接种平板,置 35 ℃培养 18～24 h。不发酵乳糖的肠道细菌呈无色菌落,直径约 2.0 mm 左右,光滑半透明。

[质量控制]大肠埃希菌菌落呈桃红色;痢疾志贺菌菌落呈无色;伤寒沙门菌菌落无色;金黄色葡萄球菌不生长。

[保存]置 4 ℃冰箱(避光),1 周内用完。

注:非发酵细菌在该平板上是否生长,是临床鉴定某些非发酵细菌的指标之一。

5. 伊红美蓝琼脂

[用途]用于肠道致病菌及大肠菌群分离培养。

[配法]蛋白胨 10 g,乳糖 10 g,磷酸氢二钾 2 g,20 g/L 伊红 Y 溶液 20 ml,6.5 g/L 美蓝溶液 10 ml,琼脂 17 g,蒸馏水 1 L。

将蛋白胨、磷酸盐、琼脂称量混合于水中,并加热煮沸溶解,校正 pH 至 7.1,分装 121 ℃灭菌 15 min 备用。临用时加热溶化琼脂加入乳糖,冷至 50～55 ℃时加入伊红和美蓝溶液,摇匀倾注平板。

[用法]取粪便标本或增菌培养物接种平板,置 35 ℃培养 18～24 h。根据检验目的的不同,挑取无色菌落或挑选紫红色及有金属光泽的菌落转种克氏双糖或三糖铁琼脂进行鉴定。

[质量控制]大肠埃希菌菌落呈紫红色,有时有金属光泽,直径>2.3 mm;伤寒沙门菌菌落呈灰白色,直径>1.8 mm;金黄色葡萄球菌不生长。

[保存]由于该培养基抑制性强,其他非弧菌科细菌被抑制,而霍乱弧菌生长迅速,16 h菌落可达2 mm,菌落青灰色,半透明,扁平,光滑湿润。若培养时间长,菌落略黄色、隆起,中心厚而不透明。

[质量控制]霍乱弧菌(小川、稻叶)生长良好,培养18～24 h菌落直径2.5～3.0 mm;大肠埃希菌和变形杆菌生长抑制。

[保存]置4 ℃冰箱内,1周内用完。

注:(1)该培养基国内有商品出售,多数产品已加入庆大霉素,使用时,应详阅说明书。

(2)"双抗液"配制:98 ml灭菌蒸馏水中加庆大霉素(25 000 U/ml)1 ml,多粘菌B或抗敌E(300 000 U/ml)1 ml。4 ℃冰箱保存,1月用完。

[保存]置4 ℃冰箱,1周内用完。

6. 克氏双糖铁琼脂

[用途]克氏双糖铁琼脂(Kliger iron agar)用于肠杆菌科细菌的初步鉴定。

[配法]蛋白胨20 g,牛肉膏3 g,酵母膏3 g,乳糖10 g,葡萄糖1 g,氯化钠50 g,枸橼酸铁铵0.5 g,硫代硫酸钠0.5 g,0.2%酚红溶液5 ml,琼脂12 ml,蒸馏水1 L。

将前8种成分称量混合于水中,加热溶解,校正pH至7.5,再加入琼脂和酚红溶液,煮沸溶解分装试管,每管4 ml,经115 ℃灭菌20 min,立即制成高层斜面,待凝固后经无菌试验备用。

[用法]取待检菌纯培养物,用接种针作底层穿刺和斜面划线接种,置35 ℃培养18～24 h,观察结果。斜面变黄,底层变黄,产气者或不产气者多属大肠埃希菌群及发酵乳糖的菌株。斜面变红,底层变黄,为不发酵乳糖菌株。产硫化氢菌株可使底层或全管产生黑色反应。

[质量控制]奇异变形杆菌K/A硫化氢阳性;大肠埃希菌A/A;志贺痢疾杆菌K/A;伤寒沙门菌K/A硫化氢阳性;铜绿假单胞菌K/K。

[保存]置4 ℃冰箱,2周内用完。

注:该培养基pH值尤为重要,pH 7.5时使用效果最佳。

7. 三糖铁琼脂

[用途]用于肠杆菌科细菌初步生化鉴定。

[配法]蛋白胨15 g,胨胨5 g,牛肉膏3 g,酵母膏3 g,乳糖10 g,蔗糖10 g,葡萄糖1 g,氯化钠5 g硫酸亚铁2 g/L,硫代硫酸钠0.3 g,0.2%酚红溶液5 ml,琼脂12 g,蒸馏水1 L。

将前10种成分称量混合于水中,加热溶解后校正pH至7.4,再加琼脂及酚红溶液,加热煮沸溶解。分装试管,每管4 ml,经115 ℃灭菌20 min,立即置高层斜面,待凝固后,经无菌试验备用。

[用法]取待检菌纯培养物,用接种针作底层穿刺和斜面划线接种,置35 ℃培养18～24 h观察结果。发酵乳糖或蔗糖的菌可使斜面及底层均变黄色。不发酵乳糖和蔗糖的细菌仅发酵葡萄糖时使底层变黄,斜面变红。产生硫化氢的菌株可使底层或整个培

养基呈黑色。分解乳糖或蔗糖后产气时有些菌株还能使培养基断裂。

[质量控制] 伤寒沙门菌 K/A,硫化氢阳性;副伤寒沙门菌 K/A,硫化氢阳性;痢疾志贺菌 K/A;大肠埃希菌 A/A;普通变形杆菌 A/A,硫化氢阳性;铜绿假单胞菌 K/K。

[保存] 置 4 ℃冰箱,2 周内用完。

注:该培养基 pH 7.5 时使用效果最佳。

8. 山梨醇麦康凯琼脂

[用途] 用于致病性、侵袭性和产毒性大肠埃希菌分离培养。

[配法] 蛋白胨 5 g,胨胨 3 g,氯化钠 5 g,胆盐(猪、牛、羊)5 g,山梨醇 10 g,琼脂粉 12 g,0.1 g/L 结晶紫溶液 1 ml,5 g/L 中性红溶液 5 ml,蒸馏水 1 L。

将前 4 种成分混合于水中,加热溶解,校正 pH 至 7.2,再加入琼脂粉加热煮沸溶解。分装三角烧瓶 100 ml。经 121 ℃ 15 min 灭菌备用。临用时,加热溶解,再加山梨醇、结晶紫及中性红溶液,摇匀倾注平板。

[用法] 将标本或增菌液接种平板,置 35 ℃培养 18～24 h。与麦康凯琼脂不同之处是挑取致病性大肠埃希菌菌落时,以无色菌落为主,同时兼取红色菌落,如 EPEC 迟缓分解山梨醇,菌落呈红色。EHEC O157:H7 菌落无色。

[质量控制] 参照麦康凯琼脂。

[保存] 置 4 ℃冰箱,1 周内用完。

(三) 非发酵细菌用培养基

1. 金氏培养基(甲)

[用途] 金氏培养基(Kings Medium)用于检测假单胞菌产生的青脓素。

[配法] 蛋白胨 20 g,无水氯化镁 1.4 g,无水硫酸钾 10 g,琼脂 15 g,甘油 10 ml,蒸馏水 1 L。

将上述成分加热、溶解,调 pH 至 7.2,分装试管,118～121 ℃灭菌 15 min,制成斜面和高层备用。

[用法] 取待检菌划种于上述斜面上,35 ℃培养过夜。观察斜面上产色素情况。

2. 氧化-发酵试验培养基

[用途] 用于检测细菌代谢类型。

[配法] (1) Hugh-Leifson 培养基(革兰阴性杆菌用):蛋白胨 2 g,葡萄糖 10 g,磷酸氢二钾 0.3 g,氯化钠 5 g,溴麝香草酚蓝(BTB)0.03 g,琼脂 2.5 g,蒸馏水 1 L。

(2) 葡萄球菌 O/F(葡萄球菌和微球菌鉴别用):胰蛋白胨 10 g,酵母浸膏 10 g,琼脂 20 g,溴甲酚紫 0.001 g,蒸馏水 1 L,葡萄糖 10 g。

将上述成分混合加热溶解,调 pH 至 7.1,分装于试管中,每支试管 5 ml,高压灭菌 121 ℃ 15 min,使成琼脂高层,备用。

[用法] 从斜面上挑取少许培养物,同时穿刺接种两支培养基,其中一支接种后,滴加液体石蜡于培养基表面,高度约 1 cm。置 35 ℃孵箱培养 24～48 h。培养基变黄表示细菌分解葡萄糖而产酸,颜色不变为不分解葡萄糖。

[质量控制] 金黄色葡萄球菌 ATCC2 5923、大肠埃希菌 ATCC 25922 发酵型;铜绿假单胞菌 ATCC 27853 氧化型;易变微球菌、粪产碱杆菌不利用。

注:(1) 有些细菌不能在上述培养基上生长,需在该培养基中加入 2% 血清或 10 g/L

酵母浸膏,重做试验。

(2) 指示剂不能用乙醇配制,因有些细菌可使乙醇产酸,导致发酵或氧化反应,影响结果判断。

(四) 其他革兰阴性杆菌用培养基

1. 军团菌培养基

缓冲活性炭酵母琼脂培养基(BCYE)

[用途] 用于嗜肺军团菌的分离培养。

[配法] 酵母浸液 10 g,活性(NoritSG) 2 g,L-半胱氨酸盐酸盐 0.4 g,可溶性焦磷酸铁盐 0.25 g,琼脂 17 g,N-2-乙酰氨基-乙氨基乙醇磺酸(ACES) 10 g,蒸馏水 80 ml。

上述成分除半胱氨酸及焦磷酸铁外,其余成分混合加热溶解,经 121 ℃ 15 min 灭菌,放水浴中冷却到 50 ℃。另外分别配新鲜 L-半胱氨酸溶液(10 ml 蒸馏水中含 0.4 g)及焦磷酸铁溶液(10 ml 含 0.25 g),分别过滤除菌,再加入已灭菌琼脂中,加入 1 mol/L 氢氧化钾溶液 4~5 ml,使培养基的最终 pH 为 6.9~7.0,可用 1 mol/L 盐酸溶液校正,倾注平板,冷却后置 4 ℃ 冰箱备用,亦可制成斜面,用于保存菌种。该培养基为黑色。

[用法] 液体标本可直接接种培养基,肺、肝、脾等固体标本需制成 100 g/L 悬液后再接种培养基,接种后的培养基置 35 ℃ 需氧环境培养,培养箱需保持一定的湿度。每天用解剖镜检查平板培养物,用略大于 10° 角的斜射光源照明。在 BCYE 平板上,培养 4~5 天,菌落直径约 1~2 mm,并出现亮蓝和切削玻璃样的构造;继续培养后菌落增大呈黄绿色,较光滑。

[保存] 在室温、暗室中可保存 1 周。

2. 弯曲菌选择性培养基

(1) Skirrow's 培养基

[用途] 用于弯曲菌及幽门螺杆菌分离培养。

[配法] 蛋白胨 5 g,胰蛋白胨 5 g,酵母膏 5 g,氯化钠 5 g,琼脂粉 12 g,万古霉素 10 ml,多粘菌素 B 2 500 U,TMP 5 mg,脱纤维羊血 70 ml,蒸馏水 930 ml。

除血和抗生素外,其余成分混合于水中,加热溶解,调 pH 至 7.2,121 ℃ 灭菌 15 min。待冷至 50 ℃ 时加入羊血 7 ml 和多抗液 0.5 ml,摇匀,倾注无菌平板。

[用法] 将标本接种平板,置 25 ℃ 或 43 ℃ 微需氧环境中培养 48 h,菌落直径达 1~2 mm,为不溶血的菌落。

[质量控制] 大肠埃希菌 ATCC 25922 和粪肠球菌 ATCC 33186 不生长;空肠弯曲菌胎儿亚种 ATCC 29424 生长良好。

注:

① 多抗液的配制:a. 乳酸 62 mg(约 2 滴)加入 100 ml 灭菌水中,然后加入 TMP 100 mg,混合加热 100 ℃ 灭菌。b. 取 ① 液 5 ml,再加万古霉素 100 mg 和多黏菌素 B 0.38 mg,摇匀后即可。

② 弯曲菌属系微需氧菌,培养时可提供 5% 氧气及 10% 二氧化碳。高浓度氧不利于细菌生长,尤其是幽门螺杆菌,因此标本采集后,应尽快接种培养,或置运送培养基中运送。

③ 弯曲菌运送可用布氏菌汤培养基。

(2) Campy - BAP 培养基

[用途] 用于分离培养弯曲菌。

[配法] 蛋白胨 10 g,胰胨 10 g,葡萄糖 10 g,酵母浸膏 3 g,氯化钠 5 g,重亚硫酸钠 0.1 g,蒸馏水 900 ml,脱纤维羊血 100 ml,万古霉素 10 mg,多粘菌素 B 2 500 U,TMP 5 mg,两性霉素 B 2 mg。

将上述成分(除羊血和抗菌补充剂外)加入 900 ml 蒸馏水,加热溶解,调 pH 至 7.2 后分装,121 ℃灭菌 15 min,加入羊血和抗菌药物添加剂,充分混匀后倾注于无菌平皿内。

[用法] 取标本接种于平板,置 25 ℃或 43 ℃微需氧环境中培养 48 h,菌落直径达 1~2 mm,不溶血。

[质量控制] 大肠埃希菌 ATCC 25922 不生长;粪肠球菌 ATCC 33186 不生长;空肠弯曲菌胎儿亚种 ATCC 29424 生长良好。

六、生化试验培养基

(一)糖发酵试验培养基

1. 糖醇发酵试验培养基

[用途] 检查细菌对不同糖(醇)类的发酵能力,达到鉴定细菌的目的。

[配法] 蛋白胨 10 g,牛肉膏 3 g,氯化钠 5 g,安德烈(Andrade)指示剂 10 ml,蒸馏水 1 L,各种糖(醇)类 5~10 g。

将上述成分混合后,加热溶解。矫正 pH 至 7.2。根据需要,分别再加相应的糖和醇。分装于 13 mm×100 mm 的试管,每管约 3 ml,115 ℃灭菌 15 min。如需观察产气,可在试管内加小导管 1 只。

将分离的纯菌接种到糖(醇)发酵管中,置 35 ℃培养 18~24 h。接种菌若能分解培养基中的糖(醇)类而生成酸,使指示剂呈酸性反应,若产生气体,则可使液体培养基中的导管内出现气泡;若接种菌不分解糖(醇)则无反应。

2. 血清菊糖试验培养基

[用途] 用于肺炎链球菌与其他链球菌鉴别。

[配法] 血清(兔血清或牛血清)25 ml,1 g/L 酚红溶液 2 ml,菊糖 1 g,蒸馏水 75 ml。

先取血清 25 ml,蒸馏水 75 ml 混合,置阿诺灭菌器内加热 15 min,以破坏血清内的淀粉酶。调 pH 至 7.4,然后加入菊糖 1.0 g,1 g/L 酚红溶液 2 ml 摇匀。分装于 13 mm×100 mm 的试管,每管 2 ml。用间歇灭菌法灭菌,每天 1 次,连续 3 天,每次 20 min。

[用法] 将被检菌接种培养基,置 35 ℃培养 18~24 h。分解菊糖的菌株使培养基变黄;不分解菊糖的菌株,培养基不变色。

[质量控制] 肺炎链球菌 ATCC 10015 阳性;化脓性链球菌 ATCC 19615 阴性。

3. 胆汁七叶苷试验培养基

[配法] 蛋白胨 5 g,牛肉浸膏 3 g,牛胆汁 40 g,七叶苷 1 g,枸橼酸铁 0.5 g,琼脂 15 g,蒸馏水 1 L。

将上述成分混合加热溶解,调 pH 至 7.2,分装试管,115 ℃灭菌 15 min。

将待测菌种接种到七叶苷培养基的斜面上,置 35 ℃孵育 18~24 h,观察结果。培养基变为黑色或棕色者为阳性;不变色者为阴性。

[质量控制] 粪肠球菌 ATCC 29212 阳性；化脓性链球菌 ATCC 19615 阴性。
[保存] 置 4 ℃冰箱，2 周内用完。

（二）酶类测定培养基和试剂

1. 氨基酸脱羧酶试验培养基

[用途] 检查细菌使氨基酸脱羧基形成胺使培养基变碱的能力。常用的氨基酸有赖氨酸、鸟氨酸和精氨酸。

[配法] 蛋白胨 5 g，牛肉浸膏 5 g，溴甲酚紫 0.1 g，甲酚红 0.005 g，吡多醛（VB_6）0.005 g，葡萄糖 0.5 g，蒸馏水 1 L。

加热慢慢溶解，按 10 g/L 浓度加入所需要的氨基酸，调 pH 至 6.0，呈深亮紫色。分装每支 2 ml，同时配对照管（不加氨基酸），高压灭菌 121 ℃ 15 min，冷却后 4 ℃冷藏备用。

[用法] 将试验菌接种培养基，同时接种对照管 1 支。并用灭菌的液体石蜡覆盖，置 35 ℃培养 18～24 h。阳性菌初期由于细菌发酵葡萄糖产酸呈黄色，若继续孵育，氨基酸经脱羧产生胺类使培养基变碱，指示剂改变颜色，呈紫色或紫红色。阴性呈黄色或不变色。

[质量控制] 赖氨酸脱羧酶：迟缓爱德华菌阳性，弗劳地枸橼酸菌阴性；鸟氨酸脱羧酶：产气肠杆菌阳性，弗劳地枸橼酸菌阴性；精氨酸脱羧酶：鼠伤寒沙门菌阳性，普通变形杆菌阴性。

2. 耐热 DNA 酶培养基

[用途] 用于检测细菌所产生的耐热脱氧核糖核酸酶。

[配法] 胰蛋白胨 1.5 g，植物蛋白胨 0.5 g，氯化钠 0.5 g，DNA 2 g/L，琼脂 1.5 g，蒸馏水 100 ml，2 g/L 甲苯胺蓝溶液 0.25 ml。

将前 6 种成分徐徐加热溶解后，调 pH 至 7.4，加入甲苯胺蓝溶液，分装试管，121 ℃灭菌 15 min 后备用。

[用法] 上述琼脂倾注于载玻片上，凝固后，打孔，孔径 2 cm，孔内加入经 100 ℃ 15 min 隔水加热处理后的肉汤培养物。将载玻片孵育于 35 ℃湿盒内 4 h，取出观察结果。阳性反应在孔周围出现不小于 4 mm 直径粉红色圈，阴性反应培养基的颜色无改变。

[质量控制] 金黄色葡萄球 ATCC 25923 阳性；表皮葡萄球菌 ATCC 12990 阴性。

3. DNA 酶试验培养基

[用途] 供细菌 DNA 酶测定用。

[配法] DNA 2 g，胰酪胨 15 g，大豆胨 5 g，氯化钠 5 g，琼脂 20 g，蒸馏水 1 L。

将 5 种成分混合于蒸馏水中，加热溶解，校正 pH 至 7.2～7.4，分装三角烧瓶，经 115 ℃灭菌 15 min，倾注灭菌平皿，4 ℃冷藏备用。

[用法] 将待检菌作点状穿种在平板上，置 35 ℃培养 24 h。待细菌生长成集落菌苔后，在其菌苔上及周围滴加 0.1 mol/L 盐酸溶液数毫升，待片刻后，如待检菌 DNA 酶阳性，可在菌苔的周围出现明显的透明圈；而阴性者则无透明圈出现。

[质量控制] 金黄色葡萄球菌 ATCC 25923 和黏质沙雷菌 ATCC 274 阳性；表皮葡萄球菌 ATCC 14990 和大肠埃希菌 ATCC 25922 阴性。

[保存] 置 4 ℃冰箱 1 周内用完。

4. 氧化酶试验

［用途］区别假单胞菌与氧化酶阴性的肠杆菌科细菌。

［配法］盐酸二甲基对苯二胺(或四甲基对苯二胺)0.1 g加蒸馏水10 ml。

［用法］取白色洁净滤纸一角,沾取试验菌落少许,加试剂一滴。阳性者立即显粉红色,并于5~10 s内呈现深紫色反应。若用四甲基对苯二胺则阳性显为蓝色。

［质量控制］铜绿假单胞菌 ATCC 27853 阳性;大肠埃希菌 ATCC25922 阴性。

［保存］置棕色瓶内可用一周,4 ℃冰箱保存,或分装于棕色瓶内密封。

5. 尿素酶试验培养基

［用途］用于细菌尿素酶测定。

［配法］蛋白胨1 g,葡萄糖1 g,氯化钠5 g,磷酸二氢钾2 g,4 g/L酚红溶液3 ml,琼脂18~20 g,200/L尿素溶液100 ml,蒸馏水1 L。

将前5种成分混合于蒸馏水中,加热溶解,校正pH至7.0,然后加入酚红溶液,分装每瓶100 ml,经121 ℃灭菌15 min备用。临用时,加热溶解,冷却至55 ℃左右,加入无菌的尿素溶液10 ml,摇匀立即无菌分装于灭菌试管,每支2 ml,并置成斜面。经无菌试验后备用。

［用法］取培养物接种斜面,35 ℃孵育24 h。尿素酶阳性者斜面变红色,阴性者颜色无变化。

［质量控制］普通变形杆菌 ATCC 13315(8 h)整个培养基变红、肺炎克雷伯菌 ATCC 27236 仅斜面变红(24 h);大肠埃希菌 ATCC 25922 为阴性(24 h)。

［保存］置4 ℃冰箱,2周内用完。

6. 磷酸酶试验培养基

［用途］测定细菌产生磷酸酶的能力。用于区别葡萄球菌有无致病性,致病性葡萄球菌呈阳性;还有助于克雷伯菌属与肠杆菌属的鉴定。

［配法］含磷酸酚酞的营养琼脂培养基。

将上述琼脂加热溶化,待冷却至45 ℃时,加入滤过除菌的10 g/L磷酸酚酞溶液1 ml,摇匀后倾注平板。

［用法］接种待测菌株,35 ℃培养18~24 h。在平皿盖上滴加浓氨水1滴,熏蒸片刻。如有酚酞释出,菌落即变为粉红色为阳性;不变色为阴性。

注:(1) 亦可用液体法进行试验:经培养后在培养基内滴加氢氧化钠溶液,观察结果,显红色为阳性。

(2) 以上为酸性磷酸酶的试验方法。如果作碱性磷酸酶试验,可将磷酸对硝基酚加入pH 10.5、0.04 mol/L的甘氨酸氢氧化钠缓冲液内。观察结果时不必另行加碱。

(3) 酚酞指示剂产生的颜色随其pH而变化,试剂的量要准确,太少或太多的碱均可引起假阳性或假阴性结果。

7. 马尿酸盐试验培养基

［用途］测定细菌水解马尿酸钠能力。该培养基常用方法有两种。

(1) 三氯化铁法

［配法］马尿酸钠1 g,肉汤100 ml。三氯化铁试剂:三氯化铁12 g溶于2%盐酸100 ml中。将马尿酸钠和肉汤(pH 7.8)加热溶解后分装于试管中,每管4 ml,121 ℃灭

菌 15 min。冷却后用玻璃蜡笔记录培养基液面,置冰箱中备用。

[用法] 取纯菌接种培养基,35 ℃培养 48 h,观察培养基液面。如液面下降时以蒸馏水补充之。离心沉淀,取上清液 0.8 ml 加入三氯化铁试剂 0.2 ml,立即混匀。经 10~30 min 观察结果,出现稳定沉淀物为阳性。反之为阴性。

(2) 茚三酮法

甘氨酸在茚三酮的作用下,经氧化脱氨基反应,生成氨、二氧化碳和相应的醛。而茚三酮则生成还原型茚三酮。反应过程中形成的氨和还原型茚三酮,与残留的茚三酮起反应,形成紫色化合物。

8. 触酶试验培养基

[用途] 用于链球菌及革兰阳性球菌初步分群。

[用法] (1) 玻片法:取 18~24 h 培养物,置于清洁玻片上,加 1 滴 3% 过氧化氢溶液,如产生大量气泡为阳性。

(2) 试管法:取琼脂斜面(不含血液的)18~24 h 培养物,接种于试管内,加入 3% 过氧化氢溶液 1 ml,如产生大量气泡为阳性。

[质量控制] 金黄色葡萄球菌 ATCC 25923 阳性;无乳链球菌 ATCC 13813 阴性。

9. β-半乳糖苷(ONPG)试验培养基

[用途] 用于乳糖迟缓发酵菌和不发酵菌的鉴别。

[配法] 试剂甲为 0.01 mol/L pH 7.0 磷酸氢二钠缓冲液 100 ml;试剂乙为蛋白胨 3 g,氯化钠 1.5 g,蒸馏水 300 ml,pH 7.0。

将试剂甲、乙分别置 121 ℃ 灭菌 15 min,冷至 40~50 ℃ 左右,试剂乙加入 ONPG 0.6 g,置 56 ℃ 水浴中加热溶解,无菌过滤,将过滤液与试剂甲液合并分装试管,每管 2 ml,做无菌试验后备用。

[用法] 将标本接种培养基,35 ℃ 培养 4~18 h。培养基呈黄色者为阳性,不变黄色为阴性。

[质量控制] 大肠埃希菌 ATCC 25922 阳性;普通变形杆菌 ATCC 13315 阴性。

注:ONPG 溶液不稳定,若培养基呈黄色即不可使用。

10. 苯丙氨酸试验培养基

[用途] 苯丙氨酸脱氨酶是变形杆菌属、普罗威登斯菌属和摩根菌属所特有,可与肠杆菌科及其他细菌区别。也有助于种的鉴别,如苯丙酮酸莫拉菌呈阳性,其他莫拉菌属的菌种呈阴性。

[配法] DL-苯丙氨酸 2 g,氯化钠 5 g,酵母浸膏 3 g,磷酸氢二钠 1 g,琼脂 12 g,蒸馏水 1 L。

除琼脂外其他的成分加热溶解,调 pH 至 7.3,再加入琼脂溶解后,分装,每管约 4 ml,高压灭菌 121 ℃ 15 min,置成斜面,凝固后 4 ℃ 冰箱保存,备用。

[用法] 取 18~24 h 培养物,大量接种于培养基,35 ℃ 孵育 18~24 h 后在培养试管中加入 100 g/L 三氯化铁试剂 4~5 滴,转动使试剂布满斜面,阳性者呈绿色,阴性者呈黄色。

[质量控制] 普通变形杆菌 ATCC 13315 阳性;大肠埃希菌 ATCC 25922 阴性。

[保存] 置 4 ℃ 冰箱保存,2 周内用完。试剂可保存 3 个月。

注：(1) 苯丙氨酸试验须在加入三氯化铁试剂后立即观察，因绿色易很快褪去。无论阳性或阴性结果，都必须在 5 min 内作出判断。

(2) 将斜面试管转动，让三氯化铁试剂流动，可使反应较快，颜色亦较明显。

11. 淀粉培养基

[用途] 用于链球菌和白喉棒状杆菌的分型鉴定。

[配法] 蛋白胨 5 g，牛肉浸膏 3 g，琼脂（肉汤培养基中不加）20 g，氯化钠 5 g，蒸馏水 1 L，可溶性淀粉 20 g，小牛血清 50 ml。

准确称量前 4 种成分加入 500 ml 蒸馏水，缓慢加热溶解制成基础培养基。再将 20 g 淀粉溶于 250 ml 蒸馏水中。天然淀粉微溶于水，并不耐热，切勿煮沸过度，防止淀粉水解。将上述两种溶液合并混匀，补足水至 1 L，调 pH 至 7.2，121 ℃ 灭菌 15 min，倾注平板备用。

<附：Lugol 碘液配制>

(1) 贮存液：将碘化钾 10 g 溶于 100 ml 蒸馏水中，缓慢加入 5 g 结晶碘，不断研磨振荡直至溶解，装入棕色瓶中。

(2) 应用液：用蒸馏水将贮存液 1∶5 稀释，分装于棕色瓶中，每隔 1 个月需新配制 1 次，溶液呈深黄色。

[用法] 取 18～24 h 纯培养物接种琼脂平板，一般可接种几个培养物。置 35 ℃ 孵育。孵育 18～24 h 或者直至出现足够的生长物。将 Lugol 碘液直接加到孵育过的平板上，培养基呈深蓝色，菌落周围有透明圈为阳性，菌落周围无透明圈为阴性。

[质量控制] 无乳链球菌阳性；产气肠杆菌阴性。

[保存] 置 4 ℃ 冰箱保存，2 周内用完。碘液易于褪色，使用前应进行质量控制。

注：(1) 倾注好的淀粉琼脂平板不宜放冰箱中保存，培养基会变为不透明，可影响结果判断。建议将培养基置螺旋帽的试管中保存，临用时加热溶解倾注平板，冷却后使用。

(2) 淀粉酶在 pH 低于 4.5 时不稳定。

(3) 配制时避免过热，否则淀粉颗粒自动分解导致假阳性结果。

(4) 培养时间应不少于 36 h。

七、碳源和氮源利用试验培养基

1. 黏液酸利用试验培养基

[用途] 用于无动力不产气不发酵乳糖的大肠埃希菌与志贺菌属的鉴别。前者多数为阳性，后者均为阴性。

[配法] 蛋白胨 10 g，黏液酸 10 g，蒸馏水 1 L，2 g/L 溴麝香草酚蓝溶液 12 ml。

将上述成分混合溶解，校正 pH 为 7.4。分装试管，每管约 3～4 ml，经 121 ℃ 灭菌 15 min，4 ℃ 冷存备用。

[用法] 取试验菌株 18～24 h 肉汤培养物 1 环接种培养基。35 ℃ 孵育 1～2 周，每天观察结果。培养基呈黄色为阳性，表明细菌能利用黏液酸盐；若培养基不变色则为阴性。

[质量控制] 大肠埃希菌 ATCC 25922 阳性；痢疾志贺 I 型 ATCC l3313 阴性。

2. 丙二酸盐试验培养基

[用途] 主要用于下述菌属的鉴定：阳性菌有粪产碱杆菌、亚利桑那菌、克雷伯菌；阴

性菌有不动杆菌属、沙门菌属、放线菌属;特别是枸橼酸杆菌,用于属内种的鉴定如弗劳地、异型枸橼酸杆菌呈阳性,而丙二酸盐阴性枸橼酸杆菌呈阴性。

[配法]酵母浸膏 1 g,硫酸铵 2 g,磷酸氢二钾 0.6 g,磷酸二氢钾 0.4 g,氯化钠 2 g,丙二酸钠 3 g,葡萄糖 0.25 g,溴麝香草酚蓝 0.025 g,蒸馏水 1 L。

将上述成分溶解后调 pH 至 6.7,分装小试管,每管 3 ml,121 ℃灭菌 15 min,冷却后置冰箱保存。

[用法]取纯培养物接种培养基中,35 ℃孵育 24~48 h。培养基由绿色变蓝色为阳性,培养基为绿色或黄色(仅葡萄糖发酵产酸)为阴性。应观察 48 h 方可报告。

[质量控制]肺炎克雷伯菌 ATCC 27236 阳性;丙二酸盐阴性杆菌阴性。

[保存]置 4 ℃冰箱,1 周内用完。

3. 醋酸盐试验培养基

[用途]用于肠杆菌科的鉴定。

[配法]醋酸盐 2 g,氯化钠 5 g,硫酸镁 2 g/L,磷酸氢铵 1 g,磷酸氢二钾 1 g,琼脂 20 g,蒸馏水 1 L。

将上述成分加热溶解,校正 pH 至 6.8,然后加 2 g/L 溴麝香草酚蓝溶液 12 ml,121 ℃灭菌 15 min,制成斜面备用。

[用法]将试验菌接种到斜面上,35 ℃培养 7 天,每天观察 1 次。培养基由绿色变为蓝色为阳性。

[质量控制]大肠埃希菌(ATCC 25922)阳性;宋内氏志贺菌(ATCC ll060)阴性。

[保存]置 4 ℃冰箱,2 周内用完。

注:(1) 试验菌株要新鲜。

(2) 阴性菌要观察至第 7 天,方可报告。

4. 葡萄糖酸盐试验培养基

[用途]帮助属间鉴别、种间鉴别和沙雷菌属菌种的鉴定。

[配法]蛋白胨 1.5 g,磷酸氢二钾 1 g,酵母浸膏 1 g,葡萄糖酸钾 40 g,或葡萄糖酸钠 37.25 g,蒸馏水 1 L。

将上述成分加热溶解,调 pH 至 7.0,然后分装试管,每管 2 ml,115 ℃灭菌 15 min,冷却备用。取待检菌大量接种培养基,35 ℃培养 24~48 h,加斑氏试剂 1 ml,充分混匀,隔水加热煮沸 10 min,观察结果。产生黄—橙色沉淀为阳性,蓝色沉淀为阴性。

[质量控制]肺炎克雷伯菌 ATCC 27236 阳性;大肠埃希菌 ATCC 25922 阴性。

5. 枸橼酸盐试验培养基

[用途]鉴定细菌对枸橼酸盐及无机铵的利用能力。

[配法 1(Smmons)]硫酸镁 0.2 g,磷酸二氢铵 1 g,磷酸氢二钾 1 g,枸橼酸钠 5 g,琼脂 20 g,氯化钠 5 g,2 g/L 溴麝香草酚蓝溶液 40 ml,蒸馏水 1 L(pH 6.8)。

[配法 2(Christensen)]枸橼酸钠 3 g,葡萄糖 0.2 g,酵母浸膏 0.5 g,盐酸半胱氨酸 0.1 g,枸橼酸铁铵 0.4 g,磷酸氢二钾 1 g,硫代硫酸钠 0.08 g,氯化钠 5 g,酚红 0.012 g,琼脂 5 g,蒸馏水 1 L(pH 6.9)

先将盐类溶解于水内,调整 pH,再加入琼脂,加热溶化后加入指示剂,混合均匀后分装试管,高压灭菌 121 ℃ 15 min,放成斜面。将待检菌浓密地划线接种在上述斜面上,于

35 ℃培养 1～4 天,逐日观察结果。

Simmons(西蒙)枸橼酸盐培养基斜面上有细菌生长,培养基由绿变成蓝色为阳性;无细菌生长,颜色不变蓝色为阴性。Christinsen(柯氏)枸橼酸盐培养基斜面呈红色为阳性,颜色不变为阴性。

[保存]置 4 ℃冰箱,2 周内用完。

[质量控制]肺炎克雷伯菌阳性;大肠埃希菌 ATCC 25922 阴性。

注:(1)当挑取同一培养物接种一组生化试验管时,在接种枸橼酸盐培养基前,接种针或环要用火焰灭菌,或先接种枸橼酸盐培养基。因培养基上若存在葡萄糖或其他营养物质可导致假阳性。

(2)接种时菌量应适宜,过少可导致假阴性结果,接种物过量可导致假阳性结果。

(3)通常培养 24 h 观察结果,但有些枸橼酸盐阳性的细菌则需孵育 48 h 以上,才能使培养基的 pH 变化。

6. 碳源利用试验培养基

[用途]测定细菌利用碳源的能力。

[配法]磷酸氢二铵 0.5 g,磷酸二氢钾 1.3 g,磷酸氢二钠 3.2 g,硫酸钠 0.8 g,硝酸钠 1 g,待测物质 2～10 g,蒸馏水 1 L。

将各成分溶于水中,校正 pH 7.2,分装,116 ℃灭菌 15 min。

[用法]将待试菌制成低浓度的 9 g/L 氯化钠溶液菌悬液,接种培养基,于适当的温度下培养 24～48 h。若有细菌生长即为阳性,反之为阴性。

[质量控制]菌液不可太浓,否则结果不易观察。应设已知菌阴性、阳性对照。可用多种细菌试验同一含碳化合物,亦可用多种含碳化合物试验同一种细菌。

注:(1)使用的含碳化合物主要为各种糖类和有机酸类。

(2)不能用一支培养管做多项试验。

八、其他生化试验培养基

1. 硝酸盐还原试验培养基

[用途]肠杆菌科细菌均能还原硝酸盐为亚硝酸盐,如铜绿假单胞菌能还原硝酸盐并可产生氮气等,而有些细菌则无此特性,故可以此鉴别。

[配法]蛋白胨 10 g,硝酸钾(分析纯)2 g,蒸馏水 1 L。

上述成分混合后,加热溶解,校正 pH 至 7.4。分装试管每管约 4 ml,121 ℃灭菌 15 min 后备用。

<附:试剂配制>

甲液:对氨基苯磺酸 0.8 g,5 mol/L 冰醋酸 100 ml。

乙液:α-萘胺 0.5 g,5 mol/L 冰醋酸溶液 100 ml。

[用法]将试验菌接种培养基,经 35 ℃培养 1～4 天,每天吸取培养液 1 ml,加入液甲、乙试剂各 2 滴,阳性者立刻或数秒钟内显红棕色,阴性则不变色。

[质量控制]大肠埃希菌 ATCC25922 阳性;硝酸盐阴性不动杆菌 ATCC15038 阴性。

注:(1)因亚硝酸盐在自然界中分布很广,制备此培养基时所用器皿均要清洗干净。

(2)硝酸盐试验很敏感,未接种的硝酸盐培养基应以试剂进行检查,确定培养基中是否存在亚硝酸盐,从而排除假阳性结果。

(3) 本试验在判定结果时,必须在加试剂后立即观察,否则可因培养液迅速褪色而影响判定。

(4) 沙门菌属、假单胞菌属的某些菌株,不但能还原硝酸盐为亚硝酸盐,而且还能使亚硝酸盐继续分解,生成氨和氮导致假阴性结果。

(5) 若加入硝酸盐试剂不出现红色,需检查硝酸盐是否被还原。可于原试管内再加入少许锌粉,如出现红色证明产生芳基肼,表示硝酸盐仍然存在;如仍不产生红色,表示硝酸盐已被还原为氨和氮。亦可在培养基内加1只小导管,若有气泡产生,表示有氮气生成。可以排除假阴性。

2. 亚硝酸盐还原试验培养基

[用途] 测定细菌还原亚硝酸盐的能力。

[配方] 蛋白胨 10 g,亚硝酸钾 2 g,酵母浸膏 3 g,蒸馏水 1 L。

将上述成分混合后,加热溶解,调 pH 至 7.0。分装试管每管约 4 ml,加入小导管 1 只,121 ℃灭菌 15 min 后备用。

[用法] 将试验菌接种于亚硝酸盐培养基中,35 ℃培养 24~48 h。24 h 观察导管中有无气泡出现,若有气泡则为阳性,无气泡为阴性。48 h 培养物检测亚硝酸盐存在与否。方法是在培养物内加入硝酸盐还原试剂甲、乙液各 0.5 ml,如无红色出现为阳性,说明亚硝酸盐已被还原;反之为阴性,说明培养基中尚有亚硝酸盐存在。

[质量控制] 铜绿假单胞菌 ATCC 27853 阳性;硝酸盐阴性不动杆菌 ATCC l5038 阴性。

注意:(1) 因亚硝酸盐在自然界中分布很广,故在制备此培养基时所用器皿均要清洗干净。

(2) 未接种的亚硝酸盐培养基应以硝酸盐试剂进行检查,出现红色反应方可使用。

3. 40%胆汁肉汤培养基

[用途] 用于链球菌属的鉴别。

[配方] 蛋白胨 10 g,氯化钠 5 g,牛肉浸膏 5 g,新鲜胆汁(猪、牛)400 ml,蒸馏水 600 ml。

先将蛋白胨、牛肉膏、氯化钠加热溶于蒸馏水中,调 pH 至 7.6,加入胆汁混匀后,分装试管,每管 3 ml,置 115 ℃灭菌 20 min,冷藏备用。取新鲜猪(牛)胆若干只,取胆汁用纱布过滤,装于瓶中 115 ℃灭菌 20 min,冷却后置 4 ℃冰箱内,次日取出,吸取上清液备用。

[用法] 取待检标本接种肉汤,置 35 ℃培养 24~48 h,观察有无细菌生长。阳性菌呈颗粒状生长,上液澄清,管底有沉淀;阴性菌则不生长。

[质量控制] 粪肠球菌 ATCC 29212 阳性;化脓链球菌 ATCC l9615 阴性。

注:若为初次观察或培养基本身不易观察,可转种血琼脂平板。

4. CAMP 试验培养基

[用途] 检查细菌产生和合成 CAMP 因子的能力。

[配方] 同血琼脂平板。

[用法] 在血琼脂平板上,先以金黄色葡萄球菌划一横线接种,再将被检的 β 群链球

菌与上述划线作垂直划线接种,两者不能相交,相距 0.5~1.0 cm,于 35 ℃培养 18~24 h。在两种细菌划线之交接处出现箭头形透明溶血区为阳性;无箭头状溶血区为阴性。

[质量控制] 无乳链球菌 ATCC l3813 阳性;粪肠球菌 ATCC 29212 阴性。

注:(1) CAMP 为 Christie,Atkins,Munch,Petersen 四人名。

(2) 每批要用 A、D 群链球菌作阴性对照,用 B 群链球菌作阳性对照。

(3) 用无菌 9 g/L 氯化钠溶液洗涤 3 次的羊红细胞,制成 5% 含量的羊血琼脂平板效果较好。

(4) 用葡萄球菌 β-溶血素滤液做成纸条进行试验效果亦较佳。

4. 硫化氢试验培养基

[用途] 观察细菌产生硫化氢的作用。

检测硫化氢产物有很多方法,以醋酸铅法最为敏感,其适用于肠杆菌科以外的细菌所产生的少量硫化氢的检测;而硫酸亚铁法,为检查硫化氢的常规培养基。现将两培养基分述如下:

(1) 醋酸铅培养基

[配法] 蛋白胨 10 g,胱氨酸 0.1 g,硫酸钠 0.1 g,蒸馏水 1 L

将上述成分加热溶解,调整 pH 为 7.0~7.4,分装试管,每管液体高度为 4~5 cm,115 ℃灭菌 20 min。将滤纸剪成 0.1~1.0 cm 宽的纸条,用 50~100 g/L 醋酸铅溶液浸透、烘干,置于皿内备用。

[用法] 将培养物接种上述培养基中,挂上纸条经 35 ℃孵育 24 h。纸条变黑为阳性,无变化为阴性。

(2) 硫酸亚铁琼脂

[配法] 牛肉膏 3 g,酵母浸膏 3 g,蛋白胨 10 g,硫酸亚铁 0.2 g,氯化钠 5 g,硫代硫酸钠 0.3 g,琼脂 12 g,蒸馏水 1 L。

将上述成分加热溶解,分装试管,每管 3 ml,115 ℃灭菌 20 min,备用。

[用法] 将试验菌株穿刺接种到培养基中,经 35 ℃培养 24 h 后,观察结果。培养基呈黑色为阳性,不变黑色为阴性。

[质量控制]

鼠伤寒沙门菌 ATCC l3311 阳性;宋内志贺菌 ATCC ll060 阴性。

[保存] 置 4 ℃冰箱,2 周内用完。

5. 奥普托欣敏感试验纸片(Optochin sensitivity test)

[用途] 测定细菌对化学药品奥普托欣敏感性。

[配法] 奥普托欣(Optochin,乙基氢化羟基奎宁,ethylhydrocupreine hydrochloride) 10 mg 溶于 10 ml 蒸馏水中,取 1 ml,加入 200 片直径 6 mm 的灭菌纸片中,使其充分吸收,于 37 ℃烘干备用。每片含 Optochin 5 μg 或将宽 8 mm 的滤纸条浸于 1:4 000 的 Optochin 水溶液中,取出烘干备用。

[用法] 将被检菌的肉汤培养物用无菌棉棒均匀涂布于血琼脂平板上,取 optochin 纸片贴于平板上,35~37 ℃培养 18~24 h。抑菌圈在 18 mm 以上为敏感,无抑菌圈或抑菌圈<10 mm 为耐药。

[质量控制] 肺炎链球菌(ATCC l0015)阳性;化脓性链球菌(ATCC l9615)阴性。

注:如果分离物生长稀少,则很难正确判定结果。其判定敏感的最低标准为抑菌环直径 15～16 mm 或更大;若<15 mm,应加做胆汁溶解试验来确定。

6. O/129 试验纸片

[用途]用于弧菌属的鉴定。

[配法]O/129 50 mg 溶于 50 ml 无水乙醇中,取 1 ml 加入 100 片直径 6 mm 的无菌滤纸片中,吸收后于 37 ℃烘干备用。每片滤纸含 O/129 10 μg。

[用法]将待检菌的肉汤涂布于碱性琼脂平板,取 O/129 纸片贴于平板上,35 ℃培养 18～24 h。平板出现抑菌圈为阳性,无抑菌圈为阴性。

[质量控制]创伤弧菌阳性;亲水气单胞菌阴性。

7. pH 9.6 肉汤培养基

[用途]用于鉴定链球菌。

[配法]pH 9.6 的肉汤 100 ml,葡萄糖 2 g/L。

将普通肉汤调整 pH 9.6,加入葡萄糖溶解后,分装试管,每管 2～3 ml,121 ℃灭菌 15 min,备用。

[用法]将待检菌接种培养基,置 35 ℃培养 18～24 h。培养基有混浊物为阳性。

[质量控制]粪肠球菌 ATCC 29212 阳性;化脓性链球菌 ATCC l0389 阴性

[保存]4 ℃冰箱保存,2 周内用完。

8. 氰化钾试验培养基

[用途]主要用于属间的鉴别,生长有:弗氏枸橼酸杆菌、克雷伯菌-肠杆菌菌群、铜绿假单胞菌;不生长:沙门菌-亚利桑那菌群、大肠埃希菌、粪产碱杆菌。

[配法]蛋白胨 10 g,氯化钠 5 g,磷酸二氢钾 0.225 g,磷酸氢二钠 4.5 g,蒸馏水 1 L。

将上述成分加热溶解在三角烧瓶中,121 ℃灭菌 15 min,临用时加入 50 g/L 氰化钾溶液 1.5 ml 混匀,分装于无菌试管中,一份不加氰化钾作对照。

[用法]取纯培养物接种两管,1 支氰化钾实验管,1 支对照管,置 35 ℃培养 24～72 h。阳性结果为实验管混浊,对照管混浊;阴性结果(敏感)为实验管清晰(不生长),对照管混浊(生长)。

[质量控制]铜绿假单胞菌 ATCC 27853 生长;福氏志贺菌不生长。

[保存]置冰箱内,1 周用完。

注:(1)氰化钾抑菌能力与接种菌量及培养基成分有很大关系,所以在试验时接种菌量不宜过多。

(2)氰化钾剧毒,使用时注意安全。氰化钾培养基废弃前(无论是否用过),应作无害化处理:向每管加 400 g/L 氢氧化钾溶液 0.1 ml 和米粒大的硫酸亚铁结晶。

9. 葡萄糖蛋白胨水培养基

[用途](1)帮助肠杆菌属与大肠埃希菌属,葡萄球菌属与微球菌属的属间鉴别;

(2)帮助肺炎克雷伯菌、产酸克雷伯菌、臭鼻克雷伯菌、鼻硬结克雷伯菌间的菌种鉴别;

(3)帮助蜂房哈夫尼亚菌与小肠结肠炎耶尔森菌的菌种鉴定。

(4)用于 VP 试验。

[配法]多价蛋白胨 7 g,葡萄糖 5 g,磷酸氢二钾 5 g,蒸馏水 1 L。

将上述成分混合溶解后，调 pH 至 7.2，分装小试管，121 ℃灭菌 15 min。置 4 ℃冰箱中保存备用。

［用法］取 18～24 h 培养物小量接种，35 ℃孵育 24～48 h，有时可能延长数天。有些细菌，特别是哈夫尼亚菌，在 35 ℃孵育时 VP 试验结果不稳定，但在 25～30 ℃下则呈阳性。若怀疑为哈夫尼亚菌时，可重复 VP 试验并在 25 ℃孵育。

观察方法：

(1) 奥梅拉(O-Meara)法

试剂：氢氧化钾 40 g、肌酐 0.3 g、蒸馏水 100 ml。

首先将氢氧化钾溶解。然后加肌酐保存 3～4 周。观察时按培养基试剂 10∶1 比例滴加试剂，混合，置 37 ℃ 4 h 或 48 ℃ 2 h，充分振摇，变红色为阳性。

(2) 贝立脱(Barritt)法

试剂甲液：60 g/L 甲-萘酚乙醇溶液；乙液：400 g/L 氢氧化钾溶液。

观察时按每 2 ml 培养物加甲液 1 ml，乙液 0.4 ml 混合，置 35 ℃ 15～30 min 出现红色为阳性，若无红色，应置 35 ℃ 4 h 后再判定，本法较奥氏法敏感。

［质量控制］大肠埃希菌 ATCC 25922 阴性；阴沟肠杆菌阳性。

［保存］培养基置 4 ℃冰箱，2 周内用完。试剂易失效，应用前应进行质量控制。

注：(1) 加入 O-Meara 试剂后要充分混合，促使乙酰甲基甲醇氧化，使反应易于进行。

(2) 试剂必须用已知阳性和阴性的标准菌株进行对照检查。

(3) 试剂中加入 400 g/L 氢氧化钾是为了吸收二氧化碳。加入量少于 0.2 ml，且次序不能颠倒。

(4) 贝立脱方法是相当敏感的，它可检出以前认为 VP 试验阴性的某些细菌。

(5) 许多实验室工作人员有一个错误的印象，即 VP 试验阳性菌 MR 试验自然是阴性，或反之亦然。实际上，肠杆菌科的大多数细菌产生相反的反应(由于乙酰甲基甲醇形成碱性增加导致 MR 阴性和 VP 阳性)。某些细菌如蜂房哈夫尼亚菌(哈夫尼肠杆菌) 37 ℃下孵育和奇异变形杆菌可产生 MR 和 VP 同时阳性反应，后者常延迟出现。

(6) α-萘酚乙醇溶液易失效，试剂放室温暗处可保存 1 月。氢氧化钾溶液可长期保存。国内多采用贝立脱法。

10. 甲基红试验培养基

［用途］检查细菌发酵葡萄糖产酸的能力；用于鉴别某些细菌，如大肠埃希菌(阳性)、产气杆菌(阴性)、阴沟杆菌(阴性)，克雷伯菌属一般为阴性，耶尔森菌属阳性，其他革兰阴性非肠道杆菌阴性，单核李斯特菌阳性。

［配法］

(1) 葡萄糖蛋白胨水培养基(见前)。

(2) 试剂：甲基红 0.1 g，95% 乙醇 300 ml，蒸馏水 200 ml。

［质量控制］大肠埃希菌 ATCC 25922 阳性；产气肠杆菌阴性。

注：(1) 试剂和培养基在应用前要用已知阳性菌(如大肠埃希菌)和已知阴性菌(如克雷伯菌)做对照试验。

(2) MR 试验的正确性取决于足够的孵育时间，接种细菌后至少要孵育 24 h。通常每毫升培养物滴加1滴指示剂。

［保存］置4℃冰箱,培养基2周内用完。甲基红试剂置密闭的棕色瓶内,可使用3月。

11. 蛋白胨水培养基

［用途］用于细菌靛基质试验。

［配法］蛋白胨(或胰蛋白胨)20 g,氯化钠5 g,蒸馏水1 L。

将上述成分溶于水中,校正pH至7.2,分装试管,每管2～3 ml,置121℃灭菌15 min备用。

＜附:试剂配制＞

(1) 靛基质柯氏试剂:对二甲氨基苯甲醛5 g溶于异戊醇75 ml中,待冷却后慢慢加入浓盐酸25 ml。

(2) 欧氏试剂:对二甲氨基苯甲醛1 g溶于95％乙醇95 ml中,溶解后慢慢加入浓盐酸20 ml。

(3) 色氨酸滴板法试剂:L-色氨酸0.1 g溶于100 ml(pH 6.8)0.01 mol/L磷酸盐缓冲液中。

［用法］将待检菌接种培养基,经35℃培养18～24 h,在培养物液面,徐徐加入靛基质试剂数滴,阳性者立即出现玫瑰红色,阴性者呈黄色。

［质量控制］大肠埃希菌ATCC25922阳性;肺炎克雷伯菌阴性。

［保存］置4℃冰箱,使用期2周。

注:(1) 靛基质试验方法还有试纸悬挂法、色氨酸滴板法及斑点法,请参阅有关资料。

(2) 选用的蛋白胨一定要含有丰富的色氨酸,否则不能应用。

(3) 国内多采用柯氏试剂。

九、抗菌药物敏感试验培养基

抗菌药物敏感试验用于测定抗菌药物或其他抗微生物制剂在体外抑制细菌生长的能力。有琼脂扩散法和稀释法两种。

WHO推荐改良Kirby-Bauer法抗菌药物敏感试验,其技术简单,可重复性好,且特别适合快速生长的致病菌。但其不适用于肺炎链球菌、流感嗜血杆菌和奈瑟菌的抗菌药物敏感试验,这些的细菌需在常规的抗菌药物敏感试验培养基内补充特殊的营养成分。

1. M-H琼脂培养基

［用途］Kirby-Bauer法抗菌药敏试验指定使用本培养基。M-H琼脂(Muller-Hinton琼脂,水解酪蛋白琼脂)加5％羊血制成血琼脂平板或制成巧克力琼脂平板,用于检测肺炎链球菌和流感嗜血杆菌。

［配法］牛肉浸出物1 L,水解酪蛋白17.5 g,可溶性淀粉1.5 g,琼脂17 g。

将上述各成分混合,静置10 min,待可溶物完全溶解后,121℃高压15 min灭菌。冷至50℃左右,吸取25 ml培养基注入直径90 mm的平皿内,制成厚度为4 mm的琼脂平板。

［质量控制］用质控菌株测定药物的抑菌环与NCCLS的标准参比判断培养基的质量。

常用的标准菌株有:金黄色葡萄球菌 ATCC 25923;大肠埃希菌 ATCC 25922;铜绿假单胞菌 ATCC 27853;粪肠球菌 ATCC 29212 或 33186;肺炎链球菌 ATCC 6305;流感嗜血杆菌 ATCC l0211。

[保存]琼脂平板应新鲜使用,4 ℃冰箱保存,1 周内用完。

注:(1) 质量控制标准参见 NCCLS 纸片法药敏试验操作标准。

(2) 在 M-H 琼脂培养基添加 5%脱纤维羊血,即可用于肺炎链球菌的抗菌药物敏感试验。

(3) 在 M-H 琼脂培养基上,补充辅酶Ⅰ 15 mg/ml,牛血红蛋白 15 mg/ml,酵母浸膏 5 mg/ml,胸腺嘧啶脱氧核苷磷酸化酶 0.2 U/ml,可用于流感嗜血杆菌的抗菌药物敏感试验。

(4) NCCLS 推荐淋病奈瑟菌用 GC 琼脂平板,添加生长补充剂。生长补充剂由下列试剂组成:每 100 ml 水中含有 1.1 mg 胱氨酸,0.03 g 鸟嘌呤,3 mg 硫胺,13 mg 对-氨基苯甲酸,0.01 g 维生素 B_{12},0.1 g 羧化辅酶,0.25 g 辅酶Ⅰ,1 mg 嘌呤腺,10 mg L-谷氨酰胺,100 mg 葡萄糖,0.02 g 硝酸铁。

2. M-H 肉汤培养基

[用途]用于稀释法细菌药物敏感试验(MIC 和 MBC 测定)。

[配法]牛肉浸汤 600 ml,水解酪蛋白 17.5 g,可溶性淀粉 1.5 g,蒸馏水 400 ml。

将上述成分混合加热溶解,校正 pH 至(7.3±0.1),121 ℃灭菌 15 min 备用。如试验菌对营养要求较高,临用前按 0.5%比例加入羊血。

[质量控制]质控菌株同 M-H 琼脂培养基,凡自配或购置商品培养基均需用质控菌株和药物标准品进行测试,结果符合方可使用。

[保存]置 4 ℃冰箱 2 周内用完。

注:NCCLS 推荐使用含阳离子 M-H 培养基,即在 M-H 液体培养基中含有钙离子 10~25 mg/L,镁离子 10~25 mg/L。配法如下:氯化钙 3.68 g 溶于 100 ml 蒸馏水中,即为含钙离子 10 mg/ml 贮存液。氯化镁 8.36 g,溶于 100 ml 蒸馏水中,即为含镁离子 10 mg/ml 贮存液。

十、L 型细菌培养基

1. L 型细菌增菌培养基

(1) 高渗液体 L 型细菌增菌培养基

[用途]可用作基础培养。也用于血液、骨髓、胸水等标本进行 L 型细菌增菌培养。

①高渗盐液体增菌培氧基

[配法]新鲜牛肉 500 g,蛋白胨 10 g,氯化钠 40 g,蒸馏水 1L。

将新鲜牛肉去除脂肪、筋膜,切成小块后用绞肉机绞碎,称取 500 g 加水 1L 混合后置冰箱浸泡过夜;将肉浸液煮沸 30 min,然后用麻布或绒布挤压过滤;加入蛋白胨、氯化钠后加热溶解,并补足因蒸发而失去的水分,调整 pH 至 7.4~7.6;用滤纸过滤后分装小瓶,121 ℃灭菌 15~20 min。

②高渗糖液体增菌培养基

[用途]用于血液、骨髓、胸水等标本的 L 型细菌增菌培养。

[配法]新鲜牛肉 500 g,蛋白胨 10 g,氯化钠 30 g,蔗糖 150 g,蒸馏水 1 L。

同上述高渗盐培养基,唯高压蒸汽灭菌时采用 115 ℃ 20 min,以免蔗糖分解。

[用法]取血液 5 ml 及其他标本直接种于高盐、高渗糖液体培养基,置 35 ℃培养 1～7 天,每天观察细菌生长情况。在上述增菌培养基上,L 型细菌呈颗粒状生长,颗粒可黏附于管壁或沉淀于管底。

[质量控制]金黄色葡萄球菌 L 型生长良好。

(2) L 型增菌培养基

[用途]用于血液、脑脊液等体液标本中 L 型细菌的增殖培养。

[配法]①牛肉浸液 1 L,氯化钠 30～40 g,蛋白胨(优质)20 g。

②牛肉浸液 1 L,氯化钠 30 g,蔗糖 150 g,蛋白胨 20 g。

将各成分称量混合加热溶解后,校正 pH 至 7.4～7.6,分装培养瓶,每瓶 15 ml,121 ℃灭菌 15 min 备用。

[用法]用无菌操作采集标本,立即接种于 L 型细菌液体培养基和常规血液增菌培养基内,标本与培养基之比为 1∶10,置 35 ℃培养 3～7 天,逐日观察。如发现培养液产生混浊、溶血、絮状沉淀或瓶壁上附有黏性颗粒等细菌生长现象,立即分离至 L 型细菌分离平板上进行鉴定。

[质量控制]用 L 型细菌做生长试验,培养 24～72 h,生长良好。

[保存]置 4 ℃冰箱内使用 1～2 周。

2. L 型细菌分离琼脂培养基

[用途]用于常见 L 型细菌的分离培养。

(1) Kaqan 分离平板

[配法]牛肉浸液 800 ml,氯化钠 50 g,蛋白胨(OXoid)20 g,琼脂粉(Oxoid)8 g,血浆(人、马、羊)200 ml。

将前四种成分称量混合加热溶解,校正 pH 至 7.5±0.1,分装每瓶 80 ml,121 ℃灭菌 15 min 冷藏备用。

临用时加热溶解后,冷却至 56 ℃加入血浆 20 ml 摇匀倾注平板。放在密封塑料袋中,置 4 ℃冰箱备用。

注:血浆要预先灭菌处理,并经 56 ℃水浴灭活 30 min。

(2) 蚌埠 85-7 分离平板

[配法]牛肉浸液 1 L,氯化钠 40 g,蛋白胨 30 g,明胶(生物试剂)30 g,琼脂粉 5～8 g。

将上述成分混合,加热溶解,校正 pH 至 7.4～7.6,分装后,经 121 ℃灭菌 15 min 后倾注平板,置 4 ℃冰箱备用。

[用法]将血、脑脊液、尿等标本或增菌培养物滴种于平板约 0.1 ml,用 L 型玻棒均匀涂开,置 35 ℃温箱内启盖片刻,除去平板表面水分。在平板的边端贴一片专用诱导纸片。覆盖后置 35 ℃ 10%二氧化碳环境下 3～5 天,逐日观察。如有可疑 L 型菌落,用低倍镜检查。在诱导区与非诱导区同时见到 L 型菌落说明标本内确有 L 型细菌存在;若诱导区存在 L 型菌落,而非诱导区无,则提示标本内有 L 型细菌变异的趋向。

[质量控制](1) 细菌诱导试验,在该平板上能诱导金黄色葡萄球菌 Cowen gⅠ标准

菌株出现 L 型菌落和 G 型菌落。

(2) 用 L 型菌落作 10^{-7} 稀释,取 0.1 ml 接种,经培养获得单个菌落和纯培养。

[保存]

置 4 ℃冰箱内,2 周用完。

十一、钩端螺旋体培养基

1. 钩端螺旋体培养基——柯少夫(Korthof)培养基

[用途] 用于钩端螺旋体增殖。

[配法] 蛋白胨 400 mg,氯化钠 700 mg,碳酸氢钠 10 mg,氯化钾 20 mg,氯化钙 20 mg,磷酸二氢钾 120 mg,磷酸氢二钠 440 mg,蒸馏水 500 ml,无菌兔血清(灭活)8～10 ml。

将各成分溶于蒸馏水内煮沸 20 min,以滤纸滤,调至 pH 为 7.2,分装烧瓶内,每瓶 100 ml,121 ℃灭菌 20 min;无菌采取兔心血分离血清,置 56 ℃水浴箱中 30 min 以破坏补体;上述蛋白胨盐溶液每 100 ml 中加入无菌兔血清 8～10 ml;混合后,用无菌分装中号试管中,每管 5 ml;置 56 ℃水浴箱 30 min;37 ℃温箱中孵育 2 天,剔去污染者。

注:(1) 为防止污染,每 100 ml 培养基可加 50 mg 磺胺嘧啶钠。

(2) 为了促进钩端螺旋体生长,可于该培养基中加入维生素 B_{12} 及烟酸(各 1 mg/100 ml),并将兔血清量自 8%减至 5%,培养基中不加氯化钙(因氯化钙对生长无作用,且常形成沉淀物),再以 100 ℃加热 30 min。用此法制得培养基清晰,无任何沉淀。

十二、支原体培养基

1. 1.4% PPLO 琼脂培养基

[用途] 分离支原体。

[配法] 牛心(去脂绞碎)250 g,氯化钠 5 g,胰蛋白酶(不含乳糖)2.5 g,蛋白胨 10 g,酵母浸膏 1 g,琼脂粉 14 g,蒸馏水 1 L。

(1) 牛心消化液配制:取去脂绞碎牛心 250 g,氯化钠 5 g 及蒸馏水 900 ml 混合;另取胰蛋白酶 2.5 g,溶解于 100 ml 5 g/L 氯化钠溶液中,然后与上述牛心消化液混合,放置 50～60 ℃水温箱内消化 2 h,中间不断搅拌,消化后用两层纱布过滤,滤液煮沸 5 min,用滤纸过滤后,补足水分至原量,然后加酵母浸膏 1 g,混匀,冷却后调 pH 至 8.0,分装后 121 ℃灭菌 15 min 备用。

(2) 支原体基础琼脂:取上述牛心消化液(已加氯化钠)1 L,加蛋白胨 10 g 和琼脂粉 14 g,混合后,加热溶解,调 pH 至 7.8～8.0,再加热煮沸,用脱脂棉或绒布过滤,过滤后分装于圆瓶中,每瓶 70 ml,121 ℃灭菌 15 min,备用。

(3) 250 g/L 鲜酵母液制备:食用鲜酵母块 250 g,加蒸馏水 1 L,混合后,煮沸 2 min,用滤纸过滤,滤后置 4 ℃冰箱中过夜,使之沉淀,次日吸取上清液,用 150 g/L 氢氧化钠溶液调 pH 至 8.0,再煮沸 1 次,冷却后,3 000 r/min 离心 45 min,吸取上清液,分装于瓶中,121 ℃灭菌 15 min,放 4 ℃冰箱中备用,可保存 3 月。

(4) 倾注平板:溶解基础琼脂,冷却至 80 ℃左右,每瓶(70 ml)内立即加预温在 37 ℃培养箱内的无菌马血清或小牛血清 20 ml,250 g/L 鲜酵母浸出液 10 ml,10 g/L 乙酸铊溶液

2.5 ml,青霉素 G 钾盐溶液(20 万 U/ml)0.5 ml 和两性霉素 B 溶液(5 mg/ml)0.1 ml；充分混匀后倾注 9 cm 平板,经 37 ℃培养过夜,无菌试验阴性者,存放 4 ℃冰箱备用。

注：(1) 乙酸铊是极毒药品,须特别注意安全操作。

(2) 支原体美蓝琼脂平皿为分离肺炎支原体的选择性平皿,口腔、唾液分泌物中的其他支原体均被抑制生长,肺炎支原体生长为"桑葚状"无色的菌落。

(3) 支原体传代、移种用 0.1%半固体琼脂,配制时除用 0.1%琼脂粉外,其他成分与支原体基础培养基相同,但不加两性霉素,此半固体琼脂分装在试管内灭菌备用。传代时将平皿上已选定的支原体菌落用无菌刀片切下一小块,直接移种于半固体管中,置适当的气体环境中,培养 3~5 天后,可在琼脂小块出现"小岛状"絮片生长物,或呈颗粒状,即次代支原体。

(4) 支原体传代用液体培养基：其成分与上述支原体半固体琼脂相同,不加琼脂粉和两性霉素 B。

2. 肺炎支原体分离用双相培养基

[用途] 用于喉拭标本直接分离肺炎支原体。

[配法] (1) 底层琼脂斜面：其成分与上述支原体半固体琼脂相同,不加两性霉素 B。无菌分装于经灭菌的链霉素空瓶中,每瓶 3 ml,置成斜面,此为底层。

(2) 液体培养基：其成分与上述支原体传代用液体培养基相同。但在未高压灭菌前,再加入葡萄糖 1 g,美蓝 0.001 g(即 10 g/L 美蓝溶液 0.1 ml),1 g/L 酚红溶液 2 ml,115 ℃灭菌 15 min,冷却后,再加入辅助成分和防止杂菌生长的成分。然后,在上述底层琼脂斜面上,每瓶再加入液体培养基 3~5 ml,瓶塞用煮沸灭菌的后口橡皮塞。经 37 ℃培养过夜,无菌试验阴性者,存放 4 ℃冰箱中备用,可保存 1 月。

注：已接种的双相培养管,37 ℃普通环境培养 2~4 周,观察结果。阳性生长见双相管由淡紫色变成绿色,再转变为黄色,因肺炎支原体发酵葡萄糖,还原美蓝。取阳性管用分离支原体固体平皿分离菌落,平皿放入含 95%氮气和 5%二氧化碳环境中,或放入含 5%二氧化碳环境中培养 2~4 周,阳性平皿可见菌落生长。

十三、衣原体培养基——鸡胚培养基

[用途] 培养增殖和分离鹦鹉热、性病淋巴肉芽肿和沙眼等衣原体。

[配法] 7 日龄鸡胚 3~5 只。精选产后 10 天内并 10 ℃左右保存的受精鸡卵孵育,置 38~39 ℃、相对湿度 40%~60%的孵卵箱中孵育,4 天后用检卵灯检视发育情况,挑出未受精及死亡者。生活鸡胚检视时可见清晰血管小团或花纹,其中有鸡胚暗影,稍大者并见胚动等。将感染材料研磨合并,加含抗菌药物的肉汤制成 10%~20%的悬液,室温中置 1 h 后,接种鸡胚卵黄囊 0.25 ml,每份标本接种 3~4 只鸡胚,置 35 ℃培养,每日观察 1 次。3 天以后死亡的鸡胚收获其卵黄囊,先做涂片染色,检选疑似或阳性材料再行传代,直到含有丰盛衣原体。

注：(1) 如感染后 13 天鸡胚仍然存活,再行盲目传代。先将鸡胚在 4 ℃冰箱中放几小时,然后解剖黄囊,研碎后制成悬液,低速离心,取上清液接种鸡胚。如连续 3 代阴性,为阴性结果。

(2) 待检标本于室温不宜久置,如 1 h 内不能接种,可放普通冰箱中；如放置－70 ℃低温中,则可保存较长时间。

十四、真菌培养基

1. 沙保罗琼脂培养基

[用途] 供真菌及酵母样真菌的分离培养用。

[配法] 麦芽糖 40 g,蛋白胨 10 g,琼脂 20 g,蒸馏水 1 L。

将上述成分溶于水,加热溶解,调 pH 至(6.0±0.2),分装三角瓶或试管中,118 ℃灭菌 15 min,倾注平板或置斜面,无菌试验后备用。

[用法] 将标本接种培养基,如系血液标本,则采取 1~2 ml,与冷却至 45 ℃左右沙保琼脂混合,倾注接种平板。分别置 35 ℃和 25 ℃恒温箱内同时培养。35 ℃培养 48 h,25 ℃需连续培养 5 天,逐日观察结果。发现真菌及酵母样可疑菌落,转种沙保菌斜面,获得纯培养后进行鉴定。

[质量控制] 白色念珠菌和新型隐球菌生长良好。

注:(1) 本培养基如不加入琼脂,即为沙保罗液体培养基,供真菌及念珠菌的增菌培养用。

(2) 增加氯霉素 0.05~0.125 mg/ml 或放线菌酮 0.5 mg/ml,可抑制细菌和污染的霉菌及隐球菌生长。此两种药均耐热,可直接加入培养基内高压灭菌。

(3) 添加酵母浸膏 5 mg/ml,可促进皮肤癣菌生长。增加维生素 B 0.1 mg/ml,可促进紫色癣菌和断发癣菌生长。

(4) 将麦芽糖减少到 20 g/L,为沙保罗 20 g/L 麦芽糖琼脂培养基,可供诱导真菌产生孢子用。

(5) 该培养基呈酸性,应提高 20%的琼脂用量。

2. 玉米粉琼脂培养基

[用途] 鉴定酵母样真菌。白色念珠菌在该培养基上 25 ℃ 24 h 培养可长出假菌丝,顶端有典型的厚壁孢子,可与其他念珠菌鉴别。

[配法] 玉米粉 4 g,琼脂粉 8 g,蒸馏水 1 L(pH 6.0±0.2)。

将细米粉加水浸泡数分钟,扎紧瓶口,浸入 60 ℃水浴 4 h,取出后用纱布过滤,除去粗渣,补足水分。无需调整 pH。加入琼脂,煮沸溶解,有沉淀物再过滤 1 次,分装试管,121 ℃灭菌 15 min 备用。

用玻璃片法点种后,置平皿内,保持一定湿度,置 23~26 ℃下培养 24~48 h。取出玻片培养物,用高倍镜观察真假菌丝和有无厚壁孢子。

[质量控制] 白色念珠菌(ATCC 26790)厚膜孢子阳性;新型隐球菌(ATCC 9763)厚膜孢子阴性。

注:(1) 玉米粉可用糯米粉或可溶性淀粉代替,效果相同。

(2) 该培养基加入 10 ml/L Tween-80,制成玉米粉 Tween-80 琼脂,用途相同,效果更好。

十五、厌氧菌培养基

1. 液体培养基——石蕊牛乳培养基

[用途] 观察细菌对牛乳的凝固及发酵作用。

[配法] 新鲜脱脂牛乳 1 L,20 g/L 石蕊水溶液 10 ml(16 g/L 溴甲酚紫乙醇溶液

1 ml)(pH 6.8)。

将新鲜牛乳隔水煮沸 30 min,冷却后置 4 ℃冰箱内过夜。用吸管吸出下层乳汁,注入另一烧瓶内,弃去上层乳脂。加入石蕊溶液,分装试管,灭菌 113 ℃ 15 min(或间歇灭菌)。置 35 ℃培养 24～48 h,若无细菌生长,即可 4 ℃冷藏备用。

[用法] 将被检菌接种于上述培养基中,若为芽孢梭菌,要在培养基内加入微量铁末,于 35 ℃培养 8～24 h,必要时可延长至 14 天。

[观察结果]

产酸:因发酵乳糖而产酸,使指示剂变为粉红色。

产气:发酵乳糖同时产气,可冲开上面的凡士林。

凝固:因产酸太多而使牛乳中的酪蛋白凝固。

胨化:将凝固的酪蛋白继续水解为胨,培养基上层液体变清,底部可留有未被完全胨化的酪蛋白。

产碱:乳糖不发酵,因分解含氮物质,生成胺及氨,培养基变碱,指示剂变为蓝色。

不变:乳糖不发酵,指示剂无变化,与未接种管相同。

白色:石蕊被还原成白色。

[质量控制] 粪产碱杆菌:碱性反应,培养基呈蓝色;变形杆菌:没有变化,培养基仍呈紫色;产气荚膜梭菌:急骤发酵,酸凝块被气体破坏。

注:培养基在灭菌前加入凡士林,可观察厌氧菌对牛乳中乳糖分解情况。若全脂牛奶需行脱脂处理,该培养基 pH 6.8,呈紫色。

2. 疱肉培养基

[用途] 主要用于梭菌属的培养。

[配方] 牛肉渣 0.5 g,牛肉浸液 7 ml(pH 7.6)。

将干燥的肉渣 0.5 g 装入 15 mm×150 mm 试管内,再加入 pH 7.6 牛肉浸液 7 ml,两者高度比例为 1∶2。在试管液面上加一层 3～4 mm 厚度的融化凡士林。用橡皮塞塞紧,经 121 ℃灭菌 15 min 后,置 4 ℃冰箱备用。

[用法] 将各种采集的标本,在 2 h 内取 0.5 ml 种入培养基底层,立即置 35～37 ℃厌氧恒温箱内进行培养,2～7 天观察结果。若发现培养基有混浊、沉淀、黏性菌膜生长现象,及培养物的臭味、肉渣的消化、变色、产气等情况,用以判断结果,并进行涂片染色镜检及分离培养。一般在培养 48 h 以后开始观察,直至 3 周,无细菌生长,即可报告阴性。

[质量控制] 破伤风杆菌或坏死梭杆菌 48 h 的培养物稀释 1 000 倍,接种 0.01 ml,生长良好。

[保存] 置 4 ℃冰箱内,数月有效。

注:培养基的管口要密封,使用时将培养基置于水浴中煮沸 10 min,以除去管内残存的氧。为提高培养效果,在底层可放少许铁粉作为还原剂

附录Ⅲ 水质大肠菌群(MPN)检索表

(总接种量 55.5 ml,其中 5 份 10 ml 水样,5 份 1 ml 水样,5 份 0.1 ml 水样)

接种量,ml			MPN/100 ml	接种量,ml			MPN/100 ml
10	1	0.1		10	1	0.1	
0	0	0	0	1	1	0	4
0	0	1	2	1	1	1	6
0	0	2	4	1	1	2	8
0	0	3	5	1	1	3	10
0	0	4	7	1	1	4	12
0	0	5	9	1	1	5	14
0	1	0	2	1	2	0	6
0	1	1	4	1	2	1	8
0	1	2	6	1	2	2	10
0	1	3	7	1	2	3	12
0	1	4	9	1	2	4	15
0	1	5	11	1	2	5	17
0	2	0	4	1	3	0	8
0	2	1	6	1	3	1	10
0	2	2	7	1	3	2	12
0	2	3	9	1	3	3	15
0	2	4	11	1	3	4	17
0	2	5	13	1	3	5	19
0	3	0	6	1	4	0	11
0	3	1	7	1	4	1	13
0	3	2	9	1	4	2	15
0	3	3	11	1	4	3	17
0	3	4	13	1	4	4	19
0	3	5	15	1	4	5	22
0	4	0	8	1	5	0	13
0	4	1	9	1	5	1	15

续表

接种量,ml			MPN/100 ml	接种量,ml			MPN/100 ml
10	1	0.1		10	1	0.1	
0	4	2	11	1	5	2	17
0	4	3	13	1	5	3	19
0	4	4	15	1	5	4	22
0	4	5	17	1	5	5	24
0	5	0	9	2	5	0	5
0	5	1	11	2	0	1	7
0	5	2	13	2	0	2	9
0	5	3	15	2	0	3	12
0	5	4	17	2	0	4	14
0	5	5	19	2	0	5	16
1	0	0	2	2	1	0	7
1	0	1	4	2	1	1	9
1	0	2	6	2	1	2	12
1	0	3	8	2	1	3	14
1	0	4	10	2	1	4	17
1	0	5	12	2	1	5	19
2	2	0	9	3	3	0	17
2	2	1	12	3	3	1	21
2	2	2	14	3	3	2	24
2	2	3	17	3	3	3	28
2	2	4	19	3	3	4	32
2	2	5	22	3	3	5	36
2	3	0	12	3	4	0	21
2	3	1	14	3	4	1	24
2	3	2	17	3	4	2	28
2	3	3	20	3	4	3	32
2	3	4	22	3	4	4	36
2	3	5	25	3	4	5	40
2	4	0	15	3	5	0	25
2	4	1	17	3	5	1	29
2	4	2	20	3	5	2	32

附 录

续表

接种量,ml			MPN/100 ml	接种量,ml			MPN/100 ml
10	1	0.1		10	1	0.1	
2	4	3	23	3	5	3	37
2	4	4	15	3	5	4	41
2	4	5	28	3	5	5	45
2	5	0	17	4	0	0	13
2	5	1	20	4	0	1	17
2	5	2	23	4	0	2	21
2	5	3	26	4	0	3	25
2	5	4	29	4	0	4	30
2	5	5	32	4	0	5	36
3	0	0	8	4	1	0	17
3	0	1	11	4	1	1	21
3	0	2	13	4	1	2	26
3	0	3	16	4	1	3	31
3	0	4	20	4	1	4	36
3	0	5	23	4	1	5	42
3	1	0	8	4	0	0	22
3	1	1	11	4	2	1	26
3	1	2	13	4	2	2	23
3	1	3	16	4	2	3	38
3	1	4	20	4	2	4	44
3	1	5	23	4	2	5	50
3	2	0	14	4	3	0	27
3	2	1	17	4	3	1	33
3	2	2	20	4	3	2	39
3	2	3	24	4	3	3	45
3	2	4	27	4	3	4	52
3	2	5	31	4	3	5	59
4	4	0	34	5	2	0	49
4	4	1	40	5	2	1	70
4	4	2	47	5	2	2	94
4	4	3	54	5	2	3	120

续表

接种量,ml			MPN/100 ml	接种量,ml			MPN/100 ml
10	1	0.1		10	1	0.1	
4	4	4	62	5	2	4	150
4	4	5	69	5	2	5	180
4	5	0	41	5	3	0	79
4	5	1	48	5	3	1	110
4	5	2	56	5	3	2	140
4	5	3	64	5	3	3	180
4	5	4	72	5	3	4	210
4	5	5	81	5	3	5	250
5	0	0	23	5	4	0	130
5	0	1	31	5	4	1	170
5	0	2	43	5	4	2	220
5	0	3	58	5	4	3	280
5	0	4	76	5	4	4	350
5	0	5	95	5	4	5	430
5	1	0	33	5	5	0	240
5	1	1	46	5	5	1	350
5	1	2	63	5	5	2	540
5	1	3	84	5	5	3	920
5	1	4	110	5	5	4	1 600
5	1	5	130	5	5	5	>1 600

附录Ⅳ 实验报告单模板

实 验 报 告 单

课程名称_____　　　实验名称_____

专业班级　　　　　　　　　　　　　　学生姓名

同 组 人　　　　　　　　　　　　　　指导教师

实验地点　　　　　　实验日期　　　　　　实验成绩

参考文献

1. 沈萍. 微生物学. 北京:高等教育出版社,2000
2. 贾英民. 食品微生物学. 北京:中国轻工业出版社,2007
3. 杨洁彬. 食品微生物学. 北京:中国农业大学出版社,1989
4. 周德庆. 微生物学教程(第一版). 北京:高等教育出版社,1993
5. 周德庆. 微生物学教程(第二版). 北京:高等教育出版社,2002
6. 江汉湖. 食品微生物学(第二版). 北京:中国农业出版社,2005
7. 江汉湖,董明盛. 食品微生物学(第三版). 北京:中国农业出版社,2010
8. 钱爱东. 食品微生物学(第二版). 北京:中国农业出版社,2008
9. 朱乐敏. 食品微生物学(第二版). 北京:化学工业出版社,2010
10. 杨玉红,陈淑范. 食品微生物学. 武汉:武汉理工大学出版社,2014
11. 吴坤. 食品微生物. 北京:化学工业出版社,2008
12. 李平兰,贺稚非. 食品微生物学实验原理与技术. 北京:中国农业出版社,2005
13. 丁立孝. 食品卫生检验与管理. 北京:化学工业出版社,2010
14. 陈其国,李莉. 微生物基础技术项目学习手册. 武汉:武汉理工大学出版社,2010
15. 黄高明. 食品检验工. 北京:机械工业出版社,2012
16. 田惠光. 食品安全性与质量控制. 北京:科学出版社,2004
17. 牛天贵. 食品微生物检验. 北京:中国计量出版社,2003
18. 李松涛. 食品微生物学检验. 北京:中国计量出版社,2005
19. 罗雪云,刘道宏. 食品卫生微生物检验标准手册. 北京:中国标准出版社,1995
20. 郝林. 食品微生物学实验技术. 北京:中国农业出版社,2001
21. 张松. 食用菌学. 广州:华南理工大学出版社,2000
22. 杨文博. 微生物学实验. 北京:化学工业出版社,2002
23. 成晓霞,张国顺. 食品安全控制技术. 北京:中国轻工业出版社,2013
24. 朱珠. 食品安全与卫生检测. 北京:高等教育出版社,2010
25. 蔡花真,张德广. 食品安全与质量控制. 北京:化学工业出版社,2008
26. 阮淑明. 食用菌栽培技术. 厦门:厦门大学出版社,2011
27. 弓建国. 食用菌栽培技术. 北京:化学工业出版社,2011
28. 何国庆,贾英民. 食品微生物学. 北京:中国农业大学出版社,2009